全国高等职业教育药品类专业
国家卫生健康委员会"十三五"规划教材

供中药制药技术、中药学、药品生产技术、制药设备应用技术专业用

中药制药设备

第3版

主　编　魏增余

副主编　冯传平　韩　丽

编　者　（以姓氏笔画为序）

王艳艳　（江苏省连云港中医药高等职业
　　　　　技术学校）

韦丽佳　（重庆医药高等专科学校）

冯传平　（湖南中医药高等专科学校）

刘东平　（安徽中医药高等专科学校）

李德成　（黑龙江民族职业学院）

吴　迪　（黑龙江中医药大学佳木斯学院）

张兴德　（南京中医药大学）

姜　旭　（南阳医学高等专科学校）

徐连明　（江苏康缘药业股份有限公司）

龚道锋　（亳州职业技术学院）

韩　丽　（成都中医药大学）

魏增余　（江苏省连云港中医药高等职业技术学校）

人民卫生出版社

图书在版编目（CIP）数据

中药制药设备/魏增余主编.—3版.—北京：人民卫生出版社，2018

ISBN 978-7-117-26302-3

Ⅰ.①中…　Ⅱ.①魏…　Ⅲ.①中草药加工设备-高等职业教育-教材　Ⅳ.①TH788

中国版本图书馆 CIP 数据核字（2018）第 096472 号

人卫智网	www.ipmph.com	医学教育、学术、考试、健康，购书智慧智能综合服务平台
人卫官网	www.pmph.com	人卫官方资讯发布平台

中药制药设备
第 3 版

主　　编：魏增余
出版发行：人民卫生出版社（中继线 010-59780011）
地　　址：北京市朝阳区潘家园南里 19 号
邮　　编：100021
E - mail：pmph @ pmph. com
购书热线：010-59787592　010-59787584　010-65264830
印　　刷：三河市潮河印业有限公司
经　　销：新华书店
开　　本：850×1168　1/16　印张：23
字　　数：541 千字
版　　次：2009 年 6 月第 1 版　　2018 年 7 月第 3 版
　　　　　2024 年 1 月第 3 版第 6 次印刷（总第 13 次印刷）
标准书号：ISBN 978-7-117-26302-3
定　　价：65.00 元

打击盗版举报电话：010-59787491　E- mail：WQ @ pmph. com
　（凡属印装质量问题请与本社市场营销中心联系退换）

全国高等职业教育药品类专业国家卫生健康委员会
"十三五"规划教材出版说明

《国务院关于加快发展现代职业教育的决定》《高等职业教育创新发展行动计划（2015－2018年）》《教育部关于深化职业教育教学改革全面提高人才培养质量的若干意见》等一系列重要指导性文件相继出台,明确了职业教育的战略地位、发展方向。为全面贯彻国家教育方针,将现代职教发展理念融入教材建设全过程,人民卫生出版社组建了全国食品药品职业教育教材建设指导委员会。在该指导委员会的直接指导下,经过广泛调研论证,人民卫生出版社启动了全国高等职业教育药品类专业第三轮规划教材的修订出版工作。

本套规划教材首版于2009年,于2013年修订出版了第二轮规划教材,其中部分教材入选了"十二五"职业教育国家规划教材。本轮规划教材主要依据教育部颁布的《普通高等学校高等职业教育（专科）专业目录（2015年）》及2017年增补专业,调整充实了教材品种,涵盖了药品类相关专业的主要课程。全套教材为国家卫生健康委员会"十三五"规划教材,是"十三五"时期人卫社重点教材建设项目。本轮教材继续秉承"五个对接"的职教理念,结合国内药学类专业高等职业教育教学发展趋势,科学合理推进规划教材体系改革,同步进行了数字资源建设,着力打造本领域首套融合教材。

本套教材重点突出如下特点:

1. **适应发展需求,体现高职特色**　本套教材定位于高等职业教育药品类专业,教材的顶层设计既考虑行业创新驱动发展对技术技能型人才的需要,又充分考虑职业人才的全面发展和技术技能型人才的成长规律;既集合了我国职业教育快速发展的实践经验,又充分体现了现代高等职业教育的发展理念,突出高等职业教育特色。

2. **完善课程标准,兼顾接续培养**　本套教材根据各专业对应从业岗位的任职标准优化课程标准,避免重要知识点的遗漏和不必要的交叉重复,以保证教学内容的设计与职业标准精准对接,学校的人才培养与企业的岗位需求精准对接。同时,本套教材顺应接续培养的需要,适当考虑建立各课程的衔接体系,以保证高等职业教育对口招收中职学生的需要和高职学生对口升学至应用型本科专业学习的衔接。

3. **推进产学结合,实现一体化教学**　本套教材的内容编排以技能培养为目标,以技术应用为主线,使学生在逐步了解岗位工作实践,掌握工作技能的过程中获取相应的知识。为此,在编写队伍组建上,特别邀请了一大批具有丰富实践经验的行业专家参加编写工作,与从全国高职院校中遴选出的优秀师资共同合作,确保教材内容贴近一线工作岗位实际,促使一体化教学成为现实。

4. **注重素养教育,打造工匠精神**　在全国"劳动光荣、技能宝贵"的氛围逐渐形成,"工匠精神"在各行各业广为倡导的形势下,医药卫生行业的从业人员更要有崇高的道德和职业素养。教材更加强调要充分体现对学生职业素养的培养,在适当的环节,特别是案例中要体现出药品从业人员的行为准则和道德规范,以及精益求精的工作态度。

5. 培养创新意识,提高创业能力　为有效地开展大学生创新创业教育,促进学生全面发展和全面成才,本套教材特别注意将创新创业教育融入专业课程中,帮助学生培养创新思维,提高创新能力、实践能力和解决复杂问题的能力,引导学生独立思考、客观判断,以积极的、锲而不舍的精神寻求解决问题的方案。

6. 对接岗位实际,确保课证融通　按照课程标准与职业标准融通,课程评价方式与职业技能鉴定方式融通,学历教育管理与职业资格管理融通的现代职业教育发展趋势,本套教材中的专业课程,充分考虑学生考取相关职业资格证书的需要,其内容和实训项目的选取尽量涵盖相关的考试内容,使其成为一本既是学历教育的教科书,又是职业岗位证书的培训教材,实现"双证书"培养。

7. 营造真实场景,活化教学模式　本套教材在继承保持人卫版职业教育教材栏目式编写模式的基础上,进行了进一步系统优化。例如,增加了"导学情景",借助真实工作情景开启知识内容的学习;"复习导图"以思维导图的模式,为学生梳理本章的知识脉络,帮助学生构建知识框架。进而提高教材的可读性,体现教材的职业教育属性,做到学以致用。

8. 全面"纸数"融合,促进多媒体共享　为了适应新的教学模式的需要,本套教材同步建设以纸质教材内容为核心的多样化的数字教学资源,从广度、深度上拓展纸质教材内容。通过在纸质教材中增加二维码的方式"无缝隙"地链接视频、动画、图片、PPT、音频、文档等富媒体资源,丰富纸质教材的表现形式,补充拓展性的知识内容,为多元化的人才培养提供更多的信息知识支撑。

本套教材的编写过程中,全体编者以高度负责、严谨认真的态度为教材的编写工作付出了诸多心血,各参编院校对编写工作的顺利开展给予了大力支持,从而使本套教材得以高质量如期出版,在此对有关单位和各位专家表示诚挚的感谢! 教材出版后,各位教师、学生在使用过程中,如发现问题请反馈给我们(renweiyaoxue@ 163. com),以便及时更正和修订完善。

人民卫生出版社

2018 年 3 月

全国高等职业教育药品类专业国家卫生健康委员会
"十三五"规划教材
教材目录

序号	教材名称	主编	适用专业
1	人体解剖生理学（第3版）	贺 伟　吴金英	药学类、药品制造类、食品药品管理类、食品工业类
2	基础化学（第3版）	傅春华　黄月君	药学类、药品制造类、食品药品管理类、食品工业类
3	无机化学（第3版）	牛秀明　林 珍	药学类、药品制造类、食品药品管理类、食品工业类
4	分析化学（第3版）	李维斌　陈哲洪	药学类、药品制造类、食品药品管理类、医学技术类、生物技术类
5	仪器分析	任玉红　闫冬良	药学类、药品制造类、食品药品管理类、食品工业类
6	有机化学（第3版）*	刘 斌　卫月琴	药学类、药品制造类、食品药品管理类、食品工业类
7	生物化学（第3版）	李清秀	药学类、药品制造类、食品药品管理类、食品工业类
8	微生物与免疫学*	凌庆枝　魏仲香	药学类、药品制造类、食品药品管理类、食品工业类
9	药事管理与法规（第3版）	万仁甫	药学类、药品经营与管理、中药学、药品生产技术、药品质量与安全、食品药品监督管理
10	公共关系基础（第3版）	秦东华　惠 春	药学类、药品制造类、食品药品管理类、食品工业类
11	医药数理统计（第3版）	侯丽英	药学、药物制剂技术、化学制药技术、中药制药技术、生物制药技术、药品经营与管理、药品服务与管理
12	药学英语	林速容　赵 旦	药学、药物制剂技术、化学制药技术、中药制药技术、生物制药技术、药品经营与管理、药品服务与管理
13	医药应用文写作（第3版）	张月亮	药学、药物制剂技术、化学制药技术、中药制药技术、生物制药技术、药品经营与管理、药品服务与管理

5

序号	教材名称	主编	适用专业
14	医药信息检索(第3版)	陈 燕 李现红	药学、药物制剂技术、化学制药技术、中药制药技术、生物制药技术、药品经营与管理、药品服务与管理
15	药理学(第3版)	罗跃娥 樊一桥	药学、药物制剂技术、化学制药技术、中药制药技术、生物制药技术、药品经营与管理、药品服务与管理
16	药物化学(第3版)	葛淑兰 张彦文	药学、药品经营与管理、药品服务与管理、药物制剂技术、化学制药技术
17	药剂学(第3版)*	李忠文	药学、药品经营与管理、药品服务与管理、药品质量与安全
18	药物分析(第3版)	孙 莹 刘 燕	药学、药品质量与安全、药品经营与管理、药品生产技术
19	天然药物学(第3版)	沈 力 张 辛	药学、药物制剂技术、化学制药技术、生物制药技术、药品经营与管理
20	天然药物化学(第3版)	吴剑峰	药学、药物制剂技术、化学制药技术、生物制药技术、中药制药技术
21	医院药学概要(第3版)	张明淑 于 倩	药学、药品经营与管理、药品服务与管理
22	中医药学概论(第3版)	周少林 吴立明	药学、药物制剂技术、化学制药技术、中药制药技术、生物制药技术、药品经营与管理、药品服务与管理
23	药品营销心理学(第3版)	丛 媛	药学、药品经营与管理
24	基础会计(第3版)	周凤莲	药品经营与管理、药品服务与管理
25	临床医学概要(第3版)*	曾 华	药学、药品经营与管理
26	药品市场营销学(第3版)*	张 丽	药学、药品经营与管理、中药学、药物制剂技术、化学制药技术、生物制药技术、中药制药技术、药品服务与管理
27	临床药物治疗学(第3版)*	曹 红	药学、药品经营与管理、药品服务与管理
28	医药企业管理	戴 宇 徐茂红	药品经营与管理、药学、药品服务与管理
29	药品储存与养护(第3版)	徐世义 宫淑秋	药品经营与管理、药学、中药学、药品生产技术
30	药品经营管理法律实务(第3版)*	李朝霞	药品经营与管理、药品服务与管理
31	医学基础(第3版)	孙志军 李宏伟	药学、药物制剂技术、生物制药技术、化学制药技术、中药制药技术
32	药学服务实务(第2版)	秦红兵 陈俊荣	药学、中药学、药品经营与管理、药品服务与管理

序号	教材名称	主编		适用专业
33	药品生产质量管理(第3版)*	李洪		药物制剂技术、化学制药技术、中药制药技术、生物制药技术、药品生产技术
34	安全生产知识(第3版)	张之东		药物制剂技术、化学制药技术、中药制药技术、生物制药技术、药学
35	实用药物学基础(第3版)	丁丰	张庆	药学、药物制剂技术、生物制药技术、化学制药技术
36	药物制剂技术(第3版)*	张健泓		药学、药物制剂技术、化学制药技术、生物制药技术
	药物制剂综合实训教程	胡英	张健泓	药学、药物制剂技术、药品生产技术
37	药物检测技术(第3版)	甄会贤		药品质量与安全、药物制剂技术、化学制药技术、药学
38	药物制剂设备(第3版)	王泽		药品生产技术、药物制剂技术、制药设备应用技术、中药生产与加工
39	药物制剂辅料与包装材料(第3版)*	张亚红		药物制剂技术、化学制药技术、中药制药技术、生物制药技术、药学
40	化工制图(第3版)	孙安荣		化学制药技术、生物制药技术、中药制药技术、药物制剂技术、药品生产技术、食品加工技术、化工生物技术、制药设备应用技术、医疗设备应用技术
41	药物分离与纯化技术(第3版)	马娟		化学制药技术、药学、生物制药技术
42	药品生物检定技术(第2版)	杨元娟		药学、生物制药技术、药物制剂技术、药品质量与安全、药品生物技术
43	生物药物检测技术(第2版)	兰作平		生物制药技术、药品质量与安全
44	生物制药设备(第3版)*	罗合春	贺峰	生物制药技术
45	中医基本理论(第3版)*	叶玉枝		中药制药技术、中药学、中药生产与加工、中医养生保健、中医康复技术
46	实用中药(第3版)	马维平	徐智斌	中药制药技术、中药学、中药生产与加工
47	方剂与中成药(第3版)	李建民	马波	中药制药技术、中药学、药品生产技术、药品经营与管理、药品服务与管理
48	中药鉴定技术(第3版)*	李炳生	易东阳	中药制药技术、药品经营与管理、中药学、中草药栽培技术、中药生产与加工、药品质量与安全、药学
49	药用植物识别技术	宋新丽	彭学著	中药制药技术、中药学、中草药栽培技术、中药生产与加工

序号	教材名称	主编	适用专业
50	中药药理学（第3版）	袁先雄	药学、中药学、药品生产技术、药品经营与管理、药品服务与管理
51	中药化学实用技术（第3版）*	杨 红 郭素华	中药制药技术、中药学、中草药栽培技术、中药生产与加工
52	中药炮制技术（第3版）	张中社 龙全江	中药制药技术、中药学、中药生产与加工
53	中药制药设备（第3版）	魏增余	中药制药技术、中药学、药品生产技术、制药设备应用技术
54	中药制剂技术（第3版）	汪小根 刘德军	中药制药技术、中药学、中药生产与加工、药品质量与安全
55	中药制剂检测技术（第3版）	田友清 张钦德	中药制药技术、中药学、药学、药品生产技术、药品质量与安全
56	药品生产技术	李丽娟	药品生产技术、化学制药技术、生物制药技术、药品质量与安全
57	中药生产与加工	庄义修 付绍智	药学、药品生产技术、药品质量与安全、中药学、中药生产与加工

说明：* 为"十二五"职业教育国家规划教材。全套教材均配有数字资源。

全国食品药品职业教育教材建设指导委员会
成员名单

主 任 委 员： 姚文兵　中国药科大学

副主任委员： 刘　斌　天津职业大学　　　　　　　马　波　安徽中医药高等专科学校

冯连贵　重庆医药高等专科学校　　　袁　龙　江苏省徐州医药高等职业学校

张彦文　天津医学高等专科学校　　　缪立德　长江职业学院

陶书中　江苏食品药品职业技术学院　张伟群　安庆医药高等专科学校

许莉勇　浙江医药高等专科学校　　　罗晓清　苏州卫生职业技术学院

昝雪峰　楚雄医药高等专科学校　　　葛淑兰　山东医学高等专科学校

陈国忠　江苏医药职业学院　　　　　孙勇民　天津现代职业技术学院

委　　　员（以姓氏笔画为序）：

于文国　河北化工医药职业技术学院　杨元娟　重庆医药高等专科学校

王　宁　江苏医药职业学院　　　　　杨先振　楚雄医药高等专科学校

王玮瑛　黑龙江护理高等专科学校　　邹浩军　无锡卫生高等职业技术学校

王明军　厦门医学高等专科学校　　　张　庆　济南护理职业学院

王峥业　江苏省徐州医药高等职业学校　张　建　天津生物工程职业技术学院

王瑞兰　广东食品药品职业学院　　　张　铎　河北化工医药职业技术学院

牛红云　黑龙江农垦职业学院　　　　张志琴　楚雄医药高等专科学校

毛小明　安庆医药高等专科学校　　　张佳佳　浙江医药高等专科学校

边　江　中国医学装备协会康复医学　张健泓　广东食品药品职业学院

　　　　装备技术专业委员会　　　　张海涛　辽宁农业职业技术学院

师邱毅　浙江医药高等专科学校　　　陈芳梅　广西卫生职业技术学院

吕　平　天津职业大学　　　　　　　陈海洋　湖南环境生物职业技术学院

朱照静　重庆医药高等专科学校　　　罗兴洪　先声药业集团

刘　燕　肇庆医学高等专科学校　　　罗跃娥　天津医学高等专科学校

刘玉兵　黑龙江农业经济职业学院　　邴枝花　安徽医学高等专科学校

刘德军　江苏省连云港中医药高等职业　金浩宇　广东食品药品职业学院

　　　　技术学校　　　　　　　　　周双林　浙江医药高等专科学校

孙　莹　长春医学高等专科学校　　　郝晶晶　北京卫生职业学院

严　振　广东省药品监督管理局　　　胡雪琴　重庆医药高等专科学校

李　霞　天津职业大学　　　　　　　段如春　楚雄医药高等专科学校

李群力　金华职业技术学院　　　　　袁加程　江苏食品药品职业技术学院

莫国民　上海健康医学院

晨　阳　江苏医药职业学院

顾立众　江苏食品药品职业技术学院

葛　虹　广东食品药品职业学院

倪　峰　福建卫生职业技术学院

蒋长顺　安徽医学高等专科学校

徐一新　上海健康医学院

景维斌　江苏省徐州医药高等职业学校

黄丽萍　安徽中医药高等专科学校

潘志恒　天津现代职业技术学院

黄美娥　湖南食品药品职业学院

前　言

《中药制药设备》是全国高等职业教育药品类专业国家卫生健康委员会"十三五"规划教材之一。本教材是根据教育部2015年10月新颁布的《普通高等学校高等职业教育(专科)专业目录(2015年)》和本轮教材的编写原则与要求,为满足高职高专院校中药制药技术、中药学、药品生产技术、制药设备应用技术等专业教学需要所编写。目前,我国中医药行业生产一线急需管理型、技能型兼备的复合型人才,本教材结合我国中药制药的性质特点,为适应"十三五"新时期国家对于职业教育的新要求,在基础教育的基础上,充分体现出了实用、创新的特点。

本书特别邀请中药制药企业生产一线的高级技术人员与长期从事中药制药设备理论和实训教学的教师,一起参与教材的编写。全书分为6个模块,共16个项目、41个任务和16个实训任务,主要内容涵盖中药制药企业一线从事设备操作、维护、管理的生产人员必备的基础应用知识和技能知识。涵盖了中药制药设备基本技术和设备基础知识以及设备维护基础知识,重要设备应用技术等。

与上版相比,本教材更加突出现代高等职业教育的特点,体例上将传统章节模式改为更符合职教特点的模块-项目-任务的方式,便于各学校根据本校特色、学习对象的不同有机组合教学内容,重点放在学生就业岗位的基本技能需求和道德素养的养成上。内容上增加了中药制药设备维修保养技能知识,并将安全生产内容独立作为一个任务强调生产安全;实训项目增加至16个,删除了一些企业淘汰的设备内容,力求学生能达到零距离上岗。栏目结构上进一步优化,增加了导学情景、点滴积累等栏目;本轮教材还重点推出了二维码融合数字教学资源,包括PPT、习题、扫一扫知重点以及设备操作微视频等富媒体资源,更加方便教学使用。

本书适用于高职高专中药制药技术、中药学、药品生产技术、制药设备应用技术等专业,也可作为中药制药设备方向的教材以及中药制药企业员工岗位培训教材。

本书是编写团队合作的结晶,经编者反复磋商,数易其稿,由主编魏增余修改和统稿。书稿及PPT内容编写人员分工如下:姜旭(项目一)、魏增余(项目二、三,实训一、二)、张兴德、徐连明(项目四)、王艳艳(项目五、十五,实训三、十五)、韩丽(项目六、实训四)、吴迪(项目七、十一、十三,实训五、九、十一、十二、十三)、龚道锋(项目八、实训六)、冯传平(项目九、十,实训七、八)、李德成(项目十二、实训十)、韦丽佳(项目十四、实训十四)、刘东平(项目十六、实训十六)。微视频等富媒体内容主创人员有:魏增余、王艳艳、张兴德、徐连明等。

由于《中药制药设备》教材涉及中药、中药制药工艺、设备机械、企业管理、GMP 等方面，现代制药设备更新快，知识面广，实践操作性很强，加之作者水平有限，时间仓促，书中可能存在疏漏，敬请使用本教材的师生及专家提出批评和修改意见，便于以后进一步修订提高。

在本书的编写过程中，得到了编者相关单位的大力支持，在此表示感谢。

编者

2018 年 3 月

目　　录

模块五　液体制剂生产设备

模块六　药品包装设备

附录   337

参考文献   342

目标检测参考答案   343

中药制药设备课程标准   348

模块一

制药设备维修基础知识

项目一

设备基础知识

情景描述：

同学们参观中医院制剂室、中药制药企业时见过中药制药设备吗？或者在中药店配制中药时见过中药粉碎、煎煮设备吗？

学前导语：

常见的中药制药设备有哪些，分为几类？现在国家对中药制药设备有哪些要求？我们将带领同学们了解中药制药设备课程的性质、任务、内容和目的，对中药制药设备的基本知识及其发展等有一个总体的把握，为以后学习设备知识打下良好的基础。

ER-1-1

扫一扫，知重点

❖ 概述

一、中药制药设备课程的内容和任务

中药制剂生产的过程主要包括中药饮片的炮制、粉碎、过筛、混合、提取、浓缩、精制、干燥以及制粒、胶囊填充、压片、包衣、制丸等单元操作，每个单元操作都需要特定的机械设备来完成。

中药制药设备课程是以中药制药工艺路线为研究主线，以中药制药技术理论为基础，以中药制药过程操作、单元操作为基本内容，重点讲述各单元操作所涉及设备的结构、原理、操作、维护保养等内容。其任务是使学生具备中药制剂工作岗位必需的基本知识、基本技能和职业素质，为从事中药制药工作奠定良好的基础，同时通过学习使学生达到以下目标：①掌握中药制药设备的主要结构、原理、性能、操作的基本知识和基本理论；②熟悉 GMP 对中药制药设备以及对设备管理的基本要求；③了解中药制药设备的维护保养及简单故障的排除；④学习主要设备的操作使用；⑤具备一定的操作设备、维护保养设备及简单排除设备故障的能力。

二、中药制药设备的现状和前沿动态

中国制药工业经过多年的调整，现共有药品生产企业 7000 余家。制药设备是制药工业发展的手段、工具和物质基础。通过科研开发、技术引进、消化吸收，制药设备的品种系列已基本满足医药企业的装备需要，品种规格总计有 3000 多种，部分设备达到国际先进水平。

中药制药设备随着中药制剂工艺的进步和剂型品种的日益增长而发展，一些新型制药设备的出现又将先进的工艺转化为生产力，促进了制药工业整体水平的提高。近年来，新的制药设备不断涌

现,如高效混合制粒机、高速自动压片机、注射剂生产线、口服液自动灌装生产线、电子数控螺杆分装机、水浴式灭菌柜、双铝热封包装机、电磁感应封口机、安瓿注射液异物自动检查机等。这些新设备的应用,为我国制剂生产提供了相当数量的先进或比较先进的制药装备,一批高效、节能、机电一体化、符合GMP要求的高新技术产品为我国医药企业全面实施GMP奠定了设备基础。但与先进水平相比,我国制药设备的自控水平、品种规格、稳定性、可靠性、全面贯彻GMP等方面还存在不同程度的差距。先进制药设备发展的特点是向密闭生产、高效节能环保、多功能、连续化、自动化水平发展,我国中药制药设备的发展也逐渐体现这些特点。

点滴积累

1. 中药制药设备课程是以制药工艺路线为研究主线,以中药制药技术理论为基础,以制药过程操作、单元操作为基本内容,重点讲述各单元操作所涉及设备的结构、原理、操作、维护保养等内容。

2. 现代中药制药设备的发展趋势是向密闭生产、高效、多功能、连续化、自动化水平发展。

任务 1-1　安全教育基础知识

一、安全事故基本知识

一般制药企业制剂车间属于洁净度要求较高的厂房,因此在建筑设计上均考虑密闭、空调等。洁净厂房的布置与构造上有很多不利于安全(如防火、防电、卫生清洁等)的因素,一旦发生安全事故,造成的损失极大,所以要考虑重视车间的安全问题。

安全是指企事业单位在劳动生产过程中的人身安全、设备和产品安全,以及交通运输安全等。我国的安全基本方针及政策是"安全第一、预防为主"。

事故是指在生产和行进过程中,突然发生的与人们的愿望和意志相反的情况,使生产进程停止或受到干扰的事件。一般安全事故的发生有其直接原因和间接原因,如图1-1所示。

(一)造成安全事故的直接原因

1. 人的因素　人员缺乏安全知识,疏忽大意或采取不安全的操作动作等。

(1)违章操作。

(2)违反劳动纪律。

2. 物的因素　机械设备工具等有缺陷或环境条件差。

(1)设备、材料、器具等堆放不安全。

(2)防护、保险、信号装置和安全防护设施缺乏或有缺陷。

(3)设备、工具及附件中有缺陷,设计不当,结构不符合安全要求。

(4)机械强度、绝缘强度不够,绳索不符合安全要求。

(5)设备维修、保养、调整不当,在非正常状态下带"病"或超负荷运转。

(6)现场环境不良,光线不足,通风不足,作业场所狭窄,作业场地混乱。

3. 人与物的综合因素 人的心理、生理性、行为性危险与物的物理性、化学性、生物性危险共同作用而引起的事故。

(二)造成安全事故的间接原因

1. 技术因素 机械设备技术或设计有缺陷。

2. 教育因素 操作人员教育培训不够,未经培训或不懂安全操作技术知识就擅自运行机器设备。

3. 身体因素 操作人员的职业健康管理不完善。

4. 精神因素 操作人员的精神状态异常。

5. 管理因素 忽视安全生产管理。

(1)没有或者不健全的安全管理制度、安全操作规程。

(2)对现场工作缺乏检查或者指挥错误。

(3)劳动组织不合理。

(4)对事故隐患整改不力,没有或者不认真实施事故防范措施。

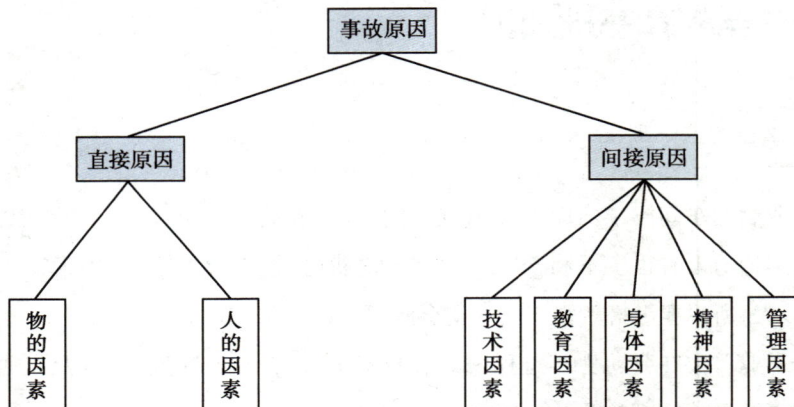

图 1-1 事故原因分析图

二、从业人员安全须知

(一)虚心学习,掌握技能

1. 以虚心的态度认真学习。

2. 不懂的地方一定要问清楚。

3. 要努力掌握学到的知识。

4. 要逐步进行实践。

5. 生产技能要反复进行练习。

(二)遵守安全生产的一般规则

1. "管生产必须管安全"的原则。从事生产、经营活动的单位和管理部门都必须管安全。在管理生产的同时认真贯彻执行国家安全生产的法规、政策和标准,制定本企业本部门的安全生产规章制度,包括各种安全生产责任制、安全生产管理规定、安全卫生技术规范、岗位安全操作规程等,健全安全生产组织管理机构,配齐专(兼)职人员。

2."安全具有否决权"的原则。是指安全工作是衡量企业经营管理工作好坏的一项基本内容。安全生产指标具有一票否决的作用。

3."三同时"原则。是指新建、改建、扩建的基本建设项目(工程)、技术改造项目(工程)和引进的建设项目,其劳动安全卫生设施必须符合国家规定的标准,必须与主体工程同时设计、同时施工、同时投入生产和使用。

4."五同时"原则。"五同时"是指企业的生产组织及领导者在计划、布置、检查、总结、评比生产工作的时候,同时计划、布置、检查、总结、评比安全工作。

5."四不放过"原则。指在调查处理工伤事故时,必须坚持事故原因分析不清不放过,事故责任者和群众没有受到教育不放过,没有采取切实可行的防范措施不放过和事故责任者没有被处理不放过。

6."三个同步"原则。是指安全生产与经济建设、深化改革、技术改造同步规划、同步发展、同步实施。

(三)认真接受安全生产教育

1. 三级安全教育　厂级、车间级、班组级。

2. 特种作业安全教育培训　电工作业、锅炉、压力容器操作和管道操作、爆破作业、金属焊接作业、企业内机动车辆驾驶、登高架设作业、电梯驾驶作业、制冷与空调作业等。

(四)严格遵守安全生产规章制度和操作规程

1."五个必须"　必须遵守厂规厂纪;必须经安全生产培训考核合格后持证上岗;必须了解本岗位的危险危害因素;必须正确佩戴和使用劳动防护用品;必须严格遵守危险性作业的安全要求。

2."五个严禁"　严禁在禁火区吸烟、动火;严禁在上岗前和工作时间饮酒;严禁擅自移动或拆除安全装置和安全标志;严禁擅自触摸与己无关的设备、设施;严禁在工作时间串岗、离岗、睡岗或嬉戏打闹。

(五)做到"三不伤害"

不伤害自己;不伤害他人;不被他人伤害。两人以上共同作业时注意协作和相互联系;立体交叉作业时要注意安全。

(六)注意遵守安全警示标志提出的要求

安全警示标志牌是由安全色、几何图形和图像符号构成的,用以表示禁止、警告、指令和提示等安全信息。根据国家规定,安全色为红、黄、蓝、绿四种颜色,分禁止标志、警告标志、指令标志和提示标志四大类型。

警示标志色标

(七)正确佩戴使用劳动防护用品

(八)使用安全装置和安全设施的注意事项

有台必有拦,有洞必有盖,有轴必有套,有轮必有罩,简称"四有四必"。

（九）生产区域行走的安全规则

1. 在规定的安全通道上行走，有人行横道线之处应走横道线。

2. 横穿通道时，看清左右两边，确认无车辆行驶时才可以通行。

3. 禁止在正进行吊装作业的行车下行走，不准在吊运物件下通行或停留。

4. 不得进入挂有"禁止通行"或设有危险警示标志的区域等。

5. 禁止在设备、设施或传送带上行走。

6. 在沾有水或油的地面或楼梯上行走时要特别注意防滑跌倒。

（十）开工前、完工后的安全检查

1. **开工前**　了解生产任务、作业要求和安全事项。

2. **工作中**　检查劳动防护用品穿戴、机械设备运转安全装置是否完好。

3. **完工后**　应将阀门、开关关好，如气阀、水阀、煤气开关、电气开关等；整理好用具和工具箱，放在指定地点；危险物品应存放在指定场所，填写使用记录，关门上锁。

三、安全生产的管理

1. 任何生产过程都要进行标准化，严格按 SOP 操作。

2. 列出每一个程序可能发生的事故，以及发生事故的先兆，培养员工对事故先兆的敏感性。

3. 认识到安全生产的重要性，以及安全事故带来的巨大危害性。

4. 在任何程序上一旦发现生产安全事故的隐患，要及时报告，及时排除。

四、制药设备操作安全注意事项

1. 设备操作人员必须经过培训合格后持证上岗。

2. 机器运转中出现故障，任何人不得伸手调试设备，必须先关闭电源。

3. 任何生产现场必须将与生产无关的人员隔离在生产区域之外。

4. 加强员工岗位安全意识管理和培训。

5. 维修设备时，安全意识不能淡漠。若遇到设备突然启动，应不要慌张，以静制动；应有应急防范措施，要与其他工作人员一起协调操作。

6. 清洁设备时，严禁点动或连动，即必须在静止情况下擦拭设备。

7. 运行中的设备必须带有门保护，门保护损坏要重新修好，严禁拆除门保护。

8. 操作人员开启设备前应首先向相关人员发出警告。

点滴积累　V ······

1. 安全是指企事业单位在劳动生产过程中的人身安全、设备和产品安全，以及交通运输安全等。

2. 事故是指在生产和行进过程中，突然发生的与人们的愿望和意志相反的情况，使生产进程停止或受到干扰的事件。

任务 1-2　GMP 与中药制药设备

一、GMP 对中药制药设备的要求

《药品生产质量管理规范》(Good Manufacturing Practice,GMP)是药品生产和质量管理的最低标准,其贯穿药品生产的各个环节,以控制产品质量。

1. GMP 对制药设备的规定

第七十一条规定:设备的设计、选型、安装、改造和维护必须符合预定用途,应当尽可能降低产生污染、交叉污染、混淆和差错的风险,便于操作、清洁、维护以及必要时进行的消毒或灭菌。

第七十二条规定:应当建立设备使用、清洁、维护和维修的操作规程,并保存相应的操作记录。

第七十三条规定:应当建立并保存设备采购、安装、确认的文件和记录。

第七十四条规定:生产设备不得对药品质量产生任何不利影响。与药品直接接触的生产设备表面应当平整、光洁、易清洗或消毒、耐腐蚀,不得与药品发生化学反应、吸附药品或向药品中释放物质。

第七十五条规定:应当配备有适当量程和精度的衡器、量具、仪器和仪表。

第七十六条规定:应当选择适当的清洗、清洁设备,并防止这类设备成为污染源。

第七十七条规定:设备所用的润滑剂、冷却剂等不得对药品或容器造成污染,应当尽可能使用食用级或级别相当的润滑剂。

第七十八条规定:生产用模具的采购、验收、保管、维护、发放及报废应当制定相应操作规程,设专人专柜保管,并有相应记录。

第七十九条规定:设备的维护和维修不得影响产品质量。

第八十条规定:应当制定设备的预防性计划和操作规程,设备的维护和维修应当有相应的记录。

第八十一条规定:经改造或重大维修的设备应当进行再确认,符合要求后方可用于生产。

第八十二条规定:主要生产和检验设备都应当有明确的操作规程。

第八十三条规定:生产设备应当在确认的参数范围内使用。

第八十四条规定:应当按照详细规定的操作规程清洁生产设备。生产设备清洁的操作规程应当规定具体而完整的清洁方法、清洁用设备或工具、清洁剂的名称和配制方法、去除前一批次标识的方法、保护已清洁设备在使用前免受污染的方法、已清洁设备最长的保存时限、使用前检查设备清洁状况的方法,使操作者能以可重现的、有效的方式对各类设备进行清洁。如需拆装设备,还应当规定设备拆装的顺序和方法;如需对设备消毒或灭菌,还应当规定消毒或灭菌的具体方法、消毒剂的名称和配制方法。必要时,还应当规定设备生产结束至清洁前所允许的最长间隔时限。

第八十五条规定:已清洁的生产设备应当在清洁、干燥的条件下存放。

第八十六条规定:用于药品生产或检验的设备仪器,应当有使用日志,记录内容包括使用、清洁、维护和维修日期、时间以及所生产及检验的药品名称、规格和批号等。

第八十七条规定:生产设备应当有明显的状态标识,标明设备编号和内容物(名称、规格、批号);没有内容物的应当标明清洁状态。

第八十八条规定:不合格的设备如有可能应当搬出生产和质量控制区,未搬出前,应当有醒目的状态标识。

第八十九条规定:主要固定管道应当标明内容物名称和流向。

第九十条规定:应当按照操作规程和校准计划定期对生产和检验用衡器、量具、仪表、记录和控制设备以及仪器进行校准和检查,并保存相关记录。校准的量程范围应当涵盖实际生产和检验的使用范围。

第九十一条规定:应当确保生产和检验使用的关键衡器、量具、仪表、记录和控制设备以及仪器经过校准,所得出的数据准确、可靠。

第九十二条规定:应当使用计量标准器具进行校准,且所用计量标准器具应当符合国家有关规定。校准记录应当标明所用计量标准器具的名称、编号、校准有效期和计量合格证明编号,确保记录的可追溯性。

第九十三条规定:衡器、量具、仪表、用于记录和控制的设备以及仪器应当有明显的标识,标明其校准有效期。

第九十四条规定:不得使用未经校准、超过校准有效期、失准的衡器、量具、仪表以及用于记录和控制的设备、仪器。

第九十五条规定:在生产、包装、仓储过程中使用自动或电子设备的,应当按照操作规程定期进行校准和检查,确保其操作功能正常。校准和检查应当有相应的记录。

第九十六条规定:制药用水应当适合其用途,并符合《中国药典》的质量标准及相关要求。制药用水应当采用饮用水。

第九十七条规定:水处理设备及其输送系统的设计、安装、运行和维护应当确保制药用水达到设定的质量标准。水处理设备的运行不得超出其设计能力。

第九十八条规定:纯化水、注射用水储罐和输送管道所用材料应无毒、耐腐蚀;储罐的通气口应当安装不脱落纤维的疏水性除菌滤器;管道的设计和安装应避免死角、盲管。

第九十九条规定:纯化水、注射用水的制备、贮存和分配应当能够防止微生物的滋生。纯化水可采用循环,注射用水可采用70℃以上保温循环。

第一百条规定:对制药用水及原水的水质进行定期监测,并有相应的记录。

第一百零一条规定:应当按照操作规程对纯化水、注射用水管道进行清洗消毒,并有相关记录。发现制药用水微生物污染达到警戒限度、纠偏限度时,应当按照操作规程处理。

2. GMP对制药设备的要求 GMP对制药设备的要求主要有以下内容。

(1)净化、清洗和灭菌方面:净化对设备要求即设备自身不污染生产环境以及不污染药物;清洗和灭菌,设备的在位清洗和在位灭菌技术(指系统或机构在原安装位置不作任何移动和改变条件下进行清洗或灭菌的功能)是有效控制交叉污染的方法,但需设备结构上与控制上的技术支持。

（2）材质、外观和安全设计方面：制造设备的材料不得对药品性质、纯度、质量产生影响，应无毒、耐腐蚀且不与所接触物质发生化学反应，不产生吸附作用，不产生微粒。外观的简洁是达到完全清洗或清洁目的的前提条件。安全保护也包含了两层意思，一是从药物安全来讲，设备不得改变药物性质和质量；二是设备操作和运行的安全及保护性能。

（3）结构设计方面：设备中机械动力构件与物料等接触的情况很多，常常又是结构设计上很难处理的（如粉体混合、动轴密封等与药物接触部分的不良结构极易形成污染）。此外，还涉及简洁和光滑设计、润滑结构和润滑剂的选择、局部 A 级空气层流净化、设备使用中自身因素对环境和药物的影响与威胁等方面，都是结构设计需十分注意的。

（4）在线检测、控制和验证方面：在线检测、控制是满足安全和连续化生产的条件，需要数显、分析、记录、程控、报警等先进技术的应用。验证是对制药设备质量进行系统确认的有文件证明的活动，其包括设计确认、安装确认、运行确认和性能确认，使用方对设备要经过以上验证，合格后方可投入使用，制药装备制造方在研发阶段就必须注重产品设计要符合 GMP。

（5）相关公用工程方面：制药设备所用的介质（水、气、汽等）和设备发散因素对药品生产的安全也有着不可忽略的影响，同样，也涉及与制药设备配套设施、设备的接口（工艺口、验证口、取样口、检修口等）。

二、设备的确认与验证

企业的厂房、设施、设备和检验仪器应当经过确认或验证，应采用经过验证的生产工艺、操作规程和检验方法进行生产、操作和检验，并保持持续的验证状态。此外，新版 GMP 中还规定确认或验证的范围和程度应经过风险评估来确定。

1. **确认**　确认是有文件证明厂房、设施、设备能正确运行并可达到预期结果的一系列活动。主要针对厂房、设施、设备和检验仪器。其中厂房和设施主要指药品生产所需的建筑物以及与工艺配套的空调系统、水处理系统等公用工程；生产、包装、清洁、灭菌所用的设备以及用于质量控制（包括用于中间过程控制）的检测设备、分析仪器等也都是确认的考察对象。厂房、设施、设备等的生命周期包含设计、采购、施工、测试、操作、维护、变更以及退役，而确认工作应贯穿生命周期的全过程，确保生命周期中的所有步骤始终处于受控状态。

确认通常由设计确认（预确认）、安装确认、运行确认和性能确认组成。

（1）设备的设计确认/预确认（DQ）：这部分内容包括药品生产企业（简称使用方）和制药装备制造企业（简称制造方）两方面：即设备的设计和选型的确认，是从设备的价格、性能及设定的参数方面，参照说明书加以考查，选定供应商。考虑因素有：设备性能；设备材质；便于清洗的结构；设备零件、计量仪表通用性和标准化程度等；合格的供应商等。

（2）设备的安装确认（IQ）：对设备计量及性能参数、安装环境及安装过程进行确认，在安装后进行的各种系统检查及技术资料文件化的工作。目的是检查设备的规格、型号、安装质量、辅助设施布置的正确性和准确性。安装确认的主要内容有：设备规格标准是否符合设计要求、药品生产工艺条件和最佳运行状态;计量、仪表的准确性和精确度、校验;安装地点及状况;设备相应的公用工程(主要是水、电、气系统);制订校正、清洗、维护保养及运行的 SOP 及记录表格;检查部件、备件及说明书等文件资料是否齐全。

(3)设备的运行确认(OQ):根据标准操作规程的草案对设备的每一部分及整体进行空载试验,确保该设备的性能在要求的范围内准确进行并达到规定的技术指标,并以文件形式记录。在这个过程中考虑的因素有:标准操作规程草案的适用性;设备运行参数的波动性;仪表的可靠性;设备运行的稳定性。

(4)设备的性能确认(PQ):先进行空白料或代用品的试生产,然后进行产品实物试生产,进一步考察设备参数的稳定性,并进行产品质量检验、提供设备的 SOP。在这一阶段,考虑因素有:①验证批次可依据产品及设备的特点确定。一般应做梯度试验和重现性试验,每一参数重复 3 次;②对产品物理外观质量的检查,如片面色泽、重量差异等;③对产品内在质量的检查,如含量、溶出度、均匀度、水分含量等;④挑战性试验也是一种检验方法,是指在正常设定的生产环境下,设想和设计出最坏情况(工序允许条件的下限及上限),确认设备即使在此条件下也能正常运转,生产出正常产品的试验,来考察设备运行的稳定性。

2. 验证 验证是有文件证明任何操作规程(或方法)、生产工艺或系统能达到预期结果的一系列活动。验证的范围也从单纯针对产品的生产验证扩展为包含所有的生产工艺、操作规程和检验方法,并且新增加了清洁程序验证的内容。

不是所有的制药设备都需要进行验证,我们所指的设备验证范围是直接或间接影响药品质量的,与制药工艺过程、质量控制、清洗、消毒或灭菌等方面相关的制药设备,其他辅助作用或不对药品质量产生影响的设备不列为验证的范围,如贴签机、理瓶机等。

(1)设备验证一般程序:验证总计划、设备验证计划、制订验证方案、实施验证方案、验证报告、验证总结、验证归档。

(2)设备变更的控制:设备变更的控制实际上是一个监督体系,确保一个已验证的系统在经过对其某项变更提出潜在影响,并按审批程序得到认可,最终仍能维持该系统处于已验证状态,或变更后提出再验证。

(3)再验证:GMP 要求验证必须保持持续状态,所以设备或公用工程系统大修后或有重大变更时、相关 SOP 有重要修改、趋势分析中发现有系统性偏差等情况,需要对设备进行再验证。

三、GMP 对制药设备管理的要求

各阶段的设备管理工作,对企业的发展会产生较大影响。企业的生产规模、产品质量、交货期、生产成本、安全、环保、工人的劳动情绪无不受设备的影响。GMP 要求设备的管理要做到"操作有规程、运行有监控、过程有记录、事后有总结"。

(一)设备管理的内容

1. 设备的前期管理 设备的前期管理又称设备规划工程,是指从制订设备规划方案起,到设备投产止这一阶段的全部管理工作。设备的前期管理程序:①确立企业经营方针和目标;②制订设备规划;③选购设备;④安装工程;⑤调试验收;⑥总结评价。

2. 设备的资产管理 设备资产管理是企业管理的经济手段,将有限的资金合理地投入分配,主要内容有:①建立设备资产台账,进行登记、清查、核对。资产账目能及时、准确地反映设备的现状和调入、调出及报废、清理动态,确保生产现场无不合格设备;②监督设备资产的维护和修理。为使设备处于良好的工作状态,要监督和检查设备检修制度的执行情况,做好维修计划的资金保证;③监督和考核固定资产的利用效果;④处理多余和闲置的生产设备。对多余的、不适用的、闲置的设备及时处理可减少企业固定资金的占用,以减少支出,确保资金的合理利用。

3. 设备的技术档案管理 设备技术档案是指生产设备从规划、设计、制造、安装、调试、使用、维修、改造、更新直至报废等全过程中有保存价值的图纸、文字说明、凭证、记录、声像等文件资料。设备技术档案可以分成3种:①综合性管理资料:主要有各种设备明细表;各类计划、合同、各种规程及工时、资金、材料等定额文件;②综合性技术资料:主要有全厂设备(包括建筑物)平面布置图;电力、动力、水管等网络图;其他隐蔽工程及施工图;③设备档案资料:主要有设备的各种图纸、使用说明书、各种规范及规程、论证资料、登记卡片及各种记录。

4. 设备的运行管理 设备的运行管理是指设备使用期间的养护、检修或校正、运行状态的监控及相关记录的管理。一般将此类管理分成两类:①日常管理:为防止药品的污染及混淆,保证生产设备的正常运行,生产设备的使用者必须能同时从事设备的一般清洁及保养工作,这种日常的清洁维护及保养设备是一件重复性工作,应经过验证后制定相关的规程,使这项工作有章可循,并填好设备日志;②设备运行状态的监控管理:是指设备正常运行时,其运行参数必须在一定的范围之内,如偏离了正常的参数范围就有可能给产品质量带来风险。

5. 设备的维修管理 设备维修管理又称设备维修工程或设备的后期管理,是指对设备维护和设备检修工作的管理。

(1)设备维护是指"保持"设备正常的技术状态和运行能力所进行的工作。其内容是定期对设备进行检查、清洁、润滑、紧固、调整或更换零部件等。

(2)设备检修是指"恢复"设备各部分规定的技术状态和运行能力所进行的工作。其内容是对设备进行诊断、鉴定、拆卸、更换、修复、装配、磨合、试验、涂装等。

(3)设备维修工程是研究如何掌握设备技术状态和故障机制(包括重点设备的划分,设备技术状态的检测诊断方法,判断设备状态的完好标准,查找故障规律等),并根据故障机制加强设备的维护,控制故障的发生,选择适宜的维修方式和维修类别,编制维修计划和制订相关制度,组织检查、鉴定及修理工作。同时做好维修费用的资金核算工作。

(二)设备的标准操作规程

标准操作规程(standard operating procedure,SOP)是指经批准用于指示操作的通用性文件或管理办法。它具体指导工作人员如何完成一项特定的工作。企业中的每项操作、每个岗位和部门都应制定SOP。

SOP的内容有:规程题目、规程编号、制定人及制定日期、审核人及审核日期、批准人及批准日期、颁发部门、分发部门、生效日期、正文。

根据我国 GMP 的规定,制药设备的 SOP 如下:

1. **设备操作规程** 设备操作规程也是设备的使用规程或其操作程序。其正文内容包括:目的、范围、责任者、程序及注意事项等。

2. **设备维护保养规程**

(1)设备维护保养类型:①预防性维护保养,包括常规清洗、微调、润滑、检验、校正和更换零件,减少设备发生故障的频率;②矫正性维护保养,包括补救意想不到的故障,并为确定维修操作提供资料。

(2)设备维护保养规程的主要内容:①设备维护保养必须按岗位实行包机负责制,做到每台设备、每块仪表、每个阀门、每条管线都有专人维护保养。②传动设备启用前,必须认真检查紧固螺栓是否齐全牢靠,确保转动体上无异物,并确认能转动;检查安全装置是否完整、灵敏好用。设备运转时,要仔细观察,做好记录,发现异常及时处理。停机后或下班前做好清理、清洁等各项工作,并将设备状况与接班人员交接清楚。③经常巡视,精心维护,运用"听、摸、擦、看、比"对设备进行检查,及时排除故障,保持设备的完好性。④严格执行操作规程,严禁超温、超压、超速、超负荷运行。操作人员有责任及时处理和反映设备缺陷,有权利对危及安全可能造成严重损失的设备停止使用,并必须迅速向有关人员报告。⑤做好设备的防腐、防冻、保温(冷)和堵漏工作。岗位上所有阀门管件的更换、检修,岗位上设备管道的保温、油漆、防冻等工作由操作人员负责(大面积的由设备员统一负责)。⑥搞好环境及设备(包括备用设备和在岗的停用设备)的卫生;做到沟见底、轴见光、设备见本色、门窗玻璃净。物料、工器具放置整齐,做到文明生产。⑦认真填写设备运行记录和问题记录,掌握设备故障规律及其预防,判断和紧急处理措施,确保安全生产。⑧设备润滑要严格执行"设备润滑管理规定",尤其是要定期清洗润滑系统及工具;对自动注油的润滑点,要经常检查滤网、油压、油位、油质、注油量,及时处理不正常现象。

3. **设备清洁规程** 设备清洁规程的具体内容应包括:①清洁方法及程序。②使用清洁剂的名称、成分、浓度及配制方法等。③一般要求同一设备连续加工同一无菌产品时,每批之间要清洗灭菌;同一设备加工同一非灭菌产品时,至少每周或每生产规定批后进行全面的清洗。④关键设备的清洗验证方法。⑤清洗过程及清洗后检查的有关数据要记录并存档。⑥无菌设备的清洗,特别是直接接触药品的部位和部件必须灭菌,并标明灭菌日期,必要时进行微生物学的验证,灭菌的设备应在规定时间内使用。

不同种类设备的清洁有:新设备的清洁,正常生产过程设备的清洁,超清洗有效期、长时间放置重新启用设备设施的清洁,维修及故障后的清洁,特殊产品及设备的清洁。

4. **设备检修规程** 主要内容一般包括:①检修间隔期(大、中、小修间隔期);②检修内容;③检修前的准备(技术准备、物质准备、安全技术准备、制订检修方案、编制检修计划、费用计划、明确责任人员);④检修方案(设备拆卸程序和方法、主要部件检修工艺);⑤检修质量标准;⑥试车与验收。

5. **设备状态标志规程** 状态标志系用于指明原辅料、产品、容器或设备之状态的标志。其内容有:

(1)所有使用的设备要有统一的编号,并将编号标在设备主体上,每一台设备要指定专人管理,责任到人。

（2）每台设备都要标明状态标志,内容主要有设备名称、企业标识、产品名称、规格、批号、操作人、使用时间、有效期等内容,一般包括两类:

1）设备性能标志:①完好:[绿色]设备完好,可以使用。②维修中:[黄色]正在修理中的设备,应标明维修的起始时间和维修负责人、批准人等。③待维修:[红色]设备出现故障,等待维修。④停用:[白色]因各种原因暂时不用的设备;如长期不用,应移出生产区。

2）设备清洁标志:①已清洁:[绿色]已清洗洁净的设备,随时可用,应标明清洁的日期、有效期、操作人等。②运行中:[绿色]正在进行生产操作的设备,应标明加工物料的品名、批号、数量、生产日期、操作人等。③待清洁:[红色]尚未进行清洁的设备,应用明显符号显示,以免误用。

（3）各种管路管线除按规定涂色外,应标明介质及流向箭头。

（4）无菌设备应标明灭菌时间和使用日期,超过使用期限的,应重新灭菌后再使用。

（5）当设备状态改变时,要及时换牌,以防发生使用错误。

（6）所有标牌应挂在显眼、不易脱落的指定位置。

知识链接

设施及设备的验证

设施、设备验证的目的是对设计、选型、安装及运行等进行检查,安装后进行试运行,以证明设施、设备达到设计要求及规定的技术指标。 然后进行模拟生产试机,证明该设施、设备能够满足生产操作需要,而且符合工艺标准要求。 设备验证项目应选择影响药品质量的关键工序进行验证。 关键工序指可能引起最终产品质量变化的关键操作和设备。 无菌药品生产关键工序包括灭菌设备、药液配制设备、药液过滤设备、洗瓶设备、灌封或封装设备、冷冻干燥设备、管道清洗处理效果等。 非无菌药品生产关键工序,对低剂量的片剂和胶囊剂,与药物含量一致性有关的混合和制粒过程应作为重点验证;对一般的片剂和胶囊剂,与质量一致性有关的压片和胶囊充填也要验证。

药品生产验证采用分阶段验证形式,即将验证方案分为安装确认、运行确认、性能确认和产品验证等4个阶段。 按各阶段验证的对象可将前3项归纳为设备验证,所以药品生产验证可归纳为设备验证和产品验证两方面。

点滴积累 ∨

1. GMP 对制药设备的要求有 5 个方面:①净化、清洗和灭菌方面;②材质、外观和安全设计;③结构设计、在线检测;④控制和验证;⑤相关公用工程。

2. 设备的管理有前期、资产、技术档案、运行、维修管理。

3. 设备确认有设计、安装、运行和性能确认。

4. 验证的内容有生产工艺、操作规程和检验方法、清洁验证。

目标检测

一、选择题

（一）单项选择题

1.《药品生产质量管理规范》是药品生产和质量管理的（　　）

    A. 最高标准　　　　　　　B. 最低标准　　　　　C. 一般标准　　　　　D. 地方标准

2. 下列对生产设备的叙述中不准确的是（　　）

    A. 应有使用、维修、保养记录，并由专人管理

    B. 应有明显的合格标志和状态标志

    C. 与设备连接的主要固定管道应标明管内物料名称、流向

    D. 验证包括生产工艺、操作规程和检验方法

3. 正在运行中的设备，其状态标志牌是（　　）

    A. 红色　　　　　　　　　B. 绿色　　　　　　　C. 黄色　　　　　　　D. 白色

4. 标准操作规程的英文简写为（　　）

    A. SIP　　　　　　　　　B. SOP　　　　　　　C. ISO　　　　　　　D. GMP

5. 安全警示标志中红色代表（　　）

    A. 警告　　　　　　　　　B. 禁止　　　　　　　C. 指令　　　　　　　D. 指示

（二）多项选择题

1. 设备操作规程的正文内容包括（　　）

    A. 目的　　　　　　　　　B. 范围　　　　　　　C. 责任者

    D. 程序　　　　　　　　　E. 注意事项

2. 制剂设备的 SOP，根据我国 GMP 规定应该包括（　　）

    A. 设备操作规程　　　　　B. 设备维护保养规程　　C. 设备清洁规程

    D. 设备检修规程　　　　　E. 设备状态标志规程

3. 确认通常由（　　）组成

    A. 设计确认（预确认）　　B. 安装确认　　　　　C. 运行确认

    D. 性能确认　　　　　　　E. 设备状态确认

4. 不是所有的制药设备都需要进行验证，我们所指的设备验证范围是（　　）

    A. 直接或间接影响药品质量的制药设备

    B. 与制药工艺过程等方面相关的制药设备

    C. 质量控制方面相关的制药设备

    D. 清洗、消毒或灭菌等方面相关的制药设备

    E. 其他辅助作用的如贴签机、理瓶机等

5. 设备管理的内容包括（　　）

    A. 前期管理　　　　　　　B. 资产管理　　　　　C. 技术档案管理

D. 运行管理　　　　　　　　E. 维修管理

二、简答题

1. 简述设备维护保养规程的主要内容。

2. 简述设备清洁规程的主要内容。

3. 简述设备状态标志规程的主要内容。

4. 简述设备确认的内容。

5. 什么情况下进行再验证？

（姜　旭）

项目二

制药机械基础概论

项目二PPT

导学情景 ∨

情景描述：

　　自行车是我们日常生活中最常见的交通工具，为什么脚一踩踏板，自行车就能前进呢？这是不是由多种零件和机构组合并传递能量产生的运动？制药领域的各种制药设备也有种类繁多和复杂的零件、机构。那么同学们知道常用的制药机械基础知识吗？

学前导语：

　　制药机械的种类繁多，本项目主要学习常用机构、机械传动和常用机械零件。

❖ **概述**

ER-2-1

扫一扫，知重点

　　在制药生产中，广泛使用各种机器，如粉碎机、压片机、灌封机、包装机等。虽然各种机器形式不同、结构和用途各异，但是相对都有共同的属性。①均是由构件组成的组合体；②各构件间具有确定的相对运动；③能够将供给它的能量转变为机械能。满足前两个属性的组合体称为机构，机构的作用是传递运动和力，它是机器的主要组成部分。一个或一个以上机构的组合体构成机器，机器是执行机械运动的装置，用来转换或传递能量，从而完成规定的工作。机器由原动机、机械运动系统和控制系统组成。

一、原动机

　　原动机是把其他形式的能量转化成机械能的机器，为机器的运转提供动力。按原动机转换能量的形式可分为三大类。

　　1. 电动机　　电动机是将电能转换为机械能的机器。常用的电动机有三相交流异步电动机、单相交流异步电动机、直流电动机、交流和直流伺服电动机以及步进电动机等。三相交流异步电动机和较大型直流电动机常用于工业生产领域，单相交流异步电动机常用于家用电器，交流和直流伺服电动机以及步进电动机常用于自动化程度较高的自动控制技术领域。电动机是机器中应用最广的一种原动机。

　　2. 内燃机　　内燃机是把热能转换为机械能的机器。常用的内燃机主要有汽油机和柴油机。中小型车辆中常用汽油机作为原动机，大型车辆常用柴油机作为原动机。

　　3. 一次能源型原动机　　一次能源型原动机是指直接利用地球上的能源转换为机械能的机器。常用的一次能源型原动机主要有水轮机、风力机、太阳能发电机等。

二、机械运动系统

机器的传动系统和工作执行系统统称为机械运动系统。传动系统的目的是为了改变运动方向和运动条件。制药设备中常见的传动系统如摇摆制粒机中的齿轮传动、压片机中的带传动、泡罩包装机中的链条传动等。工作执行系统形式复杂、设计难度大，不同机器需要完成不同的任务，工作执行系统虽然区别很大，但是传动系统却可以相同。

三、机械控制系统

在制药机械中，控制系统所采用的控制方法很多，有机械控制、电气控制、液压控制、气动控制及综合控制。其中以电气控制应用最为广泛，在我国制药企业推行的 GMP 认证中，制药设备必须向自动化、智能化的方向发展。

点滴积累 ∨

1. 机器由原动机、机械运动系统和控制系统组成。
2. 控制系统所采用的控制方法很多，有机械控制、电气控制、液压控制、气动控制及综合控制。

任务 2-1 机械常用机构

机构是由若干个具有不同形状的物体（简称构件）用具有相对运动的连接组合在一起的装置，在机械中执行机械运动来传递运动和力，是机械的重要组成部分。在各种不同类型的机械中经常使用的机构，称为常用机构。制药设备有一些常用机构，如平面连杆机构、凸轮机构、间歇运动机构等。

一、平面连杆机构

两个构件既要连接，还要运动，这种两个构件之间的可动连接称为运动副。按运动副的接触方式可分为低副和高副；按两个构件之间的相对运动方式可分为转动副和移动副。连杆机构是用连杆把机构中的原动件和从动件相连，通过连杆的连接而使机构的各构件构成了一个联动装置。连杆机构是一种广泛应用的机构，它又分为平面连杆机构和空间连杆机构两大类，平面连杆机构在一般机械中应用较多。

平面连杆机构是由一些刚性构件用转动副和移动副连接而成的机构。该机构中的运动副都是面接触的低副，因此平面连杆机构也称为平面低副机构。平面连杆机构能够实现某些较复杂的平面运动，在生产中广泛用于传递动力或改变运动形式。平面连杆机构是各构件间的相对运动均在同一平面或相互平行的平面内运动，连杆机构还可以根据其所含有的构件（因多呈杆状，故常简称为"杆"）的数目进行命名，如含有四个构件的连杆机构称为四杆机构，含有六个构件的连杆机构称为六杆机构。在各种平面连杆机构中，以四杆机构为最基本、最常用。

（一）平面四杆机构的基本类型

所有运动副均为转动副的四杆机构称为铰链四杆机构,如图 2-1 所示,它是平面四杆机构的基本形式。在此机构中固定不动的杆 AD 称为机架,与机架相连的为连架杆 AB、CD,而 BC 为连杆。在连架杆中,能作整周回转的连架杆称为曲柄,如 AB;而只能在某一角度范围内往复摆动的连架杆称为摇杆,如 CD。

在铰链四杆机构中,各杆的尺寸(或尺寸比例)不变,若取不同的杆件为机架,则可以变换为具有不同运动特性的机构,即可得到四杆机构的 3 种基本类型。

1. 曲柄摇杆机构 在铰链四杆机构的两连架杆中,一为曲柄,另一为摇杆,则此机构称为曲柄摇杆机构。如图 2-1 所示,AB 是曲柄,DC 是摇杆,当曲柄与连杆重合在一条直线上(即图示位置 AB_1C_1 及 B_2AC_2)时,摇杆摆动到了两个极限位置 DC_1 及 DC_2。这种机构的运动特性是将主动曲柄的连续转动变为从动摇杆的往复摆动。曲柄摇杆机构的具体应用有:图 2-2(a)为剪切机,图 2-2(b)为颚式粉碎机,图 2-2(c)为搅拌机,图 2-2(d)为雷达俯仰角的摆动装置。

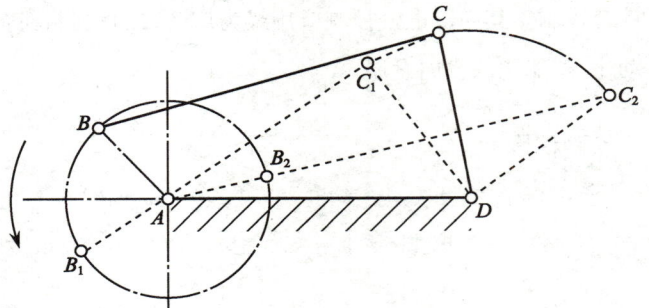

图 2-1 曲柄摇杆机构

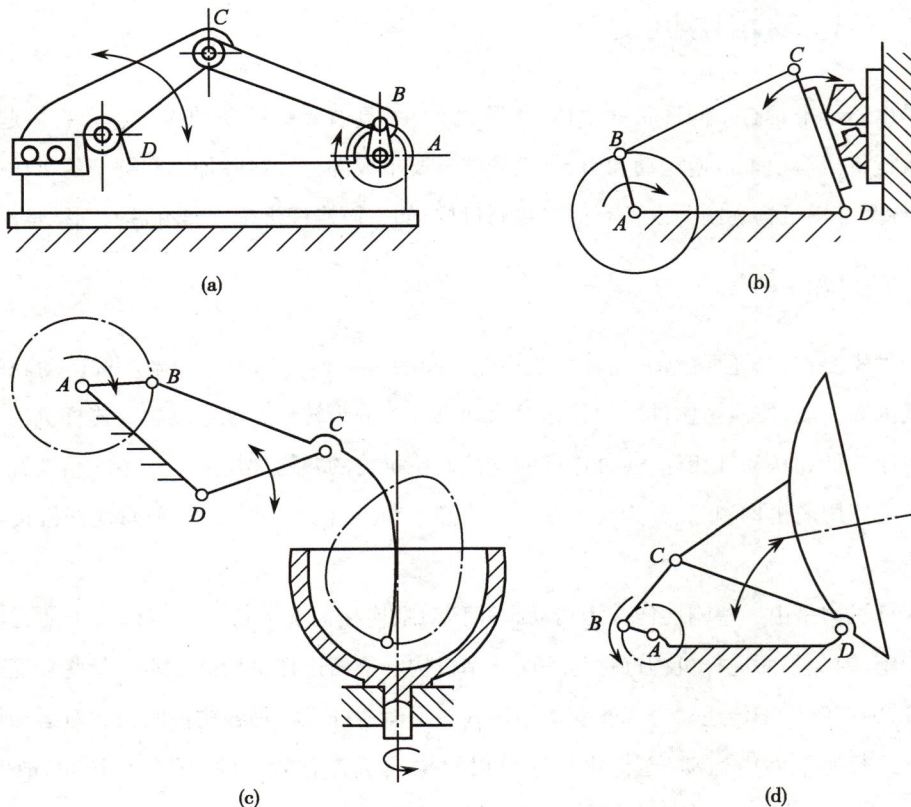

图 2-2 曲柄摇杆机构应用实例

2. **双曲柄机构**　若铰链四杆机构的两连架杆均为曲柄,则此铰链四杆机构称为双曲柄机构,ABCD 即为双曲柄机构,如图 2-3 所示。在双曲柄机构中,如两曲柄的长度相等,连杆与机架的长度也相等且彼此平行,则称为平行四边形机构。若曲柄转向相同,称为正平行四边形机构;若曲柄转向不同,称为反平行四边形机构。正平行四边形机构在水针剂的安瓿灌封机中得到了应用。如图 2-4 所示,移动齿板是连杆,两偏心轴是两个等长的曲柄,而且采用了两个相同转速和转向的主动件,当两曲柄作等速转动时,连杆作平移运动,把安瓿搬到灌药和封口位置。

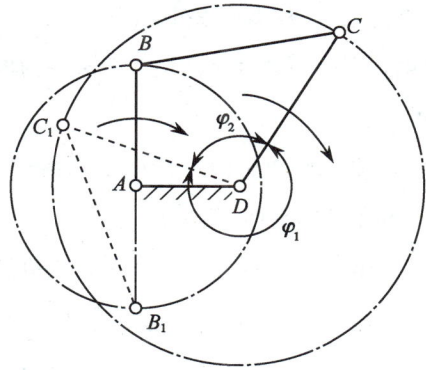

图 2-3　双曲柄机构

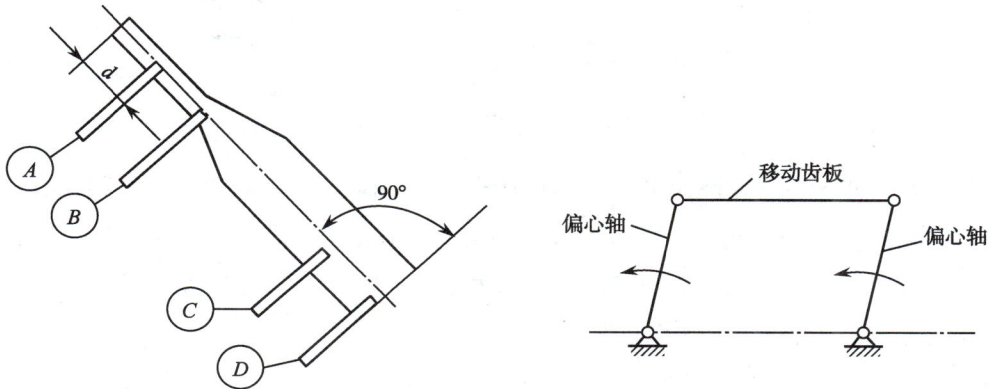

图 2-4　安瓿灌封机中的送瓶机构

3. **双摇杆机构**　若铰链四杆机构的两连架杆均为摇杆,则此铰链四杆机构称为双摇杆机构。当两摇杆的长度不等时,能将主动摇杆的一种摆动变为从动摇杆的另一种摆动,如图 2-5 所示。

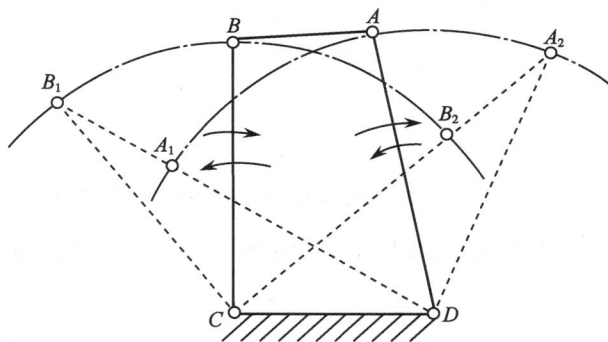

图 2-5　双摇杆机构

▶▶ 课堂活动

　　日常生活中,同学们在哪些设备中见过曲柄摇杆机构?哪些有双曲柄机构?

（二）平面四杆机构的演化

除上述 3 种类型以外,在机器中还广泛采用其他多种形式的铰链四杆机构,但是这些形式的铰链四杆机构,可认为是通过改变某些构件的形状和相对长度,即由铰链四杆机构的基本类型演化而成的。

1. 曲柄滑块机构　是由曲柄摇杆机构演化而来的。如图 2-6 所示,它是由曲柄 AB、连杆 BC、滑块 C 和不动的导槽(机架)D 所组成。曲柄可绕轴 A 转动,滑块可在导槽中作直线往复运动。它广泛地应用于往复泵、活塞式压缩机等机械中。

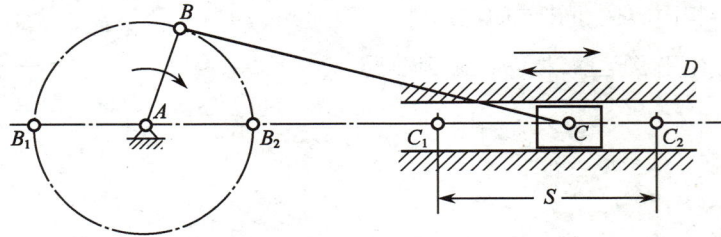

图 2-6　曲柄滑块机构

2. 偏心轮机构　在曲柄滑块机构中,曲柄 AB 的尺寸较小时,由于结构的需要,常将曲柄改作一个几何中心不与其回转中心相重合的圆盘。此圆盘称为偏心轮,其回转中心与几何中心间的距离称为偏心距(它等于曲柄长),这种机构称为偏心轮机构,如图 2-7 所示。它与曲柄滑块机构的运动特性完全相同,在单冲压片机中得到了应用。

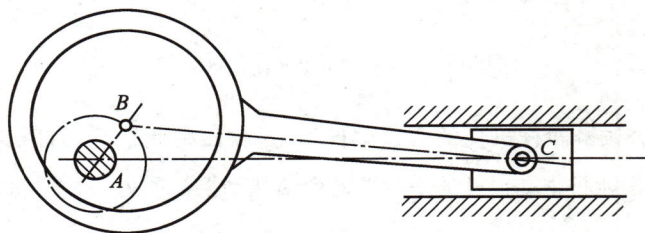

图 2-7　偏心轮机构

二、凸轮机构

凸轮机构由凸轮、推杆和机架三部分组成。如图 2-8 所示,凸轮轮廓上的各点具有不相等的半径,当凸轮绕定轴转动时,推杆按一定规律作直线往复运动或摆动。凸轮机构的类型很复杂,常用的分类方法如下。

（一）按凸轮的形状分类

1. 盘形凸轮　这种凸轮是一个具有变化半径的盘形构件,当其绕固定轴转动时,可推动推杆在垂直于凸轮轴的平面内运动。如图 2-8(a)所示。

2. 移动凸轮　可看做半径为无限大的盘形凸轮的一部分,这是一个具有曲线轮廓的作往复直线移动的构件,通常称为移动凸轮。当移动凸轮直线往复运动时,可推动推杆在同一平面内作直线往复运动。如图 2-8(b)所示。

3. 圆柱凸轮　这种凸轮是一个在圆柱面上开有曲线凹槽或是在圆柱端面上做出曲线轮廓的构件,如图 2-8(c)所示。当其转动时,可使推杆按凹槽的不同形状而产生不同的运动规律。

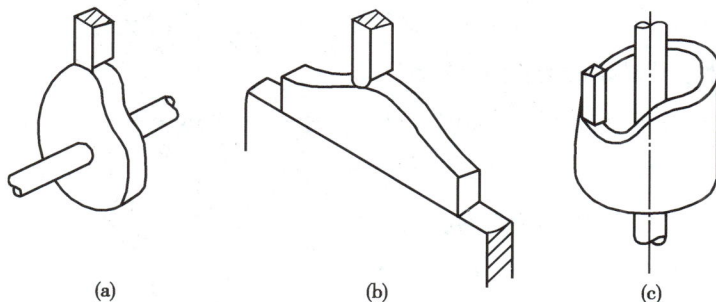

图 2-8　凸轮轮廓类型

(二)按推杆的形状分类

1. 尖端推杆　如图 2-9(a、b)所示,这种推杆结构最简单,但易于被磨损,只适用于作用力不大,转速较低的场合。

2. 滚子推杆　如图 2-9(c、d)所示,这种推杆由于滚子与凸轮轮廓之间为滚动摩擦,故磨损很小,可用来传递较大的动力,也是最常用的推杆类型。

3. 平底推杆　如图 2-9(e、f)所示,凸轮对推杆的作用力始终垂直于推杆的底边,故受力比较平稳。凸轮与平底的接触面间容易形成油膜,润滑较好,常用于高速传动的机械中。

凸轮机构的主要优点是:结构简单,能使推杆实现较为复杂的运动规律以满足机械工作的要求。因此,凸轮机构得到了广泛的应用,如旋转式压片机中的导轨做成圆柱形凸轮,上下冲杆沿着导轨作特定的上下运动。

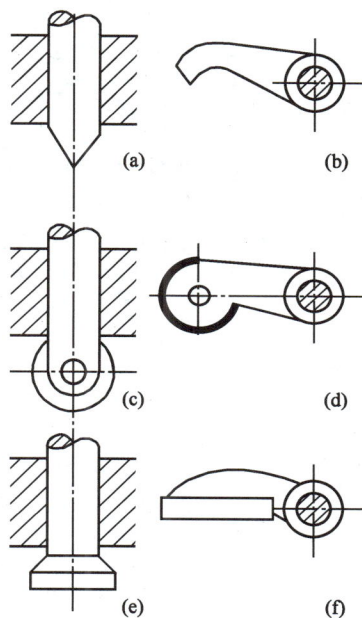

图 2-9　凸轮推杆类型

三、间歇运动机构

在半自动及自动化程度较高的机械中,往往需要机构做周期性的间歇运动。如铝塑包装机中,打批号和冲裁就是应用间歇运动机构来实现的。

某些机构的原动件在做连续运动时,从动件做周期性时动时停的间歇运动,这种机构称为间歇运动机构。最常用的间歇运动机构有:棘轮机构、槽轮机构、凸轮间歇机构、不完全齿轮机构。

(一)棘轮机构

如图 2-10 所示,棘轮机构主要由棘轮、棘爪和机架组成,它需和曲柄摇杆机构配合使用,才能将连续转动变为所需的间歇运动。当曲柄连续转动时,可使摇杆做往复摆动。当摇杆向左摆动时,装在摇杆上的棘爪插入棘齿槽内,推动棘轮按逆时针方向转动一定角度;当摇杆向右摆动时,棘爪沿棘齿背滑过,止回棘爪插入齿间,确保棘轮不会倒转,棘轮停止不动,从而棘轮获得间歇运动。

（二）槽轮机构

槽轮机构主要由带圆柱销的主动拨盘、带径向槽的从动槽轮和机架组成,它是利用圆柱销插入轮槽并拨动槽轮转动和脱离轮槽时槽轮停止转动的方式,以完成周期性的间歇运动的机构。如图 2-11 所示,当主动拨盘作匀速逆时针转动时,圆柱销由左侧插入轮槽,拨动槽轮顺时针转动;当拨盘的圆柱销由右侧脱离轮槽,槽轮的内凹弧被拨盘的外凸弧卡住,将槽轮锁住,槽轮停止不动直到圆柱销再进入槽轮的另一个径向槽时,便又重复上述的运动循环。

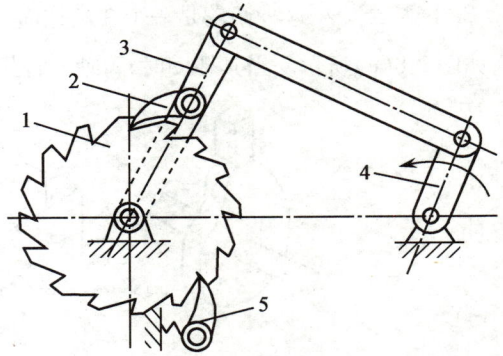

图 2-10　棘轮机构
1. 棘轮;2. 棘爪;3. 摇杆;4. 曲柄;5. 止回棘爪

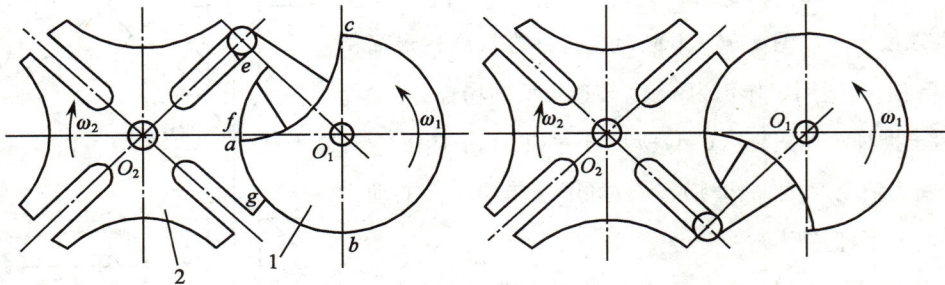

图 2-11　槽轮机构
1. 拨盘;2. 槽轮

点滴积累 V

1. 平面连杆机构广泛用于传递动力或改变运动形式。平面四杆机构的类型有曲柄摇杆机构、双曲柄机构和双摇杆机构。
2. 凸轮机构按凸轮的形状有盘形凸轮、移动凸轮和圆柱凸轮。
3. 间歇运动机构有棘轮机构和槽轮机构。

任务 2-2　机械传动

任何机器都要靠提供的能量才能工作,用于把能量传给机械的中间装置称为传动装置,简称传动。传动按其工作原理可分为机械传动、电气传动、液压传动和磁力传动等。机械传动是最基本的传动方式,它包括带传动、链传动、齿轮传动、蜗杆传动等,在中药制药设备中得到广泛的应用。

一、带传动

（一）带传动的分类

带传动是一种使用最广泛的机械传动。如图 2-12 所示,它由主动轮、带和从动轮组成,依靠带与带轮之间的摩擦力或啮合力来传动。带传动分为摩擦带传动和啮合带传动。

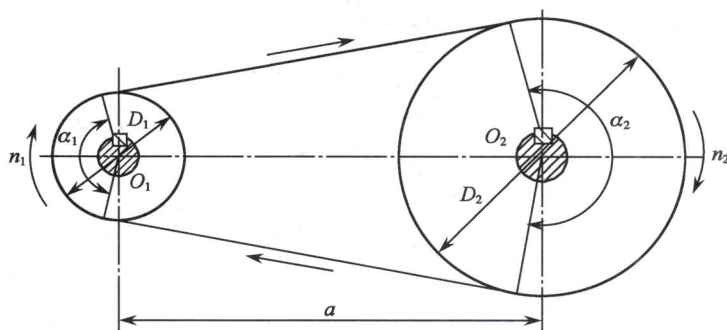

图 2-12 带传动

1. 摩擦带传动 如图 2-13 所示。

（1）按摩擦带横截面形状的不同,摩擦带传动可分为 3 种。①平带传动:平带的横截面为扁平矩形,其工作面为内表面,如图 2-13(a)所示;②V 带(三角带)传动:V 带的横截面为等腰梯形,其工作面为两侧面,如图 2-13(b)所示,在相同条件下,产生的摩擦力大,所以 V 带传动能力强,结构紧凑,应用最广;③圆形带传动:圆形带横截面是圆形,只适用于小功率传动,如图 2-13(c)所示。

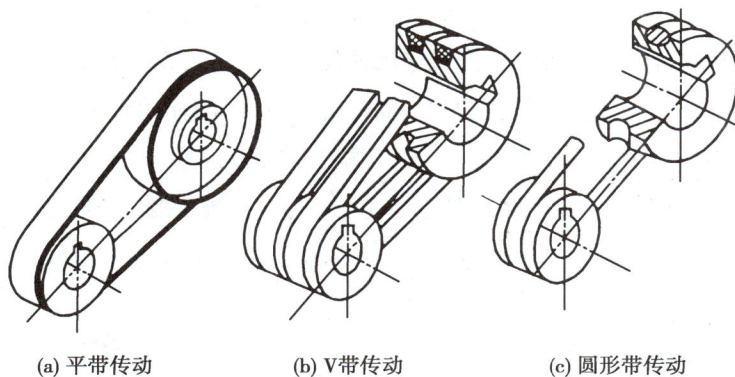

(a) 平带传动　　(b) V带传动　　(c) 圆形带传动

图 2-13 摩擦带传动的类型

（2）平带传动按其传动形式可分为 4 种。①开口传动:如图 2-12 所示,它用于两轴平行且转向相同的传动。②有导轮的传动:如图 2-14 所示,用于两轴不平行的传动,为避免带从带轮上脱落下来,带需加导轮 C。③有游轮的传动:如图 2-15 所示,用于主动轴不停地旋转而从动轴需要时停时转的。主动轴 O_1 上装一宽带轮 A,从动轴 O_2 上装有 B 轮和 C 轮(可在轴上自由转动,称为游轮)。工作时,如将传送带移至 A 轮和 B 轮上,则主动轴将带动从动轴旋转;如将传动带移至 A 轮和 C 轮上,则主动轴只能带动游轮空转,而从动轴却不旋转;④塔轮传动:塔轮传动可以实现主动轴 O_1 以一定的转速旋转时,而从动轴 O_2 需要有几种不同的转速。如图 2-16 所示,塔轮由几个不同直径的带轮组成,形成阶梯,将传送带从一对阶梯移动到另一对阶梯时,就可以改变两轴的传动比,从而改变了从动轴的转速。

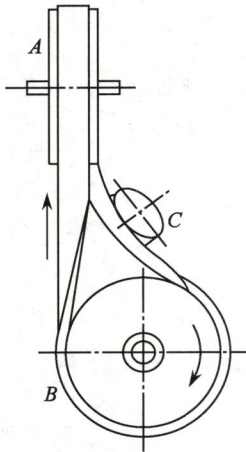

图 2-14 有导轮的传动

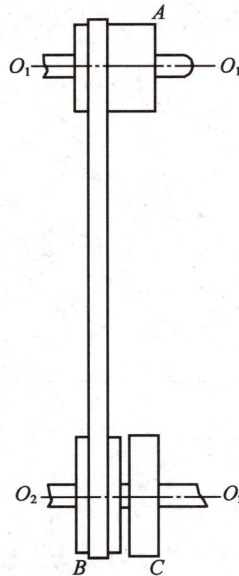

图 2-15 有游轮的传动

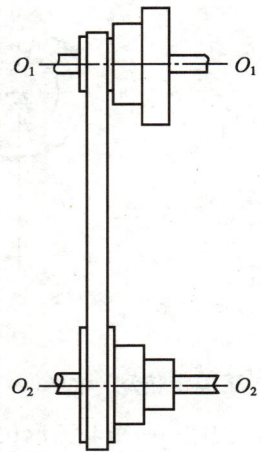

图 2-16 塔轮传动

2. 啮合带传动 啮合带传动有两种。

（1）同步齿形带传动：如图 2-17 所示，工作时，带上的齿与轮上的齿相互啮合，以传递运动和动力。同步齿形带传动，综合了一般带传动与链传动的优点。它的主要优点是不打滑，主要缺点是制造精度要求比较高，安装时两轮的平行度要求也高。所以同步齿形带传动在某些高速、精密的机械中获得日益广泛的应用，如电子计算机，全自动高速旋转式压片机等。

（2）齿孔带传动：如图 2-18 所示，依靠带上的孔与带轮上的齿直接啮合传递运动。工作时，带上的孔与轮上的齿互相啮合，以传递运动。这种传动同样可保证同步运动。如放映机、打印机等。

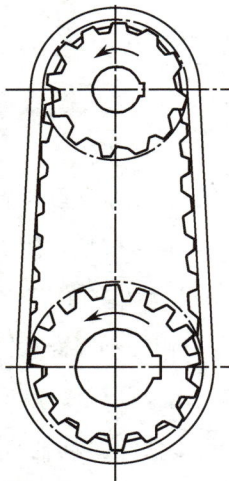

图 2-17 同步齿形带传动

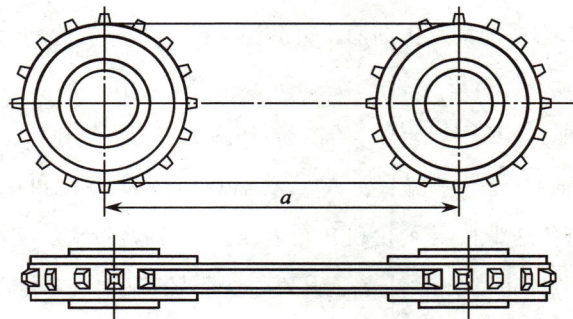

图 2-18 齿孔带传动

（二）带传动的特点

摩擦带传动的优点是：①带的弹性良好，因此能缓和冲击，吸收振动，故传动平稳，无噪声；②过载时,带会在轮上打滑,可防止其他零件的损坏,起到安全保护的作用;③它可用于中心距很大的场合;④结构简单,制造容易,成本低廉,维护方便。缺点是:①带与轮间存在弹性滑动,不能保证传动比不变,因此,传动比不准确;②外廓尺寸比较大;③带张紧在轮上,故作用在轴上的压力大;④带的寿命较短,传动效率也较低;⑤由于摩擦生电,不宜用于易燃物或有爆炸危险的地方。

二、链传动

链传动由主动链轮、从动链轮和与它们相啮合的链条所组成(见图2-19)。链传动是以链条作为中间挠性件,靠链与链轮轮齿的啮合来传递运动和动力的。它适用于中心距较大、要求平均传动比准确或工作条件恶劣(如温度高、有油污、淋水等)的场合。与带传动相比,摩擦损耗小,效率高,结构紧凑,承载能力大,且能保持准确的平均传动比;与齿轮传动相比,具有能吸振缓冲并能适用于较大中心距传动的特点;只能在中、低速下工作,速度不宜过快,瞬时传动比不均匀,有冲击噪声。

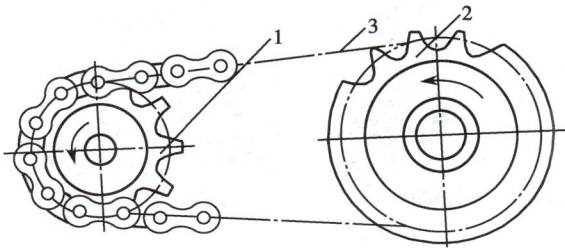

图2-19　链传动
1. 主动链轮;2. 从动链轮;3. 链条

(一)链传动的分类

按照工作性质的不同,链有传动链、起重链和牵引链。传动链主要用于传递动力,应用最广。起重链和牵引链主要用于起重机械和运输机械。根据结构的不同,传动链又有套筒链、滚子链、齿形链和成型链。滚子链已标准化,应用最广。

(二)链传动的特点

和带传动相比较,链传动的优点有:①传递的功率较大;②由于是啮合传动,能保证平均传动比不变;③没有滑动;④链传动需要的轴间距离可以很大;⑤能在恶劣环境下工作,如温度较高,湿度较大,日晒等环境。链传动的缺点是:①只能用于平行轴间的传动;②瞬间速度不均匀,高速运转时,不平稳;③不宜在载荷变化很大的传动中应用;④传动时有噪声;⑤制造费用比带传动高等。

三、齿轮传动

齿轮传动是利用两齿轮的轮齿相互啮合传递动力和运动的机械传动。具有结构紧凑、效率高、寿命长等特点,能实现平行轴、任意两相交轴和任意两相交错轴之间的传动。在所有的机械传动中,齿轮传动应用最广,可用来传递相对位置不远的两轴之间的运动和动力。齿轮传动的主要缺点是:要求较高的制造和安装精度,成本较高;不适宜远距离两轴之间的传动。

（一）齿轮传动的分类

齿轮传动的类型很多,可以按不同方法进行分类。

1. 根据齿轮传动的工作条件 分为开式齿轮传动和闭式齿轮传动。

2. 根据两齿轮传动轴的相对位置不同 分为平行轴齿轮传动、相交轴齿轮传动、交错轴齿轮传动。平行轴齿轮传动属于平面传动,相交轴齿轮传动和交错轴齿轮传动属于空间传动。

3. 根据轮齿方向的不同 分为直齿齿轮传动、斜齿齿轮传动和曲线齿齿轮传动。

4. 根据两齿轮啮合方式 分为外啮合齿轮传动、内啮合齿轮传动和齿条传动。

最常用的圆柱齿轮传动又可分为直齿圆柱齿轮传动,斜齿圆柱齿轮传动和人字齿圆柱齿轮传动。

各种齿轮传动如图 2-20 所示。

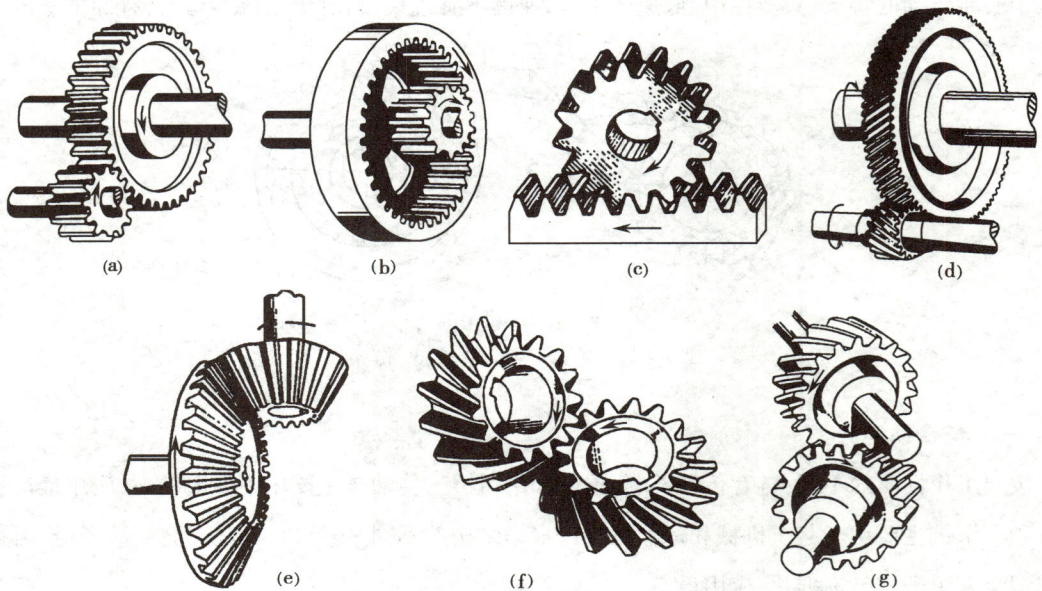

图 2-20　齿轮传动
（a）外啮合齿轮传动；（b）内啮合齿轮传动；（c）齿条传动；（d）斜齿圆柱轮传动；
（e）直齿圆锥轮传动；（f）斜齿圆锥轮传动；（g）螺旋齿轮传动

（二）齿轮传动的特点

齿轮传动是机械中应用最广的一种传动形式。其优点是:①传动准确、瞬时传动比为常数;②结构紧凑、使用寿命长;③传动效率高;④可实现平行轴、相交轴和交错轴之间的齿轮传动。其缺点是:①制造、安装精度高;②成本高;③不适宜轴间距离大的传动等。

四、蜗杆传动

蜗杆传动用于传递交错轴之间的运动和动力,是由蜗杆和蜗轮组成的(见图 2-21),通常两轴交错角为 90°。在一般蜗杆传动中,都是以蜗杆为主动件。从外形上看,蜗杆类似螺栓,蜗轮则很像斜齿圆柱齿轮。工作时,蜗轮轮齿沿着蜗杆的螺旋面作滑动和滚动。为了

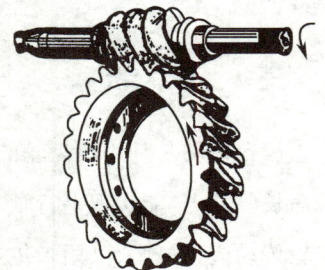

图 2-21　蜗杆传动

改善轮齿的接触情况,将蜗轮沿齿宽方向做成圆弧形,使之将蜗杆部分包住。这样蜗杆蜗轮啮合时是线接触,而不是点接触。蜗杆传动的优点是:传动比较大、结构紧凑、工作平稳无噪声,常用于改变机器的转速。在传动中,一般以蜗杆为主动件,以蜗轮为主动件的情况很少。蜗轮蜗杆减速器在制药设备中应用广泛。

点滴积累 ╲

1. 机械传动有带传动、链传动、齿轮传动和蜗杆传动。
2. 带传动有摩擦带传动和啮合带传动。
3. 齿轮传动是具有传动准确、传动效率高,可实现平行轴、相交轴和交错轴之间的齿轮传动。
4. 蜗杆传动常用于改变机器的转速。

任务 2-3 常用机械零件

机器和机构总称为机械。在各种机械中使用的零件又称机械元件,是组成机械和机器的不可分拆的单个制件,它是机械的基本单元。制药机械常见的零件有:专用零件(如离心泵的叶轮、活塞等)和通用零件(如螺钉、螺栓、轴、齿轮、轴承等)。

一、轴

轴是穿在轴承中间或车轮中间或齿轮中间的圆柱形物件,但也有少部分是方型的。轴是支承转动零件并与之一起回转以传递运动、扭矩或弯矩的机械零件。一般为金属圆杆状,各段可以有不同的直径,是一个重要的非标准零件。机器中作回转运动的零件就装在轴上。

(一)轴的类型

根据轴承受载荷的不同,轴可分为心轴、传动轴和转轴。

1. **心轴** 只承受弯矩而不传递扭矩的轴称为心轴。
2. **传动轴** 只承受扭矩而不承受弯矩或弯矩很小的轴称为传动轴。
3. **转轴** 同时承受弯矩和扭矩的轴称为转轴。转轴是机器中最常见的轴。

根据轴线的几何形状,轴还可分为直轴、曲轴和软轴。直轴的轴线为一直线,是机械中最常用的轴,直径在全长中处处相等的是光轴,各段直径不相等的是阶梯轴。阶梯轴便于轴上零件的装拆和固定,应用最广。曲轴的轴线为一折线;软轴的轴线是可变的,由于具有良好的挠性,常用于各种手持的动力机具(医疗器械等)、机床等传动装置。

(二)轴的组成

如图 2-22 所示,轴由轴头、轴颈和轴身三部分组成,轴与转动零件配合的部分称为轴头,与轴承配合的部分称为轴颈,连接轴颈和轴头的非配合部分称为轴身。

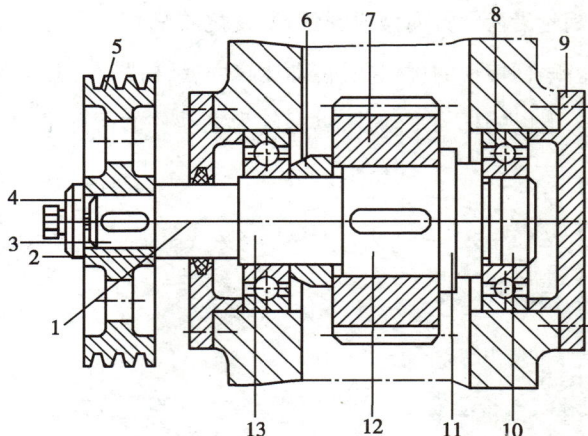

图 2-22 轴的组成
1. 轴身;2. 轴肩;3,12. 轴头;4. 轴端挡圈;5. 带轮;6. 套筒;
7. 齿轮;8. 滚动轴承;9. 轴承盖;10,13. 轴颈;11. 轴环

（三）轴上零件的固定

1. 轴上零件的定位 阶梯轴上截面变化的部位称为轴肩,它对轴上的零件起轴向定位的作用。

2. 轴上零件的固定 它有轴向固定和周向固定。轴向固定是为了防止轴上零件沿轴线任意移动,常用的固定方式有:轴肩、套筒和轴端挡圈等;周向固定是为了防止零件与轴产生相对转动,常用的固定方式有:键连接、花键连接和轴与零件的过盈连接等。

二、轴承

用于确定旋转轴与其他零件相对运动位置,起支承或导向作用的零部件。它的主要功能是支撑机械旋转体,用以降低设备在传动过程中的机械载荷摩擦系数。

按载荷方向可分为:①径向轴承,又称向心轴承,承受径向载荷;②止推轴承,又称推力轴承,承受轴向载荷;③径向止推轴承,又称向心推力轴承,同时承受径向载荷和轴向载荷。

按轴承工作的摩擦性质不同可分为滑动摩擦轴承(简称滑动轴承)和滚动摩擦轴承(简称滚动轴承)两大类。

（一）滑动轴承

工作时,轴与轴之间存在着滑动摩擦,为减小磨损,在轴承内常加有润滑剂。按照承受载荷的方向,滑动轴承可分为向心滑动轴承和推力滑动轴承两类。向心滑动轴承是承受径向载荷的轴承,推力滑动轴承是承受轴向载荷的轴承。

滑动轴承适用于要求不高或具有特殊要求的场合,如:①转速特高;②承受巨大的振动和冲击;③承载特重等场合。

（二）滚动轴承

滚动轴承内有滚动体,运行时轴承内存在着滚动摩擦,与滑动轴承相比,滚动轴承的摩擦与磨损较小。它的适用范围十分广泛,一般速度和一般载荷的场合都采用。本书重点介绍滚动轴承,滚动轴承的类型如下。

1. 按滚动体的形状分类 可分为球轴承和滚子轴承两大类。

2. 按轴承承受载荷方向(含接触角)分类 滚动体与外圈滚道接触点处的法线方向与轴承径向平面之间的夹角为 α,称为轴承公称接触角,是轴承的性能参数。所以轴承按承受载荷方向的分类,也就是按公称接触角的分类,它分为向心轴承(图 2-23)和推力轴承(图 2-24)。

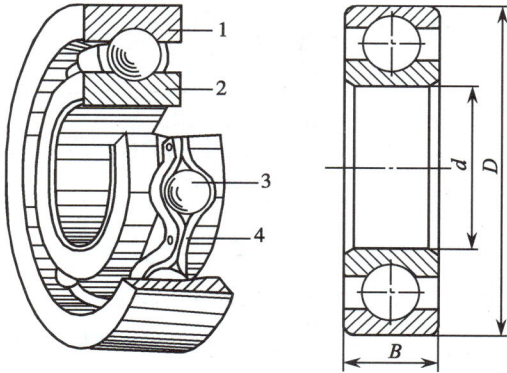

图 2-23 向心轴承
1. 外圈;2. 内圈;3. 滚动体;4. 保持架

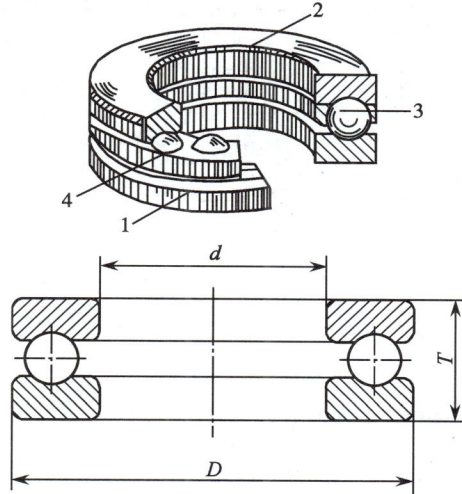

图 2-24 推力轴承
1. 座圈;2. 轴圈;3. 滚动体;4. 保持架

三、联轴器与离合器

联轴器与离合器是把两根轴连接成一体,使其一起旋转,并将一轴扭矩传递给另一轴。前者在机器运转时,两轴不能分离,只有停车后用拆卸方法才能使两轴分离。后者不必采用拆卸方法,在机器工作时就能使两轴分离或接合。

(一)联轴器

按照被连接两轴的相对位置和位置的变动情况,联轴器可分为两大类:固定式联轴器和可移式联轴器。固定式联轴器用在两轴能严格对中并在工作中不发生相对位移的地方。可移式联轴器用在两轴有偏斜或在工作中有相对位移的地方。下面简单介绍两种常用的联轴器。

1. 凸缘联轴器 它属于固定式联轴器,是目前应用最广的一种,如图 2-25 所示。它是利用螺栓连接两半联轴器来连接两轴,两半联轴器端面有对中止口,以保证两轴对中。采用螺栓连接时,螺栓与孔之间有间隙,拧紧螺栓后,靠两圆盘接触面间的摩擦力来传递扭矩。

2. 齿轮联轴器 它属于可移式联轴器,两个带有外齿的轴套 1、2 分别安装在两轴上,轴套和轴之间用键连接,并传递扭矩,两个带内齿的套筒 3、4 用螺栓连接起来,内齿和外齿的齿数相同,外齿的齿顶制成球面,可补偿两轴的角偏移,如图 2-26 所示。

齿轮联轴器适用于传递平稳的重载荷,所以在重型机械中应用广泛。但它比较笨重,制造较困难,因而成本较高。

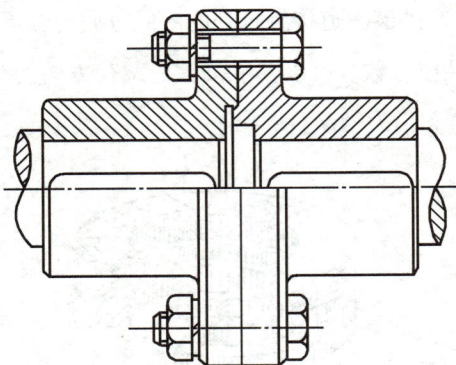

图 2-25　凸缘联轴器

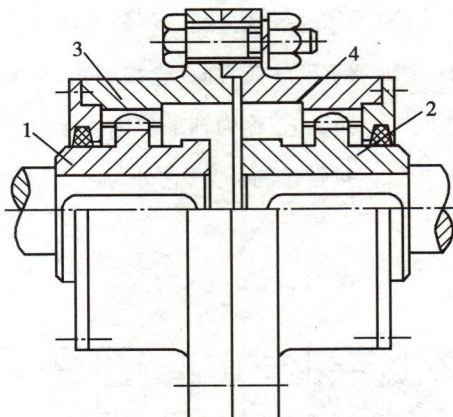

图 2-26　齿轮联轴器
1,2. 带外齿的轴套；3,4. 带内齿套筒

（二）离合器

1. 离合器的功能　离合器是一种在机器运转过程中，可使传动系统随时分离或接合的装置。它的主要功能是用来操纵机器传动系统的断续，以便进行变速及换向等。离合器的类型很多，常用的有牙嵌式和摩擦式等，另外还有用于过载保护的安全离合器。

2. 牙嵌式离合器　如图 2-27 所示，它由两个端面上有凸牙的套筒所组成，一个套筒用键和紧定螺钉固定在主动轴上，另一个套筒则用导向平键连接在从动轴上，它能做轴向移动，可与主动轴上的凸牙套筒接合与分离。借凸牙的相互啮合来传递扭矩。牙嵌式离合器的凸牙有三角形、锯齿形和梯形。

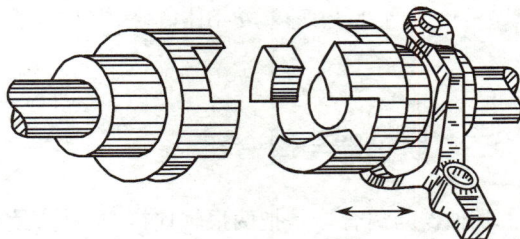

图 2-27　牙嵌式离合器

这种离合器结构简单，尺寸小，制造容易，传力大，故应用广泛，但只能在低速或停车时接合，以免因冲击打断牙齿。

3. 摩擦式离合器　这类离合器是利用接触面间产生的摩擦力传递扭矩的，它可以在任何转速下接合与脱开，且能通过操纵装置调节和控制启动与停车的时间，保证启动与停止的平稳和冲击较小。

四、弹簧

弹簧是一种利用弹性来工作的机械零件，用以控制机件的运动、缓和冲击或震动、贮蓄能量、测量力的大小等，广泛用于机器、仪表中。弹簧按受力性质可分为拉伸弹簧、压缩弹簧、扭转弹簧和弯曲弹簧，按形状可分为碟形弹簧、环形弹簧、板弹簧、螺旋弹簧、截锥涡卷弹簧以及扭杆弹簧等。普通圆柱弹簧由于制造简单，且可根据受载情况制成各种型式，结构简单，故应用最广。弹簧的制造材料应具有高的弹性极限、疲劳极限、冲击韧性及良好的热处理性能等，常用的有碳素弹簧钢、合金弹簧钢、不锈弹簧钢以及铜合金、镍合金和橡胶等。

1. 螺旋弹簧　用弹簧钢丝绕制成的螺旋状弹簧。螺旋弹簧类型较多,按外形可分为普通圆柱螺旋弹簧和变径螺旋弹簧;按螺旋线方向可分为左旋弹簧和右旋弹簧。圆柱形螺旋弹簧结构简单,制造方便,应用最广,其特性线为直线,可作压缩弹簧[图2-28(a)]、拉伸弹簧[图2-28(b)]和扭转弹簧[图2-28(c)]。

2. 其他弹簧　制药设备中还经常用到的弹簧如图2-29所示有涡卷弹簧、板弹簧、弹簧秤、扭力弹簧、蛇形弹簧等。

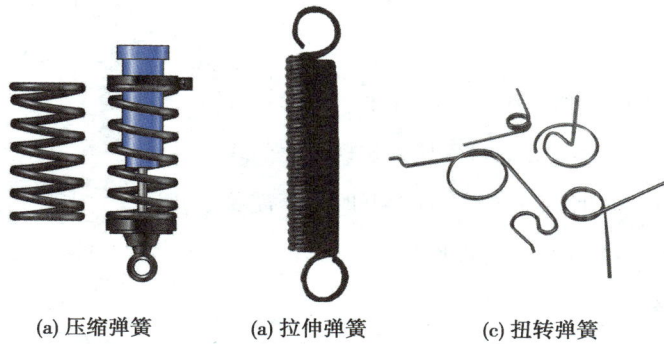

(a) 压缩弹簧　　(a) 拉伸弹簧　　(c) 扭转弹簧

图2-28　螺旋弹簧

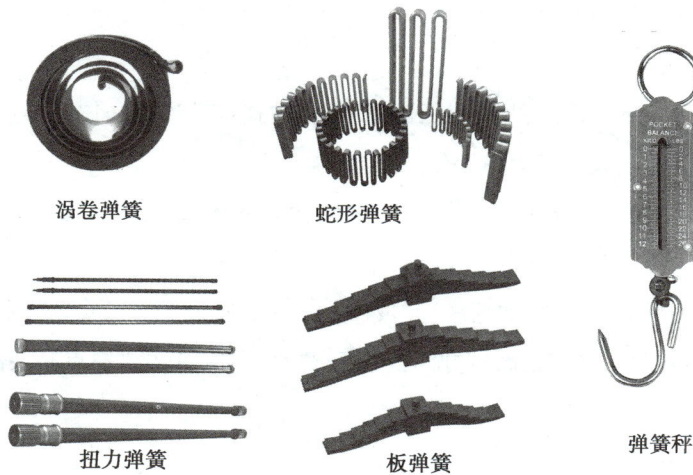

涡卷弹簧　　蛇形弹簧

扭力弹簧　　板弹簧　　弹簧秤

图2-29　其他弹簧

五、气弹簧

气弹簧是一种可以起支撑、缓冲、制动、高度调节及角度调节等功能的工业配件。它由以下几部分构成:压力缸、活塞杆、活塞、密封导向套、填充物(惰性气体或者油气混合物),缸内控制元件与缸外控制元件(指可控气弹簧)和接头等。原理是在密闭的压力缸内充入惰性气体或者油气混合物,使腔体内的压力高于大气压的几倍或者几十倍,利用活塞杆的横截面积小于活塞的横截面积从而产生的压力差来实现活塞杆的运动。由于原理上的根本不同,气弹簧比普通弹簧有着很显著的优点:速度相对缓慢、动态力变化不大(一般在 1:1.2 以内)、容易控制;缺点是相对体积没有螺旋弹簧小,成本高、寿命相对短。

制药设备中常用的有自由型气弹簧(图 2-30)、自锁型气弹簧(调角器、可控型气弹簧)、随意停气弹簧(摩擦式气弹簧、平衡式气弹簧)、转椅气弹簧(气压棒)、牵引式气弹簧(拉力气弹簧)、阻尼器等。

六、连接

利用不同方式把机械零件连成一体的技术。机器由许多零部件所组成,这些零部件需要通过连接来实现机器的职能,因而连接是构成机器的重要环节。根据拆开时是否需要把连接件毁坏可分为可拆连接和不可拆连接。

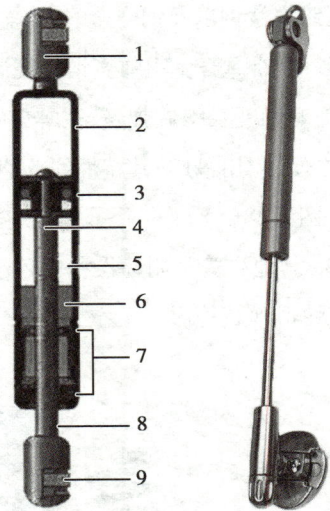

图 2-30　自由型气弹簧结构示意图
1. 管端接头;2. 管径;3. 活塞系统;
4. 活塞杆;5. 充气压力管;6. 油;
7. 特殊密封;8. 杆径;9. 杆端接头

(一)不可拆连接

不可拆连接是当拆开连接时,至少要破坏或损伤毁坏连接中的一个零件。不可拆连接通常是由于工艺的原因,它主要有铆钉连接、焊连接,黏接和过盈连接等。

1. 铆钉连接　利用铆钉把两个以上的零件连接在一起的不可拆连接,称为铆钉连接,简称铆接。

2. 焊连接　利用局部加热方法(有时还要加压)将被连接件连成一体的不可拆连接,称为焊连接,简称焊接。焊接在化工设备上应用十分广泛。

3. 黏接　黏接是用黏合剂将被连接件连成一体。黏接的优点是耐腐蚀、密封性好,缺点是强度较低。

4. 过盈连接　是利用包容件(如轮毂)和被包容件(如轴)间的过盈量,将两个零件连成一体的结构。过盈连接的优点是承载能力高,在振动下能可靠地工作,其主要缺点是装配困难和对配合尺寸的精度要求较高。

(二)可拆连接

可拆连接是当拆开连接时,无须破坏或损伤毁坏连接中的任何零件,如键连接、销连接和螺纹连接等。

1. 键连接　主要用于轴和轴上零件之间的周向固定,借以传递扭矩,有的键也兼有轴向固定作用。键连接按键在连接中的松紧状态分为紧键连接和松键连接两类。

(1)紧键连接:用于紧键连接的键具有斜面,分为楔键连接和切向键连接。

1)楔键连接:如图 2-31 所示,键的上下表面是工作面,键的上表面和轮毂键槽底面都有 1:100 的斜度。装配后,键楔紧在轴毂之间,工作时靠键、轴和毂之间的摩擦力传递扭矩,并能承受单向的轴向力和起轴向固定作用。

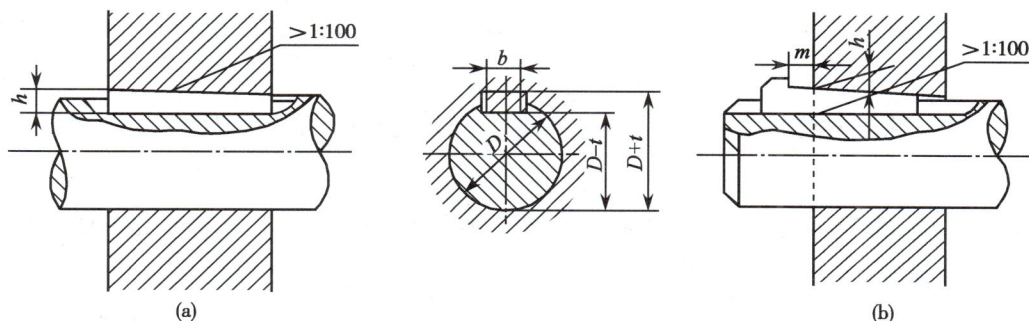

图 2-31　楔键连接

2）切向键连接：如图 2-32 所示，由两个斜度为 1∶100 的单边倾斜楔键组成。装配后，两楔键以其斜面相互贴合，共同楔紧在轴毂之间，上下两面是工作面，主要依靠工作面直接传递扭矩。

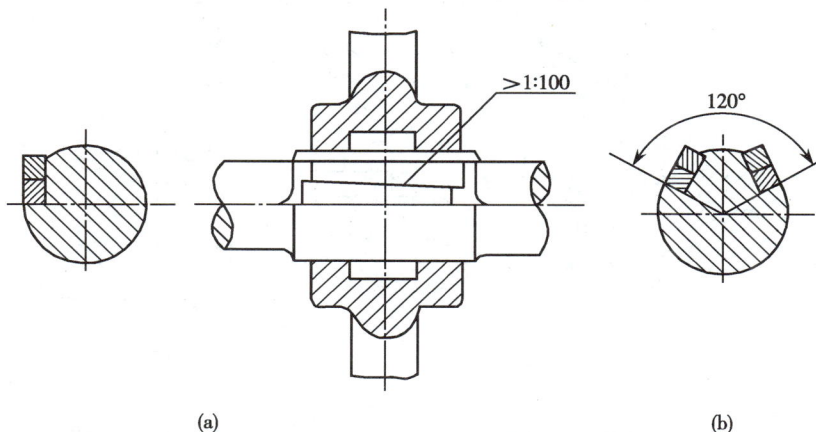

图 2-32　切向键连接

（2）松键连接：依靠键的两侧面传递扭矩，键的上表面与轮毂键槽底面间有间隙，装配时不用楔紧，装拆方便。松键连接有平键连接和半圆键连接。

1）平键连接：按键的不同用途可分为普通平键、导向平键和滑键。

普通平键连接如图 2-33 所示，这种键应用最广，按照键的端部形状，它又分为：圆头（A 型）、方头（B 型）和单圆头（C 型）3 种。为了防止工作时松动，对于圆头键连接，轴上键槽用端铣刀铣出，两端具有与键相同的形状，使键能牢固地卧于键槽中，它常用于轴的中部连接；对于方头键连接，可用螺钉把键紧固在键槽中，它常用于轴端或轴的中部连接；单圆头键常用于轴端的连接。

当轮毂在轴上需沿轴向移动时，可采用导向平键和滑键连接，如图 2-34 所示。导向平键用螺钉固定在轴上，轮毂上的键槽与键是间隙配合，当轮毂沿着键移动，键起导向作用。滑键固定在毂上而随毂一同沿着轴上键槽移动。键与其相对滑动的键槽之间的配合为间隙配合。键与键槽滑动面应具有较高的光滑度，以减少移动时的摩擦阻力，当轴向移动距离较大时，应采用滑键，如用导向平键，键将很长，增加制造的困难。

2）半圆键连接：如图 2-35 所示，轴上键槽用半径与键相同的盘状铣刀铣出，因而键在槽中能绕其几何中心摆动以适应毂上键槽的斜度，但由于轴上键槽过深，对轴的削弱较大，故只适于轻载。

平键和半圆键连接制造容易,装拆方便,在一般情况下不影响被连接件的定心,因而应用相当广泛。

2. 销连接　销主要是起定位、连接和防松作用,如图 2-36 所示。按销的形状可分为圆柱销和圆锥销。

(1)圆柱销:利用微量过盈固定在销孔中,适用于不常拆卸的零件定位,因多次装拆将有损于连接的紧固和定位的精确。

(2)圆锥销:圆锥销有 1∶50 的锥度,可自锁,靠锥挤作用固定在销孔中,它适用于经常拆卸的零件定位。

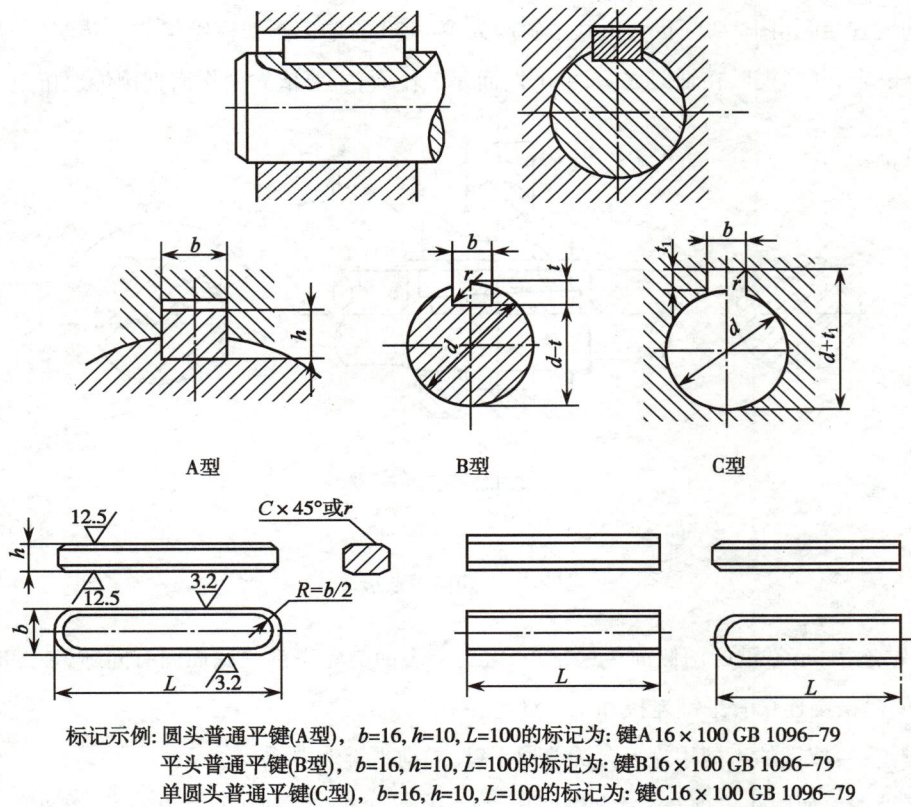

A型　　　　　　　B型　　　　　　　C型

标记示例:圆头普通平键(A型),b=16,h=10,L=100的标记为:键A 16×100 GB 1096—79
　　　　　平头普通平键(B型),b=16,h=10,L=100的标记为:键B16×100 GB 1096—79
　　　　　单圆头普通平键(C型),b=16,h=10,L=100的标记为:键C16×100 GB 1096—79

图 2-33　普通平键连接

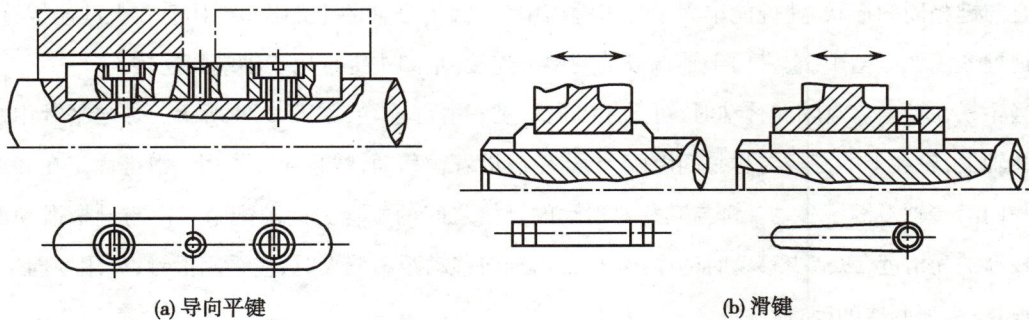

(a) 导向平键　　　　　　　　　　　(b) 滑键

图 2-34　导向平键和滑键连接

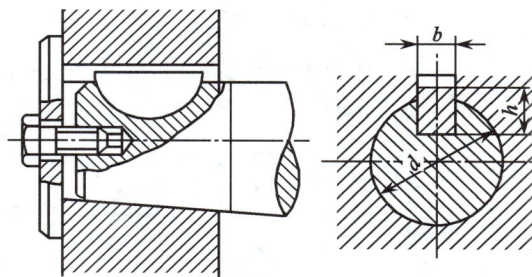

图 2-35 半圆键连接

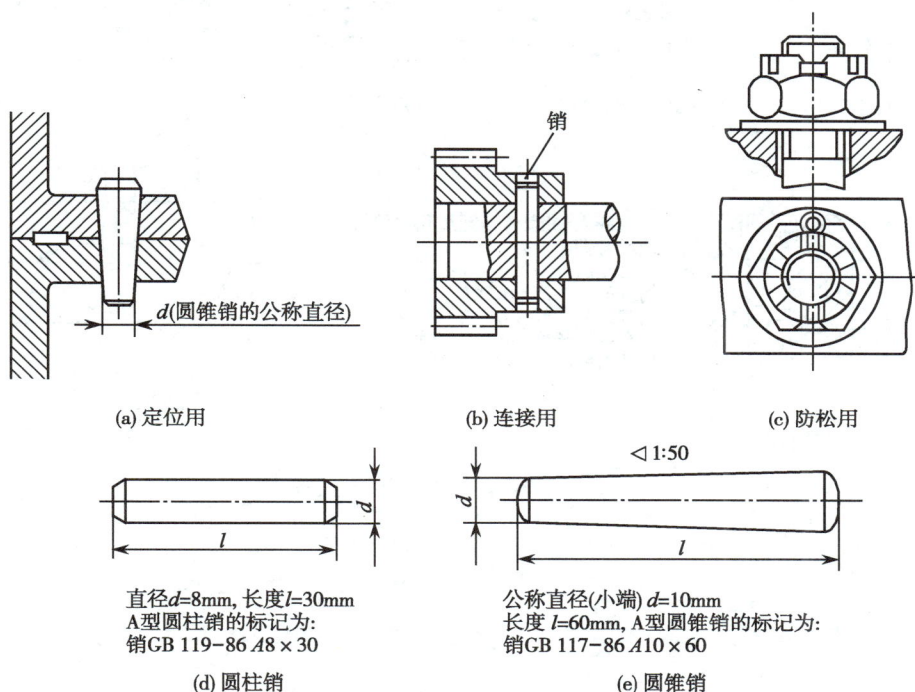

(a) 定位用　　　　(b) 连接用　　　　(c) 防松用

直径d=8mm, 长度l=30mm
A型圆柱销的标记为:
销GB 119−86 A8×30

公称直径(小端) d=10mm
长度 l=60mm, A型圆锥销的标记为:
销GB 117−86 A10×60

(d) 圆柱销　　　　　　　　(e) 圆锥销

图 2-36 销连接

3. 螺纹连接　如图 2-37 所示,螺纹连接是利用螺纹零件构成的可拆卸连接,应用很广,螺纹连接有 4 种类型。

(1)螺栓连接

1)普通螺栓连接:螺栓杆与孔间有间隙,杆与孔的加工精度要求低,使用时需拧紧螺母。普通螺栓连接,装拆方便,应用最广,如图 2-37(a)所示。

2)铰制孔用螺栓连接:螺栓杆与孔之间没有间隙,杆与孔的加工精度要求高,如图 2-37(b)所示。

(2)双头螺柱连接:螺柱两头都有螺纹,一头是与螺母配合,一头与被连接件配合,这种连接适用于被连接件之一较厚或受结构限制而不能用螺栓或希望连接结构较紧凑的场合。需拆卸时,只需拧下螺母,如图 2-37(c)所示。

(3)螺钉连接:螺钉不用螺母,直接拧入被连接件体内的螺纹孔中,应用与双头螺柱连接相似,结构简单,但不宜用于时常拆卸的连接,以免破坏被连接件的孔内螺纹,如图 2-37(d)所示。

（4）紧定螺钉连接：它常用于固定两零件间的位置，并可传递不大的力和扭矩。旋入被连接件之一的螺纹孔中，其末端顶住另一被连接件的表面或顶入相应的坑中，所以末端要具备一定的硬度，如图 2-37（e）所示。

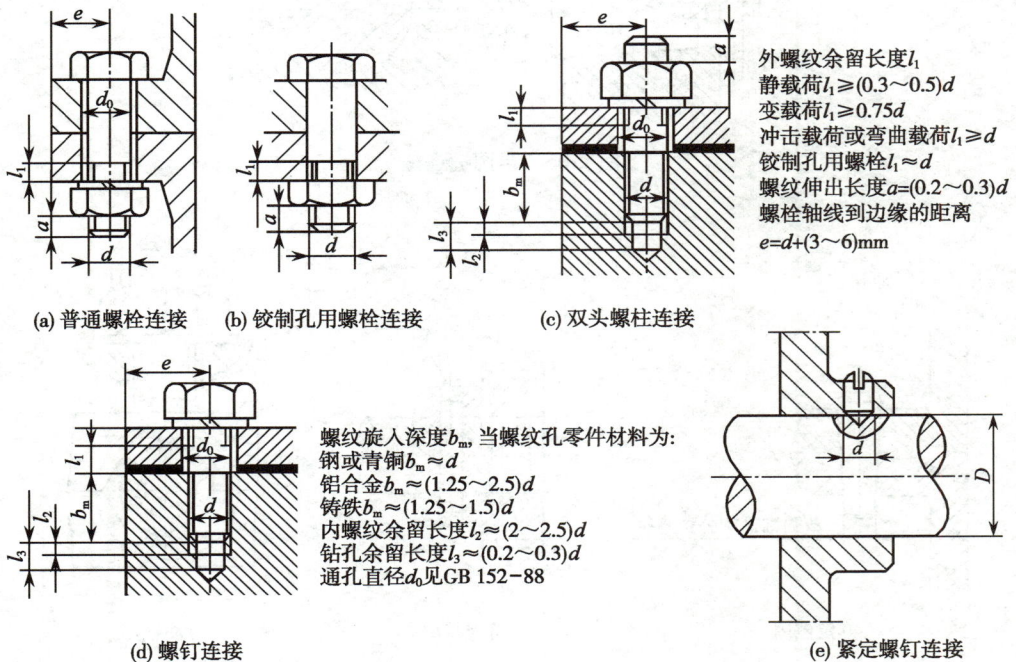

外螺纹余留长度l_1
静载荷$l_1 \geqslant (0.3 \sim 0.5)d$
变载荷$l_1 \geqslant 0.75d$
冲击载荷或弯曲载荷$l_1 \geqslant d$
铰制孔用螺栓$l_1 \approx d$
螺纹伸出长度$a = (0.2 \sim 0.3)d$
螺栓轴线到边缘的距离
$e = d + (3 \sim 6)$mm

(a) 普通螺栓连接　　(b) 铰制孔用螺栓连接　　　(c) 双头螺柱连接

螺纹旋入深度b_m，当螺纹孔零件材料为：
钢或青铜$b_m \approx d$
铝合金$b_m \approx (1.25 \sim 2.5)d$
铸铁$b_m \approx (1.25 \sim 1.5)d$
内螺纹余留长度$l_2 \approx (2 \sim 2.5)d$
钻孔余留长度$l_3 \approx (0.2 \sim 0.3)d$
通孔直径d_0见GB 152—88

(d) 螺钉连接　　　　　　　　　　　　　　　　　　(e) 紧定螺钉连接

图 2-37　螺纹连接

点滴积累 ∨

1. 轴是用来支持旋转零件或传递扭矩和运动的零件。 轴可分为心轴、传动轴和转轴。

2. 轴承有滑动轴承和滚动轴承。

3. 联轴器在机器运转时，两轴不能分离，只有停车后用拆卸方法才能使两轴分离。 离合器不必采用拆卸方法，在机器工作时就能使两轴分离或接合。

4. 连接分为可拆连接和不可拆连接。 可拆连接有键连接、销连接和螺纹连接。

目标检测

一、选择题

（一）单项选择题

1. 平带传动按其传动方式可分为（　　　）

A. 开口传动　有导轮的传动　有游轮的传动　塔轮传动

B. 开口传动　链传动　有游轮的传动　塔轮传动

C. 塔轮传动　齿轮传动　有导轮的传动　开口传动

D. 塔轮传动　开口传动　齿轮传动　有导轮的传动

2. 啮合带传动有两种（　　　）

A. 同步齿形带传动　圆形带传动　　　　　B. 同步齿形带传动　齿孔带传动

C. 圆形带传动　齿孔带传动　　　　　　　D. 圆形带传动　塔轮传动

3. 平行四边形机构属于(　　)

A. 曲柄摇杆机构　　　B. 双曲柄机构　　　C. 曲柄滑块机构　　　D. 双摇杆机构

4. 最常用的间歇运动机构是(　　)

A. 齿轮机构　棘轮机构　　　　　　　　　B. 棘轮机构　凸轮机构

C. 棘轮机构　槽轮机构　　　　　　　　　D. 槽轮机构　凸轮机构

5. 平键连接按键的不同用途可分为(　　)

A. 普通平键　半圆键　导向平键　　　　　B. 普通平键　切向键　导向平键

C. 滑键　切向键　半圆键　　　　　　　　D. 普通平键　滑键　导向平键

6. 紧键连接有(　　)

A. 楔键连接　切向键连接　　　　　　　　B. 楔键连接　半圆键连接

C. 切向键连接　半圆键连接　　　　　　　D. 普通平键连接　楔键连接

7. 根据齿轮轴是否在同一平面运动可分为(　　)

A. 平面齿轮传动　闭式齿轮传动　　　　　B. 平面齿轮传动　空间齿轮传动

C. 空间齿轮传动　闭式齿轮传动　　　　　D. 开式齿轮传动　闭式齿轮传动

(二)多项选择题

1. 常用机构包括(　　)

A. 曲柄摇杆机构　　　　B. 双曲柄机构　　　　C. 双摇杆机构

D. 链传动机构　　　　　E. 齿轮机构

2. 间歇运动机构包括(　　)

A. 槽轮机构　　　　　　B. 棘轮机构　　　　　C. 双曲柄机构

D. 双摇杆机构　　　　　E. 曲柄摇杆机构

3. 轴的组成有(　　)

A. 轴头　　　　　　　　B. 轴颈　　　　　　　C. 轴身

D. 轴承　　　　　　　　E. 挡圈

二、简答题

1. 常用机构有哪些？叙述平面四杆机构的原理。

2. 叙述带传动的分类。

3. 叙述齿轮传动的分类。

4. 叙述机械传动的分类。

项目二习题

实训一　认识制药机械的常见机构

【实训目的】

1. 掌握常见制药机械常用机构、机械传动和机械常用零件。

2. 熟悉机械传动和机械常用零件的特点和用途。

3. 了解常见制药机械机构、机械传动和机械常用零件在制药生产中的应用。

【实训内容】

1. 常见制药机械机构、机械传动和机械常用零件在制药生产中的名称、结构和特点。

2. 常见制药机械机构、机械传动和机械常用零件在制药生产中的应用。

【实训步骤】

1. 实践前认真复习项目二的内容,做好实践前的各项准备。

2. 严格遵守生产企业的各种规章制度,注意安全,按规定穿戴好洁净服装。

3. 仔细听取制药企业技术人员的讲解,仔细观察,主动提问,做好记录。

4. 根据目标要求,结合实践内容,写出实践报告。

【实训思考题】

1. 传动系统主要有几种,列举在制药设备生产中的应用。

2. 指出三台设备中常见的机械零件。

3. 列举实训过程中所见到的机械机构有哪些?

【实训测试】

根据学生实践报告、实践现场表现和思考题完成情况进行考核。实践报告格式见附录三。

（魏增余）

项目三

制药设备维护保养技术

项目三PPT

导学情景 ∨

情景描述：

制药设备在中药制药生产过程中发挥着重要的作用，那同学们知道制药设备是用哪些材料制成的，设备维修常用工具有哪些，应该如何维护和保养制药设备吗？

学前导语：

在中药制药工业中，设备材料通常分为金属材料和非金属材料两大类。本单元主要学习制药工业中常用的管材和阀门等，知道常用工具的种类、名称及其使用方法。

任务 3-1 制药设备的分类与设备材料

ER-3-1

扫一扫，知重点

一、制药设备的分类与产品型号

完成和辅助完成制药工艺的生产设备称为制药机械或制药设备。药品生产企业为进行生产所采用的各种机器设备统属于设备范畴，其中包括制药设备和非制药专用的其他设备。从属性上，制药机械设备的生产制造应属于机械工业的子行业之一，有别于其他机械的生产制造，从行业角度将完成制药工艺的生产设备统称为制药机械。广义上，制药设备和制药机械包含内容是相近的，前者应用更广泛些。

（一）制药机械的分类

按 GB/T15692—2008 将制药机械分为 8 大类。

1. **原料药机械及设备** 利用生物、化学及物理方法，实现物质转化，制取医药原料的机械及工艺设备。

2. **制剂机械及设备** 将药物原料制成各种剂型药品的机械与设备。按剂型可分为 13 类。

（1）颗粒剂机械：将药物或与适宜的药用辅料经混合制成颗粒状制剂的机械及设备。

（2）片剂机械：将药物或与适宜的药用辅料混匀压制成各种片状的固体制剂机械及设备。

（3）胶囊剂机械：将药物或与适宜的药用辅料，充填于空心胶囊或密封于软质囊材中的机械。

（4）粉针剂机械：将无菌粉末药物定量分装于抗生素玻璃瓶内，或将无菌药液定量灌入抗生素玻璃瓶再用冷冻干燥法制成粉末并盖封的机械及设备。

（5）小容量注射剂机械及设备：制成 50ml 以下装量的无菌注射机械及设备。

（6）大容量注射剂机械及设备：制成 50ml 及以上装量的注射剂的机械及设备。

（7）丸剂机械：将药物与适宜的药用辅料以适当的方法制成滴丸、糖丸、小丸（水丸）等丸剂的机械及设备。

（8）栓剂机械：将药物与适宜的基质制成供腔道给药的栓剂的机械及设备。

（9）软膏剂机械：将药物与适宜的基质混合制成外用制剂的机械及设备。

（10）口服液体制剂机械：将药物与适宜的药用辅料制成供口服的液体制剂的机械与设备。

（11）气雾剂机械：将药物与适宜的抛射剂共同灌注于具有特制阀门的耐压容器中，制作成药物以雾状喷出的制剂的机械及设备。

（12）眼用制剂机械：将药物制成滴眼剂或眼膏剂的机械及设备。

（13）药膜剂机械：将药物和药用辅料与适宜的成膜材料制成膜状制剂的机械与设备。

3. 药用粉碎机械　以机械力、气流、研磨的方式粉碎药物的机械。

4. 饮片机械　中药材通过净制、切制、炮炙、干燥等方法，改变其形态和性状制取中药饮片的机械及设备。

5. 制药用水、气（汽）设备　采用适宜的方法制取制药工艺用水、气（汽）的机械及设备。

6. 药品包装机械　完成药品直接包装和药品包装物外包装及药包材制造的机械与设备。

7. 药物检测设备　检测各种药物质量的仪器与设备。

8. 其他制药机械及设备　与制药生产相关的其他机械及设备。

（二）制药机械产品型号及设备参数

1. 制药机械产品型号　由主型号和辅助型号依序排列组成。主型号依序包括：制药机械分类名称、产品型式、功能及特征代号。辅助型号依序包括：主要参数、改进设计顺序号。格式见下例：

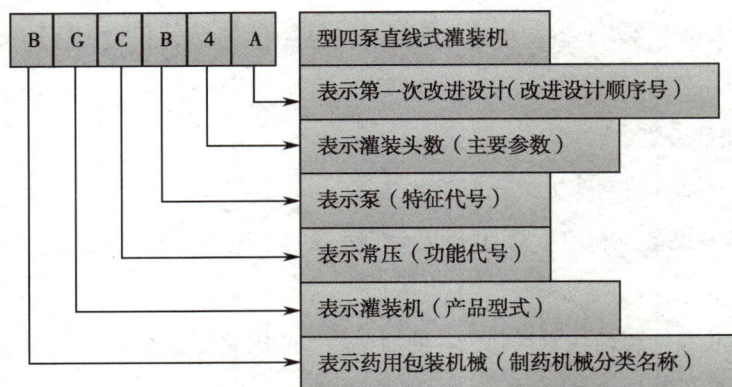

B G C B 4 A　型四泵直线式灌装机

- 表示第一次改进设计（改进设计顺序号）
- 表示灌装头数（主要参数）
- 表示泵（特征代号）
- 表示常压（功能代号）
- 表示灌装机（产品型式）
- 表示药用包装机械（制药机械分类名称）

产品功能及特征代号是为了区别同类产品的不同型式，通常为一到两个字符组成，是其代表性汉字的第一个拼音字母，产品只有一种型式时可省略。

主要参数通常为数字，多个参数之间可用"/"隔开。

改进设计顺序号用 A，B，C……表示，首次设计的产品不编此号。

2. 设备参数　设备参数是指设备的技术参数或性能参数，一般包括生产能力、容积、设备规格、电源、工作温度、功率、外形尺寸、重量等。通常在设备铭牌和说明书中予以说明。例如 BY1000 型包衣机的主要技术参数为:生产能力 50~80kg/次,糖衣锅直径 1000mm、转速 30~36r/min、倾斜角 5°~30°,主电机功率 11kW、转速 930r/min,外形尺寸 950mm×1000mm×1530mm,机器净重 222kg。设备参数是设备正常运行以保证药品质量和安全生产的指标,是对生产工艺参数和企业能源进行监控和监测,对设备维护、保养和检修,选用、配置和安装设备的重要依据。

二、设备材料

在中药制药工业中,设备材料通常分为金属材料和非金属材料两大类。金属材料是由一种或多种金属元素构成,并可以含有非金属元素,包括黑色金属和有色金属材料两大类。常用的金属材料包括:碳钢、铸铁、不锈钢、铝、铅和铜及合金等,其中碳钢和铸铁具有许多良好的物理、机械性能,且价格便宜、产量大,所以被大量用于制造各种设备。用来制作设备的另一类材料是非金属材料。非金属材料的耐腐蚀性能在很多场合下优于金属材料,且原料来源广泛,容易生产,价格低廉,能节约大量金属材料,尤其是贵重金属。制药企业更多采用耐腐蚀性能较好的非金属材料来制造诸如反应器、塔器、热交换器、泵、阀门及管路等。

(一) 材料的常用性能

材料的性能包括材料的力学性能、物理性能、化学性能和加工性能等。

1. 材料的力学性能　制药设备是由各种零部件所组成,而零部件在使用过程中要承受外力的作用,因此,制药设备材料除了自身的物理、化学的固有性能,在外力作用下所表现出来的力学性能就显得特别重要。材料的力学性能包括强度、硬度、塑性、韧性、疲劳极限等,直接影响制药设备各零部件的承载能力,从而影响设备使用的寿命及可靠性等。

2. 物理性能　金属材料的物理性能有密度、熔点、比热容、热导率、线膨胀系数、导电性、磁性、弹性模量与泊松比等。

3. 化学性能　化学性能是指材料在所处介质中的化学稳定性,反映了材料在常温或高温环境下抵抗各种化学作用的能力。即材料是否会与周围介质发生化学或电化学作用而引起腐蚀。主要有抗氧化性、耐腐蚀性和耐酸性等。

4. 加工工艺性能　金属和合金的加工工艺性能是指可铸造性能(可铸性)、可锻造性能(可锻性)、可焊性能(焊接性)和可切削加工性能等。这些性能直接影响设备和零部件的制造工艺方法和质量。

(二) 黑色金属材料

1. 碳钢和铸铁　碳钢和铸铁是在制药工程中应用比较广泛的金属材料。它们是由 95% 以上的铁和 0.05%~4% 的碳及 1% 左右的杂质元素所组成的合金,称"铁碳合金"。一般含碳量在 0.02%~2% 者称为钢,大于 2% 者称为铸铁。当含碳量小于 0.02% 时,称纯铁(工业纯铁);含碳量大于 4.3% 的铸铁极脆,二者的工程应用价值都很小。在制药工业中,选用金属材料时首先要考虑用碳钢或铸铁,只有当它们不适用时,才考虑选用其他金属材料。

2. 奥氏体不锈钢　奥氏体不锈钢是指在常温下具有奥氏体组织以铬镍为主要合金元素的一类

不锈钢。钢中含 Cr 约18%、Ni 8%~10%、C 约0.1%时,具有稳定的奥氏体组织。奥氏体铬镍不锈钢包括著名的 18Cr-8Ni 钢和在此基础上增加 Cr、Ni 含量并加入 Mo、Cu、Si、Nb、Ti 等元素发展起来的高 Cr-Ni 系列钢。奥氏体不锈钢无磁性而且具有高韧性和塑性,优良的力学性能,冷、热加工和成型性,可焊性和在许多介质中的良好耐蚀性,是目前用来制造各种贮槽、塔器、反应釜、阀件等设备的最广泛的一类不锈钢材。

铬镍不锈钢除具有氧化铬薄膜的保护作用外,还因镍能使钢形成单一奥氏体组织而得到强化,使得在很多介质中比铬不锈钢更具耐蚀性。如对浓度 65% 以下,温度低于 70℃ 或浓度 60% 以下、温度低于 100℃ 的硝酸,以及对苛性碱(熔融碱除外)、硫酸盐、硝酸盐、硫化氢、醋酸等都很耐蚀。但对还原性介质如盐酸、稀硫酸则是不耐蚀的。在含氯离子的溶液中,有发生晶间腐蚀的倾向,严重时往往引起钢板穿孔腐蚀。

(三) 有色金属材料

铁以外的金属称非铁金属,也称有色金属。有色金属及其合金的种类很多,常用的有铝、铜、铅、钛等。在制药生产中,由于腐蚀、低温、高温等特殊工艺条件,有些设备及其零部件常采用有色金属及其合金。有色金属有很多优越的特殊性能,例如良好的导电性、导热性,密度小,熔点高,有低温韧性,在空气、海水以及一些酸、碱介质中耐腐蚀等,但有色金属价格比较昂贵。

常用有色金属及合金的代号见表 3-1。

表 3-1 常用有色金属及合金的代号

名称	汉语拼音代号	名称	汉语拼音代号
铜	T	铅	Pb
黄铜	H	铸造合金	Z
青铜	Q	轴承合金	Ch
铝	L		

1. 铝及其合金 铝是一种银白色金属,密度小,约为铁的三分之一,属于轻金属。铝的耐蚀性、导电性、导热性能好,仅次于金、银和铜,适合于作换热设备。相同重量情形下,Al 导电性比 Cu 高 2 倍,但纯铝强度及硬度比较低。塑性好、强度低,可承受各种压力加工,并可进行焊接和切削。铝在氧化性介质中易形成 Al_2O_3 保护膜,因此在干燥或潮湿的大气中,在氧化剂的盐溶液中,在浓硝酸以及干氯化氢、氨气中,都是耐腐蚀的。但含有卤素离子的盐类、氢氟酸以及碱溶液都会破坏铝表面的氧化膜,所以铝不宜在这些介质中使用。铝无低温脆性、无磁性,对光和热的反射能力强和耐辐射,冲击不产生火花。常用于制作含易挥发性介质的容器;铝不会使食物中毒,不沾污物品,不改变物品颜色,可代替不锈钢制作有关设备。

铝合金根据生产方法的不同可分为变形铝合金和铸造铝合金。变形铝合金包括工业纯铝和防锈铝。

2. 铜和铜合金 铜属于半贵重金属,密度为 $8.94g/cm^3$。铜及其合金具有高的导电性和导热性、较好的塑性、韧性及低温力学性能,在许多介质中有高耐蚀性。

3. **钛及其合金**　钛的密度小、强度高、耐腐蚀性好、熔点高。这些特点使钛在军工、航空、化工领域中日益得到广泛应用。典型的工业纯钛牌号有 TA0、TA2、TA3（编号愈大、杂质含量愈多）。纯钛塑性好,易于加工成型,冲压、焊接、切削加工性能良好;在大气、海水和大多数酸、碱、盐中有良好的耐蚀性。钛也是很好的耐热材料。它常用于飞机骨架、耐海水腐蚀的管路、阀门、泵体、热交换器、蒸馏塔及海水淡化系统装置与零部件。在钛中添加锰、铝或铬钼等元素,可获得性能优良的钛合金。供应的品种主要有带材、管材和钛丝等。

4. **镍及其合金**　镍是稀有贵重金属,具有很高的强度和塑性,有良好的延伸性和可锻性。镍具有很好的耐腐蚀性,在高温碱溶液或熔融碱中都很稳定,故镍主要应用在制碱工业,用于制造处理碱介质的化工设备。

5. **铅及其合金**　铅是重金属,密度 $11.34g/cm^3$,硬度低、强度小,不宜单独作为设备材料,只适于做设备的衬里。铅的热导率小,不适合做换热设备的用材;纯铅不耐磨,非常软。但在许多介质中,特别是在硫酸（80%的热硫酸及 92%的冷硫酸）中铅具有很高的耐蚀性。铅与锑合金称为硬铅,它的硬度、强度都比纯铅高,在硫酸中的稳定性也比纯铅好。硬铅的主要牌号为 PbSb4、PbSb6、PbSb8 和 PbSb10。铅和硬铅在硫酸、化肥、化纤、农药生产设备及电器设备中可用来做加料管、鼓泡器、耐酸泵和阀门等零件。

（四）非金属材料

非金属材料具有优良的耐腐蚀性,原料来源丰富,品种多样,适合于因地制宜,就地取材,是一种有着广阔发展前途的化工材料。非金属材料的种类很多,按其性质可分为无机非金属材料和有机非金属材料两大类;按使用方法又可分为结构材料、衬里材料、胶凝材料、涂料及浸渍材料等。常用的几种非金属材料,如玻璃钢、塑料、不透性石墨、耐酸搪瓷、陶瓷、玻璃、橡胶衬里、辉绿岩铸石、涂料等。

1. 无机非金属材料

(1)化工陶瓷:化工陶瓷具有良好的耐腐蚀性,足够的不透性、耐热性和一定的机械强度。它的主要原料是黏土、瘠性材料和助熔剂。用水混合后经过干燥和高温焙烧,形成表面光滑、断面像细密石质的材料。陶瓷导热性差,热膨胀系数较大,受碰击或温差急变而易破裂。化工陶瓷产品有:塔、贮槽、容器、泵、阀门、旋塞、反应器、搅拌器和管路、管件等。

(2)化工搪瓷:化工搪瓷由含硅量高的瓷釉通过 900℃左右的高温煅烧,使瓷釉密着在金属表面。化工搪瓷具有优良的耐腐蚀性能、力学性能和电绝缘性能,但易碎裂。搪瓷的热导率不到钢的1/4,热膨胀系数大。故搪瓷设备不能直接用火焰加热,以免损坏搪瓷表面,可以用蒸汽或油浴缓慢加热。使用温度为-30~270℃。目前我国生产的搪瓷设备有反应釜、贮罐、换热器、蒸发器、塔和阀门等。

(3)辉绿岩铸石:辉绿岩铸石是用辉绿岩熔融后制成,可制成板、砖等材料作为设备衬里,也可做管材。铸石除对氢氟酸和熔融碱不耐腐蚀外,对各种酸、碱、盐都具有良好的耐腐蚀性能。

(4)玻璃:常用硼玻璃(耐热玻璃)或高铝玻璃,它们有好的热稳定性和耐腐蚀性,可用来做管路或管件,也可以做容器、反应器、泵、热交换器、隔膜阀等。玻璃虽然有耐腐蚀性、清洁、透明、阻力小、价格低等特点,但质脆、耐温度急变性差,不耐冲击和振动。目前已成功采用在金属管内衬玻璃或用玻璃钢加强玻璃管路,来弥补其不足。

2. 有机非金属材料

(1)工程塑料:塑料是用高分子合成树脂为主要原料,以增塑剂、填充剂、润滑剂、着色剂等添加剂为辅助成分,在一定温度、压力条件下塑制成的型材或产品(泵、阀等)的总称。在工业生产中广泛应用的塑料即为"工程塑料"。

(2)涂料:涂料是一种高分子胶体的混合物溶液,涂在物体表面,能形成一层附着牢固的涂膜,用来保护物体免遭大气腐蚀及酸、碱等介质的腐蚀。大多数情况下用于涂刷设备、管路的外表面,也常用于设备内壁的防腐涂层。常用的防腐涂料有:防锈漆、底漆、大漆、酚醛树脂漆、环氧树脂漆以及某些塑料涂料,如聚乙烯涂料、聚氯乙烯涂料等。

(3)不透性石墨:不透性石墨是由各种树脂浸渍石墨消除孔隙后得到的。

三、设备材料的腐蚀与防护

腐蚀是指材料在环境的作用下引起的破坏或变质。在制药生产中,一般不需要很高的操作压力,制药设备亦多属常、低压设备,故对设备材料的强度要求不高。但制药生产中往往多使用腐蚀性介质,故材料的耐腐蚀性能常常是选材中的一个很重要因素。金属的腐蚀是由化学或电化学作用所引起,有时也同时包含机械、物理或生物的作用。非金属的腐蚀通常是由物理作用或直接的化学作用引起的,如高聚物的溶胀、溶解、化学裂解及硅酸盐的化学溶解等。

金属材料表面由于受到周围介质的作用而发生状态变化,从而使金属材料遭受破坏的现象称为腐蚀。如铁生锈、铜发绿锈、铝生白斑点等。按照腐蚀反应进行的方式,金属的腐蚀可分为化学腐蚀与电化学腐蚀两类。

1. 化学腐蚀 化学腐蚀是金属表面与环境介质发生化学作用而产生的损坏,它的特点是腐蚀在金属的表面上,腐蚀过程中没有电流的产生。主要形式有金属的高温氧化、钢的脱碳、氢脆、氢腐蚀。

2. 电化学腐蚀 金属与电解质溶液间产生电化学作用所发生的腐蚀称电化学腐蚀。它的特点是在腐蚀过程中有电流产生。金属在电解质溶液中,在水分子作用下,使金属本身呈离子化,当金属离子与水分子的结合能力大于金属离子与其电子的结合能力时,一部分金属离子就从金属表面转移到电解液中,形成了电化学腐蚀。金属在各种酸、碱、盐溶液、工业用水等的腐蚀,都属于电化学腐蚀。

3. 金属腐蚀损伤与破坏的形式 金属在各种环境条件下,因腐蚀而受到的损伤或破坏的形态是多种多样的。按照金属腐蚀破坏的形态可分为均匀腐蚀和局部腐蚀(非均匀腐蚀)。而局部腐蚀又可分为区域腐蚀、点腐蚀、晶间腐蚀、表面下腐蚀等。

知识链接

金属设备的防腐蚀措施

制药企业设备的腐蚀是一个很普遍的问题，在生产中常常因腐蚀而造成跑、冒、滴、漏，污染环境，损害操作人员的健康；破坏设备而被迫停产检修，影响正常生产。由于设备的腐蚀，每年要消耗大量的金属，甚至引起严重事故，其损失更是无法估计。此外，由于设备材料的腐蚀问题不能解决而影响某项新产品的投产，也不乏其例。在制药企业生产过程中，对原料以及某些中间体的纯度要求较高，即使设备材料产生少量的腐蚀亦会严重影响产品质量。因此对制药企业设备的防腐蚀问题必须予以足够的重视，在设备的设计、选材、加工、装配及使用等各个环节都应采取各种措施来防止和减少腐蚀，使腐蚀控制在最低限度。

四、制药工业常用管材

（一）制药企业常用管道的分类

制药工业中常用的管道按制作材料分为金属管和非金属管两大类。

1. 金属管　金属管常用的有钢管、有色金属管等。

（1）钢管：按照生产制作方式可分无缝钢管和焊接钢管两类。特点有耐压好、韧性高、管道长、接口少，价格高、易腐蚀、寿命短。焊接钢管也叫无缝钢管，是指使用普通碳素钢、优质碳素钢、低合金钢或合金结构钢轧制而成，分为普通焊接钢管和不锈钢焊接钢管等。广泛应用于压力较高的管道，如蒸汽、压缩空气、高压水等管道。不锈钢焊接管除了具有普通管道的特点外，还具有耐腐蚀、表面光洁、易清洁等优点，符合 GMP 要求，被广泛应用于制药企业的工艺管路。

（2）有色金属管：生产中常用的有色金属管有铜管、铝管、铅管等。

2. 非金属管　非金属管有塑料管、玻璃钢管、陶瓷管、橡胶管等。

（1）塑料管：常见的有硬聚氯乙烯管（UPVC）、聚丙烯管（PP）、酚醛塑料管（PF），特点是耐蚀性能好、质量轻、成型方便、容易加工；强度较低、不耐热。

（2）玻璃钢管：也称玻璃纤维缠绕夹砂管（RPM 管）。主要以玻璃纤维及其制品为增强材料，以高分子成分的不饱和聚酯树脂、环氧树脂等为基体材料，以石英砂及碳酸钙等无机非金属颗粒材料为填料经过一定的成型工艺制作而成。具有质量轻、强度高、耐腐蚀等特点，缺点是易老化、易变形、耐磨性差，主要应用于酸碱腐蚀性介质的管路。

（3）陶瓷管：由于该管具有耐磨、耐蚀、耐热性能，因此可广泛应用于电力、冶金、矿山、煤炭、化工等行业作为输送砂、石、煤粉、灰渣、铝液等磨削性颗粒物料和腐蚀性介质，是一种理想的耐磨蚀管道。

（4）橡胶管：是用天然橡胶或合成橡胶制成。橡胶管具有无毒、环保、生理惰性、耐紫外线、耐臭氧、耐高低温（−80~300℃）、透明度高、回弹力强，耐压缩永久不变形、耐油、耐冲压、耐酸碱、耐磨、难燃、耐电压等性能。常用于实验室或其他临时管路。

（二）制药工业中常用管件

管件是管道系统中起连接、控制、变向、分流、密封、支撑等作用的零部件的统称。一种管件在不同部位可以起到不同作用，主要管件如弯头、三通、异径管等都已经按照统一标准化生产。具有成形好、耐压能力强、焊接形式简单等特点。管件按制作材料分铸钢管件、铸铁管件、不锈钢管件、塑料管件、PVC 管件、橡胶管件、石墨管件、锻钢管件、PPR 管件、合金管件等。

常用管件按照使用用途分以下几类（以不锈钢管件为例）：

1. 管子互相连接的管件，如法兰、活接、管箍、卡套、喉箍等。

（1）法兰：法兰（图 3-1）又叫法兰盘或凸缘盘。法兰是使管子与管子相互连接的零件，连接于管端。法兰连接或法兰接头，是指由法兰、垫片及螺栓三者相互连接作为一组组合密封结构的可拆连接。管道装置中配管用的管道法兰，设备上的设备进出口法兰等。法兰上有孔眼，螺栓使两法兰紧连。法兰间用衬垫密封。法兰分螺纹连接（丝接）法兰和焊接法兰。

（2）活接：活接，外形为立体多边形设计，内层刻有立体螺纹，连接形式是一个固定接头和一个活母接头配套使用，两端与相应管螺纹相接，中间用 PVC 垫或橡胶垫密封。主要用于相匹配的五金配件连接，可以安装在各种管道接口使用。制药行业常用卫生级活接组件（由任）如图 3-2。

图 3-1 法兰

（3）管箍：管箍（图 3-3）是用来连接两根管子的一段短管。也叫外接头。按照材料分类有：碳钢、不锈钢、合金钢、PVC、塑料等，连接方法有：螺纹连接、焊接、熔接。

图 3-2 活接

图 3-3 管箍

（4）卡套式管接头：将无缝钢管插入卡套内（图 3-4），利用卡套螺母锁紧抵触卡套，卡套内刃均匀地切入无缝钢管，形成有效密封。适用于无缝钢管和铝塑管、硬聚氯乙烯管等多种管道的连接。

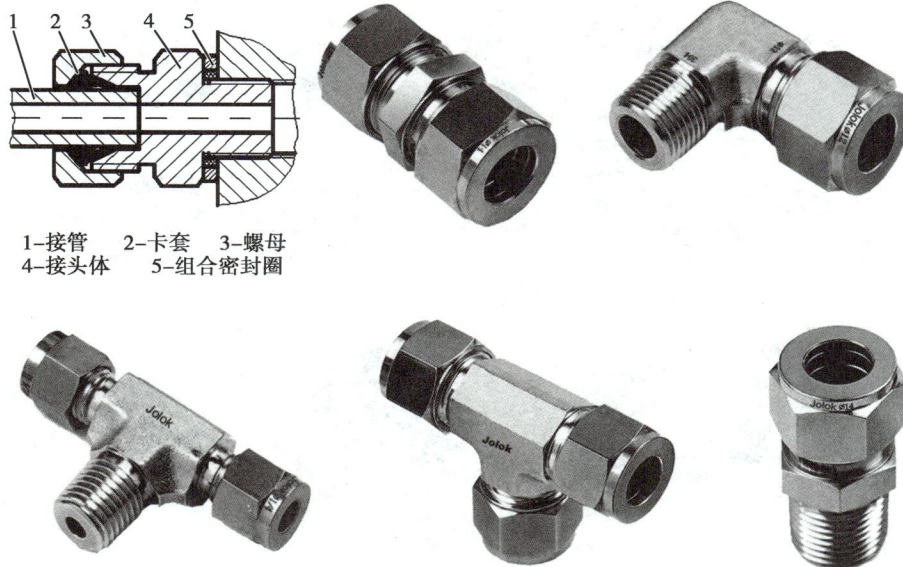

1-接管　2-卡套　3-螺母
4-接头体　5-组合密封圈

图 3-4　卡套式管接头

（5）喉箍（图 3-5）：喉箍是软硬管连接处的紧固件。喉箍蜗杆摩擦力小，适用范围广，抗扭和耐压，扭转力矩均衡，锁紧牢固，严密，调节范围大，适用于 30mm 以上的软硬管连接，也适用于制药工业防腐材料部位连接。

喉箍主要分为英式、美式、德式三种，另外还有管束、强力喉箍等其他衍生产品。英式喉箍，材质为铁，表面镀锌，俗称铁镀锌；德式喉箍，材质为铁，表面镀锌，其扣距为冲压成型，扭力大；美式喉箍，分为铁镀锌和不锈钢两种，主要区别为扣距为打孔状（即透眼扣）市场上以不锈钢材质为主，主要用于汽配等高端市场。

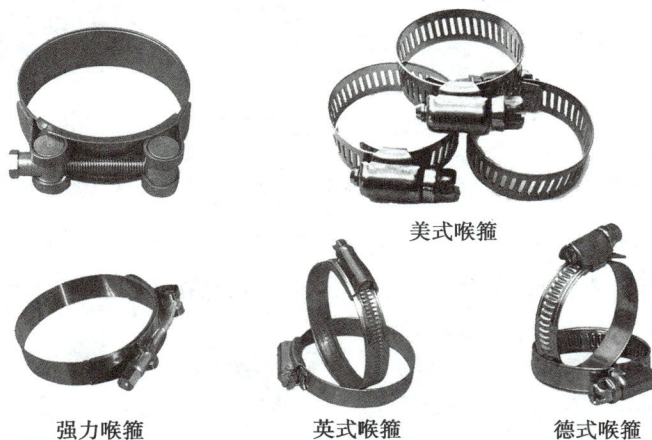

美式喉箍

强力喉箍　　　英式喉箍　　　德式喉箍

图 3-5　喉箍

2. 改变管子方向的管件　弯头、变径弯头等。管道安装中常用的一种连接用管件，连接两根公称通径相同或者不同的管子，使管路做一定角度转弯。按照材质、制作方法、制作标准、曲率半径、压力、形状等有多种分类。制药工业企业按形状常见的几种，如图 3-6 所示。

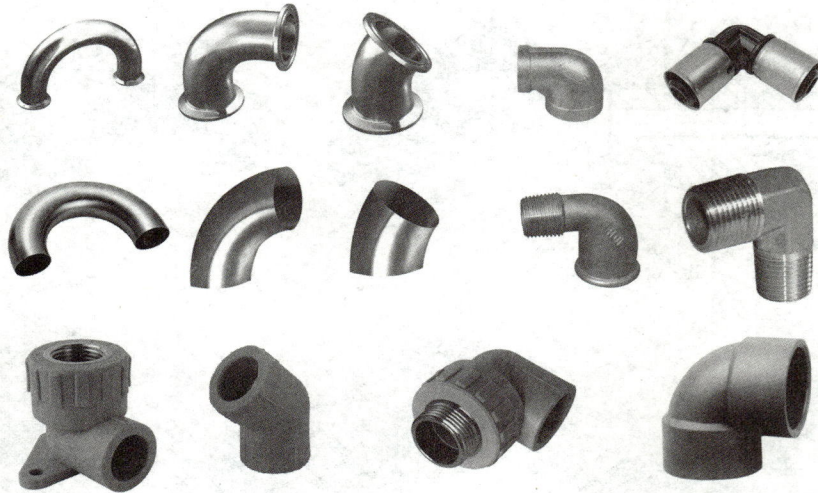

图 3-6　弯头

3. 改变管子管径的管件　变径(异径)管、变径接头等。用于在阀门与管路(或管路与管路)公称直径不一致时,阀门与管路(或管路与管路)无法通过标准法兰、丝扣直接连接或焊接,这时加一个一端能与阀门直接连接另一端能与管路直接连接的变径管(图 3-7),俗称"大小头"来改变管径。

图 3-7　变径

4. 增加管路分支的管件　三通、四通等(图 3-8)。三(四)通为管件、管道连接件。又叫管件三(四)通或者三(四)通管件、三(四)通接头,用在主管道要分支管处。三通有等径和异径之分,等径三通的接管端部均为相同的尺寸;异径的三通的主管接管尺寸相同,而支管的接管尺寸小于主管的接管尺寸。

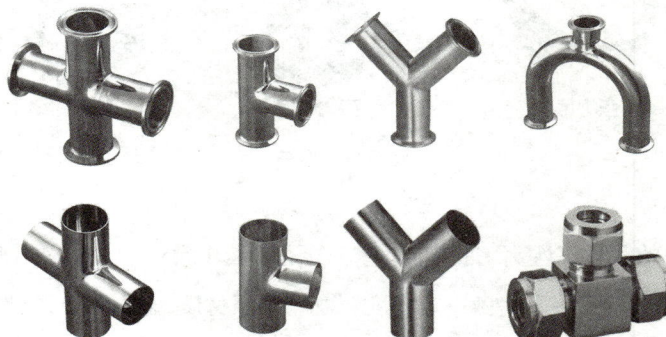

图 3-8　三通、四通

5. 用于管路密封的管件　垫片、生料带、线麻等(图 3-9)。

生料带

线麻

垫片

梅花垫片

图 3-9　管路密封管件

6. 用于管路固定的管件　卡环、拖钩、吊环、支架等(图 3-10)。

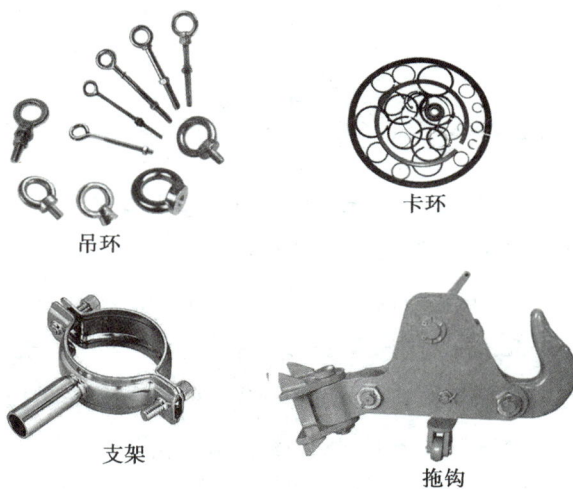

吊环

卡环

支架

拖钩

图 3-10　常见固定管件

(三) 制药工业中常用阀门

阀门是制药工业中常用的设备,是流体物料输送系统中的控制部件,具有截止、调节、导流、防止逆流、稳压、分流或溢流泄压等功能。用于流体控制系统的阀门,从最简单的截止阀到极为复杂的自控系统中所用的各种阀门,其品种和规格相当繁多。本部分内容只介绍常用的截断类阀门。

截断类阀门又称闭路阀,截止阀,其作用是接通或截断管路中的介质。如闸阀、截止阀、旋塞阀、球阀、蝶阀、针型阀、隔膜阀等。下面介绍几种中药制药过程中常用的阀门。

(1)闸阀:闸阀又称闸板阀(图 3-11),按密封面配置可分为楔式闸板式闸阀和平行闸板式闸阀,楔式闸板式闸阀又可分为:单闸板式、双闸板式和弹性闸板式;平行闸板式闸阀可分为单闸板式和双闸板式。按阀杆的螺纹位置划分,可分为明杆闸阀和暗杆闸阀两种。手动闸阀转动手轮,通过手轮与阀杆的螺纹的进、退,提升或下降与阀杆连接的阀板,达到开启和关闭的作用。

闸阀具有以下优点:流体阻力小,开闭较省力;介质流向不受限制;不扰流、不降低压力;形体简单,结构长度短,制造工艺性好,适用范围广。闸阀的缺点是密封面之间易引起冲蚀和擦伤;维修比较困难;外形尺寸较大,开启需要一定的空间,开闭时间长,结构较复杂。

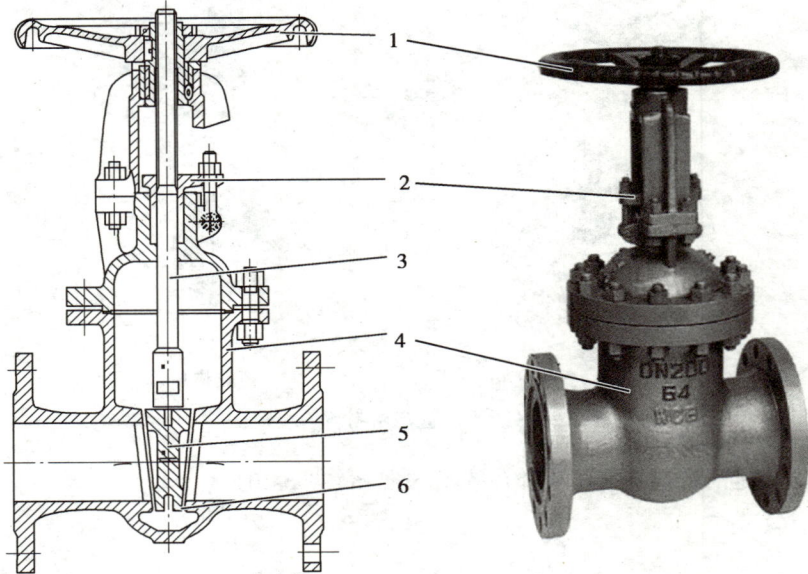

图 3-11　闸阀结构和外观图
1. 手轮;2. 填料压盖;3. 阀杆;4. 阀体;5. 闸板;6. 密封面

(2)截止阀:截止阀(图 3-12)的启闭件是塞形的阀瓣,密封面呈平面或锥面,阀瓣沿阀座的中心线作直线运动。根据阀瓣的这种移动形式,阀座通口的变化是与阀瓣行程成正比例关系。由于该类阀门的阀杆开启或关闭行程相对较短,而且具有非常可靠的切断功能,又由于阀座通口的变化与阀瓣的行程成正比例关系,非常适合于对流量的调节。因此,这种类型的阀门非常适合作为切断或调节以及节流用。在制药工业中,常用作各物料总管和支管的控制阀、蒸汽控制阀、夹套和蛇形管冷水阀等,安装时要注意水平安装和流体的流向与阀门标志流向相符。

(3)旋塞阀:旋塞阀(图 3-13)是启闭件为柱塞形的旋转阀,通过旋转 90°使阀塞上的通道口与阀体上的通道口相同或分开,实现开启或关闭的一种阀门。旋塞阀的阀塞的形状可成圆柱形或圆锥形。在圆柱形阀塞中,通道一般成矩形;而在锥形阀塞中,通道成梯形。这些形状使旋塞阀的结构变得轻巧。旋塞阀最适于作为切断和接通介质以及分流适用,依据适用的性质和密封面的耐冲蚀性,有时也可用于节流。小型无填料的旋塞阀又称为"考克"。制药企业的设备和管道上,一般选用奥氏体不锈钢制的紧定式圆锥形旋塞阀。

(4)球阀:球阀(图 3-14)是启闭件(球体)由阀杆带动并绕阀杆的轴线作旋转运动的阀门。主要用于截断或接通管路中的介质,亦可用于流体的调节与控制,其中硬密封 V 形球阀的 V 形球芯与堆焊硬质合金的金属阀座之间具有很强的剪切力,特别适用于含纤维、微小固体颗料等介质。而多通球阀在管道上不仅可灵活控制介质的合流、分流及流向的切换,同时也可关闭任一通道而使另外两个通道相连。本类阀门在管道中一般应当水平安装。

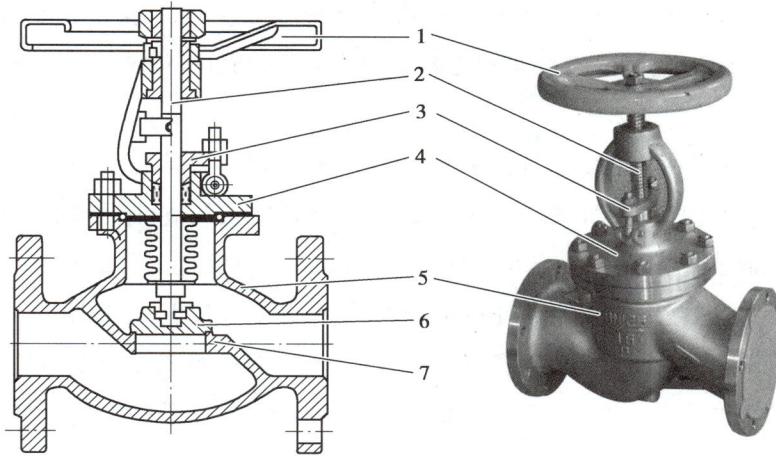

图 3-12　截止阀

1. 手轮；2. 阀杆；3. 填料压盖；4. 阀盖；5. 阀体；6. 阀芯；7. 阀座

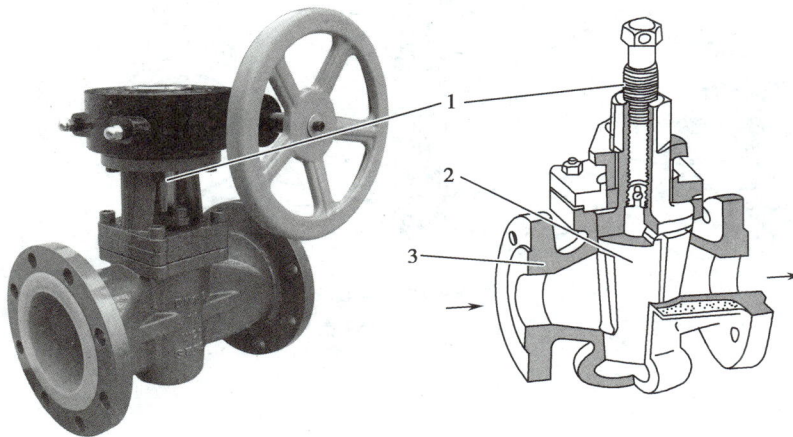

图 3-13　旋塞阀

1. 螺塞；2. 阀塞；3. 阀体

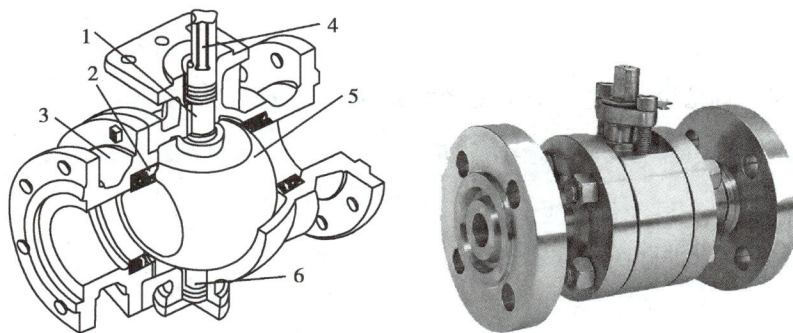

图 3-14　球阀

1. 上轴承；2. 阀座；3. 阀体；4. 阀杆；5. 球体；6. 下轴承

　　球阀的主要特点是本身结构紧凑,密封可靠,结构简单,维修方便,密封面与球面常在闭合状态,不易被介质冲蚀,易于操作和维修,适用于水、溶剂、酸和天然气等一般工作介质,而且还适用于工作条件恶劣的介质,如氧气、过氧化氢、甲烷和乙烯等,在各行业得到广泛的应用。球阀阀体可以是整体式,也可以是组合式。

　　(5)蝶阀:蝶阀又叫翻板阀(图3-15),是指启闭件(阀瓣或蝶板)为圆盘,围绕阀轴旋转来达到开启与关闭的一种阀,在管道上主要起切断和节流用,是一种结构简单的调节阀,同时也可用于低压管道介质的开关控制。蝶阀全开到全关通常是小于90°,蝶阀和蝶杆本身没有自锁能力,为了蝶板的定位,要在阀杆上加装蜗轮减速器,可以使蝶板停止在任意位置上,具有自锁能力,改善阀门的操作性能。蝶阀具有结构简单、体积小、重量轻、材料耗用省、安装尺寸小、开关迅速、90°往复回转、驱动力矩小等优点,但使用压力和工作温度范围小,密封性较差。安装在保温管道上的各类手动阀门,手柄均不得向下。

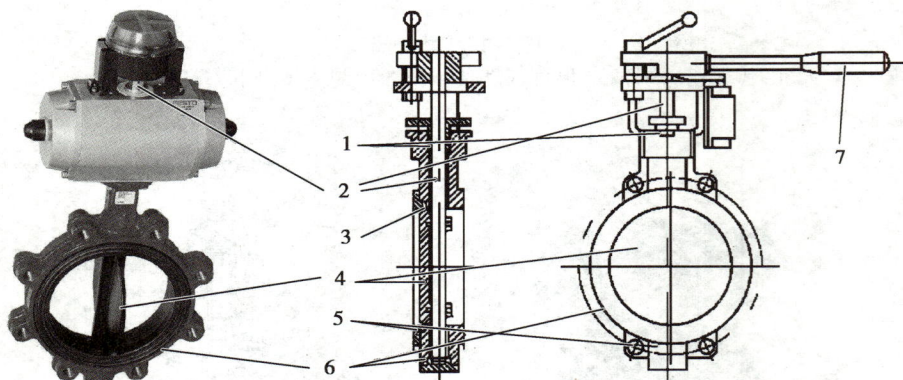

图 3-15 　蝶阀
1. 填料;2. 阀杆;3. 密封圈;4. 蝶板;5. 盖板;6. 阀体;7. 手动阀柄

▶ **课堂活动**

　　日常生活中,同学们在哪些场合和机器上见过阀门? 都是什么类型的?

五、管路布置和连接

　　中药制药企业管路的设置与连接首先要考虑防污染、防交叉污染和防差错,合理满足工艺需求因素,如控制流量方便快捷,管路阻力最小,管路的走向、布局合理,安装、检修方便。

1. 管路设计

　　(1)制药企业管路设计符合 GMP 规范要求;

　　(2)要满足产品生产工艺要求;

　　(3)管路设计要考虑经济节约因素,节约材料,降低成本。

2. 管路施工

　　(1)企业的所有管路,包括生产、辅助系统管路、照明、仪器仪表管路、采暖、通风等管路都要统一规划设计。

（2）制药企业洁净区内部管路应尽可能少，不宜走明线。上下水管路密封好，满足产品工艺要求。

3. 管路连接 制药企业管路连接包括管子之间、管子与管件之间的连接，常用方式有焊接连接、法兰连接、螺纹连接、承插式连接等方式。

（1）焊接连接：焊接是指通过加热或加压，或两者并用，也可能用填充材料，使工件达到结合的方法。通常有熔焊、压焊和钎焊三种。

熔焊是在焊接过程中将工件接口加热至熔化状态，不加压力完成焊接的方法。熔焊时，热源将待焊两工件接口处迅速加热熔化，形成熔池。熔池随热源向前移动，冷却后形成连续焊缝而将两工件连接成为一体。

压焊是在加压条件下，使两工件在固态下实现原子间结合，又称固态焊接。

钎焊是使用比工件熔点低的金属材料作钎料，将工件和钎料加热到高于钎料熔点、低于工件熔点的温度，利用液态钎料润湿工件，填充接口间隙并与工件实现原子间的相互扩散，从而实现焊接的方法。

（2）法兰连接：法兰连接（图3-16）是管道施工的重要连接方式。是指把两个管道、管件或器材，先各自固定在一个法兰盘上，两个法兰盘之间，加上法兰垫，用螺栓紧固在一起完成连接。有的管件和器材已经自带法兰盘，也是属于法兰连接。这种连接主要用于铸铁管、衬胶管、非铁金属管和法兰阀门等的连接，工艺设备与法兰的连接也都采用法兰连接。法兰连接的主要特点是拆卸方便、强度高、密封性能好。安装法兰时要求两个法兰保持平行、法兰的密封面不能碰伤，并且要清理干净。法兰所用的垫片，要根据设计规定选用。

法兰分螺纹连接（丝接）法兰和焊接法兰。低压小直径有丝接法兰，高压和低压大直径都是使用焊接法兰，不同压力的法兰盘的厚度和连接螺栓直径和数量不同。根据压力的不同等级，法兰垫也有不同材料，从低压石棉垫、高压石棉垫到金属垫都有。法兰连接使用方便，能够承受较大的压力。在工业管道中，法兰连接的使用十分广泛。

图3-16 法兰连接

（3）螺纹连接：螺纹连接是一种广泛使用的可拆卸的固定连接，具有结构简单、连接可靠、装拆方便等优点。常见螺纹连接的基本类型有：①螺栓连接（图3-17），被连接零件的孔中不切制螺纹，螺栓与孔之间有间隙，螺栓杆与孔之间一般采用过渡配合，主要用于需要螺栓承受横向载荷或需靠螺杆精确固定被连接件相对位置的场合；②双头螺柱连接，使用两端均有螺纹的螺柱，一端旋入并紧定在较厚被连接件的螺纹孔中，另一端穿过较薄被连接件的通孔（如图3-18）。适用于被连接件较厚，要求结构紧凑和经常拆装的场合；③螺钉连接，螺钉直接旋入被连接件的螺纹孔中（如图3-19），结构较简单，适用于被连接件之一较厚，或另一端不能装螺母的场合。但经常拆装会使螺纹孔磨损，导致被连接件过早失效，所以不适用于经常拆装的场合；④紧定螺钉连接，将紧定螺钉拧入一零件的螺纹孔中，其末端顶住另一零件的表面，或顶入相应的凹坑中（如图3-20所示）。常用于固定两个零件的相对位置，并可传递不大的力或转矩。

（4）承插式连接：主要用于管道两端带承插接头的铸铁管、混凝土管、陶瓷管、塑料管等。承插管分为刚性承插连接和柔性承插连接两种。刚性承插连接是用管道的插口插入管道的承口内，对位后先用嵌缝材料嵌缝，然后用密封材料密封，使之成为一个牢固的封闭。柔性承插连接接头在管道承插口的止封口上放入富有弹性的橡胶圈，然后施力将管子插端插入，形成一个能适应一定范围内的位移和振动的封闭管。一般水泥管直接用水泥砂浆涂抹接口，塑料管多用胶黏接或熔接，钢管多焊接。

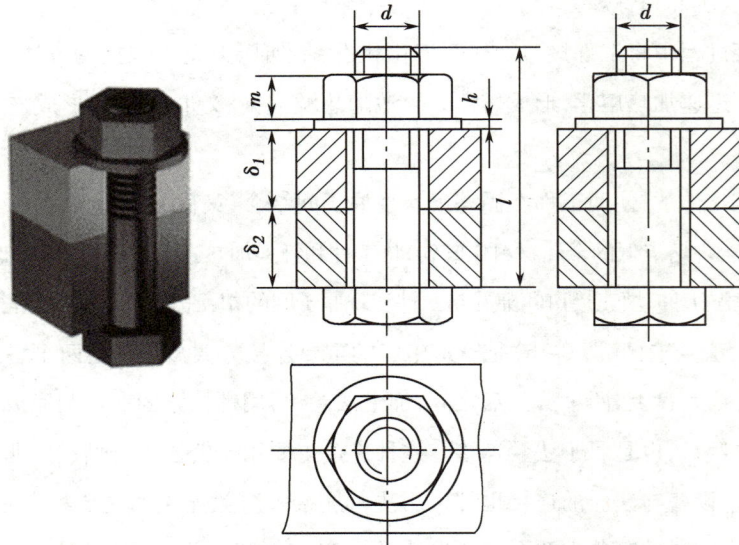

图 3-17　螺栓连接

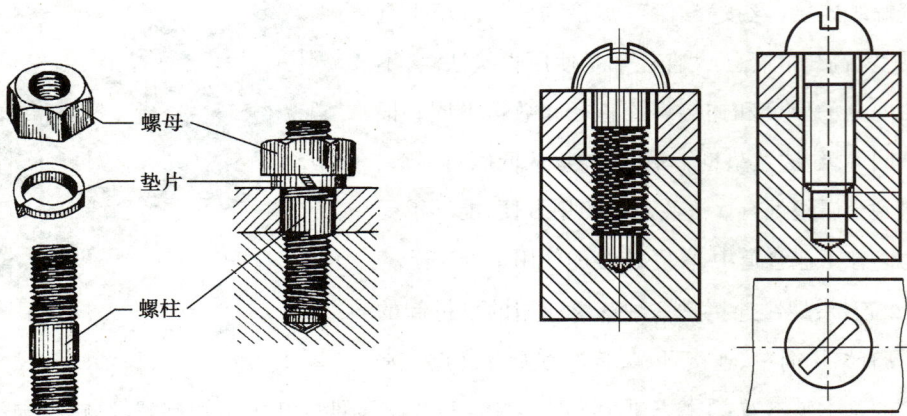

图 3-18　螺柱连接

图 3-19　螺钉连接

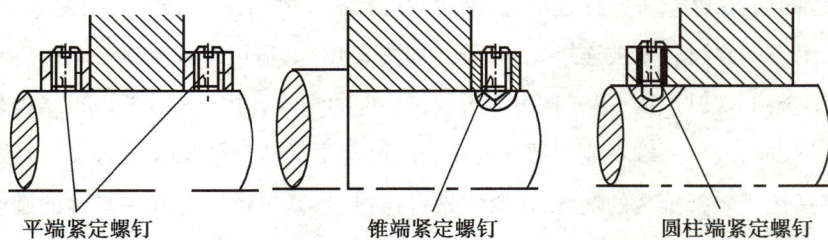

平端紧定螺钉　　　　锥端紧定螺钉　　　　圆柱端紧定螺钉

图 3-20　紧定螺钉连接示意图

4. 管道颜色标识要求

（1）管路涂色采取基本识别色和识别符号同时使用的方法。基本识别色（见表3-2）用于识别管路内流体的种类和状态。识别符号用于识别管路内流体的性质、名称和流向。室内、外地沟内的管路不涂基本识别色和识别符号。不锈钢、有色金属、非金属材质的管路，以及保温管外有铝皮（或不锈钢）保护罩时，均不涂基本识别色，但应有识别符号。

（2）管路的安全色和安全标志：①红色—用于消防；②黄色与黑色间隔斜条—用于危险警告；③蓝色—用于饮用水。

（3）流体名称应该用对比明显的白色或黑色标在基本识别色上或基本识别色色环附近的管路醒目位置上。

（4）流体流向用对比明显的白色或黑色在基本识别色上或基本识别色色环附近的管路涂刷指向箭头。管路内若是双向流体，则涂刷双向箭头。

（5）管路识别符号应涂刷在所有管路交叉点、门和穿孔两侧等的管路上，及其他需要识别的部位。当外径小于80mm的管路上识别符号不易识别时，可采取在需要识别部部位挂牌方法，标牌为矩形带尖角，标牌上标明管路内流体名称，尖角指示流体流向。需用安全色，标牌底色应为安全色。

表 3-2　制药企业管路基本识别色及含义

介质	涂色	介质	涂色
一次用水	深绿色	压缩空气	深蓝色
二次用水	浅绿色	真空	白色
蒸汽	白底红圈、红色	排气	黄色
冷凝水	白色	物料	深灰色
冷冻盐水	银灰	污水	黑色
药液	黄色	天然气	橙色

点滴积累

1. 按 GB/T15692-2008 国家标准，制药机械共分为原料药设备及机械、制剂机械、药用粉碎机械、饮片机械、制药用水气（汽）设备、药品包装机械、药物检测设备、其他制药机械及设备等8大类。

2. 按剂型，制剂机械共分为颗粒剂机械、片剂机械、胶囊剂机械、粉针剂机械、小容量注射剂机械、大容量注射剂机械、丸剂机械、栓剂机械、软膏剂机械、口服液机械、气雾剂机械、眼用制剂机械、药膜剂机械等13大类。

3. 设备材料分为金属材料和非金属材料两大类。常用的金属材料有：碳钢、铸铁、不锈钢、铝、铅和铜及合金等。

4. 金属的腐蚀可分为化学腐蚀与电化学腐蚀两类。

5. 常用管件按用途分有法兰、活接、管箍、卡套式管接头、喉箍等。

6. 常用截断类阀门有闸阀、截止阀、旋塞阀、球阀、蝶阀、针型阀、隔膜阀等。

7. 常用管路连接方式有焊接连接、法兰连接、螺纹连接、承插式连接等。

8. 管道都采取颜色标识。

任务 3-2 机械维修常用工具

一、测量工具

量具是指使用时以固定形态复现或提供给定量的一个或多个已知值的器具。一般没有指示器，在测量使用中没有可运动的测量元件，分单值量具（量块、直角尺、量规等）和多值量具（如线纹尺等）两类。

量仪（包括仪表）是计量仪器的简称，是指将被测量值转换成可直接观察的示值或等效信息的计量器具，一般都具有传感元件、放大系统和指示装置，许多新型量仪还佩带计算机进行测量控制和数据处理。分为机械类、光学类、电学类、气动类、智能类等多种。常用的有游标尺、千分尺、百分表等计量器具。

测量装置是指为了测量需要而组合的计量器具和辅助设备的总体。

▶▶ 课堂活动

同学们在学习生活中用过哪些测量工具呢?

（一）钢直尺

钢直尺包括普通钢直尺和棉纤维钢尺，用不锈钢制成，尺的刻线上下两边都刻有刻纹，主要用来量取尺寸、测量工件以及作划直线时的导向工具。标称长度有 150mm、300mm、500mm、1000mm、1500mm、2000mm 等多种。棉纤维钢尺的标称长度为 50mm。尺的一端为方形，称为工作端，另一端为圆弧形，通常有一个悬挂孔。外形如图 3-21 所示。

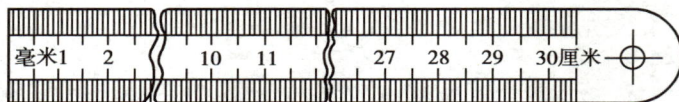

图 3-21 钢直尺

钢直尺的端面、侧边及背面需光滑，不得有毛刺、锋口和锉痕。尺上刻线面及平面不许有碰伤、锈迹及影响使用的明显斑点和划痕。尺上线纹必须明晰，垂直侧边，不得有断线现象。钢直尺弯曲成半径为 250mm 的圆弧形，放开后不得产生塑料变形。

（二）钢卷尺

钢卷尺是测量长度常用的量具，主要结构是具有弹性的整条钢带，卷于金属或塑料材料制成的尺盒或框架内。按结构一般分为四种形式，如图 3-22 所示。

钢卷尺按其用途可分为三种：

1. 普通钢卷尺 用于测量物体的长度，小型盒卷尺用于机械、木工、五金及日常生活许多方面。大型盒卷尺可用于机械安装等。

2. 测深钢卷尺 主要用于测量液体深度，其尺端带有铜制尺砣，砣重有 0.7kg 和 1.6kg 两种。

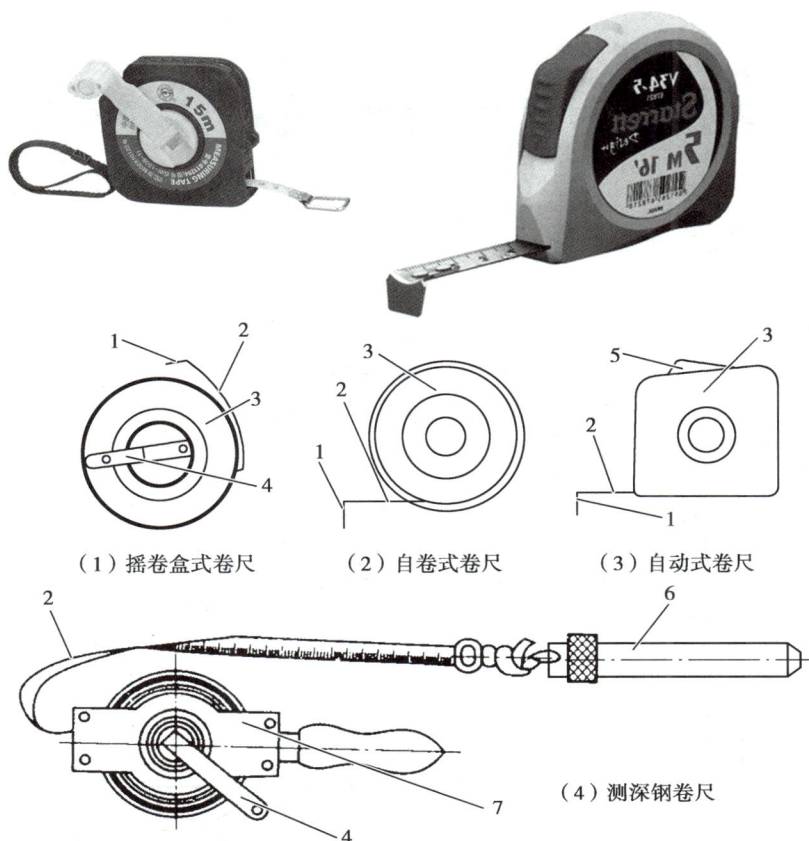

（1）摇卷盒式卷尺　　　（2）自卷式卷尺　　　（3）自动式卷尺

（4）测深钢卷尺

图 3-22　钢卷尺
1. 尺钩；2. 尺带；3. 尺盒；4. 摇柄；5. 制动按钮；6. 尺砣；7. 尺架

3. **钢围尺**　主要用于测量圆形物体的直径和周长,其尺上带上刻有周长尺和直径尺两种刻度。

使用钢卷尺时,要平拉平卷,防止钢带扭弯或折断。使用中弄脏后或尺上附有其他附着物要及时擦干净,如果长时间不用,应涂抹防锈油。钢卷尺本身为薄长件,测量长度以在 20℃ 的温度条件下受 50N 的拉力为准。

（三）游标尺

游标尺是游标量具中数量最多、使用最广泛的一种量具,常见的有以下几种。

1. **三用游标卡尺**　三用游标卡尺(图 3-23 所示)使用方法:用外量爪 8、9 可测外尺寸,用刀口内量爪 1、2 可测内尺寸;测深尺 7 可测深度和高度。量爪 1、9 与主尺 6 为一整体,量爪 2、8 与尺框 3 为一整体,游标 5 用螺钉固定在尺框 3 上。带游标的尺框能沿尺身移动,并可用螺钉 4 固定在尺身的任何位置上。尺框上方内侧与尺身之间安装有一片簧,它可使尺框沿尺身移动时保持平稳。

测深尺 7 的一端固定在尺框内,能随尺框在尺身背部的导向槽内移动,测量端一般做成楔形,减少测深度时与被测件的接触面,提高测量精度。

2. **两用游标卡尺**　两用游标卡尺(图 3-24)不带测深尺,另外在尺框旁装有微动装置 6,当拧紧螺钉 5 再旋转螺母 8 时,可通过细螺杆 9 左右微动尺框 2(要先松开螺钉 3),这样可使测力平稳适当,以提高测量精度。刀口内量爪 1 和外量爪 10 与三用卡尺相同。

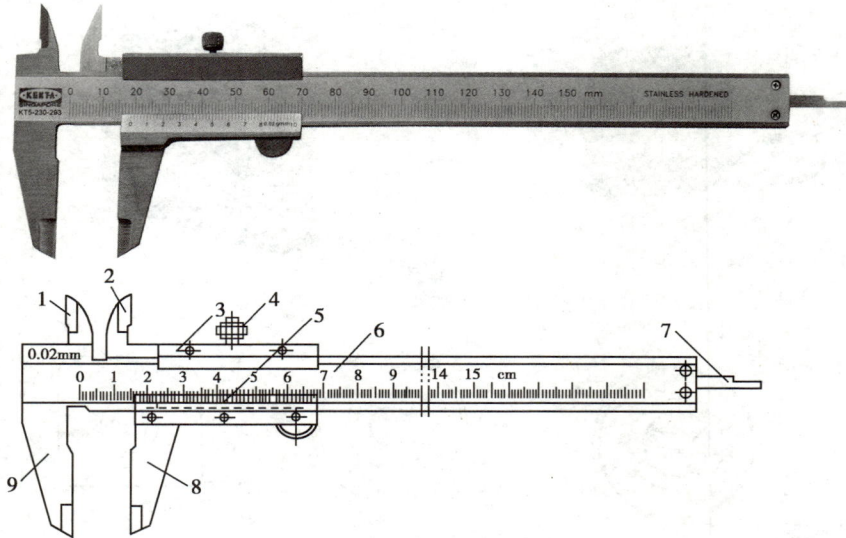

图 3-23　三用游标卡尺

1,2. 内量爪;3. 尺框;4. 螺钉;5. 游标;6. 主尺;7. 测深尺;8,9. 外量爪

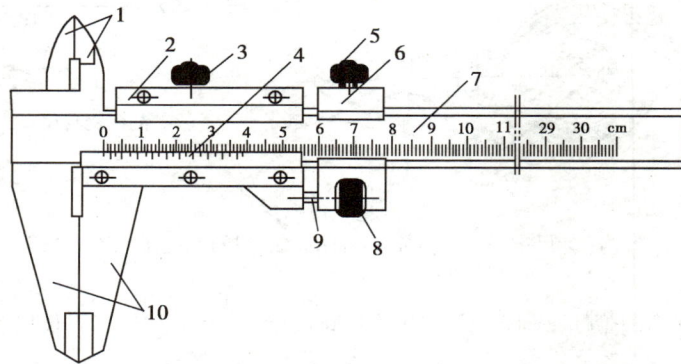

图 3-24　两用游标卡尺

1. 内量爪;2. 尺框;3,5. 螺钉;4. 游标;6. 微动装置;7. 主尺;8. 微调螺母;9. 细螺杆;10. 外量爪

3. 双面游标卡尺　双面游标卡尺(图 3-25)是上下量爪都能测量外尺寸,另外下量爪的外侧还有一对弧形内测爪,可以测内尺寸。

4. 单面游标卡尺　单面游标卡尺(图 3-26)没有上量爪,下量爪可以测内外尺寸,有的量程大,适用于较大尺寸的测量。

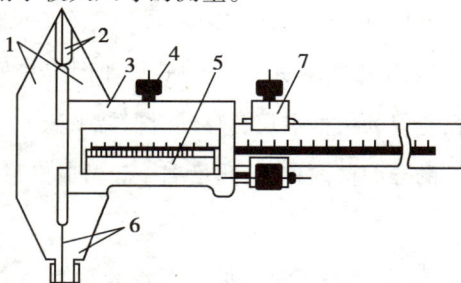

图 3-25　双面游标卡尺

1. 上量爪;2. 测刃;3. 油游标框;
4. 螺钉;5. 游标;6. 下量爪;7. 微动装置

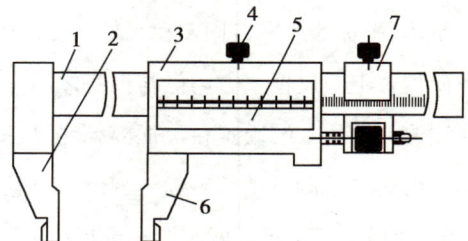

图 3-26　单面游标卡尺

1. 尺身;2,6. 量爪;3. 游标框;
4. 螺钉;5. 游标;7. 微动装置

5. 游标卡尺的使用方法和注意事项:

（1）使用前要用干净的棉纱或软布将卡尺擦干净,特别是测量爪的测量面。数显测尺要远离磁场,避免内部电路受到干扰,影响测量精度。

（2）尺框在尺身上移动要平稳灵活,不能有卡滞、晃动等现象。

（3）外量爪的测量面合拢后测量接触面不得有明显的漏光。同时尺身与零线要对齐,否则要调整或修理。

（4）紧固螺钉固定尺框时,卡尺的读数不应发生变化。

（5）卡尺存放要防潮、防锈蚀和磨损。

（6）测量时要注意正确选用量爪,找准测量位置,防止量爪磨损,适当控制测力,正确读取读数（图 3-27）。

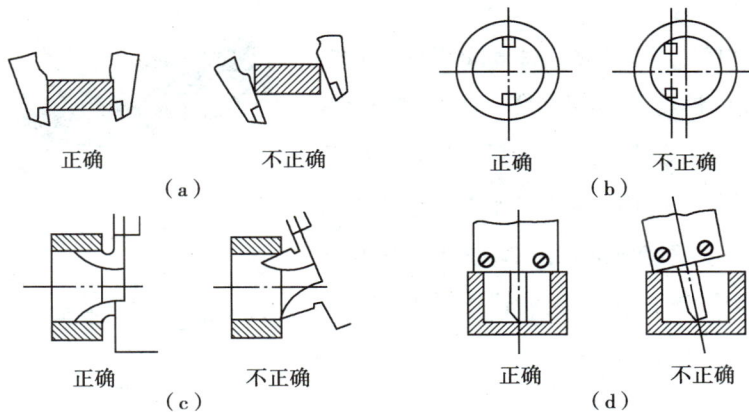

图 3-27　游标卡尺正确读数

（四）千分尺（螺旋测微器）

螺旋测微器（图 3-28）是依据螺旋放大的原理制成的,即螺杆在螺母中旋转一周,螺杆便沿着旋转轴线方向前进或后退一个螺距的距离。因此,沿轴线方向移动的微小距离,就能用圆周上的读数表示出来。螺旋测微器的精密螺纹的螺距是 0.5mm,可动刻度有 50 个等分刻度,可动刻度旋转一周,测微螺杆可前进或后退 0.5mm,因此旋转每个小分度,相当于测微螺杆前进或推后 0.5/50 ＝ 0.01mm。可见,可动刻度每一小分度表示 0.01mm,所以以螺旋测微器可准确到 0.01mm。由于还能再估读一位,可读到毫米的千分位,故又名千分尺。

测量时,当测砧和测微螺杆并拢时,可动刻度的零点与固定刻度的零点重合,旋出测微螺杆,并使小砧和测微螺杆的面正好接触待测长度的两端,那么测微螺杆向右移动的距离就是所测的长度。这个距离的整毫米数由固定刻度上读出,小数部分则由可动刻度读出。

如图 3-29 读数时,从固定刻度上读取整、半毫米数,然后从可动刻度上读取剩余部分（因为是 10 分度,所以在最小刻度后应再估读一位）,再把两部分读数相加,得测量值。右图中的读数应该是 6.702mm。

测量值 ＝ 6.5+20.3×0.01mm ＝ 6.703mm（6.702～6.704mm 均正确）

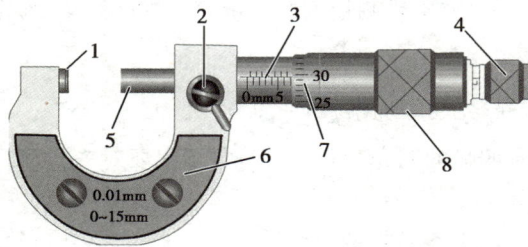

图 3-28 螺旋测微器
1. 测砧;2. 止动旋钮;3. 固定刻度;4. 微调旋钮;
5. 测微螺杆;6. 尺架;7. 可动刻度;8. 旋钮

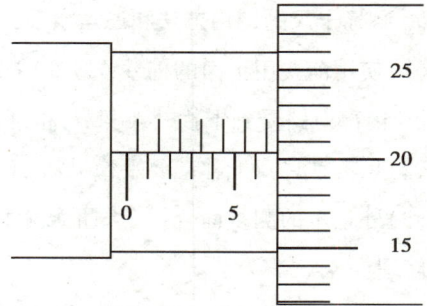

图 3-29 螺旋测微器读数方式

(五)水平仪

水平仪(图 3-30)是用以测量工件表面相对水平位置的微小倾斜角度的量具,可测量导轨、平面的直线度、平面度、平行度、垂直度等,还用于调整设备安装的水平和垂直位置。水平仪是利用水准器(水泡)进行测量的,水准器是一个内壁研磨成圆弧面的玻璃管,管内装有液体,并留有一个气泡的空间,玻璃管外表面上刻有刻度。

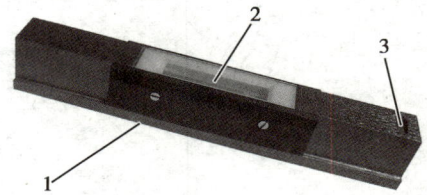

图 3-30 水平仪
1. 测量面;2. 主水准泡;3. 横向水准泡

二、划线工具

(一)划线工具

划线工具主要用于机械加工中的划线。常用的有钢直尺、划线平板、划针、划线盘、高度游标卡尺、划规、样冲、角尺和角度规及支持工具等。

1. 钢直尺(见测量工具一)。

2. 划线平台(划线平板) 用来安放工件和划线工具的平台(图 3-31)。一般由铸铁制成,工作表面经过精刨或刮削等精加工,作为划线时的基准平面。

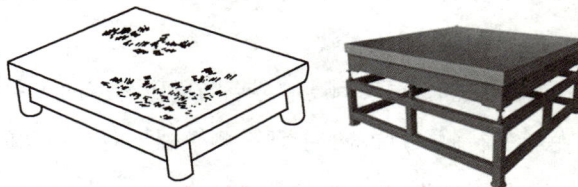

图 3-31 划线平台

3. 划针 划针(图 3-32)用来在工件上划线条,通常是用弹簧钢丝或高速钢制成,一般直径为 3～5mm,长度约为 200～300mm,尖端磨成 15°～20° 的尖角,并经热处理淬火使之硬化,这样就不容易磨损变钝。也可以在划针尖端部位焊上硬质合金,耐磨性更好。用划针划线时,针尖要紧靠导向工具的边缘,压紧导向工具,避免滑动面影响划线的准确性。划针的握法与用铅笔划线相似,上部向外侧倾斜15°~20°,向划线移动方向倾斜约45°~75°。划线要尽量做到一次划成,使划出的线条既清晰又准确。保持针尖尖锐,只有锋利的针尖才能划出准确清晰的线条。划针用钝后重磨时,要防退火变软。不用时,划针要套上塑料管保护。

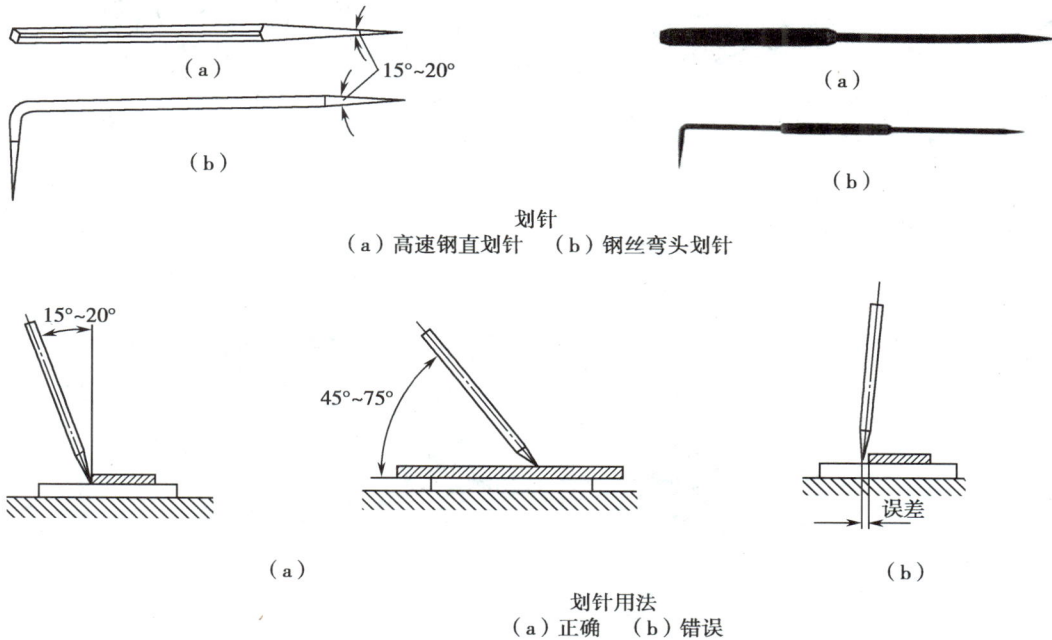

划针
(a)高速钢直划针　(b)钢丝弯头划针

划针用法
(a)正确　(b)错误

图3-32　划针

4. **划针盘**　划针盘(图3-33)用来划线或找正工件位置,主要由底座、立柱、划针和夹紧螺母等组成。划针两端分为直头端和弯头端,直头端用来划线,弯头端常用来划正工件的位置,例如找正工件表面与划线平台表面的平行等。

5. **高度游标卡尺**　高度游标卡尺用于测量和划线的精密量具之一。它既能测量工件的高度,还附有划针脚,可做划线工具。与划针盘相比,高度游标卡尺只适用于精密划线,能直接表示出高度尺寸,其读数精度一般为0.02mm。

6. **划规**　划规(图3-34)用于划圆和圆弧、等分线段、等分角度以及量取尺寸等。一般分普通划规、弹簧划规和大尺寸划规等。最常用的是普通划规,结构简单,制造方便,适用范围广。使用要求脚尖要保持尖锐靠紧,旋转脚施力要大,划线角施力要轻,使中心不致滑动。划规的脚尖应保持尖锐,以保证划出的线条清晰。

7. **样冲**　样冲(图3-35)用于打样冲眼。样冲用于在工件已划好的加工线条上冲点,作加强界限标志(称检验样冲点),以保存所划的线条。

8. **角尺**　角尺(图3-36)是在划线时常用作划垂直线或平行线的导向工具,也可用来找正工件平面在划线平台上的垂直位置。

9. **角度规**　角度规(图3-37)用于划角度线。

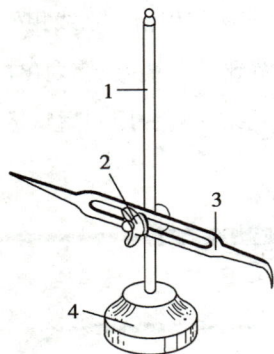

图 3-33 划针盘
1. 立柱;2. 夹紧螺母;3. 划针;4. 底座

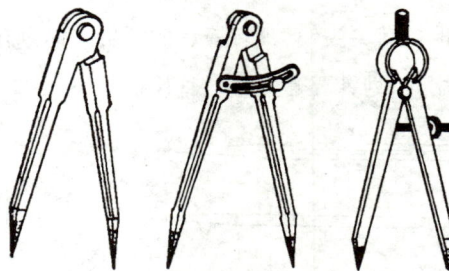

图 3-34 划规

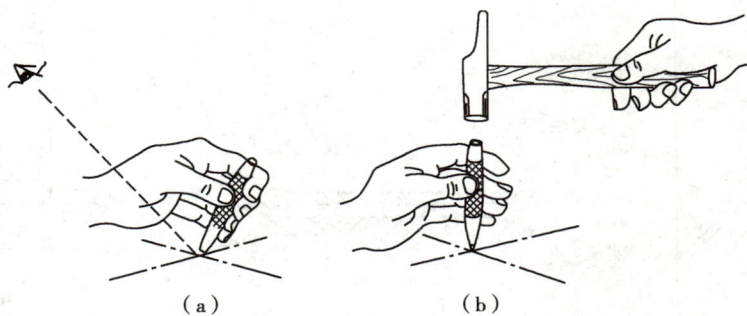

（a） （b）

样冲的使用方法

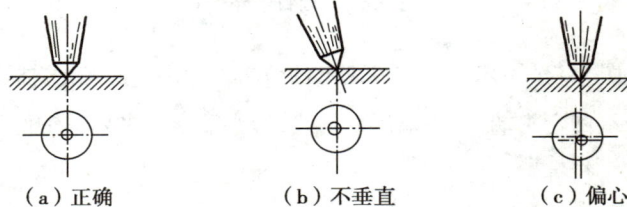

（a）正确 （b）不垂直 （c）偏心

样冲眼

图 3-35 样冲眼

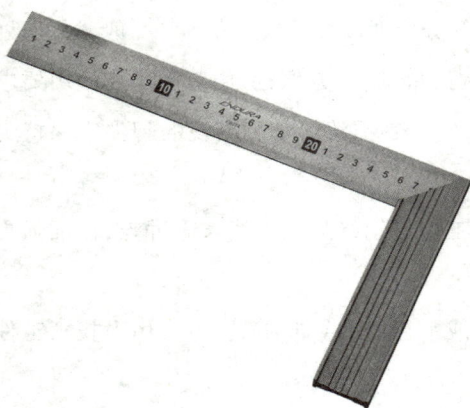

图 3-36 角尺

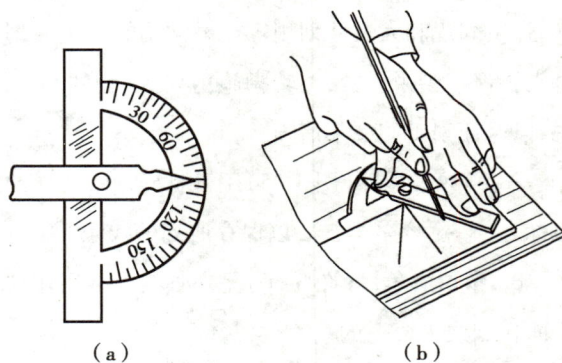

（a） （b）

图 3-37 角度规及其使用

10. **支持工具**　有 V 型铁、方箱、角铁和千斤顶等。V 型铁(图 3-38)主要用来安放圆形工件,以便用划线盘划出中心线或找出中心等。

图 3-38　V 型铁

(二) 基本划线方法

1. **读图**　在划线前,要仔细阅读图样,详细了解工件上需要划线的部位,明确工件及其划线的有关部分的作用和要求,了解有关工件的加工工艺。

2. **整理**　在划线前,先要清理干净氧化铁皮、飞边、残留的泥沙、污垢,以及已加工工件上的毛刺、铁屑等。否则将影响划线的清晰度和损伤划线工具。当需要利用毛坯空档处的某点(如圆孔的中心点)划其他线条时,必须在该空档处加塞木块。

3. **涂色**

(1)在工件的划线部位涂上一层薄而均匀的涂料。

(2)划线的涂料常用的有石灰水、酒精色溶液和硫酸铜溶液。

4. **选定划线基准**

(1)划线基准就是划线时的起始位置。即工件上用来确定其他点、线、面位置时所依据的点、线或面。

(2)划线基准的选择原则通常选择工件的平面、对称中心面或线、重要工作面作为划线基准。

5. **正确选用工具和安放工件**　工件的定位一般用三点定位法,即用放置在划线平板上的三个千斤顶的尖端支撑在工件的某个平面上,使工件具有确定的位置,以便划线。当工件上有一个较大的加工平面时,可将工件上已加工平面朝下直接放置在划线平板上。

6. **划线**　从基准开始,按照图样标注的尺寸完成划线。

7. **检查**　详细检查划线的准确性以及是否有漏划的线。

8. **冲眼标记**　在所划线条上冲眼,做上标记。

三、錾削、锯削、锉削工具

(一) 錾削工具

錾削是用手锤敲击錾子(也称凿子)对工件进行切削加工的一种方法。常用工具有手锤和錾子。手锤又称钳工锤、圆头锤、榔头、羊角锤等。錾子(图 3-39)一般由碳素工具钢锻造而成,常用的錾子有扁錾(阔錾)、窄錾(尖錾)和油槽錾 3 种。

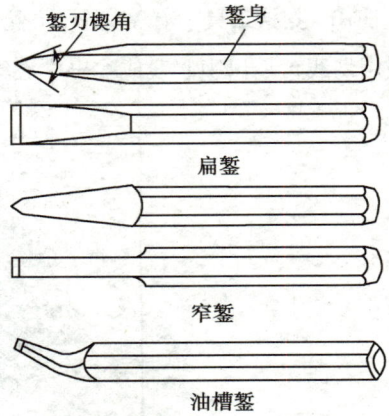

图 3-39 錾子及分类

1. 手锤 手锤(图 3-40)由锤头和锤柄组成,规格大小由锤头的质量决定,锤头通常用碳素工具钢 T7 钢制成并进行淬硬处理。锤柄选用比较坚固的木材制成,常用的 1kg 锤头的柄长为 350mm 左右。锤头安装木柄的孔呈椭圆形,且两端大,中间小。木柄紧装在孔中后,端部应再打入金属楔子,防止松动。手锤的握法有紧握法和松握法等。

(1)紧握法(图 3-41):用右手五指紧握锤柄,大拇指合在示指上,虎口对准锤头方向,木柄尾端露出约 15~30mm。在挥锤和锤击过程中,五指始终紧握。

(2)松握法(图 3-42):只用大拇指和示指始终紧握锤柄。在挥锤时,小指、无名指、中指依次放松;在锤击时,又以相反的次序收拢握紧(优点是手不易疲劳,且锤击力大)。

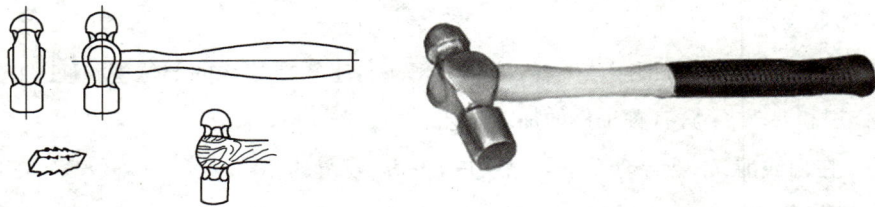

图 3-40 手锤

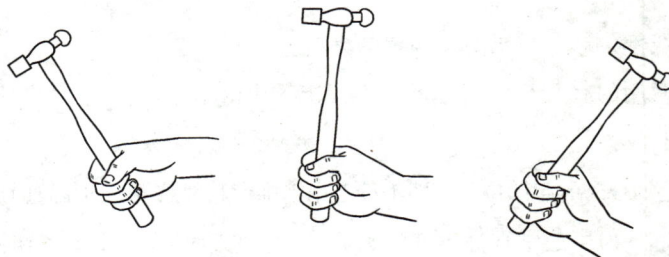

图 3-41 手锤紧握法

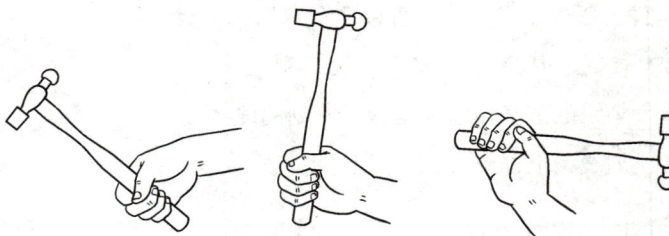

图 3-42 手锤松握法

2. 錾削注意事项 ①握锤的手不许戴手套,以免手锤滑落伤人;②不准使用无楔或松动的手锤;③工件夹持要牢固,防止落下伤人;④錾削接近终止时,锤击力要小,防止用力过大伤手。

(二)锯削工具

用手锯对材料或工件进行切断或切槽等加工的方法。手锯是常用的锯削工具,主要由锯弓和锯条两部分组成,如图 3-43 所示。锯弓用来张紧锯条,分固定式锯弓和可调式锯弓两种。锯条根据工件材料的软硬程度和切削的要求,以及锯齿的粗细来选择。锯条安装时要保证齿尖向前,同时锯条松紧要适当,过紧容易崩断锯条,过松则不但容易折断锯条,还容易导致锯缝歪斜。

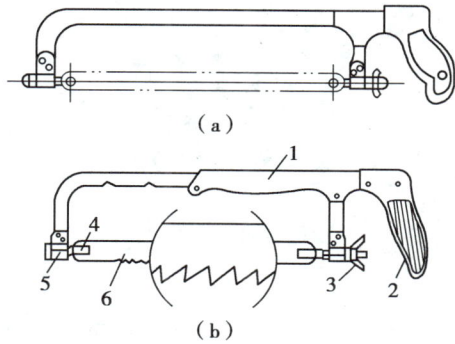

(三)锉削工具

用锉刀对工件表面进行加工,使工件达到所要求的尺寸、形状和表面粗糙度的操作叫锉削。常用工具就是锉刀(图 3-44),分为普通锉(图 3-45)、什锦锉(图 3-46)和异形锉等三类(图 3-47)。

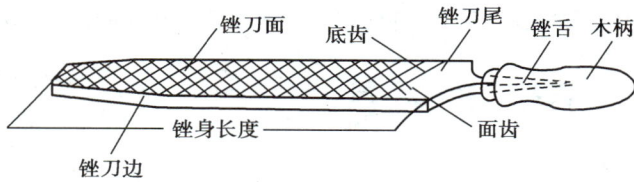

手锤使用方法

图 3-43 手锯
1. 锯弓;2. 手柄;3. 翼形螺母;
4. 夹头;5. 方形导管;6. 锯条

图 3-44 锉刀

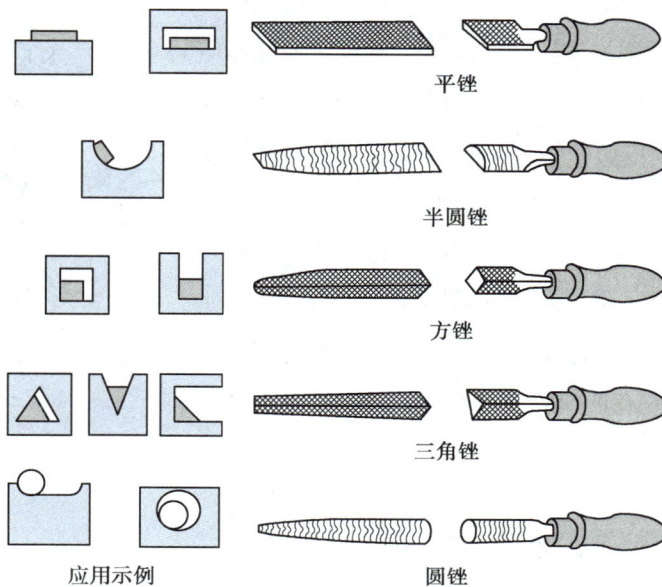

图 3-45 普通锉刀

图 3-46　什锦锉刀

图 3-47　异形锉刀

普通锉按照端面形状又可分为扁锉、方锉、三角锉、半圆锉和圆锉等五种。

锉刀的基本使用方法:最典型的锉刀的使用方法,右手紧握锉柄,用力方向与锉的方向一致,左手握住锉头处。锉的方向与工件成 45°角,还要保持锉成水平状态。

对于锉刀的使用来说,要看:①不同的加工对象,如何选择不同的锉刀;②如何正确固定被锉的零件;③被锉刀加工的工件的表面的平滑(不是光滑)与准确程度如何。

锉削注意事项:锉刀必须装柄使用,不许使用无手柄或手柄破损的锉刀,防止刺伤手腕。

四、钻孔、扩孔、锪孔、铰孔工具

(一)钻孔、扩孔、锪孔、铰孔

钻孔(图 3-48)是指用钻头在实体材料上加工出孔的操作,常用的钻头有麻花钻、中心钻和深孔钻等;扩孔是指用扩孔钻对已钻出的孔做扩大钻削加工,以扩大孔径并提高精度和降低表面粗糙度的操作;锪孔是指对工件上的孔进行进一步加工操作方法;铰孔是用铰刀对已经钻好的孔进行精加工的操作方法。各种零件上的孔加工,大部分是利用钻床和钻孔工具(钻头、扩孔钻、铰刀等)完成的。在钻床上钻孔时,钻头应同时完成主运动即钻头绕轴线的旋转运动(切削运动)和辅助运动,即钻头沿着轴线方向对着工件的直线运动(进给运动)。钻孔时,主要由于钻头结构上存在的缺点,影响加工质量,加工精度相对较低,表面粗糙,属粗加工。

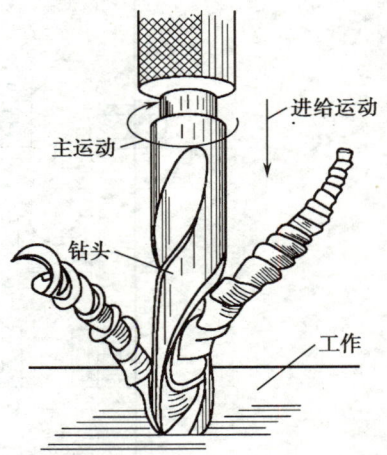

图 3-48　钻削运动

(二)钻床

常用的钻床设备有台式钻床、立式钻床和摇臂钻床三种。

1. 台式钻床(图 3-49)　一种小型立式钻床,最大钻孔直径为 12~15mm,安装在钳工台上使用,多为手动进钻,常用来加工小型工件的小孔等。

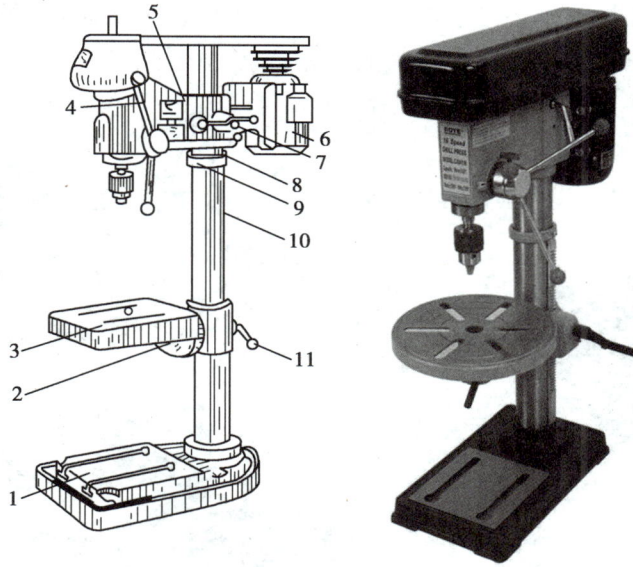

图 3-49　台式钻床
1. 机座；2，8. 锁紧螺钉；3. 工作台；4. 钻头进给手柄；5. 主轴架；
6. 电动机；7，11. 锁紧手柄；9. 定位环；10. 立柱

2. 立式台钻（图 3-50）　工作台和主轴箱可以在立柱上垂直移动，用于加工中小型工件。

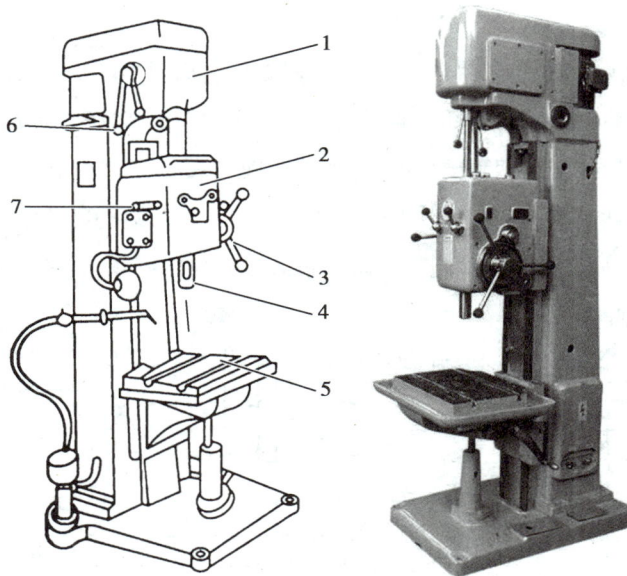

图 3-50　立式台钻
1. 主轴变速箱；2. 进给箱；3. 手柄；4. 主轴；5. 工作台；
6. 主轴转速变速手柄；7. 进给变速手柄

（三）钻孔工具

1. 手电钻　手电钻（图 3-51）是一种以交流电源或直流电池为动力的手持式电动钻孔工具。手电钻主要由电动机、钻夹头、钻头、手柄等组成。分为手提式和手枪式两种，外形如下图：

2. 冲击电钻 冲击电钻(简称冲击钻,图3-52)的作用是在砌块和砖墙上冲打孔眼,其外形与手电钻相似,钻上有锤、钻调节开关,可分别当普通电钻或电锤使用。

图 3-51 手电钻

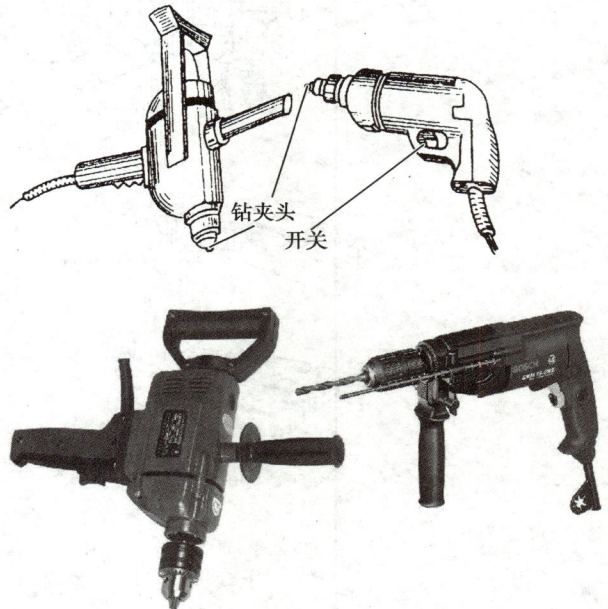

图 3-52 冲击电钻外观图

(四)钻头

1. 麻花钻 麻花钻(图3-53)主要由工作部分和柄部构成。因工作部分有两条螺旋形的沟槽,形似麻花而得名。麻花钻自钻尖向柄部方向逐渐减小直径呈倒锥状,减小钻孔时导向部分与孔壁间的摩擦。麻花钻的柄部形式有直柄和锥柄两种,加工时前者夹在钻夹头中,后者插在机床主轴或尾座的锥孔中。一般麻花钻用高速钢制造。镶焊硬质合金刀片或齿冠的麻花钻适于加工铸铁、淬硬钢和非金属材料等,整体硬质合金小麻花钻用于加工仪表零件和印刷线路板等。

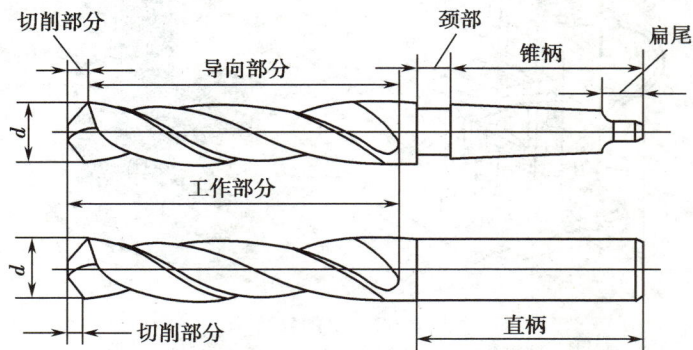

图 3-53 麻花钻头结构示意图

2. 扁钻 扁钻的切削部分为铲形,结构简单,制造成本低,切削液轻易导入孔中,但切削和排屑性能较差。扁钻的结构有整体式和装配式两种。整体式主要用于钻削直径 $0.03 \sim 0.5$mm 的微孔。装配式扁钻刀片可换,可采用内冷却,主要用于钻削直径 $25 \sim 500$mm 的大孔。

3. 深孔钻 深孔钻通常是指加工孔深与孔径之比大于 6 的孔的刀具。常用的有枪钻、BTA 深孔钻、喷射钻、DF 深孔钻等。套料钻也常用于深孔加工。

4. 扩孔钻 扩孔钻有 3~4 个刀齿,其刚性比麻花钻好,用于扩大已有的孔并提高加工精度和光洁度。

5. 锪钻 锪钻有较多的刀齿,以成形法将孔端加工成所需的外形,用于加工各种沉头螺钉的沉头孔,或削平孔的外端面。

6. 中心钻 中心钻供钻削轴类工件的中心孔用,它实质上是由螺旋角很小的麻花钻和锪钻复合而成,故又称复合中心钻。

(五)钻床的使用要求

①严禁戴手套操作,工件装夹要牢靠。在进行钻削加工时,要将工件装夹牢固,严禁戴着手套操作,以防工件飞脱或手套被钻头卷绕而造成人身事故。②只有钻床运转正常才可操作立钻,使用前必须先空转试车,在机床各机构都能正常工作时才可操作。③钻通孔时要谨防钻坏工作台面钻通孔时必须使钻头能通过工作台面上的让刀孔,或在工件下面垫上垫铁,以免钻坏工作台面。④变换转速应在停车后进行,变换主轴转速或机动进给量时,必须在停车后进行调整,以防变换时齿轮损坏。⑤要保持钻床清洁,在使用过程中,工作台面必须保持清洁。下班时必须将机床外露滑动面及工作台面擦净,并对各滑动面及各注油孔眼加注润滑油。

五、常用装配工具

(一)常用螺纹紧固工具

1. 扳手 扳手(图 3-54)指利用杠杆原理拧转螺栓、螺钉、螺母和其他螺纹紧固件的手工工具,通常在柄部的一端或两端制有夹持螺栓或螺母的开口或套孔,使用时沿螺纹旋转方向在柄部施加外力,就能拧转螺栓或螺母。扳手通常用碳素结构钢或合金结构钢制造。

(1)活扳手:活扳手(图 3-55)开口宽度可在一定尺寸范围内进行调节,能拧转不同规格的螺栓或螺母。

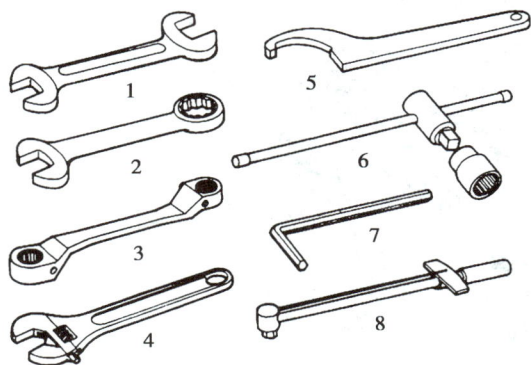

图 3-54 扳手
1. 呆扳手;2. 两用扳手;3. 梅花扳手;4. 活扳手;
5. 钩形扳手;6. 套筒扳手;7. 内六角扳手;8. 扭力扳手

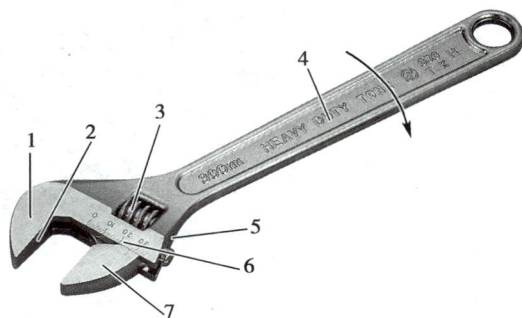

图 3-55 活扳手构造及使用
1. 呆扳唇;2. 扳口;3. 蜗轮;4. 手柄;
5. 轴销;6. 刻度;7. 活扳唇

（2）呆扳手：一端或两端制有固定尺寸的开口，用以拧转一定尺寸的螺母或螺栓，如图 3-56。

图 3-56　呆扳手

（3）梅花扳手：两端具有带六角孔或十二角孔的工作端，适用于工作空间狭小，不能使用普通扳手的场合，如图 3-57。

（4）成套套筒扳手：成套套筒扳手（图 3-58）是由多个带六角孔或十二角孔的套筒并配有手柄、接杆等多种附件组成，特别适用于拧转位置十分狭小或凹陷很深处的螺栓或螺母。

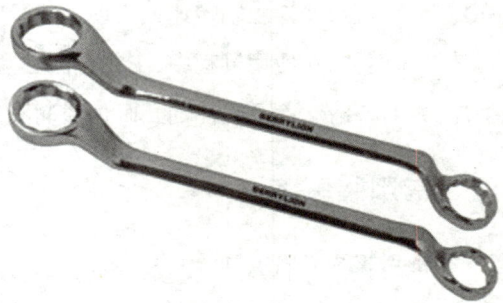

图 3-57　梅花扳手

图 3-58　成套套筒扳手

（5）内六角扳手：内六角扳手(图 3-59)指成 L 形的六角棒状扳手,专用于拧转内六角螺钉。

（6）钩形扳手：又称月牙形扳手(图 3-60),用于拧转厚度受限制的扁螺母等。

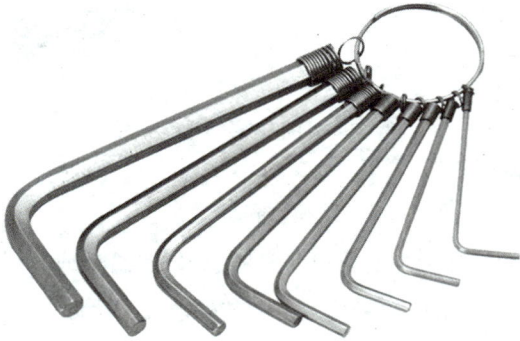

图 3-59　内六角扳手

图 3-60　钩形扳手

（7）扭力扳手：扭力扳手(图 3-61)在拧转螺栓或螺母时,能显示出所施加的扭矩;或者当施加的扭矩到达规定值后,会发出光或声响信号。扭力扳手适用于对扭矩大小有明确地规定的装配工作。

图 3-61　扭力扳手

2. 螺钉旋紧工具　螺钉旋具(图 3-62)又称螺丝刀、起子等。按其头部形状可分为一字形、十字形、三角形等。

（1）一字形螺丝刀(见图 3-63)：这种螺丝刀主要用来旋转一字槽形的螺钉、木螺丝和自攻螺丝等。

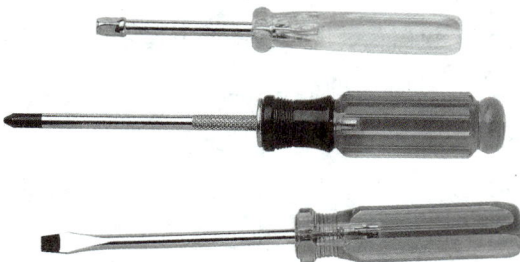

图 3-62　螺钉旋具外观图

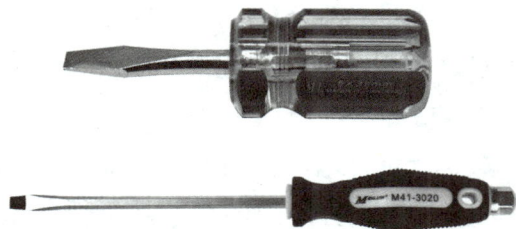

图 3-63　一字形螺丝刀

（2）十字形螺丝刀(见图 3-64)：这种螺丝刀主要用来旋转十字槽形的螺钉、木螺丝和自攻螺丝等。

（3）多用途螺丝刀：是一种多用途的组合工具,手柄和头部可以随意拆卸。它采用塑料手柄,一般都带有试电笔的功能。

(二) 钳子

钳子是一种用于夹持、固定加工工件或者扭转、弯曲、剪断金属丝线的手工工具。钳子的外形呈 V 形,通常包括手柄、钳腮和钳嘴三个部分。按其主要功能和使用性质,钳子可分为夹持式钳子、钢丝钳、剥线钳、管子钳等。

图 3-64 十字形螺丝刀

1. 钢丝钳 钢丝钳(图 3-65)是一种夹持或折断金属薄片、切断金属丝的夹钳和剪切工具,电工用钢丝钳的柄部套有绝缘套管。

2. 尖嘴钳 尖嘴钳又叫修口钳,主要用来剪切线径较细的单股与多股线,以及给单股导线接头弯圈、剥塑料绝缘层等,它也是电工(尤其是内线电工)常用的工具之一。其外形及握法如图 3-66。

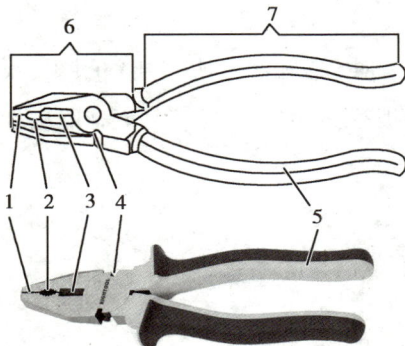

图 3-65 钢丝钳结构图
1. 钳口;2. 齿口;3. 刀口;4. 铡口;
5. 绝缘管;6. 钳头;7. 钳柄

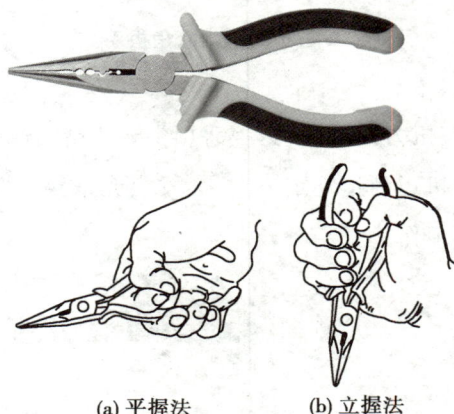

(a) 平握法 (b) 立握法

图 3-66 尖嘴钳外形及握法图

3. 断线钳 断线钳的头部"扁斜",因此又叫扁嘴钳或剪线钳(图 3-67),专供剪断较粗的金属丝、线材及导线、电缆等使用,它的柄部有铁柄、管柄、绝缘柄之分,绝缘柄耐压为 1000V。

4. 剥线钳 剥线钳(图 3-68)为内线电工,电动机修理、仪器仪表电工常用的工具之一,它是由刀口、压线口和钳柄组成。剥线钳的钳柄上套有额定工作电压 500V 的绝缘套管。

5. 管子钳 管子钳也称管钳(图 3-69)。

6. 台虎钳 又称虎钳(图 3-70),是用来夹持工件的通用夹具。装置在工作台上,用以夹稳加工工件,为钳工车间必备工具。转盘式的钳体可旋转,使工件旋转到合适的工作位置。

7. 其他 其他钳子类型:鲤鱼钳、卡簧钳、水泵钳等(图 3-71)。

(三) 砂轮机

砂轮机(图 3-72)用来刃磨刀具和工具。砂轮机由电动机、砂轮、机体(机座)、托架和防护罩组成。

图 3-67　断线钳

图 3-68　剥线钳

图 3-69　管钳

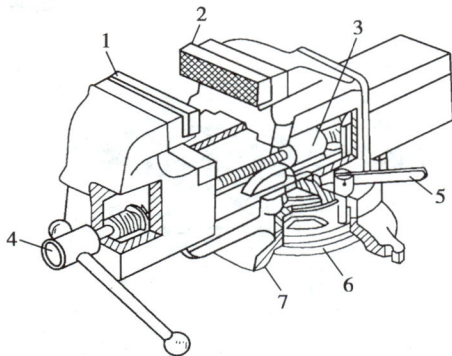

图 3-70　台虎钳

1. 活动钳口;2. 固定钳口;3. 螺母;4. 丝杠;
5. 夹紧手柄;6. 夹紧盘;7. 转盘座

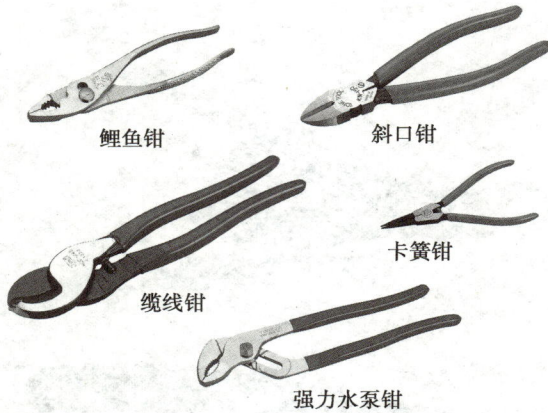

图 3-71　其他钳子类型

鲤鱼钳　斜口钳　卡簧钳　缆线钳　强力水泵钳

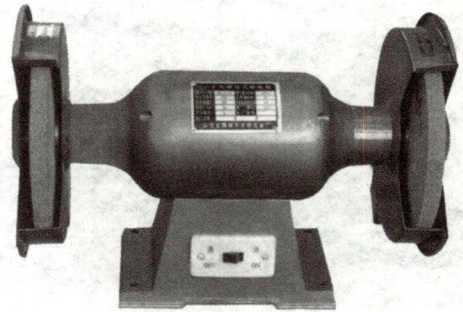

图 3-72　砂轮机

（四）射钉枪

射钉枪（图 3-73）又称射钉工具枪或射钉器，是一种比较先进的安装工具。它利用火药爆炸产生的高压推力，将尾部带有螺纹或其他形状的射钉射入钢板、混凝土或砖墙内，起固定和悬挂作用。

使用射钉枪的注意事项：严禁枪口对人，作业面的后面不准有人，不准在大理石、铸铁等易碎物体上作业。如在弯曲状表面上（如导管、电线管、角钢等）作业时，应另换特别护罩，以确保施工安全。

六、电工常用检测工具

1. 电工刀　电工刀（图 3-74）是电工常用的一种切削工具。普通的电工刀由刀片、刀刃、刀把、刀挂等构成。

2. 低压验电器　低压验电器（图 3-75）又称试电笔、测电笔。按机构分钢笔式和螺钉旋具式两种。按显示元件不同分氖管指示式和数字显示式两种。

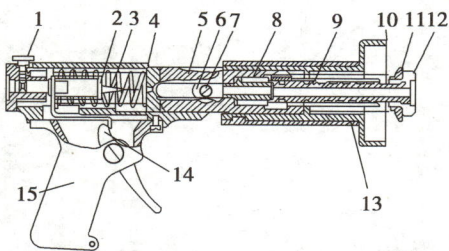

图 3-73　射钉枪构造示意图
1. 按钮；2. 撞针体；3. 撞针；4. 枪体；5. 枪镗；6. 轴闩；7. 轴闩螺钉；8. 后枪管；9. 前枪管；10. 坐标护罩；11. 卡圈；12. 垫圈夹；13. 护套；14. 扳机；15. 枪柄

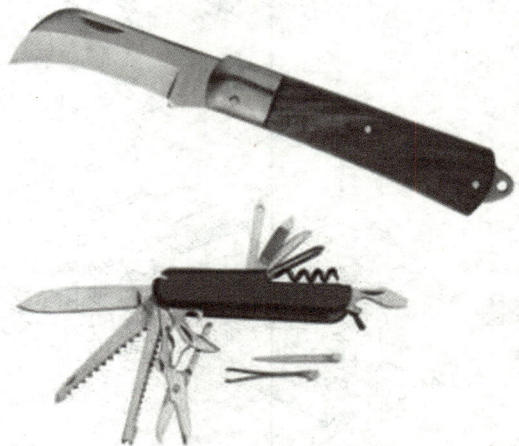

图 3-74　电工刀

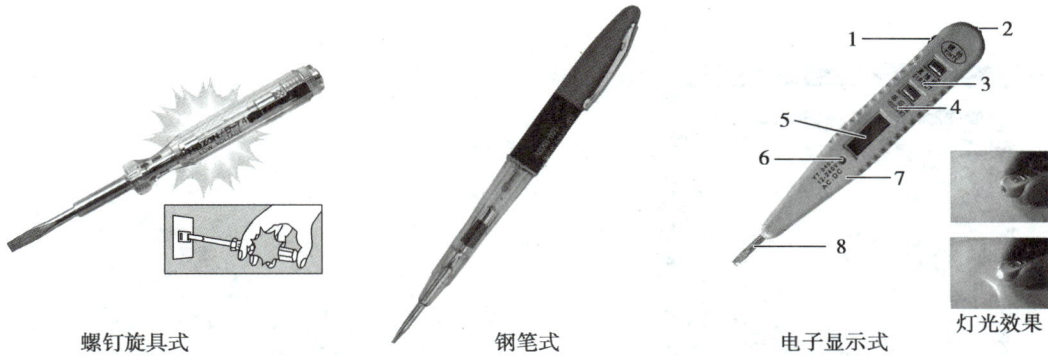

图 3-75 验电笔

1. 照明灯开关;2. 照明灯;3. 直接测量电极 A;4. 感应测量电极 B;5. 数字显示(带夜光);
6. 指示灯;7. 工程塑料壳体(耐压 500V);8. 触头

3. 钳形电流表 将可以开合的磁路套在载有被测电流的导体上测量电流值的仪表,叫钳形电流表(图 3-76)。

4. 万用表 主要用来测量交流直流电压、电流、直流电阻及晶体管电流放大位数等。现在常见的主要有数字式万用表(图 3-77)和机械万用表(图 3-78)两种。

5. 兆欧表 兆欧表(Megger)俗称摇表(图 3-79),兆欧表大多采用手摇发电机供电,故又称摇表。兆欧表主要用来检查电气设备、家用电器或电气线路对地及相间的绝缘电阻,以保证这些设备、电器和线路工作在正常状态,避免发生触电伤亡及设备损坏等事故。

6. 接地摇表 接地摇表(图 3-80)又叫接地电阻摇表、接地电阻表、接地电阻测试仪。按供电方式分为传统的手摇式、和电池驱动;按显示方式分为指针式和数字式;按测量方式分为打地桩式和钳式。目前比较普及的是钳式接地摇表(图 3-81)。

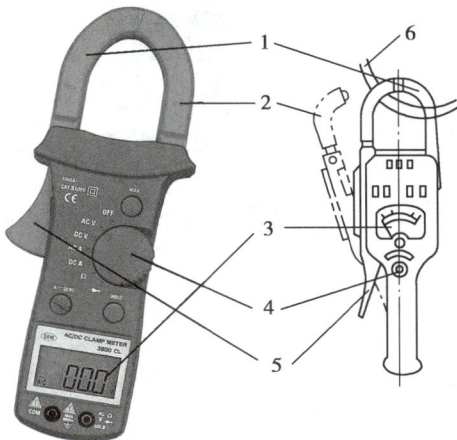

图 3-76 钳形电流表

1. 铁心;2. 可开合钳口;3. 显示表盘;
4. 量程转换开关;5. 手柄;6. 被测载流导线

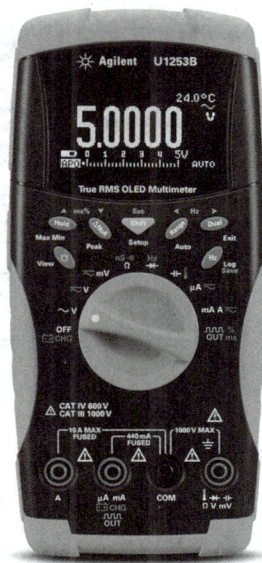

图 3-77 数字式万用表

图 3-78 机械式万用表

图 3-79 摇表

图 3-80 接地摇表

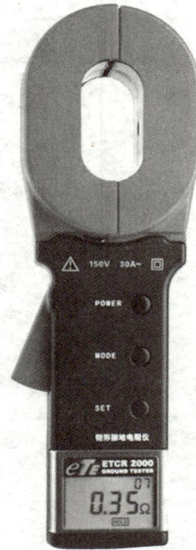

图 3-81 钳式接地摇表

点滴积累 ∨

1. 测量工具，划线工具，錾削、锯削、锉削工具，钻孔、扩孔、锪孔、铰孔工具的认知和使用；

2. 扳手、钳子等钳工常用装配工具的认知和使用；

3. 测电笔等电工常用工具的认知与使用。

目标检测

一、选择题

（一）单项选择题

1. 下图部件的名称是（　　）

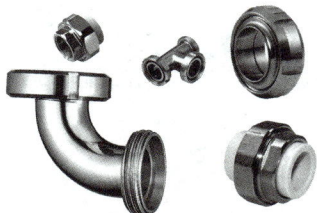

    A. 法兰　　　　　　　　B. 管箍　　　　　　　　C. 活接　　　　　　　　D. 喉箍

2. 下列是增加管路分支的管件的是（　　）

    A. 弯头　　　　　　　　B. 活接　　　　　　　　C. 三通　　　　　　　　D. 法兰

3. 启闭件（球体）由阀杆带动,并绕阀杆的轴线做旋转运动的阀门是（　　）

    A. 球阀　　　　　　　　B. 闸阀　　　　　　　　C. 截止阀　　　　　　　D. 蝶阀

4. 管路的安全色和安全标志中,蓝色管道一般表示（　　）

    A. 危险　　　　　　　　B. 消防　　　　　　　　C. 饮用水　　　　　　　D. 蒸汽

5. 下图工具的名称是（　　）

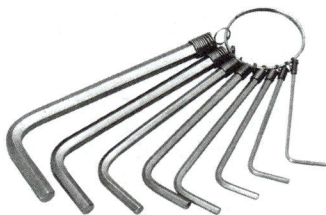

    A. 梅花扳手　　　　　　B. 内六角扳手　　　　　C. 呆扳手　　　　　　　D. 活扳手

6. 下图工具的名称是（　　）

    A. 钳子　　　　　　　　B. 扳手　　　　　　　　C. 手锤　　　　　　　　D. 弹簧

7. 螺旋测微器又叫做（　　）

    A. 游标卡尺　　　　　　B. 万分尺　　　　　　　C. 千分尺　　　　　　　D. 水平仪

8. 下图工具的名称是（　　）

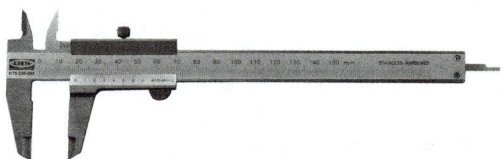

A. 游标卡尺　　　　　　B. 万分尺　　　　　　C. 千分尺　　　　　　D. 水平仪

9. 下图工具的名称是(　　　)

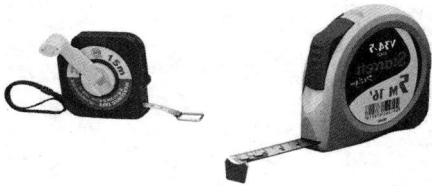

A. 角尺　　　　　　　　B. 钢卷尺　　　　　　C. 千分尺　　　　　　D. 钢直尺

10. 下图工具的名称是(　　　)

A. 手电钻　　　　　　　B. 气钉枪　　　　　　C. 扩孔钻　　　　　　D. 深孔钻

(二) 多项选择题

1. 材料的性能包括材料的(　　　)

A. 力学性能　　　　　　B. 物理性能　　　　　　C. 化学性能

D. 加工工艺性能　　　　E. 物理化学性能

2. 管子互相连接的管件主要有(　　　)

A. 法兰　　　　　　　　B. 活接　　　　　　　　C. 管箍

D. 卡套　　　　　　　　E. 喉箍

3. 阀门是制药工业中常用的设备,是流体物料输送系统中的控制部件,具有截止、调节、导流、防止逆流、稳压、分流或溢流泄压等功能。下面属于截断类阀门的有(　　　)

A. 闸阀　　　　　　　　B. 截止阀　　　　　　　C. 球阀

D. 蝶阀　　　　　　　　E. 旋塞阀

4. 关于管路设计的原则,下列正确的是(　　　)

A. 制药企业管路设计符合 GMP 规范要求

B. 要满足产品生产工艺要求

C. 管路设计要考虑经济节约因素,节约材料,降低成本

D. 以美观为主

E. 优先考虑操作方便

5. 制药企业管路连接包括管子之间、管子与管件之间的连接,常用方式有(　　　)

A. 焊接连接   B. 法兰连接   C. 螺纹连接

D. 承插式粘接   E. 交差式拼接

6. 划线工具主要用于机械加工中的划线。常用的有(　　)

A. 钢直尺   B. 划线平板   C. 划针

D. 划线盘   E. 角尺

7. 常用螺纹紧固工具主要有(　　)

A. 呆扳手   B. 梅花扳手   C. 内六角扳手

D. 钩形扳手   E. 扭力扳手

8. 制药工业中常用的管道按制作材料分为金属管和非金属管两大类,非金属管有(　　)

A. 塑料管   B. 玻璃钢管   C. 陶瓷管

D. 橡胶管   E. 铝管

二、简答题

1. 简述材料的常用性能有哪些。

2. 制药企业常用的管道分类有哪些。

3. 制药工业中的常用管件有哪些。

4. 机械维修常用工具有哪些。

三、分析题

1. 中药制药企业管路设置与连接的注意事项和原则有哪些?

2. 制药材料的性能主要包括哪些?

实训二　常用维修工具的认知与使用

【实训目的】

1. 掌握常见制药设备维修工具特点及其使用。

2. 熟悉制药设备常用材料种类、管件种类。

3. 了解常见制药设备维修工具在制药生产中的应用。

【实训内容】

1. 常见制药设备材料、管件在制药生产中的应用。

2. 常见制药设备维修工具在制药生产中的应用。

【实训步骤】

1. 实践前认真复习项目三的内容,做好实践前的各项准备。

2. 严格遵守生产企业的各种规章制度,注意安全,按规定穿戴好洁净服装。

3. 仔细听取制药企业技术人员的讲解,仔细观察,主动提问,做好记录。

4. 根据目标要求,结合实践内容,写出实践报告。

【实训思考题】

1. 设备材料主要有几种,列举在制药设备生产中的应用。

2. 指出三台设备中常见的设备管件。

3. 列举实训过程中所见到的设备维修工具有哪些。

【实训测试】

根据学生实践报告、实践现场表现和思考题完成情况进行考核。实践报告格式见附录三。

（魏增余）

中药制药企业通用设备

项目四

流体输送设备

项目四PPT

导学情景 ∨

情景描述：

在制药生产过程中，经常会遇到各种流体比如纯化水、导热油等流体物料的输送，那么同学们知道要实现这些流体的输送需要哪些设备吗？

学前导语：

在制药生产过程中，流体输送是很常见的，甚至是不可缺少的单元操作。流体输送机械就是向流体做功以提高流体机械能的装置，因此流体输送机械必须获得能量，以用于克服流体输送沿程中的机械能损失，提高位能以及提高液体压强（或减压等）。通常，将输送液体的机械称为泵；将输送气体的机械按其产生的压力高低分别称之为通风机、鼓风机、压缩机和真空泵。

物料输送设备广泛用于工农业生产和日常生活中，可以输送物料、产生高压或真空，借以输送转移其他物料、转移热量或物质、传递动力，为反应或操作创造适宜条件，改变形状或体积，利于长期储存等。按所输送物料的形态，物料输送设备可分为固体输送设备、液体输送设备和气体输送设备。

ER-4-1

扫一扫，知重点

任务 4-1 液体输送设备

◆ 概述

1. 泵 液体输送机械统称为泵，泵将原动机的机械能传给液体，用于输送液体（一般是输送至位置较高或压力较大的地方）或者使液体循环流动于系统中，也用于产生高压液体供液压传动用。

2. 泵的分类 泵按工作原理分为 3 大类：回转动力泵（又称叶片式泵）、容积泵和其他类型泵。回转动力泵又分为离心泵、混流泵、轴流泵和漩涡泵；容积泵又分为往复泵和旋转泵（又称转子泵或回转容积泵）；其他类型泵包括流体作用泵等。

▶ 课堂活动

常用的是离心泵、往复泵、旋转泵和流体作用泵等，最常用的是离心泵。你能列举日常生活中使用泵的地方吗？

一、离心泵

1. 结构　离心泵(图 4-1)的主要部件有泵壳、叶轮和泵轴等,泵与电机常共轴或靠联轴器连接。泵壳一般为蜗壳形,一侧有泵轴穿过,泵壳内的一段泵轴上固定着由轮毂和几片后弯叶片等所组成的叶轮。泵壳另一侧中心的吸入口连着吸入管路,管路的前端装有滤网和底阀(一种单向阀),滤网的作用是防止杂物进入管路和泵壳。泵壳切线方向上的排出口连着排出管路,排出管上装有阀门,用于调节泵的流量,并和底阀一起防止停泵后液体倒流。泵轴与泵壳之间的密封装置称为轴封,用于防止泵壳内液体沿轴漏出或外界空气漏入泵壳内。轴封可分为填料密封和机械密封。

2. 工作原理　当泵壳内充满液体并启动后,电动机通过泵轴带动叶轮转动,叶轮使其叶片间的液体边旋转边因离心力被甩向叶轮边缘,在此过程中获得一定的动能和静压能。液体离开叶轮后在叶轮和泵壳之间逐渐扩大的通道中流动时,一部分动能又转变为静压能,液体便以较高的压力从排出口被压出。当泵内叶轮中心的液体被甩向叶轮边缘的同时,在叶轮中心形成了一个低压区,由此造成的贮槽液面与叶轮中心的压力差足够大时,液体便经滤网、底阀和吸入管,从泵的吸入口连续进入泵壳,补充到叶轮中心的低压区。随着叶轮的转动,液体不断地被吸入和排出。

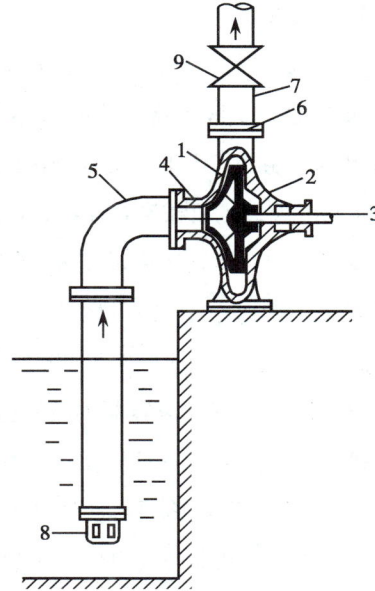

图 4-1　离心泵装置简图

1. 叶轮;2. 泵壳;3. 泵轴;4. 吸入口;5. 吸入管;6. 排出口;7. 排出管;8. 滤网及底阀;9. 调节阀

离心泵启动时,如果泵壳内没有充满液体,存有空气,由于空气的密度小于液体的密度,旋转时产生的离心力小,因而叶轮中心处所形成的低压不足以将贮槽内的液体吸入泵内,也就不能输送液体,这种现象称为"气缚",说明离心泵本身(如果未加装自吸装置)无自吸能力。因此,在离心泵第一次启动前,必须先用被输送的液体把泵内和吸入管内灌满,称为"灌泵"。吸入管前端装有底阀或者泵及其吸入管路位于供液容器液面以下,保证泵内可灌满液体,并在停泵后一定程度地保存泵内液体,因此离心泵再次启动前的灌液视情况而定。

离心泵的流量(排出体积流量)由离心泵特性、管路特性和液体性质共同决定。改变离心泵排出管路上阀门(出口阀)的开度,可以改变管路特性,从而改变离心泵的流量,这种流量调节方式称为出口阀调节。改变离心泵的转速,可以改变离心泵特性,从而改变离心泵的流量,这种流量调节方式称为转速调节。离心泵的这两种流量调节方式各有优缺点。离心泵的轴功率(泵轴所需功率)与其流量、扬程(又称泵的压头,即泵给予单位重量液体的有效能量)、效率和液体密度有关。因此在离心泵启动前,一般应关闭出口阀,使启动时流量为零,离心泵的轴功率最小,以保护电机。

3. 操作规程

（1）启动前的准备：①手动检查泵转动是否灵活；②以泵及其吸入管路位于供液容器液面以下为例，依次打开供液容器顶部进气、泵吸入和排出管路上及受液容器顶部排气的阀门，关闭受液容器底部、无关支路上等影响输送的阀门，使液体充满整个泵腔和吸入管路；③关闭泵出口阀；④用手盘动泵使润滑液进入机械密封端面；⑤使电机短暂运转，判断泵转向是否正确。

（2）启动与运行：①启动电机，当其达到正常转速后，逐渐打开泵出口阀，并调节到所需工况；②泵运行过程中，注意观察仪表读数；③检查轴封泄漏情况，机械密封正常泄漏应少于3滴/分；④检查电机、轴承处温度，应不超过70℃，如果发现异常情况，应及时处理。

（3）停泵：①当供液容器中液体已送完、或者受液容器中马上要达到要求的液位时，逐渐关闭泵出口阀，停止电机；②关闭泵吸入管路上的阀门；③如环境温度低于0℃，应将泵内液体放尽，以免冻裂；④如长期停用，应将泵拆卸清洗，包装保管。

离心清水泵和离心式卫生泵在制药生产中有着广泛的应用。离心式卫生泵为单级单吸卧式耐腐蚀离心泵，其材料、结构等方面的特点都符合制药卫生要求。

二、往复泵

1. 结构 如图4-2所示，往复泵由泵缸、吸入单向阀和排出单向阀、活塞、活塞杆以及传动机构等组成。泵缸内活塞与单向阀间的空间为工作室。

2. 工作原理 传动机构将电动机的旋转运动转化为活塞的往复运动。当活塞开始向右移动时，工作室的容积增大，泵内压力迅速降低，上部的排出阀关闭，下部的吸入阀打开，液体开始吸入泵内，直到活塞移动到最右端时吸液结束。此后当活塞开始向左移动时，泵内压力迅速升高，吸入阀关闭，排出阀开启，液体开始排出，直到活塞移动到最左端时排液结束，完成了一个工作循环。活塞不断地做往复运动，液体就交替地被吸入和排出泵，达到输送液体的目的。

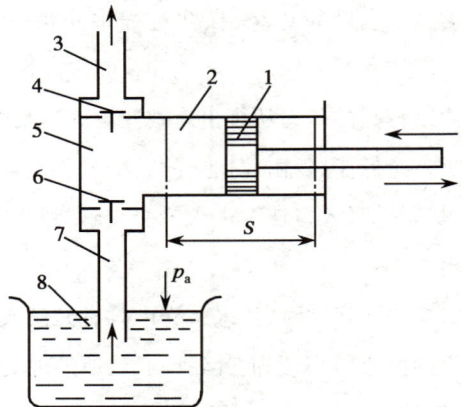

图4-2 往复泵的结构简图
1. 活塞；2. 泵缸；3. 排出管；4. 排出阀；
5. 工作室；6. 吸入阀；7. 吸入管；8. 容器

3. 分类

（1）按往复运动元件的形式，往复泵分为活塞泵、柱塞泵、隔膜泵等，如图4-3所示。

1）活塞泵：工作室内作直线往复运动的元件上有密封件（活塞环、填料等）的泵。往复运动件为圆盘形的活塞。活塞泵适用于中、低压工况。

2）柱塞泵：工作室内作直线往复运动的元件上无密封件，但在不动件上有密封件（填料、密封圈等）的泵。往复运动件为光滑的圆柱体，即柱塞。柱塞泵的排出压力很高。

3）隔膜泵：膜状弹性元件在工作室内作周期性挠曲变形的泵。隔膜泵适用于输送强腐蚀性、易燃易爆以及含有固体颗粒的液体和浆状物料。

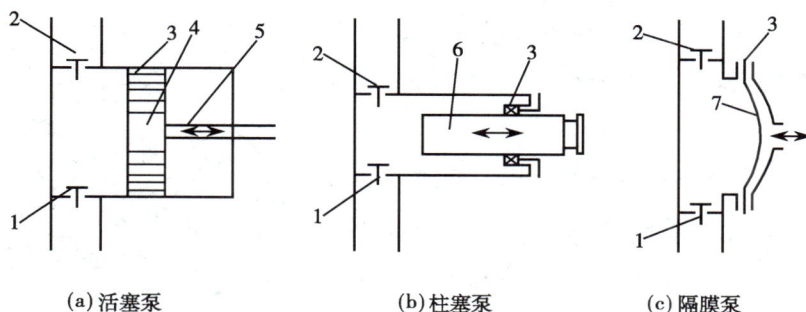

图 4-3　往复泵的基本类型
1. 吸入阀；2. 排出阀；3. 密封；4. 活塞；5. 活塞杆；6. 柱塞；7. 隔膜

（2）按使用方式，往复泵可分为单作用往复泵和双作用往复泵。活塞或柱塞等每往复运动一次，吸入和排出液体各一次的泵称为单作用往复泵；活塞或柱塞每往复运动一次，吸入和排出液体各两次的泵称为双作用往复泵。

（3）按排出压力，往复泵可分为低压泵、中压泵、高压泵和超高压泵。

（4）按主要用途，往复泵可分为计量泵、试压泵、清洗机用泵、注水泵和船用泵等。

4. 往复泵的流量调节　往复泵的流量与其活塞或柱塞的截面积、行程和往复频率等有关，几乎不受管路特性和液体性质的影响。其流量调节有以下方式。

（1）旁路调节：通过旁路上调节阀和安全阀的共同调节，使压出流体超出需要的部分通过旁路返回吸入管路，达到调节主管流量的目的。

（2）转速调节：改变电机转速或减速装置的传动比，可以改变曲柄转速和往复泵的往复频率，达到调节流量的目的。

（3）行程调节：改变曲柄半径或偏心轮的偏心程度可以改变活塞行程，从而达到调节流量的目的。

计量泵包括柱塞计量泵、隔膜计量泵等，采用后两种方式精确调节流量，以定量输送液体，甚至用多个计量泵将多种液体按比例输送。

与离心泵相比，往复泵结构较复杂、体积大、成本高、流量不稳定，但压头可以很高，在小流量、高压头输送或高黏度液体输送时效率较高。三缸柱塞泵流量连续且比较稳定、压头又高，在制药生产中有着重要的应用。

三、旋转泵

旋转泵依靠泵壳内转子的旋转作用来实现液体的吸入和排出，又称转子泵或回转容积泵。旋转泵分为齿轮泵、螺杆泵、凸轮泵和蠕动泵等。下面简单介绍一下常见的旋转泵。

（1）齿轮泵：如图 4-4 所示，主要由泵壳和一对相互啮合的齿轮组成。其中一个齿轮由电动机带动，称为主动轮，另一个齿轮为从动轮，两个齿轮把泵体内分成吸入和排出两个空间。当齿轮按箭头方向旋转时，吸入腔由于两轮的齿互相分开、空间增大，形成低压而将液体吸入。被吸入的液体进入轮齿间，分两路由齿沿壳壁推送至排出腔，在排出腔内，由于两轮的齿互相啮合，空间缩小,形成高压而将液体排出。齿轮泵压头高而流量小,适用于输送黏稠液体及膏状物料,不宜输送含有固体颗粒的悬浮液。

　　(2)螺杆泵:主要由泵壳和一个或几个螺杆所组成。根据螺杆的根数分为单螺杆、双螺杆泵和三螺杆泵等。如图4-5所示为单螺杆泵,其原理是靠螺杆在具有内螺纹的泵壳中偏心转动,变化泵体内空间容积将液体沿轴向移动,挤压至排出口排出。如图4-6所示为双螺杆泵,其原理与齿轮泵相似,是利用两根相互啮合的螺杆转动,使泵体内空间容积变化,从而达到输送液体的目的。

图 4-4　齿轮泵结构示意图
1. 排出口;2. 齿轮;3. 吸入口

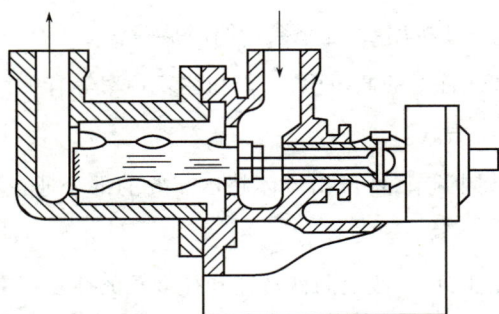

　　螺杆泵的扬程高、效率高、无噪声、流量均匀,适用在高压下输送黏稠液体。

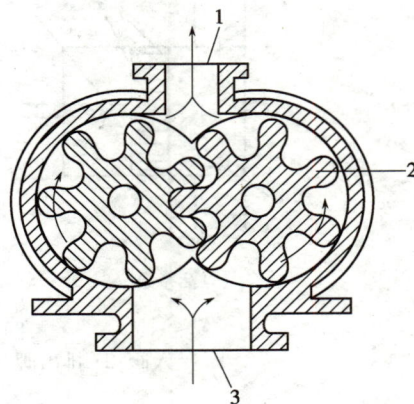

图 4-5　单螺杆泵结构示意图　　　　图 4-6　双螺杆泵结构示意图

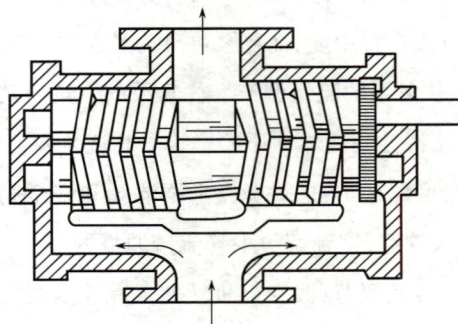

　　(3)蠕动泵:蠕动泵(图4-7)就像用手指夹挤一根充满流体的软管,随着手指向前滑动管内流体向前移动。蠕动泵也是这个原理只是由滚轮取代了手指。通过对泵的弹性输送软管交替进行挤压和释放来泵送流体。就像用两根手指夹挤软管一样,随着手指的移动,管内前端形成正压挤出液体,后端形成负压,吸入流体。蠕动泵就是在两个转辊之间的一段泵管形成"枕"形流体。"枕"的体积取决于泵管的内径和转子的几何特征。流量取决于泵头的转速与"枕"的尺寸、转子每转一圈产生的"枕"的个数这三项参数之乘积。

　　蠕动泵具有无污染、精度高、低剪切力、密封性好、可空转、可防止回流、维护简单、具有双向同等流量输送能力等优点。无液体空运转情况下不会对泵的任何部件造成损害;能产生达98%的真空度;没有阀、机械密封和填料密封装置,也就没有这些产生泄漏和维护的因素;能轻松的输送固液或气液混合相流体,允许流体内所含固体直径达到管状元件内径40%;可输送各种具有研磨、腐蚀、氧敏感特性的物料等;仅软管为需要替换的部件,更换操作极为简单;除软管外,所输送产品不与任何部件接触。

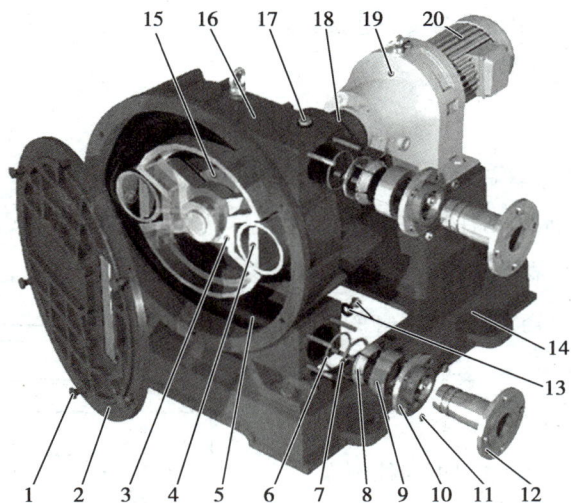

图 4-7　蠕动泵结构示意图

1. 螺钉；2. 泵盖；3. 凸轮座；4. 凸轮块；5. 软管；6. O 型圈；7. 压紧环；8. 锁紧块；9. 锁紧圈；10. 定位法兰；11. 螺母；12. 进出口接头；13. 放油孔垫床和放油螺栓；14. 底座；15. 轴承压盖；16. 泵壳；17. 加油孔螺栓与垫床；18. 联轴器；19. 减速器；20. 电机

蠕动泵结构和使用

点滴积累 ∨

1. 泵的进出口方向应符合其送液方向；泵的转向必须正确，它由电动机带动，电动机的接线则必须正确。

2. 离心泵与往复泵、旋转泵、漩涡泵特性不同，注意这两类在泵启动前的准备、启动后流量调节的方法、送液结束时停泵关阀的顺序等方面的区别。

3. 轴封是经常出问题的地方，要注意调节其松紧程度、更换损坏的零件。

任务 4-2　气体输送设备

◆ 概述

气体输送设备是用于压缩和输送气体的设备的总称。在各工业部门应用极为广泛。主要有下列三种用途：①将气体由甲处输送到乙处，气体的最初和最终压力不改变（用送风机）；②用来提高气体压力（用压缩机）；③用来减低气体（或蒸气）压力（用真空泵）。

气体输送设备根据其终压（出口压力）和压缩比（出口与进口终压之比）可分为以下 4 种。

（1）通风机：终压≤0.03MPa（表压），1<压缩比≤1.3。

（2）鼓风机：0.03MPa（表压）<终压≤0.2MPa（表压），1.3<压缩比≤3。

（3）压缩机：终压>0.2MPa（表压），压缩比>3。

（4）真空泵：终压为大气压力，压缩比由所造成的真空度决定，一般较大。

通风机和鼓风机用于输送气体，压缩机用于产生高压气体，真空泵用于产生真空。可见，通风机、鼓风机、压缩机和真空泵的压缩比、用途及与设备连接方式不同有关。

一、压缩机

压缩机分为离心式压缩机、往复式压缩机和旋(回)转式压缩机(包括螺杆式、滑片式、转子式、液环式等)等。下面只介绍制药企业常用的往复式压缩机。

1. 基本结构　往复式压缩机的结构与往复泵相似,但往复式压缩机的吸入和压出阀门较轻,活塞与气缸的间隙较小,各处的结合比往复泵要紧密得多,多数压缩机有冷却装置。

2. 工作原理　往复式压缩机的工作原理也与往复泵相似,即依靠活塞的往复运动而将气体吸入和压出。但因为余隙的存在和气体具有可压缩性,活塞向右运动时,直到余隙中残留的高压气体膨胀到略低于吸气管中低压气体的压力时才开始吸气;活塞向左运动时,直到气缸中的低压气体被压缩到略高于排气管中高压气体的压力时才开始排气,所以往复式压缩机的一个工作循环由膨胀、吸入、压缩和压出四个阶段所组成,如图4-8所示。

3. 操作与维护

(1)压缩机气体入口前一般要安装过滤器,以免吸入灰尘、铁屑等,造成对活塞、气缸的磨损。当过滤器不干净时,会使吸气阻力增加,排出管路的温度升高,所以应注意对过滤器的清洁。

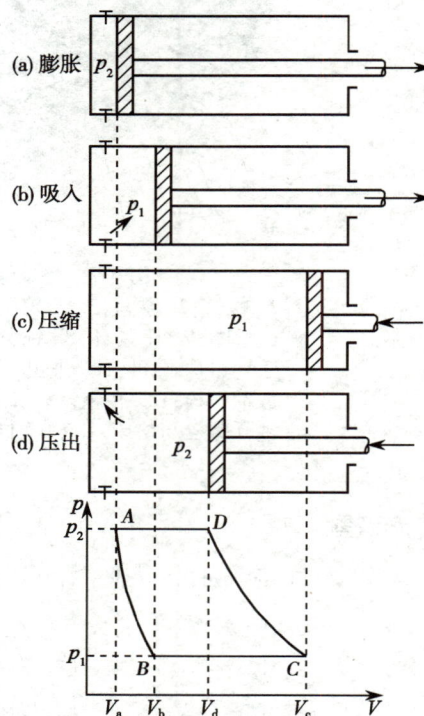

图4-8　往复式压缩机工作过程示意图

(2)气缸中的气体温度较高,气缸和活塞又处在直接摩擦移动状态,因此,必须保证有很好的冷却和润滑。冷却水的终温一般不要超过40℃,否则应清除气缸水套和中间冷却器里的水垢。

(3)往复压缩机和往复泵一样,流量不均匀。但经过一个储气罐(又称缓冲罐),不仅使气体的流量均匀,也能使气体中夹带的水沫和油沫通过沉降从气体中分离出来,罐底的油和水需定期排放。可通过制冷机和超滤器进一步干燥净化压缩气体。

(4)气缸中的余隙很小而液体是不可压缩的,即使是很少的液体进入气缸,也可能造成很高的压强而使设备损坏(液击现象),一定要防止液体进到气缸内。

(5)运行时不允许关闭压缩机出口阀门,以免压力过高而造成事故。

(6)应经常检查压缩机各部分的工作是否正常,如发现有异常的噪声和撞击声时,应立即停车检查。

(7)在冬季停车时,一定要把冷却水放尽,以防管道等因结冰而堵塞。

4. 类型　按在活塞的一侧或两侧吸、排气体,可分为单动和双动往复式压缩机;按气体受压缩的级数,可分为单级、双级和多级压缩机;按压缩机所产生的终压大小,可分为低压、中压和高压压缩机;按压缩机的排气量可分为小型、中型和大型压缩机;按压缩气体种类可分为空气压缩机、氨压缩机、氢压缩机、氮压缩机等,按冷却方式可分为水冷式压缩机和风冷式压缩机。

往复式压缩机的型式:气缸垂直放置的称为立式压缩机;水平放置的称为卧式压缩机;几个气缸互相配置成 L 形、V 形或 W 形的,称为角式压缩机。

5. 多级压缩　单级压缩机的压缩比是有限的,一般为 5~7。如果要达到很大的压缩比,采用单级压缩不经济,甚至不能实现,这时必须采用多级压缩。

多级压缩就是把两个或两个以上的气缸串联起来,相邻气缸之间有中间冷却器和气液分离器。气体在一个气缸被压缩后,经中间冷却器冷却降温和气液分离器分离出液体后,又送入下一个气缸再压缩,经过几次压缩才达到要求的最终压力。压缩一次称为一级,连续压缩的次数就是级数。

制药生产中,压缩机在气压传动、气流喷雾、吹塑成型和制冷(冷冻、冷藏、空调)等方面有着重要的应用。

▶▶ 课堂活动

1. 向车胎充气的压缩机有哪几种?
2. 外空调器、冰箱中动静较大且耗电较多的是哪部分?

二、真空泵

1. 基本概念　在指定空间内,低于环境大气压力的气体状态叫作真空。真空区域大致划分为低真空、中真空、高真空和超高真空,如表 4-1 所示。在制药生产中常用的是低真空和中真空,有许多操作需要在真空下进行,如真空过滤、真空蒸发、真空干燥、冷冻干燥、真空脱气、真空包装等。

表 4-1　真空区域的划分

名称	真空范围	名称	真空范围
低(粗)真空	$10^5 \sim 10^2 Pa$	高真空	$10^{-1} \sim 10^{-5} Pa$
中真空	$10^2 \sim 10^{-1} Pa$	超高真空	$<10^{-5} Pa$

真空系统由真空容器和产生真空、测量真空、控制真空等的组件组成。真空泵就是获得、改善和(或)维持真空的一种装置。

2. 真空泵的分类　真空泵按结构分为往复式真空泵、旋转式真空泵和喷射式真空泵等;按工作介质分为油蒸气真空泵、水蒸气真空泵和以水为工作介质的真空泵等;按可抽吸的气体分为干式真空泵(只可抽吸干燥气体)和湿式真空泵(被抽吸气体中可带有较多的蒸气甚至液体);按密封情况可分为油封(或液封)真空泵、干式真空泵(不用油封或液封);按工作压力范围可分为低(粗)真空泵、中真空泵、高真空泵和超高真空泵。

3. 常用的真空泵

(1)旋片式真空泵:如图 4-9 所示,在圆筒形气缸内,偏心安装着一个直径稍小的圆柱形转子,转子与气缸壁始终处于内切状态。过转子中心线的缝隙中装有被弹簧撑开的两块旋片。转子旋转时,旋片随之旋转,在弹簧弹力和离心力的作用下始终紧贴气缸壁。随着转子旋转,气缸壁、转子表面和旋片共同围成的工作室周期性地扩大和缩小,将气体吸入、压缩并排出,使吸气管路一方压力降低。旋片式真空泵分为单级(X 型)和双级(2X 型),双级能产生较高的真空度。

旋片式真空泵属于油封式机械真空泵,真空泵油起着密封、润滑和冷却作用。旋片式真空泵可以抽除密封容器中的干燥气体,若附有气镇装置,还可以抽除含少量可凝性气体,但不适于抽吸含氧过高、有爆炸性、有腐蚀性、对泵油起化学作用以及含有颗粒、尘埃的气体。

(2)水环真空泵

1)结构和工作原理:水环真空泵简称水环泵,属于湿式真空泵。其结构如图 4-10 所示,圆形外壳中偏心安装着一个叶轮,叶轮上有许多叶片。叶轮旋转时,水在离心力作用下形成紧贴壳内壁转动的水环,叶片之间的密闭空间在右边时逐渐增大,从吸入口吸入气体,在左边时又逐渐减小,气体被压缩并和多余的水从排出口一起排出。

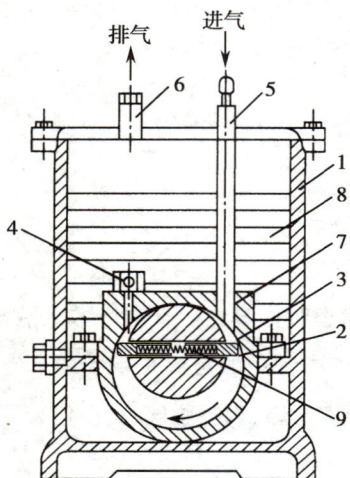

图 4-9　旋片式真空泵
1. 外壳;2. 转子;3. 旋片;4. 排气阀;
5. 吸入管;6. 排气管;7. 泵体;8. 油;
9. 弹簧

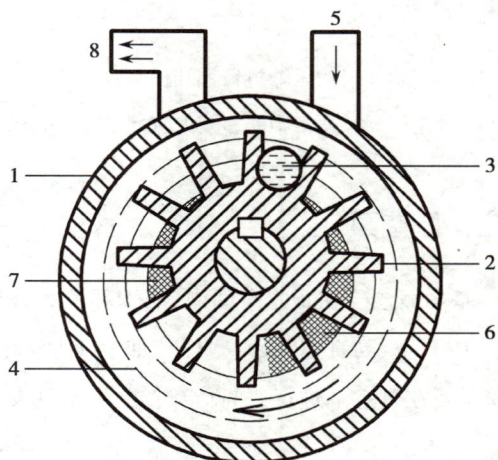

图 4-10　水环真空泵结构示意图
1. 外壳;2. 偏心叶轮;3. 进水管;4. 水环;5. 吸气管;
6. 吸气口;7. 气水排出口;8. 气水排出管

2)操作规程:①启动。启动前,特别是长期停用的泵必须用手转动联轴器数转,确保转子能自由转动;检查电机转向是否与泵要求的转向相符;启动电机;打开供水管路上的阀门,将水流量逐渐增大至规定值。②运行。调整填料压盖,使水成滴往外滴为好,当填料因磨损而不能保证所需的密封程度时应换新填料;轴承工作温度不得高出周围环境 35℃,但实测的温度值不应大于 70℃;在极限真空下使用,泵的噪声较大,且容易气蚀损坏,为降低噪声、保护泵,使用中可使少许气体从放气阀进入泵内,只要使真空下降 250~350Pa,就可明显见效。③停车。关闭吸气管路上的阀门;关闭供水管路上的阀门;停水后,再使泵继续转 1~2 分钟,排出部分工作液后,关闭电动机;如果停车时间超过 1 天,须将泵体底部的螺塞打开,将水放净。

3)特点和适用场合:水环真空泵的特点是构造简单、易损件少、工作可靠、抽气量大而均匀、无需润滑;能产生的真空度受水温影响。该泵适用于抽含有大量蒸气或液体的气体,尤其是抽含有腐蚀性或有爆炸性的气体。当被抽吸的气体不宜与水接触、换用其他液体时,称为液环式真空泵。

> **知识链接**
>
> 流体作用泵
>
> 　　流体作用泵包括喷射泵、真空吸液装置、加压送液装置和气体升液泵等。 其中常用的有喷射泵、真空吸液装置。
>
> 　　(1)喷射泵:利用流体流动时动能和静压能相互转化的原理来吸、送流体的一种泵。 高压工作流体经喷嘴高速喷入混合室时,因截面积减小,部分静压能转化为动能而使压力降低,高速低压射流的带动作用造成混合室内低压,从而吸入其他流体、动量传递并混合,当两流体经过逐渐变粗的扩压管时,部分动能又转化为静压能,压力升高而排出。 其工作流体可以是水、其他液体、蒸气或气体,被输送流体也可以是水、其他液体、蒸气、气体或其混合物,适用于抽真空或兼冷凝(水蒸气喷射真空泵、水喷射真空泵等)、液体输送(喷射泵)或气流喷雾、液体混合(喷射式混合器)。
>
> 　　(2)真空吸液装置:是用真空泵对一密闭设备抽真空,使其通过管路将另一开放设备内的液体吸入其中。 可用于向具备真空条件的设备或仪器(如真空蒸发设备、旋转蒸发仪)中初次加液或续液、离心泵的灌液、真空过滤等方面。

三、通风机和鼓风机

　　1. 通风机　通风机是依靠输入的机械能,提高气体压力并排送气体的机械,它是一种从动的流体机械。排气压力低于 $1.5×10^5$ Pa。它是一种从动的流体机械。通风机广泛用于工厂、矿井、隧道、冷却塔、车辆、船舶和建筑物的通风、排尘和冷却,锅炉和工业炉窑的通风和引风,空气调节设备和家用电器设备中的冷却和通风,谷物的烘干和选送,风洞风源和气垫船的充气和推进等。按气体流动方向的不同,通风机主要分为离心式、轴流式、斜流式和横流式等类型。

　　通风机的性能参数主要有流量、压力、功率、效率和转速。另外,噪声和振动的大小也是通风机的主要技术指标。流量也称风量,以单位时间内流经通风机的气体体积表示;压力也称风压,是指气体在通风机内压力升高值,有静压、动压和全压之分;功率是指通风机的输入功率,即轴功率。通风机有效功率与轴功率之比称为效率。通风机全压效率可达90%。

　　(1)离心式通风机:其结构和工作原理与离心泵相似。离心通风机有低压、中压和高压之分,结构上也有差别。

　　(2)轴流式通风机:气体沿着与通风机同轴的圆柱面进入和离开叶轮的通风机。轴流式通风机的结构和工作原理,可观察墙壁或窗户上的换气扇去理解。

▶▶ **课堂活动**

　　1. 日常使用的吊扇,其叶片是怎样的? 你喜欢坐在它的哪个方向? 为什么?

　　2. 想想平时使用的电吹风属于哪一类?

2. 鼓风机

（1）离心式鼓风机：其结构和工作原理与离心式通风机或多级离心泵相似，但离心式鼓风机的级数、产生的风压介于离心式通风机和离心式压缩机之间。漩涡鼓风机是一种特殊的离心式鼓风机，气体在漩涡的作用下，能够反复多次进入叶轮叶片间流道获得能量，因而风压较高。

（2）旋（回）转式鼓风机：属于容积鼓风机，其中应用最广的是罗茨鼓风机。罗茨鼓风机内部装有两个方向相反、同步旋转的叶形转子，转子间、转子与泵壳内壁间有微小缝隙而互不接触，其工作原理与齿轮泵相似，三叶罗茨鼓风机的噪声较小。罗茨鼓风机还可用作真空泵，此时称为罗茨真空泵或机械增压泵。

上面我们学习了通风机和鼓风机，那么风机又是什么呢？风机是通风机、透平鼓风机和透平压缩机（及回转式鼓风机）的总称。

点滴积累 ∨

1. 气体输送设备的压缩比和具体用途不同，所以必须注意其进出口的连接位置。

2. 使用往复式压缩机时，应注意过滤器的清洁、设备的冷却和润滑、压缩空气中油水的分离与排放，特别注意防止液击现象、压力过高，警惕异常响动。

3. 旋片式真空泵为干式真空泵，应注意所抽气体状态、与被抽设备间应有缓冲罐、过滤器甚至冷凝器等。注意转向、油量油质。旋片式真空泵和水环真空泵运行期间注意温度，关闭真空泵时应注意防止油或水倒流。

目标检测

一、选择题

（一）单项选择题

1. 调节离心泵流量并防止停泵后液体倒流的部件是（　　）

　　A. 底阀 　　　　　　　　　　　　　　B. 吸入管路上的阀门

　　C. 出口阀 　　　　　　　　　　　　　D. 轴封

2. 离心泵启动前要灌液是为了防止（　　）

　　A. 气化现象 　　　　B. 汽蚀现象 　　　　C. 气浮现象 　　　　D. 气缚现象

3. 虽然泵不断地工作，但液体只是交替地被吸入和排出，这种泵是（　　）

　　A. 离心泵 　　　　　B. 往复泵 　　　　　C. 齿轮泵 　　　　　D. 螺杆泵

4. 往复泵适用于（　　）

　　A. 大流量且要求流量特别均匀的场合 　　　B. 介质腐蚀性特别强的场合

　　C. 流量较小，压头较高的场合 　　　　　　D. 投资较小的场合

5. 按流量精确定量输送液体应使用（　　）

　　A. 往复泵 　　　　　B. 计量泵 　　　　　C. 齿轮泵 　　　　　D. 螺杆泵

6. 打开旋片真空泵上的（　　），充入适量的不凝性气体到压缩室内，可降低可凝性气体在泵内的凝结程度

A. 螺丝   B. 底阀   C. 吸入管路上的阀门 D. 气镇阀

7. 气体输送设备中,终压≤0.03MPa(表压),1<压缩比≤1.3 指的是(   )设备

　　A. 通风机   B. 鼓风机   C. 压缩机   D. 真空泵

8. 压缩机气体入口前一般要安装(   ),以免吸入灰尘、铁屑等,造成对活塞、气缸的磨损。

　　A. 气缸   B. 活塞   C. 过滤器   D. 冷凝器

9. 一般情况下,制药生产中进行胶囊填充操作时,常配备的辅助装置有(   )和吸尘器

　　A. 空压机   B. 真空泵   C. 制冷机   D. 离心泵

10. 能输送气液或固液混合相流体的,主要应用于喷雾干燥等设备物料的输送泵是(   )

　　A. 真空泵   B. 离心泵   C. 往复泵   D. 蠕动泵

(二)多项选择题

1. 泵可应用于(   )

　　A. 将液体从一设备输送至另一设备   B. 将液体输送至位置较高的地方

　　C. 将液体输送至压力较高的地方   D. 使液体循环流动于系统中

　　E. 产生高压液体供液压传动用

2. 气体输送设备根据其终压和压缩比可分为(   )

　　A. 排风机   B. 通风机   C. 鼓风机

　　D. 压缩机   E. 真空泵

3. 往复式压缩机一个工作循环由(   )这几个阶段所组成

　　A. 膨胀   B. 冷却   C. 吸入

　　D. 压缩   E. 压出

4. 水环真空泵工作时需要持续供水的原因包括(   )

　　A. 维持水环厚度   B. 保证密封   C. 维持较高的真空度

　　D. 起冷凝冷却作用   E. 密封

5. 真空泵按照结构可分为(   )

　　A. 往复式真空泵   B. 旋转式真空泵   C. 喷射式真空泵

　　D. 水蒸气真空泵   E. 干式真空泵

6. 离心泵的主要结构包括(   )

　　A. 叶轮   B. 泵壳   C. 泵轴

　　D. 吸入口   E. 调节阀

7. 往复泵的主要结构包括(   )

　　A. 活塞   B. 泵缸   C. 排出管

　　D. 吸入阀   E. 工作室

8. 下面几种属于旋转泵的有(   )

　　A. 齿轮泵   B. 螺杆泵   C. 凸轮泵

　　D. 蠕动泵   E. 离心泵

二、简答题

1. 简述离心泵的分类。

2. 容积式泵的流量调节采用什么方法？

3. 各类气体输送设备的具体作用是什么？

4. 简述旋片式真空泵的工作原理。

三、分析题

1. 要使液体从一个设备到另一个设备，可以使用哪些方法？

2. 压缩机和真空泵都经过吸气、压缩和排气过程，压缩比也都较大，主要区别在哪里？

（张兴德　徐连明）

项目五

机械分离设备

项目五PPT
扫一扫

导学情景 ∨

情景描述：

　　在中国古代，人们用绳索的一端系住陶罐，手握绳索的另一端，旋转甩动陶罐，产生离心力挤压出陶罐中的蜂蜜，这就是离心分离原理的早期应用。那么同学们知道在现代制药领域，分离设备种类主要有哪些，都有哪些应用吗？

学前导语：

　　中药制药生产过程中经常遇到不同类型的混合物，往往需要进行一定的分离操作，按照分离的类型主要可分为固-液分离，固-气分离，气-液分离，液-液分离等四种情况。依靠机械作用力，对悬浮液、乳浊液、泡沫液、含尘气体、含雾（沫）气体及固体颗粒进行分离、分级的设备称为机械分离设备。

　　非均相物系的分离广泛应用于生产、生活中。在中药生产的原料药、制药用水、液体制剂、固体制剂的生产中，空气和压缩空气净化中，都涉及非均相物系的分离。非均相物系的分离方法有机械分离、湿法除尘、电除尘等，其中机械分离方法种类多、应用广，非均相物系机械分离设备的分类见表5-1。

ER-5-1
扫一扫，知重点

表 5-1　非均相物系的机械分离设备

推动力	重力	<	真空	<	加压	<	离心力
过滤设备	重力过滤器		真空过滤机		加压过滤机		过滤式离心机
沉降设备	重力沉降器						沉降式离心机 旋流分离器

　　重力沉降器和旋流分离器统称为沉降器，真空过滤机和加压过滤机统称为过滤机，过滤式离心机、沉降式离心机和分离式离心机（从沉降式离心机中独立出来的）统称为离心机。离心机和旋流分离器都属于离心分离设备。

知识链接

中药提取液杂质常用分离方法与设备

　　中药浸出提取过程中，提取液含有大量植物蛋白、植物胶体、鞣质、淀粉、菌体、单糖、盐分等常规过滤未能除去的杂质。这些杂质的存在往往使提取液呈混悬状态，影响后续成品品质。如口服液浑

浊沉淀、浸膏焦化、颗粒剂溶解性差、注射剂过敏性反应等现象。 为了解决此类问题,中药制剂生产企业常采用的一些方法有离心法、板框过滤法、澄清剂法、醇沉法、树脂吸附法、膜过滤法等。 相应的设备有三足离心机、碟片式离心机、板框压滤机、醇沉罐、大孔树脂柱、微滤、超滤等。

本项目重点介绍悬浮液、含尘气体分离设备,对乳浊液分离设备只进行简单介绍。

任务 5-1　过滤设备

◆ 概述

1. 基本概念　在推动力或其他外力作用下,悬浮液(或含固体颗粒的气体)中的液体(或气体)透过多孔性材料,固体颗粒及其他物质被多孔性材料截留,从而使固体颗粒及其他物质与液体(或气体)分离的操作称为过滤。过滤过程中使液体(或气体)透过而截留固体颗粒及其他物质的多孔性材料称为过滤介质。待分离(过滤)的悬浮液称为料浆(滤浆),悬浮液透过过滤介质流出的液体称为滤液,悬浮液经过滤得到的固体浓缩物称为滤饼或滤渣。

2. 过滤方式

(1)滤饼过滤:滤液通过过滤介质,而颗粒被截留在过滤介质表面形成滤饼,滤饼层成为过滤介质的过滤称为滤饼过滤,所用的过滤介质称为表面型过滤介质,如滤布、滤网等。

(2)深层过滤:过滤时固体颗粒沉积在过滤介质的孔隙内,过滤介质表面不形成滤饼的过滤称为深层过滤,所用的过滤介质称为深层型过滤介质,如滤芯、颗粒状过滤床层等。

一、真空过滤机

利用料浆自身重力引起的过滤介质上下游之间的压力差(液柱产生的压力)进行过滤,称为重力过滤。1m 水柱(料浆密度大一些)只产生相当于 1/10 大气压的压力差,当重力过滤太慢时,我们经常会想到另一种过滤方式——真空过滤。

对过滤介质下游滤液一侧抽真空,以上游常压、下游低压之间的压力差(等于下游真空度)作为过滤推动力的过滤机称为真空过滤机。

间歇式真空过滤机有真空叶滤机,连续式真空过滤机有转鼓真空过滤机、圆盘真空过滤机、转台真空过滤机、翻盘真空过滤机和带式真空过滤机。下面只介绍连续式真空过滤机中的转鼓真空过滤机。

1. 结构　转鼓真空过滤机是以绕水平轴转动的圆柱形转鼓作为过滤部件进行连续真空过滤的机械。如图 5-1 所示,刮刀卸料普通型外滤面转鼓真空过滤机的转鼓壁上钻有许多小孔,外面包着金属网和滤布,转鼓的下部浸入滤浆中,上方有洗水喷下,一侧有刮刀。转鼓内部被径向隔板分成若干个互不相通的扇形格,每格都有单独的孔道通至转鼓一端转动盘的配合面上,这些孔等距分布成一个圆形。转动盘与转鼓作为一个整体,绕共同的水平轴转动,而转动盘又与固定盘紧密贴合形成分配头。固定盘配合面上的几个长度不同的弧形孔,也分布成与前者等直径的一个圆形,其间隔大于转动盘配合面上孔的大小,分别通过一条管路连接着滤液罐、洗液罐和压缩空气罐,滤液罐和洗液罐又都与真空泵相连。

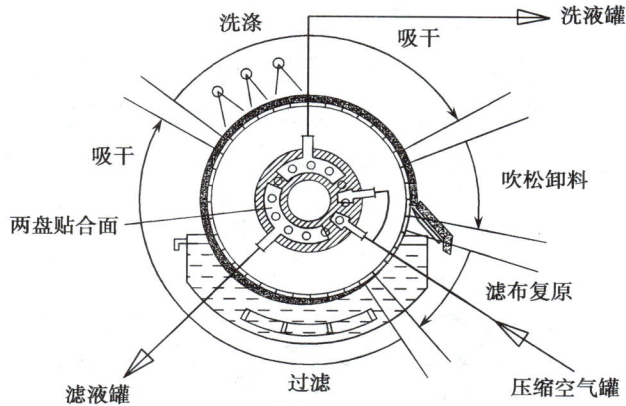

图 5-1　转鼓真空过滤机

2. 原理　转鼓和转动盘一起相对于固定盘转动时,固定盘上各弧形孔及其间隔的确定位置和两盘间的错气作用,使转鼓周围被分成了与固定盘上各弧形孔及其间隔位置相对应、但角度更大的几个操作区和角度更小的几个休止区。①过滤、吸干区:扇形格经过该区时,转动盘上与其对应的孔,局部、整个、又局部与固定盘上通向真空状态滤液罐的弧形孔一直相对,液体经过滤介质、扇形格和分配头,被吸到滤液罐。当扇形格外面在悬浮液中经过时,滤布上形成逐渐增厚的滤渣层;当其离开液面后,滤渣中的液体被吸干。②洗涤、吸干区:扇形格经过该区时,通过分配头与真空状态的洗液罐一直相通。当扇形格外面经过洗水喷洒位置时,滤渣被洗涤;当其离开喷水位置后,滤渣中的液体又被吸干。被吸入扇形格内的洗液,都经分配头到达洗液罐。③吹松、卸料区:扇形格经过该区时,通过分配头与压缩空气罐相通,压缩空气从扇形格内部向外吹,滤渣层先被吹松;此后再被刮刀卸下。④滤布复原(再生)区:扇形格经过该区时,再次通过分配头与压缩空气罐相通,压缩空气从扇形格内部向外,将滤布上残留的滤渣吹净,为下一轮过滤做好准备。因为固定盘上的间隔大于转动盘的孔,所以当转动盘上的孔整个与固定盘上的间隔相对时,对应的扇形格被密封,不进行任何操作,经历一个休止区,这使得扇形格完全出了一个操作区后,才会再进入下一个操作区。

虽然每一个扇形格周而复始地依次进行,但是整个转鼓却在各个区域同时连续地进行着过滤吸干、洗涤吸干、吹松卸料和滤布复原,所以该设备进行的是连续操作。

二、加压过滤机

真空过滤机压力差的最大值为大气压与液体饱和蒸气压之差,常温时很接近一个大气压,料浆温度越高,压力差最大值越小。如果采用真空过滤机还不够快,可以考虑采用加压过滤机,其压力差常达到几个大气压。

使过滤介质上游料浆处于高压状态,以上游高压、下游常压之间的压力差(等于上游表压)作为过滤推动力的过滤机称为加压过滤机,简称压滤机。分间歇式和连续式两类。间歇式加压过滤机常用的有板框压滤机、厢式压滤机、间歇式加压叶滤机等。连续式加压过滤机常用的是连续式加压叶滤机。

板框压滤机有卧式和立式、(出液方式)明流和暗流、(滤饼)可洗和不可洗、单向洗涤和双向洗涤、多种形状的板、多种进料位置及多种压紧方式。

1. 结构　板框压滤机的结构如图5-2所示。它由止推板、压紧板、滤板、滤框、横梁、顶紧装置组成。两根横梁把止推板和压紧装置连接成一个长方形的框架结构,压紧装置的前端连接着搁置在横梁上的压紧板,滤板、滤框和滤布按一定的顺序和方向排列于止推板和压紧板之间的横梁上。压紧装置推动压紧板,可压紧滤板、滤框和滤布。附属装置有泵、接液盘、几个容器、空压机等。

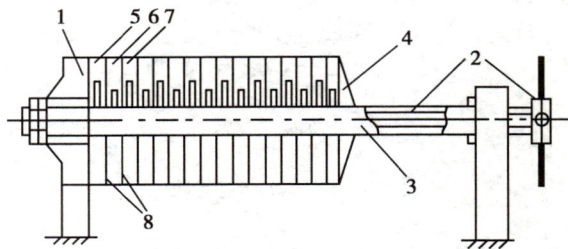

图 5-2　板框压滤机的结构

1. 止推板;2. 压紧装置;3. 横梁;4. 压紧板;5,7. 滤板;6. 滤框;8. 滤布

如图5-3所示,止推板、滤板、滤框和滤布的四个角都有通孔,排列压紧后这些通孔连起来构成料浆流入通道,滤液流出通道,洗水流入通道、两用通道(过滤时滤液流出或洗涤时洗液流出)。滤框只有一个上角的通孔壁上有暗孔,用于连通料浆通道与框内空间。滤板两面除边缘外有交错的凹槽,又分为洗涤板和非洗涤板:洗板一个上角的通孔壁上有Y形孔,用于连通洗水通道与板两侧凹槽,同侧下角的通孔壁上也有Y形孔,用于连通板两侧凹槽与滤液通道。非洗板只有一个下角的通孔壁上有Y形孔,用于连通板两侧凹槽与两用通道。

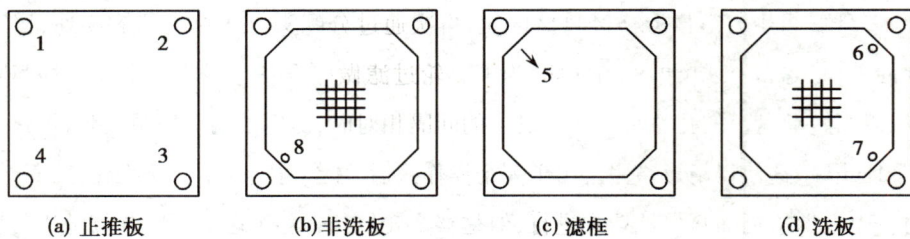

(a) 止推板　　(b) 非洗板　　(c) 滤框　　(d) 洗板

图 5-3　板、框的结构

1. 料浆流入通孔;2. 洗水流入通孔;3. 滤液流出通孔;4. 两用通孔;5. 料浆进框暗孔;
6. 洗水到板两面Y形孔;7. 滤液离开板两面Y形孔;8. 两用Y形孔

2. 工作原理　如图5-4所示,过滤时,泵将料浆从止推板左上角进入料浆通道、经各框暗孔多路分流进入框内,在各框内又向两侧分流;在框每一侧,半个框容纳料浆和滤饼、滤布支撑滤饼并共同过滤、板一面上的凸起支撑滤布而凹槽供滤液流动,构成一个过滤单元;洗板两面凹槽中的滤液经右下角Y形孔合流,又多路汇流到滤液通道,而非洗板两面(头板和尾板的一面)凹槽中的滤液经左下

角 Y 形孔合流,又多路汇流到两用通道,两路滤液流出止推板后合并进入滤液容器。

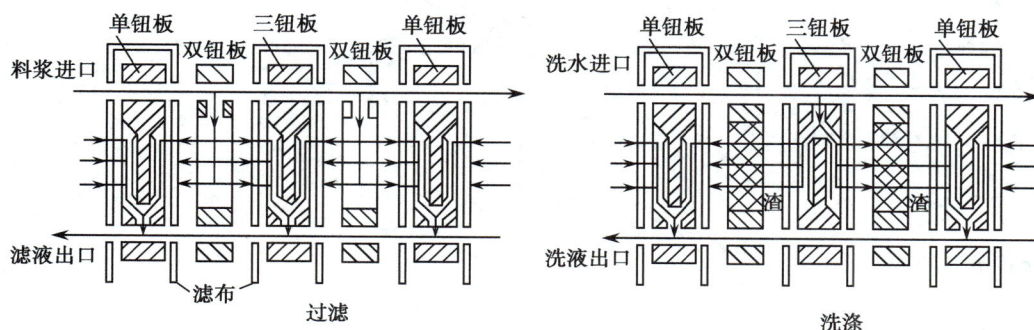

图 5-4　过滤、洗涤流程图

洗涤时,洗水从右上角的洗水通道和洗板 Y 形孔,分流到各洗板两面凹槽,经滤布、整个框内滤饼、另一层滤布,到达各非洗板两面(头板和尾板的一面)凹槽,经左下角的非洗板 Y 形孔合流到两用通道,排出到洗液容器。

3. 操作规程　板框压滤机每个操作循环由装合、过滤、洗涤、卸渣和整理等阶段组成。①装合:将板、框和滤布按正确的顺序和方向,孔对正、滤布无折叠排列,然后压紧。如果非洗板为1、框为2、洗板为3、|为滤布,则其装合顺序是:1|2|3|2|1|1|2|3|2|1…|2|3|2|1。框的暗孔对应料浆通道,洗板上角 Y 形孔对应洗水通道(下角 Y 形孔方向随之确定),非洗板 Y 形孔对应两用通道。②过滤:准备好料浆、滤液容器和接液盘,检查泵的转向,灌泵,启动,逐渐打开料浆阀门开始过滤,过一定时间再全开。开始阶段得到的滤液和接液盘接收的液体须重新过滤,料浆送完后或过滤速率很慢时停泵。料浆温度与操作压力不能过高,压力过大时分析解决。③洗涤:准备好洗水、洗液容器和接液盘,灌泵,启动,逐渐打开洗水阀门开始洗涤。洗液变清后停泵。可以使用压缩空气迅速彻底地赶出设备中残留的液体。④卸渣和整理:松开压紧装置,卸渣,洗净板、框和滤布,注意板、框不可乱堆,以免受压变形。料浆未滤完则重新开始下一轮的装合,滤完则收好产品(滤渣或滤液或两者)。洗净后,泵、接液盘和容器等组件晾干放好。

压滤机的过滤速率高,单位过滤面积占地少,过滤面积的选择范围宽,对物料的适应性强、应用广泛。压滤机适用于固、液密度差较小而难以沉降的悬浮液,或固体含量高和要求得到澄清液,或要求固相回收率高、滤饼含液量低的物料。

知识链接

膜(分离)装置

膜(分离)装置是以外界能量或化学位差为推动力,膜为过滤介质,使固体微粒或液滴从悬浮液或气流中分离的设备。由膜、膜支撑体、流道间隔体、带孔的中心管等构成的膜分离单元称为膜元件,由一个或数个膜元件、内联接件、壳体、端板和密封圈等组成的实用器件称为膜组件,由膜组件及其他配套设备(如电控、各种仪表、管道、水泵、阀门以及化学清洗接口等)构成的一套完整的膜分离设备称为膜(分离)装置或膜滤器,如板框式膜滤器、螺旋卷式膜滤器、管式膜滤器、中空纤维式膜滤器。

微滤、超滤、纳滤、反渗透和电渗析，前四者膜孔大小、能截留的微粒和操作压力依次变化、用途也不同，后四者采用错流过滤（料浆平行于膜表面流动，可减弱浓差极化对膜分离过程速率的影响）。 微滤、超滤设备可参考加压过滤机，注意其上游压力不仅与入口处的泵和阀门有关，还与出口处的阀门有关；反渗透和电渗析在制药用水生产中专门介绍。

点滴积累 ∨

1. 密封性影响压力或真空度，从而影响过滤的压力差，最终影响过滤速率。
2. 真空过滤机操作时料浆温度高，会影响其下游真空度、压力差和过滤速率。 不同材质的滤布对料浆最高温度的限制不同。
3. 滤饼未形成一定厚度之前，过滤效果难以达到要求；滤饼太厚，过滤阻力增大而过滤速率逐渐减小。
4. 板框压滤机每个操作循环由装合、过滤、洗涤、卸渣和整理等阶段组成。

任务 5-2　离心设备

◆ 概述

利用机件带动悬浮液、乳浊液或其他非均相物系旋转产生的惯性离心力实现其分离或浓缩的机器称为离心机。离心力与重力之比称为分离因数，离心机的转速越高（虽然转鼓半径需相应减小，但二者对分离因数的影响大小不同），分离因数越大，分离能力越强。

离心机按操作原理分为过滤式离心机、沉降式离心机和分离式离心机。

一、过滤式离心机

实现离心过滤过程的离心机称为过滤离心机。过滤离心机的转鼓壁上开有许多孔，鼓壁内铺有衬网和滤布。加入转鼓内的悬浮液随转鼓一同旋转，在离心力作用下，液体透过过滤介质、衬网和鼓壁上的孔被甩出转鼓，固相颗粒被截留在过滤介质表面上形成滤渣层，实现固相颗粒与液体的分离。

过滤离心机由于支撑形式、卸料方式和操作方式的不同而有多种类型。间歇式过滤离心机有三足式离心机、上悬式离心机、卧式刮刀卸料离心机、翻袋卸料离心机等；连续式过滤离心机有活塞推料离心机、离心卸料离心机、螺旋卸料离心机、进动卸料离心机、振动卸料离心机等。制药企业常用的有三足式离心机。

1. 结构　三足式（过滤）离心机卸料方式有人工上卸料、抽吸上卸料、吊袋上卸料、人工下卸料、刮刀下卸料和翻转卸料。常用的是人工上卸料三足式离心机，其结构如图 5-5 所示，主要由柱脚、底盘、主轴、机壳、转鼓和滤袋等部件组成。整个底盘靠弹簧悬挂在三个支柱的球面支撑上，可沿水平方向自由摆动，有利于减缓物料分布不均时旋转所引起的振动。

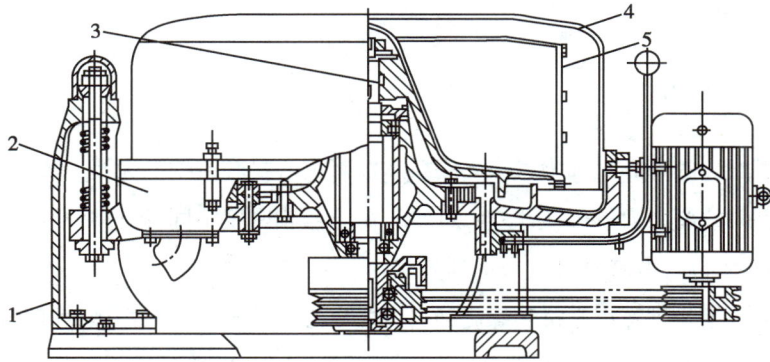

图 5-5 人工上卸料三足式离心机结构
1. 柱脚;2. 底盘;3. 主轴;4. 机壳;5. 转鼓

2. 工作原理 转鼓和滤袋内的悬浮液、膏状物料或湿固体随转鼓一同旋转,在离心力作用下,物料紧贴内壁成圆筒形(上部被拦液板限制),液体透过滤布和鼓壁上的孔被甩出转鼓形成滤液,又被外壳汇集而从下部滤液出口流出,固相被截留在滤袋内表面上,完全停机后人工上部卸渣,分别得到固相与滤液。

3. 操作

(1)检查:①用手转动转鼓,确认无卡死现象并能灵活转动,以排除制动后不能自动复位或过紧、轴承润滑不足、被物料卡住、轴承损坏等问题;同时观察转鼓及外壳有无倾斜、晃动,以排除转鼓在轴上固定和底座在支柱上悬挂的松动、脱落等问题。②拉制动手柄、用手转动转鼓,看制动是否灵活、可靠。③看电动机各连接螺栓是否紧固,三角带松紧度是否适当。④看地脚螺栓是否紧固。

(2)上述各项检查正常后,再通电空运行,看转鼓转向是否符合方向指示牌上的箭头方向(从上向下看必须是顺时针方向旋转),严禁反方向运转。

(3)过滤:①放好滤袋和滤液容器。②分离膏状物料或湿固体脱水时,先将物料加入转鼓内,物料量不得超过各种规格的额定最大装料限量,并保证物料向四周均匀分布,再启动离心机甩干。分离悬浮液时,先启动离心机,再将料液逐渐加入转鼓,不可过快,在物料积累到要从拦液板溢出前必须停止加料,再继续甩干。③至几乎无滤液流出时过滤结束但先不停机。

(4)需要洗涤时,更换接收容器,将洗水逐渐加入转鼓,洗涤后再甩干。

(5)停机时,应先切断电源,再缓慢制动,切勿急刹车,以免机件受损,转鼓未全停时切勿用手接触转鼓。

(6)取出滤渣,收好产品(滤渣或滤液或两者)。清洁滤袋、转鼓内外、外壳内壁和容器等。

三足式离心机的优点是:结构简单、操作平稳、滤渣可洗涤、滤渣含液量低。过滤时间可根据滤渣含液量要求灵活控制,故广泛用于小批量、多品种物料的分离。缺点是传动和制动机构都在机身下部,易受腐蚀。

4. 维护与保养

(1)离心机必须由专人负责操作,不得随意增加装料限量,操作时注意检查旋转方向是否符合。

(2)不得随意增加离心机转速,在使用 6 个月后,必须进行全面保养一次,对转鼓部位及轴承清

101

洗,并对轴承加注润滑油。

二、沉降式离心机

实现离心沉降过程的离心机称为沉降离心机。沉降离心机转鼓壁上无孔。转鼓带动物料旋转,物料受到远大于重力的离心力作用,紧贴转鼓内壁,由于两相密度不同,固体颗粒沉降到转鼓内表面形成沉淀层而与液体分层,两者分别出来达到分离。

沉降离心机有三足式沉降离心机和螺旋卸料沉降离心机等。下面介绍螺旋卸料沉降离心机。

1. 结构 螺旋卸料沉降离心机是在全速下同时进料、分离、排液、排渣的连续式沉降离心机,按转鼓的位置可分为卧式和立式。卧式螺旋卸料沉降离心机的结构如图5-6所示。转鼓和输料螺旋同轴心安装于主轴承上,螺旋外缘与转鼓内壁间隙微小。差速器的差动作用使输料螺旋和转鼓的旋转同向而不等速。

2. 工作原理 欲分离的悬浮液经加料管从中心进入输料螺旋内,再从进料孔进入输料螺旋和转鼓之间,在离心力的作用下固体粒子沉降到转鼓内表面上,由螺旋推送到转鼓小端排出。清液由转鼓大端的溢流孔排出。

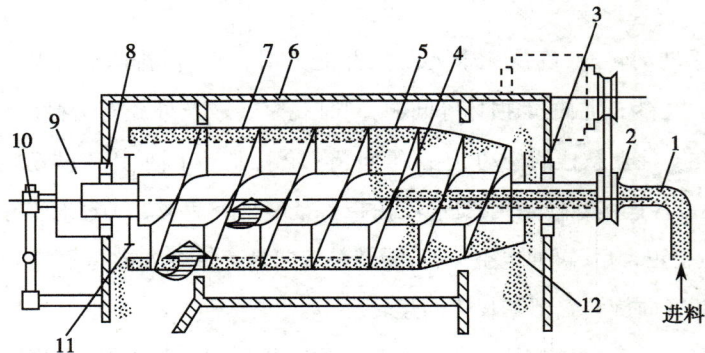

图5-6 卧式螺旋卸料沉降离心机
1. 进料管;2. V形带轮;3,8. 轴承;4. 输料螺旋;5. 进料孔;
6. 机壳;7. 转鼓;9. 行星差速器;10. 过载保护装置;11. 溢流孔;12. 排渣口

调节转鼓的转速、转鼓与螺旋的转速差、进料量、溢流孔径向尺寸等参数,可以改变清液的含固量和沉渣的含湿量。

三、分离式离心机

用于分离乳浊液或含少量固体微粒的悬浮液的立式沉降离心机,称为分离式离心机,简称分离机。分离因数一般大于5000,属于高速离心机。分离机可分为管式分离机、室式分离机、碟式分离机,其中管式分离机较为常用。

1. 结构 管式分离机是圆筒形、转鼓长径比大于或等于4的立式人工卸料高速沉降离心机。管式分离机有澄清型和分离型两种,澄清型管式分离机结构如图5-7所示。

2. 工作原理

(1)澄清型管式分离机用于澄清含少量高分散性固体粒子的悬浮液,悬浮液由下部进入转鼓,

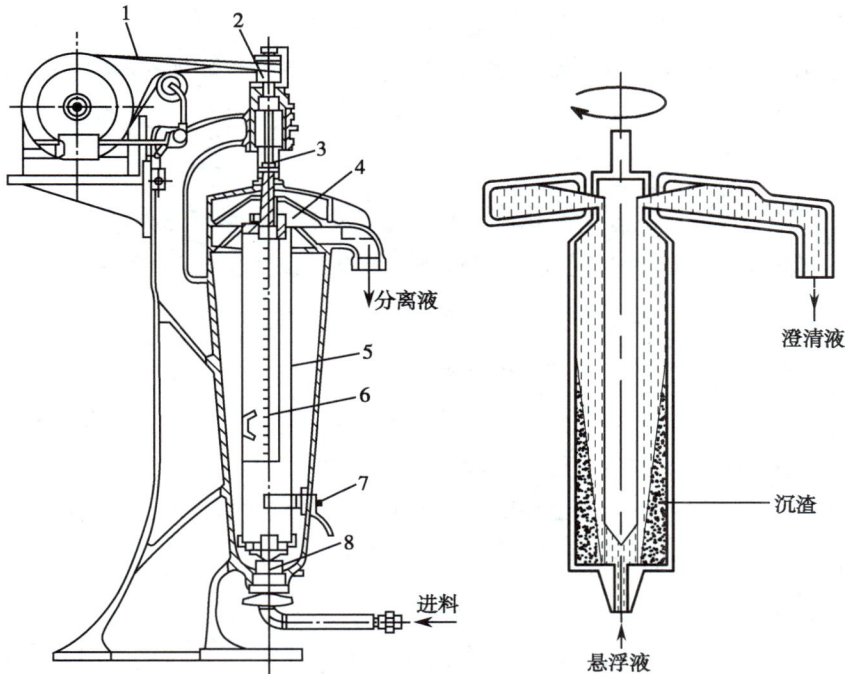

图 5-7　澄清型管式分离机
1. 平皮带;2. 皮带轮;3. 主轴;4. 液体收集器;5. 转鼓;
6. 三叶板;7. 制动器;8. 转鼓下轴承

在向上流动过程中,在离心力作用下,所含固体粒子沉积在转鼓内壁,清液从转鼓上部溢流孔排出,沉淀在停机后取出。澄清型的液体收集器只有一个液体出口。

中药类澄清型管式分离机是专为中药制药行业、植物提取行业设计的一种管式分离机,它主要应用于中药口服液及糖浆剂,提高澄明度,又不流失药物中有效成分。

(2)分离型管式分离机用于轻、重两相密度差小,分散性很高的乳浊液及液-液-固三相混合物的分离。上升的乳浊液在离心力作用下在转鼓内分为重液层和轻液层,两相分界面位置可通过改变重液出口半径来调节,以适应不同的乳浊液和不同的分离要求。分离型的液体收集器有轻液和重液两个出口。

点滴积累 ∨

1. 离心机转速较高,应特别注意人身和设备安全。 设备各零部件的牢固稳定程度,链、带等的松紧程度,润滑与密封情况,转向与转速等必须作为准备、运行和停机时的检查项目。
2. 压力、温度、液位、流量等应符合设备和生产工艺的要求。

任务 5-3　气体非均相系的分离设备

◆　概述

除尘器是从含尘(固体微粒)气体中分离、捕集粉尘的装置或设备,用于气流输送机、粉碎机、干燥机、制粒机等，以回收产品、防止粉尘扩散、便于清洁、避免污染和交叉污染。

除尘器按工作原理分为惯性除尘器、过滤式除尘器、湿式除尘器和电除尘器。

一、惯性除尘器

利用惯性将粉尘从含尘气体中分离出来的除尘器。分为挡板式除尘器(降尘气道)、重力除尘器(降尘室)、离心式除尘器(除尘用的旋风分离器)等。此类设备也可进行颗粒分级。重点介绍常用的旋风分离器。

1. 结构　旋风分离器是利用流体做旋转运动所产生的离心力来分离气体中含有的少量固体微粒或液滴的设备。其结构如图5-8所示，包括圆筒及切向进口管、锥形底及下出口、顶盖及中心的上出口管(插入圆筒的深度超过进口管下沿)。

2. 工作原理　含固体微粒或液滴的气体以切线方向进入圆筒中，发生旋转运动而受到离心力，又由于两相密度不同，固体微粒或液滴边随气流向下旋转边沿径向向外沉降，形成半径逐渐扩大的螺旋运动，最终与圆筒或锥形内壁碰撞后失去动能，滑落到锥形底下部的出口，由旋转卸料器排出，气体和因太小而未能分离的固体微粒或液滴到锥形底底部后，又以小螺旋折返向上，由顶盖中心的出口排出。

旋风分离器直径越小，分离能力越强(分离效率更高、分离界限粒径或称"切割粒径"更小)，但生产能力越小(单位时间能处理的物料量越少)；反之，直径越大，生产能力越大，但分离能力越弱。所以在标准式旋风分离器的基础上，衍生出一些分离能力较强或生产能力较大、但结构也更复杂的型式。多管旋风分离器将若干个规格相同的旋风分离器并联为一体，使用共同的进、出风管道和灰斗口，能同时满足生产能力大和分离能力强的要求。当处理量达不到设计量时，可关闭部分旋风分离器。

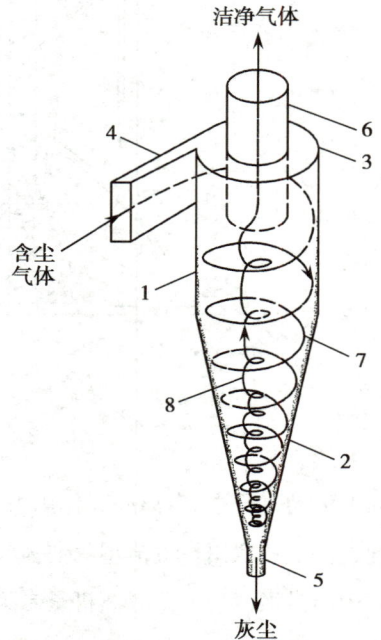

图5-8　旋风分离器
1. 圆筒；2. 锥形底；3. 顶盖；4. 进气管；5. 排尘口；6. 排气管；7. 外旋流；8. 内旋流

旋风分离器的优点是分离效率较高，结构简单。缺点是细粒尘灰不能充分除净，净制气体时消耗能量多(流动阻力大，使输送设备所需电机功率大)，尘粒对器壁有磨损。在气体的除尘、除雾(或沫)、气体中固体颗粒的收集等方面被广泛采用。

二、过滤式除尘器

利用多孔介质的过滤作用捕集含尘气体中粉尘的除尘器。常用的是袋式除尘器。

1. 结构　袋式除尘器是利用由纤维滤料制作的袋状或筒状过滤元件来捕集含尘气体中粉尘的设备，即除尘用的袋式过滤器——袋滤器。脉冲式袋滤器的结构如图5-9所示，主要由壳体、滤袋及其骨架、清灰装置、灰斗和排灰阀等部分组成。

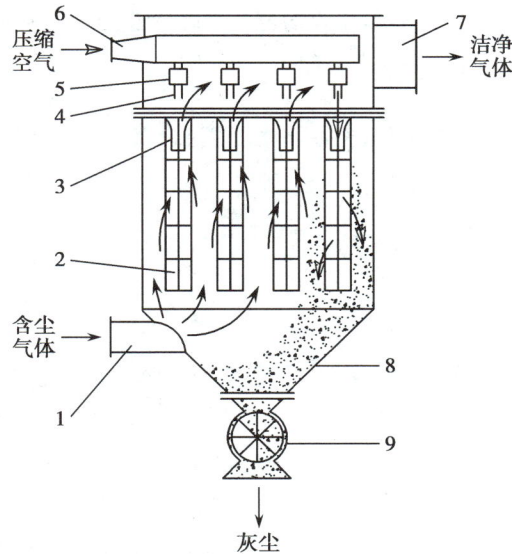

图 5-9 脉冲式袋滤器
1. 进风管；2. 滤袋及骨架；3. 文丘里管；4. 喷嘴；5. 电磁阀；
6. 连接压缩空气管；7. 净化气体出口；8. 灰斗；9. 排灰阀

2. 工作原理 含尘气体自下部进入袋滤器，气体由外向内穿过支撑于骨架上的滤袋，微粒被截留于滤袋外表面上，而净制气体则汇集于顶部排出。过滤一段时间之后，利用压缩空气的反吹系统进行清灰，脉冲气流从袋内向外吹出，使尘粒落入灰斗，由排灰阀排出。每次清灰时间很短，随后则转入过滤阶段，如此自动地进行循环操作。

袋式除尘器类型较多，根据清灰方法不同分为 4 类：机械振打类、反吹风类（分室反吹类、喷嘴反吹类）、脉冲喷吹类、复合式清灰类。按进风口位置分为上进风式、下进风式、径向进风式、侧向进风式；按过滤元件型式分为圆袋式、扁袋式、折叠滤筒式、双层布袋式；按与风机间位置分为吸入式、压入式；按过滤方式分内滤式、外滤式；按结构分为非分室结构、分室结构。其滤料按材质和加工方法分类。袋式除尘器能捕集 $1\mu m$ 以下的微粒，效率可达 99.9% 以上。其缺点为滤布磨损或堵塞较快，不适用于热的与湿的气体净制，处理湿度高的气体时，应注意气温须高于露点。

三、湿式除尘器

利用液体的洗涤作用使粉尘从含尘气体中分离出来的除尘器。分为冲激式除尘器、文丘里除尘器、旋风水膜除尘器、泡沫除尘器、洗涤过滤式除尘器。

四、电除尘器

利用高压电场对荷电粉尘的吸附作用，把粉尘从含尘气体中分离出来的除尘器。可分为干式电除尘器和湿式电除尘器。

另外，由于袋式除尘器除尘效率高，常在旋风分离器、电除尘器后作为末级除尘设备，形成旋风布袋复合式除尘器、静电布袋复合式除尘器。

除沫（雾）器是脱除气流中雾（液滴）、沫（细泡）的设备，用于除去空气被压缩后里面存在的水雾和油雾,蒸发器产生的二次蒸气中的雾沫等场合。与除尘器的种类基本相同。

点滴积累 ∨

1. 悬浮液的过滤设备有重力过滤器、真空过滤机、加压过滤机、过滤式离心机;悬浮液的沉降设备有重力沉降器(沉降槽)、旋液分离器(与旋风分离器同属旋流分离器,结构相似)、沉降式离心机、分离式离心机(澄清型)。醇沉过程中也包含着重力沉降环节。

2. 乳浊液的分离设备有重力沉降器(沉降槽、油水分离器)、旋液分离器、分离式离心机(分离型)。提取设备、制冷设备等使用的气液分离器也是一种重力沉降设备。

目标检测

一、选择题

(一) 单项选择题

1. 下列不属于非均相物系的是(　　)

A. 溶液　　　　　　　　B. 悬浮液　　　　　　　C. 乳浊液　　　　　　　D. 含尘气体

2. 空压机在板框压滤机和转鼓真空过滤机中起的作用分别是(　　)

A. 加压以过滤;产生真空以过滤　　　　　B. 加压以过滤;吹松

C. 排出残留液体;吹松和滤布复原　　　　D. 排出残留液体;吹松

3. 对于含极细微颗粒的悬浮液的分离,应选用(　　)

A. 板框压滤机　　　　B. 三足离心机　　　　C. 转鼓真空过滤机　　D. 管式离心机

4. 在粉碎设备中经常会有粉尘飞扬,常常用到以下哪种设备除尘(　　)

A. 惯性除尘器　　　　B. 过滤式除尘器　　　C. 湿式除尘器　　　　D. 电除尘器

5. 悬浮液透过过滤介质流出的称为(　　)

A. 滤液　　　　　　　B. 滤饼　　　　　　　C. 滤浆　　　　　　　D. 滤渣

6. 利用料浆自身重力引起的过滤介质上下游之间的压力差进行过滤时,如果过滤太慢时采用(　　)

A. 重力过滤　　　　　B. 加压过滤　　　　　C. 真空过滤　　　　　D. 离心过滤

(二) 多项选择题

1. 按推动力不同,过滤可分为(　　)

A. 重力过滤　　　　　　　　B. 加压过滤　　　　　　　C. 真空过滤

D. 离心过滤　　　　　　　　E. 深层过滤

2. 三足式离心机通电运行前,应先进行下列各项检查(　　)

A. 松开制动手柄,用手转动转鼓,看有无咬死或卡住现象

B. 用手转动转鼓,拉动制动手柄,看制动是否灵活可靠

C. 电动机部分各连接螺栓是否紧固,将三角带调整到适当的松紧度

D. 检查地脚螺栓是否松动

E. 转鼓旋转方向必须符合方向指示牌上的转向

3. 根据操作原理,离心机可分为(　　　)

    A. 过滤式离心机　　　　　　B. 沉降式离心机　　　　　　C. 三足式离心机

    D. 分离式离心机　　　　　　E. 旋流分离器

4. 根据工作原理,除尘器可分为(　　　)

    A. 惯性除尘器　　　　　　　B. 过滤式除尘器　　　　　　C. 湿式除尘器

    D. 电除尘器　　　　　　　　E. 旋流除尘器

5. 在制药生产过程中,过滤机一般用于分离(　　　)

    A. 悬浮液　　　　　　　　　B. 含固体颗粒的气体　　　　C. 不同的气体

    D. 液体中的气体　　　　　　E. 不同的液体

6. 一般情况下,板框压滤机的结构主要包括(　　　)

    A. 止推板　　　　　　　　　B. 压紧装置　　　　　　　　C. 横梁

    D. 压紧板　　　　　　　　　E. 滤板、滤框、滤布

7. 三足式离心机的结构主要包括(　　　)

    A. 柱脚　　　　　　　　　　B. 底盘　　　　　　　　　　C. 主轴

    D. 机壳　　　　　　　　　　E. 转鼓

二、简答题

1. 非均相物系分离设备如何分类?

2. 说明暗流可洗单向洗涤手动压紧卧式板框式压滤机的操作规程。

3. 说明三足式离心机处理不同物料时操作上的差别。

三、分析题

1. 为何旋风分离器直径越小,分离能力却越强?

2. 用加压过滤机过滤悬浮液时,如果过滤太慢可能是哪些原因引起的? 可考虑采取哪些措施?

实训三　制药企业流体输送设备和机械分离设备

【实训目的】

1. 掌握常见流体输送设备和机械分离设备的结构、工作原理和操作规程。

 2. 熟悉输送系统的组成、流量调节方法、操作注意事项;过滤、离心分离整套设备的组成、操作注意事项。

3. 了解输送与其他有关操作的关系、非均相物系分离在制药生产中的应用。

【实训内容】

1. 常见流体输送设备的结构、工作原理和操作规程;输送系统的组成、流量调节方法、操作注意事项;输送与其他有关操作的关系。

2. 常见机械分离设备的结构、工作原理和操作规程;过滤、离心分离整套设备的组成、操作注意事项;非均相物系分离在制药生产中的应用。

【实训步骤】

1. 实践前认真复习项目四、项目五的内容,做好实践前的各项准备。

2. 严格遵守生产企业的各种规章制度,注意安全,按规定穿戴好洁净服装。

3. 仔细听取制药企业技术人员的讲解,仔细观察,主动提问,做好记录。

4. 根据目标要求,结合实践内容,写出实践报告。

【实训思考题】

1. 离心泵和往复泵各采用什么方法调节流量?为什么?

2. 压缩机、真空泵在输送系统中的位置有何不同?

3. 你能否画出加压过滤系统和真空过滤系统的简图?

4. 分离式离心机分离乳浊液和含少量细粒子的悬浮液的过程有何区别?

【实训测试】

根据学生实践报告、实践现场表现和思考题完成情况进行考核。实践报告格式见附录三。

（王艳艳）

模块三

生产单元操作设备

项目六

粉碎、筛分、混合设备

项目六PPT

导学情景 ∨

情景描述:

　　常见的中药固体剂型有散剂、颗粒剂、丸剂、胶囊剂、片剂等,同学们知道这些剂型是用什么设备生产的吗? 制备有哪些操作单元?

学前导语:

　　固体剂型约占临床用药剂型的 2/3 以上。 在中药固体剂型散剂、颗粒剂、丸剂、胶囊剂、片剂的制备过程中,通常都要将药物进行粉碎、筛分等加工。 因此,粉碎、筛分、混合是固体制剂制备的基本单元操作,粉碎、筛分后粉体粒子的大小、形态、粒度分布,物料混合的均匀度、流动性、充填性、可压性、吸附性等不仅影响固体制剂的质量,而且对其临床疗效的发挥及安全性也会产生一定程度的影响。

任务 6-1　粉碎设备

ER-6-1

扫一扫,知重点

◆ 概述

　　粉碎是借助机械力或其他方法将大块固体物料破碎成适宜程度的碎块或细粉的操作过程。粉碎技术直接关系到药品的质量和应用性能。

　　粉碎是机械力破坏物质分子间内聚力的过程,是机械能部分转变为表面能的过程。在粉碎过程中,为了避免消耗大量的机械能及产生过多不需要的细粉,尽可能有效地利用机械能,应及时从体系中分出已达到粒度要求的细粉。粉碎过程常用的机械力有撞击、挤压、弯曲、研磨、剪切、劈裂、锉削等。粉碎的方法有单独粉碎与混合粉碎、干法粉碎与湿法粉碎、低温粉碎等。

一、万能粉碎机

　　万能粉碎机是以冲击力为主,伴有撕裂、研磨作用的粉碎设备,应用广泛。

　　1. 结构　万能粉碎机由机座、电机、加料斗、粉碎室、固定齿盘、活动齿盘、环形筛板、抖动装置、出料口等组成,如图 6-1 所示。固定齿盘与活动齿盘呈不等径同心圆排列,对物料起粉碎作用。在粉碎过程中会产生大量粉尘,故设备一般都配有粉料收集和捕尘装置。

　　2. 工作原理　物料从加料斗经抖动装置进入粉碎室,靠活动齿盘高速旋转产生的离心力由中

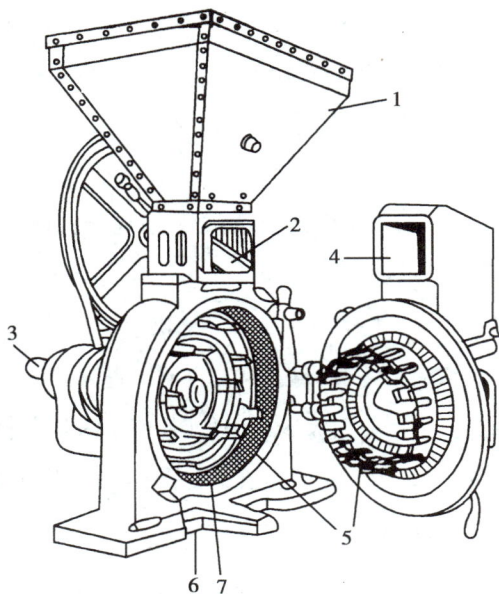

图 6-1 万能粉碎机结构示意图
1. 加料斗;2. 抖动装置;3. 水平轴;4. 入料口;5. 钢齿;6. 出粉口;7. 环状筛板

心部位甩向室壁,在活动齿盘与固定齿盘之间受钢齿的冲击、剪切、研磨及物料间的撞击作用而被粉碎,最后物料到达转盘外壁环状空间,细粉经环形筛板由底部出料,粗粉在机内重复粉碎。

▶▶ 边学边练

   1. 正确说出万能粉碎机的结构及工作原理。

   2. 按照操作规程正确操作设备。

ER-6-2

万能粉碎机
的操作

3. 标准操作规程(以 20B 万能粉碎机为例)

(1)操作前准备:①检查各部件安装是否牢固,尤其是活动齿的固定螺母,拧紧螺丝;②检查设备清洁状况;③检查设备润滑情况;④检查上下皮带轮在同一平面内是否平行,皮带松紧情况;⑤用手转动时应无卡阻现象,主轴运转自如;⑥被粉碎物料必要时预先切成段、片或块,以免阻塞钢齿,增加电动机负荷;⑦检查物料,注意清除物料中铁钉等金属异物,防止发生意外事故。

(2)运行:①打开粉碎室门,根据产品工艺要求选择适当目数的筛网,安装筛网,关闭粉碎室门;②打开收集箱门,在出料口扎上专用布袋,关闭收集箱门;③先开风机开关,再开电机开关让设备空载运转正常,加入物料,根据物料的易碎程度和粉碎细度要求调节进料速度;④粉碎操作结束或要停机前,应先停止加料,让机器继续运转数分钟,待粉碎室内无残留物;⑤出料:关闭电机开关,打开收集箱门,取出物料;⑥如粉碎物料量大,可重复操作,直至物料全部粉碎;⑦操作结束后,关闭所有电源开关;⑧检查设备有无异常,设备部件完好情况。

4. 清洁标准操作规程

(1)清洁实施的条件和频次:①每批生产结束后;②连续生产每个班次结束后。

(2)清洁液与消毒液:纯化水、75%乙醇。

（3）清洁方法：①粉碎室：打开粉碎室门，用毛刷刷掉物料粉末；②拆洗活动齿盘和筛网，清洗固定齿盘和进料斗、布袋；用纯化水将室内冲洗干净；用 75% 乙醇 将所有部件抹洗消毒；③粉碎机：用洁净的白色抹布擦拭设备关键部位，抹布上应无色斑、污点及残留物痕迹，整机外观光洁。

5. 维护保养标准操作规程

（1）机器润滑：①查看设备运行记录、润滑记录；②润滑周期：对转动部位加耐高温的润滑油，每半年打开轴承上的遮板，对前后轴承加润滑脂。

（2）机器保养：①保养周期：每月检查机件一次；每班使用后对机器整体检查一次。②保养内容：机器保持清洁，粉碎室内的积粉残物要清扫干净；定期检查齿盘、齿圈等易损部件，检查其磨损程度，发现缺损应及时更换或修复；每次使用完毕或停工时，刷洗机器各部分残留粉尘；如停用时间较长，应全面清洗；新机运转时，应注意调节皮带的松紧度，确保皮带使用安全。

6. 常见故障及排除方法　见表 6-1。

表 6-1　万能粉碎机常见故障、产生原因及排除方法

常见故障	产生原因	排除方法
1. 主轴转向相反	电源接线相连接不正确	检查并重新接线
2. 操作中有皮带焦臭味	皮带过松或损坏	调紧或更换皮带
3. 粉碎时声音沉闷、卡死	加料过快或皮带松	减慢加料速度；调紧或更换皮带
4. 机身喷粉	除尘布袋排风不畅；加料过多	更换布袋；减慢加料速度
5. 粉碎室内有剧烈的金属撞击声	有坚硬杂物进入粉碎室；粉碎室内螺丝等连接件脱落；钢齿局部碎裂崩落	停机检查

7. 特点及应用范围　万能粉碎机结构简单，操作维护方便，粉碎强度大，适用于多种干燥物料的粉碎，如结晶性药物、非组织性脆性药物、植物药材的根、茎、叶等，但不宜粉碎含大量挥发性成分的物料、热敏性及黏性物料。

二、球磨机

球磨机是一种广泛使用的粉碎器械，特别适用于中药细料药的加工。

1. 结构　球磨机的基本结构包括球罐、研磨介质、轴承及动力装置等，如图 6-2 所示。球罐一般

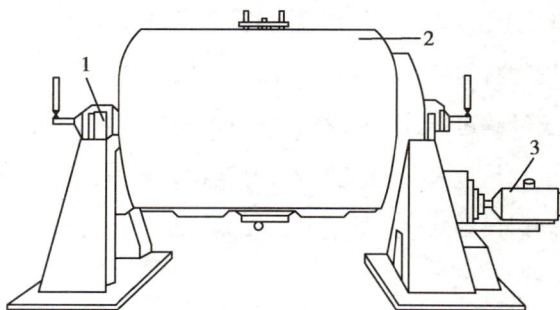

图 6-2　球磨机示意图
1. 轴承；2. 罐体；3. 电动机

呈圆柱形筒体,由铁、不锈钢或瓷制成,固定在轴承上,由电动机通过减速器带动旋转。研磨介质多为钢制或瓷制的圆球,盛放于球罐内。

2. 工作原理　由电动机通过皮带轮带动罐体绕水平轴线回转,将罐体内的研磨介质带到一定的高度,介质由于重力作用抛落,物料借助介质落下时的撞击、劈裂作用以及介质与介质之间、介质与球罐壁之间的研磨、摩擦作用而被粉碎。

3. 影响球磨机粉碎效果的因素　球磨机罐体的回转速度是影响球磨机粉碎效果的主要因素。在其他条件相同的情况下,同一球磨机以不同的转速运转,研磨介质呈现泻落、离心、抛落三种不同的运动状态。

ER-6-3

球磨机的原理

(1)泻落状态:当罐体转速较小时,由于罐体内壁与圆球之间的摩擦作用,研磨介质被提升的高度较小,圆球依旋转方向只能向上偏转一定的角度,然后沿罐壁斜坡滚下,如图6-3(a)所示,此时主要发挥摩擦作用,冲击力小,粉碎效果差。

(2)离心状态:球罐的转速过大时,研磨介质产生较大的离心力,贴随罐体衬板的内表面上并与之一道作等速圆周运动,如图6-3(c)所示,在这种情况下无介质的冲击作用,摩擦作用也很弱,无法粉碎药物。

(3)抛落状态:调整球罐转速在一定值,使研磨介质上升到一定高度后向下抛落,如图6-3(b)所示,此时在研磨介质落下的部位,物料受到研磨介质的强烈撞击、研磨作用而被粉碎,此种状态粉碎效率最高。

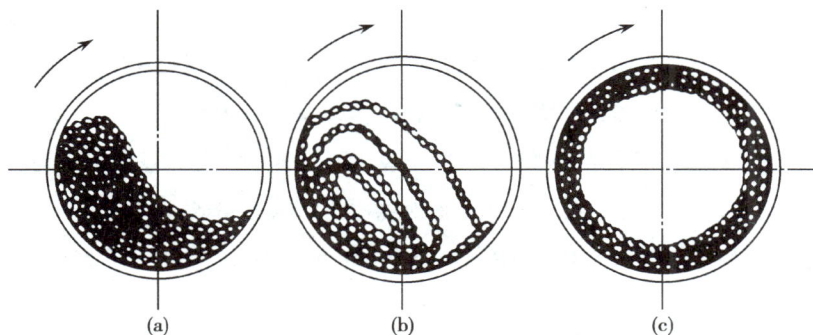

图6-3　球磨机研磨介质运动状态
(a)泻落状态　(b)抛落状态　(c)离心状态

通常球磨机的转速在40~60r/min之间,正常工作转速下,研磨介质的落下角度为45°,对于难粉碎的物料,可适当提高转速使落下角度至60°,以提高粉碎效率。

研磨介质粒径、大小配比、填充率以及被粉碎物料用量、浓度都会影响球磨机的粉碎效果。

4. 特点及应用范围　球磨机粉碎程度高,适应性强,对多种类型物料如结晶性药物、引湿性药物、浸膏、挥发性药物及贵重药物均可粉碎。球磨机既可干法粉碎,又可湿法粉碎,还可在无菌条件下进行粉碎和混合。设备有间歇式、连续式操作多种机型,结构简单,维修方便。密闭性好,无粉尘飞扬。但单位能耗大,粉碎时间长,效率低。操作时噪音较大,并伴有较强的振动。

三、振动磨

振动磨是目前常用的超微粉碎设备。振动磨的类型按筒体数目分为单筒式、双筒式和多筒式振动磨;按特点分为惯性式、偏旋式振动磨;按操作方法分为间歇式和连续式振动磨。

1. 结构 振动磨由磨机筒体、激振器(偏心轮)、支承弹簧、挠性轴套、研磨介质及驱动电机等部件组成,如图6-4所示。磨机筒体通常采用优质无缝钢管。激振器用于产生振动磨所需的工作振幅,是由安装在主轴两端的偏心轮组成,偏心轮可在0°~180°范围内进行调整。电动机通过挠性轴套带动激振器中的偏心轮旋转,产生周期性的激振力,使振动磨正常有效工作,同时又对电机起隔振作用。研磨介质有球形、柱形或棒形等多种形状。

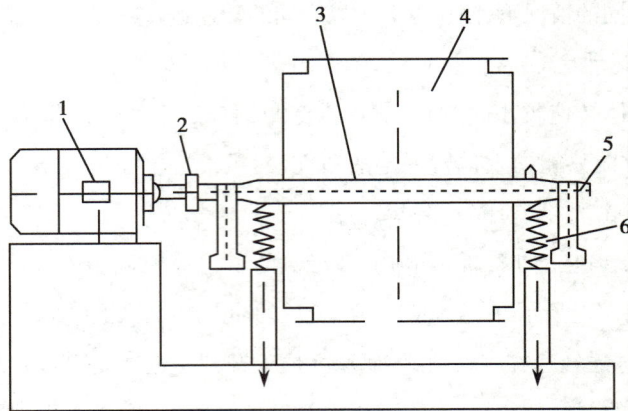

图6-4 振动磨结构示意图
1. 电动机;2. 挠性轴套;3. 主轴;4. 筒体;5. 偏心轮;6. 弹簧

2. 工作原理 物料与研磨介质同装入弹簧支撑的磨筒内,电动机通过挠性轴套带动激振器中的偏心轮旋转,产生周期性的激振力,使磨机筒体在支撑弹簧上产生高频振动,磨机筒体获得近似圆的椭圆运动,通过研磨介质本身的高频振动、自转运动及旋转运动,使研磨介质之间、研磨介质与筒体内壁之间产生强烈的冲击、研磨、剪切等作用而对物料进行有效粉碎。

振动磨主要技术参数及影响因素有:振动强度、振幅、振动频率、研磨介质形状、大小、填充率及研磨筒体尺寸等。

3. 特点及应用范围 振动磨对于纤维状、高韧性、高硬度物料均可适用,粉碎能力较强;振动磨既可干法粉碎,也可湿法粉碎;封闭式结构,可通入惰性气体用于易燃、易爆、易氧化物料的粉碎;可通过调节磨机筒体外壁夹套冷却水的温度和流量控制粉碎温度。缺点:机械部件强度及加工要求高,振动噪音大。

▶ 课堂活动

> 试分析振动磨与球磨机结构、原理的异同点。

四、气流粉碎机

气流粉碎机亦称流能磨,主要是利用压缩空气的气流将药物粉碎,多用于超细粉碎。目前应用的气流粉碎机根据其结构不同分为:圆盘式气流粉碎机、循环式气流粉碎机、靶式气流磨、冲环式气流粉碎机、对撞式气流粉碎机、流化床对撞式气流粉碎机等。下面主要介绍循环式气流粉碎机的结构及工作原理。

1. 结构　循环式气流粉碎机主要结构有加料斗、送料器、粉碎室、分级器、出料口、喷嘴等,如图 6-5 所示。

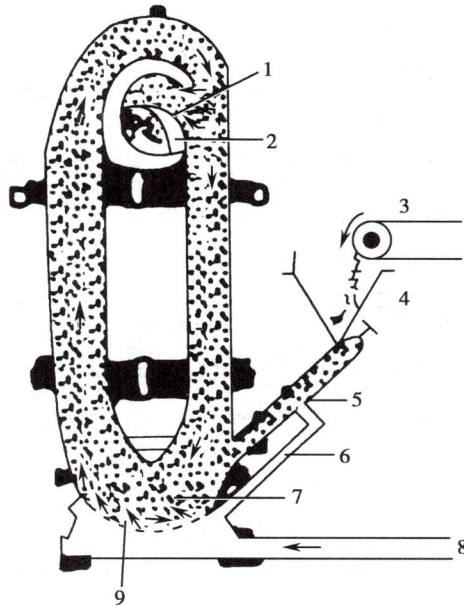

图 6-5　循环式气流粉碎机
1. 分级器;2. 产品出口;3. 输送带;4. 加料斗;
5. 文杜里送料器;6. 支管;7. 粉碎室;8. 空气;9. 喷嘴

2. 工作原理　高压气体经一组研磨喷嘴加速后高速射入不等径跑道形循环管式粉碎室,待粉碎物料由加料斗经送料器进入高速气流中,由于管道内外径不同,因此气流及物流在管道内的运行轨迹、速度不同,致使颗粒之间、气体与颗粒之间、颗粒与器壁及其他部件之间相互产生强烈的冲击、剪切、摩擦作用从而达到粉碎目的。在离心力的作用下,粗颗粒靠外层运动,细颗粒靠内层运动,细颗粒到达一定细度后在射流绕环形管道运动产生的向心力作用下向内层聚集,最后由排料口排出机外,而粗颗粒则继续沿外层运动,在管道内继续循环被粉碎。

3. 特点及应用范围　①气流粉碎机粉碎后物料粒径分布范围窄,粉体趋于"球型",粒子表面光滑,形状规整,分散性好;②高压气体从喷嘴喷出时产生冷却效应,使温度降低,适合于低熔点、热敏性物料的粉碎;③密闭性好,产品收率高;④粉碎在负压状态下进行,粉尘无泄漏,对环境无污染;⑤可在无菌状态下操作。缺点:能耗高,产量小,生产成本高。

点滴积累 ∨ ···

1. 万能粉碎机适用于结晶性药物,非组织性脆性药物,植物药材的根、茎、叶等的粉碎,但不宜用于含大量挥发性成分、热敏性及黏性物料的粉碎。

2. 影响球磨机粉碎效果的因素有罐体的回转速度、研磨介质的粒径、大小配比、填充率以及被粉碎物料用量、浓度等。

3. 振动磨由磨机筒体、激振器(偏心轮)、支承弹簧、挠性轴套、研磨介质及驱动电机等部件组成。

任务 6-2 筛分设备

◆ 概述

筛分又称过筛,是将物料按粒径大小进行分级的操作过程。其原理是利用倾斜、振动及旋转等机械力的作用,使物料在筛网上产生旋转和振动,不断更新粉体与筛网的接触面,小于网孔的微粒通过,大于网孔的颗粒被截留,实现不同粒度粉末的分级。

筛分的目的是使粉末粗细分等,获得均匀的粒子群,保证制剂生产的顺利进行和药品的质量。此外,多种物料过筛还兼有混合的作用。常用筛分设备有漩涡振动筛等。影响筛分效果的因素有:粉体的性质、粉体运动方式与速度以及粉体层厚度等。

漩涡振动筛

1. **结构** 漩涡振动筛又称为圆形振动筛粉机,主要由筛网、上部重锤、下部重锤、弹簧、电机等组成,如图 6-6 所示。

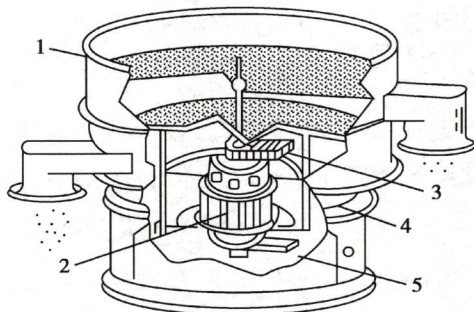

图 6-6 振动筛
1. 筛网;2. 电动机;3. 上部重锤;4. 弹簧;5. 下部重锤

2. **工作原理** 在电机的上轴及下轴各装有不平衡重锤,上轴穿过筛网与其相连,筛框以弹簧支撑于底座上,上部重锤使筛网产生水平圆周运动,下部重锤使筛网产生垂直方向运动,筛网的三维性振荡使物料强度改变并在筛内形成轨道漩涡,粗料由上部排出口排出,筛分的细料由下部排出口排出。

知识链接

药 筛 标 准

《中国药典》2015 年版所用药筛,选用国家标准的 R40/3 系列,分等如下表:

筛号	目号(孔/2.54cm)	筛孔平均内径(μm)
一号筛	10	2000±70
二号筛	24	850±29

续表

筛号	目号（孔/2.54cm）	筛孔平均内径（μm）
三号筛	50	355±13
四号筛	65	250±9.9
五号筛	80	180±7.6
六号筛	100	150±6.6
七号筛	120	125±5.8
八号筛	150	90±4.6
九号筛	200	75±4.1

▶ 边学边练

1. 说出漩涡振动筛的结构及工作原理。

2. 按照操作规程正确操作漩涡振动筛。

3. 标准操作规程（以 ZS-515 型振动筛为例）

（1）操作前准备：①检查振动筛筛网是否安装完好，出料斗是否扎紧，并关紧振动器卡子；②空转试车，检查电器控制系统是否正常。

（2）操作步骤：①按"启动"按钮开始运转，加料。②振动筛运行中经常观察振幅是否合适，有无杂音；若开机后有异常声音，应立即停止，断开电源检查，待修复后才能使用。③结束生产时先按"停止"键，再断开主电源。

4. 清洁标准操作规程

（1）清洁频率：每次使用前后，须对振动筛进行清洁；更换品种时，必须彻底进行清洁。

（2）清洁方法：①清理振动筛内外粉尘，将可拆卸的部件拿到清洗间进行清洗，不可拆卸的部件在现场清洗；②先用清洁剂刷洗振动筛内外壁、筛网、出料口及其他部位，然后用饮用水冲洗至无清洁剂残留物，再用纯化水冲洗两遍；③将集料袋表面的细粉清理干净，放于桶内，加清洁剂搓洗干净，然后换用饮用水漂洗至无清洁剂残留物，再用纯化水漂洗两遍，置低温干燥臭氧灭菌箱中烘干；④清洁后，经 QA 人员检查合格，换上"已清洁"标志卡，注明清洗日期；超过三天使用时必须重新清洁。

5. 维护与保养 ①定期保养电机，检查紧固件；②发现筛网磨损，应及时更换新的筛网，以确保过筛效果；③发现异常响动及时停机并通知维修部门；④振动筛保养时，应切断总电源，并由维修专业人员进行维修；⑤发现故障无法处理时，汇报设备维修人员解决，做好《设备检修保养记录》。

6. 常见故障及排除方法 见表 6-2。

表 6-2　振动筛常见故障、产生原因及排除方法

常见故障	产生原因	排除方法
物料粒度不均匀	筛网安装不紧密,有缝隙	检查并重新安装
设备不抖动	偏心失效、润滑失效或轴承失效	检查、润滑或更换

点滴积累　∨

1. 筛分的目的是使粉末粗细分等,获得均匀的粒子群,保证制剂生产的顺利进行和药品的质量。

2. 漩涡振动筛主要由筛网、上部重锤、下部重锤、弹簧、电机等组成。

任务 6-3　混合设备

◆　概述

混合系指两种或两种以上物料相互交叉分散形成质量均一稳定体系的单元操作。混合是制备固体制剂的重要操作步骤,混合效果直接影响制剂的外观、含量分布及疗效。

混合机制包括剪切混合、对流混合、扩散混合等。混合的程度因混合器的类型、粉体性质、操作条件等不同而存在差异。实验室常用的混合方法有搅拌混合、研磨混合、过筛混合。生产中的混合多采用搅拌或容器旋转使物料产生整体和局部的移动而达到混合目的。固体的混合设备大致分为两大类,即固定型和旋转型。

知识链接

细粉等级标准

为了便于区别固体粒子的大小,《中国药典》2015 年版把固体粉末分为六级,粉末分等规定如下:

(1)最粗粉:指能全部通过一号筛,但混有能通过三号筛不超过 20% 的粉末;

(2)粗粉:指能全部通过二号筛,但混有能通过四号筛不超过 40% 的粉末;

(3)中粉:指能全部通过四号筛,但混有能通过五号筛不超过 60% 的粉末;

(4)细粉:指能全部通过五号筛,但混有能通过六号筛不超过 95% 的粉末;

(5)最细粉:指能全部通过六号筛,但混有能通过七号筛不超过 95% 的粉末;

(6)极细粉:指能全部通过七号筛,但混有能通过九号筛不超过 95% 的粉末。

一、固定型混合设备

固定型混合设备指物料在固定的容器内靠叶片、气流的搅拌作用进行混合的设备。

（一）槽型混合机

1. **结构**　槽型混合机主要由机座、混合槽、"∽"形搅拌桨、减速器、电动机及电器控制系统等部

件组成,如图6-7所示。

2. 工作原理 主电动机通过减速器带动搅拌桨旋转,使物料不停地向上下、左右、内外各个方向运动,呈翻滚状态,从而达到物料均匀混合的目的。副电机可使混合槽绕水平轴转动,使混合槽倾斜105°便于卸料。混合时以对流混合为主,混合时间较长。

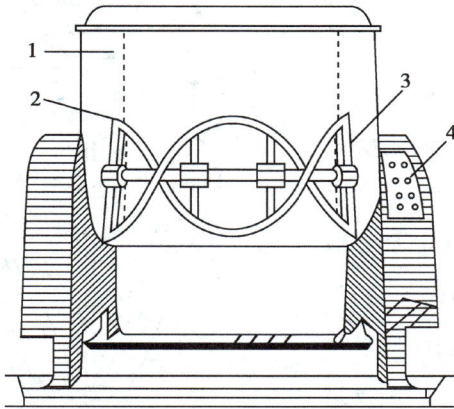

图6-7 槽型混合机
1. 混合槽;2. 搅拌桨;3. 固定轴;4. 电器控制系统

ER-6-4

槽型混合机
的操作

▶▶ 边学边练

1. 正确说出槽型混合机的结构及工作原理。

2. 按照操作规程正确操作设备。

3. 标准操作规程(以 CH100A 型为例)

(1)操作前检查:①检查各结合部位是否牢固、皮带是否松动、位置是否正确;②检查混合槽内壁、桨叶是否清洁;③空载启动电动机,观察设备运转是否正常,并检查电器控制系统是否正常。

(2)操作步骤:①设备空机运转正常后,停机,加料(物料装入量一般不超过混合槽容积的 2/3),盖上盖。②根据工艺要求、物料性质及搅拌程度,选择连续搅拌或定时搅拌,搅拌至所需程度时按"停止"按钮;当待混合物料量相差比较大时,应按等量递增法混合。③混合机运行中经常观察物料翻滚情况,并注意有无杂音。④打开上盖,点动"下行"开关使混合槽绕水平轴转动,调整到最佳出料位置,出料。⑤按下"上行"按钮,使混合槽复位。⑥断开电源,清场。

4. 清洁标准操作规程

(1)清洁实施的条件和频次:①每批生产结束后;②连续生产每个班次结束后;③更换品种时。

(2)清洁液与消毒液:饮用水、纯化水、75%乙醇。

(3)清洁方法:①用刮刀将混合槽和搅拌桨所粘物料铲除;②预洗:向混合槽中注入约 1/3 体积的饮用水,用抹布将混合槽内表面及搅拌桨表面所附着的物料清洗干净,开动搅拌桨数次,将搅拌桨死角处附着物清洗干净,倾出洗涤水,设备外表面用毛巾蘸饮用水擦拭干净;③清洗:向混合槽内注

入约 1/3 体积的纯化水,用抹布将混合机内表面及搅拌桨表面全面抹拭一遍,倾出洗涤水,抹干;
④用75%乙醇将所有部件擦拭消毒。

(二)双螺旋锥型混合机

1. 结构　双螺旋锥型混合机主要由锥形容器、螺旋推进器、加料口、出料口、转臂传动系统等组成,如图 6-8 所示。

2. 工作原理　物料由锥体上部加料口进入,装到螺旋叶片顶部,启动电源,电机带动双级摆线针轮减速器,输出公转和自转两种速度。主轴以 5r/min 速度带动左右两个螺旋推进器公转,同时两个螺旋推进器本身又以 100r/min 的速度按相反方向自转,以搅拌和提升物料。由于螺旋推进器的快速自转将物料自下而上提升,形成两股对称的沿臂上升的螺旋柱物流,转臂带动螺旋推进器公转,使螺旋柱体外的物料相应地混入螺旋柱体内,锥体内的物料不断混掺错位,由锥形体中心汇合向下流动,将物料在短时间内均匀混合。

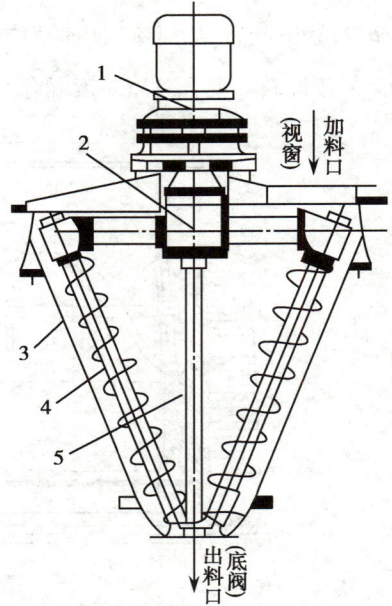

图 6-8　双螺旋锥型混合机
1. 摆线针轮减速器;2. 转臂传动系统;3. 锥形容器;4. 螺旋推进器;5. 拉杆部件

二、旋转型混合设备

旋转型混合机是靠容器本身的旋转作用带动物料上下运动而使物料混合的设备。其混合筒形式多样,有水平及倾斜圆筒形、双锥形、V 形、立方体形等。

(一)V 形混合机

1. 结构　V 形混合机主要由水平旋转轴、支架、V 形混合筒、驱动系统等组成,如图 6-9 所示。V 形混合筒交叉角为 80°或 81°,装在水平轴上,由支架支撑。驱动系统由电机、传动带、蜗轮蜗杆等组成。

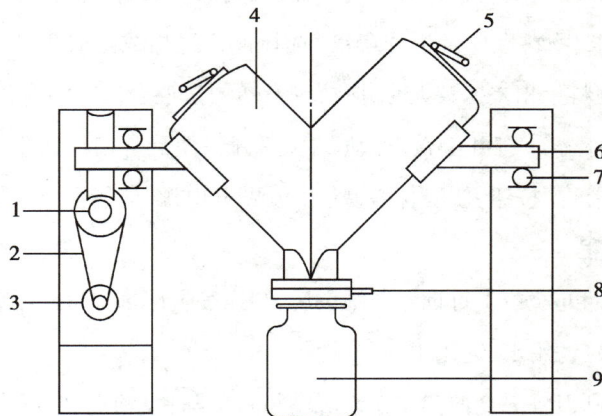

图 6-9　V 形混合机
1. 蜗轮蜗杆;2. 传动皮带;3. 电动机;4. 容器;5. 盖;6. 旋转轴;7. 轴承;8. 出料口;9. 盛料器

2. 工作原理 电机通过传动带带动蜗轮蜗杆使 V 形混合筒绕水平轴转动,物料在 V 形混合筒内旋转时,被反复分开和聚合,通过不断循环、对流混合等,使物料在较短的时间内达到均匀混合。

3. 操作要点 ①空载启动电机,观察电机运转情况,停机。观察料筒运动位置,使加料口处于理想的加料位置。②松开加料口卡箍,取下平盖进行加料,加料量不得超过额定装量;加料完毕后,盖上平盖,上紧卡箍。③根据工艺要求,调整好时间继电器,启动机器混合。④混合机器到设定的时间自动停机,若出料口位置不理想,可点动开机,将出料口调整到最佳位置,切断电源,方可打开出料阀出料。⑤出料完毕,做好设备清洁与清场工作。

(二)二维运动混合机

1. 结构 二维运动混合机主要由机座、混合筒、驱动系统及电器控制系统组成,如图 6-10 所示。机座由钢框架、可拆式不锈钢面板组成,内装驱动系统,以有效稳定整机。驱动系统采用摆线减速机通过链轮带动主动轴,驱动轮使混合筒旋转,同时,位于机架内的蜗轮蜗杆减速机通过连杆组件摇动上机架,使混合筒作一定角度的摆动。

2. 工作原理 混合筒一方面绕其对称轴做旋转运动,同时,混合筒还绕一根与其对称正交的水平轴作摇摆运动,使物料在混合桶内既有扩散混合,又有对流混合(摇摆迫使物料做轴向移动产生对流混合),提高了混合的效率和精度。

3. 操作要点 ①确定出料挡板已关闭,挡板与出料口密封圈密封状况良好;②旋下进料挡板紧固螺母,松开卡箍,打开挡板,加入预混物料;③安装进料挡板,紧固卡箍和螺母;④打开电源按钮,分别按下摆动启动按钮和料筒启动按钮,开始混合物料;⑤混合一段时间后,关闭摆动和料筒启动按钮,将混合筒的出料口调整至最低位置;⑥在出料口套上布袋,打开蝶阀,将物料放入容器中;⑦出料完毕,做好设备清洁与清场工作。

(三)三维运动混合机

1. 结构 三维运动混合机主要由机座、混合筒、驱动系统、Y 形万向联轴节、电器控制系统等组成,如图 6-11 所示。驱动系统采用两级皮带传动加两级链传动组成传动链。

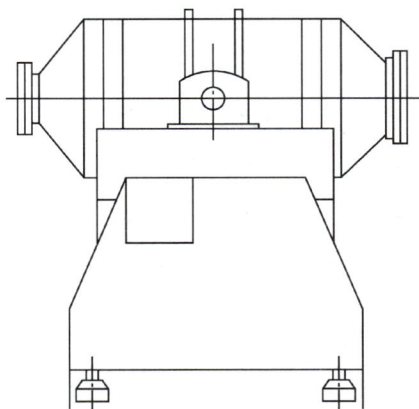

图 6-10 二维运动混合机

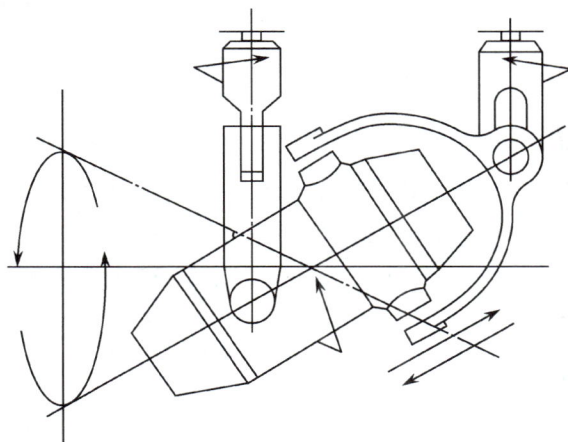

图 6-11 三维运动混合机

2. 工作原理 混合料筒通过两只 Y 形万向联轴节悬装于主、从动轴端部,两只万向节在空间既交叉又互相垂直。当主动轴转动时,万向节使料筒作轴向、径向和环向三维复合运动,物料在筒内进行相互流动、扩散、掺杂和剪切,由分离状态达到相互混合。此外混合筒的翻转运动,又使物料在无离心力的作用下混合,减少了离析,保证物料在短时间内达到均匀混合效果。

3. 操作要点 ①开机前准备工作:空载启动电机,观察电机运转情况,停机;观察料筒运动并将加料口调整到最佳加料位置。②松开加料口卡箍,取下平盖进行加料,加料量不得超过额定装量;加料完毕后,盖上平盖,拧紧卡箍。③根据工艺要求,调整好时间继电器,启动机器进行混合。④机器混合到设定的时间自动停机,若出料口位置不理想,可点动运行将出料口调整到最佳位置,切断电源,方可打开出料阀出料。⑤出料完毕,做好设备清洁与清场工作。

ER-6-5

三维运动混合机的原理

4. 维护与保养

(1)定期保养电机,润滑滚动轴承及紧固件。

(2)检查电器系统中各元件和控制回路的绝缘电阻及接零的可靠性,以确保使用安全。

(3)定期检查各运动部位紧固件是否松动,若有松动,应立即拧紧,必要时进行调整或更换,以保证连接的牢固性。

(4)加料、清洗时应防止损坏加料口及桶内抛光镜面,防止密封不严或物料粘黏累积。

(5)发现故障无法处理时,汇报设备维修人员解决,做好《设备检修保养记录》。

点滴积累 V⋯⋯⋯⋯⋯⋯⋯⋯⋯⋯⋯⋯⋯⋯⋯⋯⋯⋯⋯⋯⋯⋯⋯⋯⋯⋯⋯

1. 混合机制包括剪切混合、对流混合、扩散混合等。 混合的均匀程度受混合器的类型、粉体性质、操作条件等影响。

2. V形混合机主要由水平旋转轴、支架、V形混合筒、驱动系统等组成。

3. 二维运动混合机的混合筒既有自身旋转运动, 又有水平摇摆运动, 使物料扩散、对流混合, 提高了混合的效率和均匀度。

4. 三维运动混合机主要由机座、混合筒、驱动系统、Y形万向连轴节、电器控制系统等组成。 混合筒作轴向、径向和环向三维复合运动, 物料在筒内进行相互流动、扩散、掺杂和剪切, 由分离状态达到相互混合。

技能赛点 V⋯⋯⋯⋯⋯⋯⋯⋯⋯⋯⋯⋯⋯⋯⋯⋯⋯⋯⋯⋯⋯⋯⋯⋯⋯⋯⋯

1. 掌握粉碎、筛分、混合的操作过程。

2. 能熟练操作粉碎、筛分、混合设备,并对设备进行清洁和维护。

3. 能根据生产指令并按照相关 SOP 完成规定的任务。

目标检测

一、选择题

(一)单项选择题

1. 球磨机中研磨介质最佳的运动状态是(   )

A. 泻落状态　　　　　B. 离心状态　　　　　C. 抛落状态　　　　　D. 滑动状态

2. 在粉碎过程中温度几乎不升高的机械是(　　)

　　A. 锤击式粉碎机　　　B. 万能粉碎机　　　C. 振动磨　　　　　D. 流能磨

3. 下列关于混合设备的叙述错误的是(　　)

　　A. V 形混合机 V 形圆桶的交叉角一般为 80° 或 81°

　　B. 双螺旋锥形混合机物料在推进器公转作用下自底部上升,又在自转作用下在容器内产生
　　　 漩涡和上下循环运动而达到均匀混合

　　C. 二维混合机的运动使物料在混合桶内既有扩散混合,又有对流混合

　　D. 槽形混合机搅拌桨的旋转,使物料产生上下、左右、内外各个方向运动

4. 下列关于粉碎设备的叙述中错误的是(　　)

　　A. 万能粉碎机适合于热敏性物料的粉碎

　　B. 万能粉碎机是以冲击力为主,伴有撕裂、研磨作用的粉碎设备

　　C. 通常球磨机的转速在 $40\sim60\mathrm{r/min}$ 之间

　　D. 球磨机既可用于干法粉碎,也可进行湿法粉碎

5. 流能磨的粉碎原理是(　　)

　　A. 不锈钢齿的撞击与研磨作用

　　B. 旋锤高速转动的撞击作用

　　C. 机械面的相互挤压作用

　　D. 高速弹性流体使药物颗粒之间及颗粒与室壁之间的碰撞作用

6. 下列哪一项不是气流粉碎的特点(　　)

　　A. 粉碎后的物料粒度分布窄　　　　　　B. 粉碎后的物料分散性好

　　C. 适合于耐热物料的粉碎　　　　　　　D. 产品收率高

7. 下列关于三维混合机叙述完整、正确的是(　　)

　　A. 主要由机座、混合筒、驱动系统、Y 形万向连轴节等组成

　　B. 主要由机座、混合筒、驱动系统、Y 形万向连轴节、电器控制系统等组成

　　C. 主要由机座、混合筒、驱动系统、电器控制系统等组成

　　D. 主要由机座、混合筒、Y 形万向连轴节、电器控制系统等组成

8. 混合的机理包括(　　)

　　A. 剪切混合、对流混合　　　　　　　　B. 扩散混合、对流混合

　　C. 剪切混合、对流混合、扩散混合　　　　D. 对流混合、搅拌混合

9. 关于振动筛的描述不正确的是(　　)

　　A. 在电机的上轴及下轴各装有不平衡重锤

　　B. 上部重锤使筛网产生水平圆周运动

　　C. 下部重锤使筛网产生垂直方向运动

　　D. 下部重锤使筛网产生水平方向运动

（二）多项选择题

1. 球磨机的主要性能参数包括（　　　）

　　A. 转速　　　　　　　　　B. 磨介配比　　　　　　　C. 生产能力

　　D. 被磨物性质　　　　　　E. 电机功率

2. 振动磨主要结构包括（　　　）

　　A. 磨机筒体　　　　　　　B. 激振器　　　　　　　　C. 支承弹簧

　　D. 挠性轴套　　　　　　　E. 研磨介质及驱动电机

3. 关于振荡筛正确的表述是（　　　）

　　A. 上部重锤使筛网产生水平圆周运动，下部重锤使筛网发生垂直方向运动

　　B. 上部重锤使筛网产生垂直方向运动，下部重锤使筛网产生水平圆周运动

　　C. 筛框以弹簧支撑于底座上

　　D. 筛网的三维性振荡使物料在筛内形成轨道漩涡

　　E. 粗料由上部排出口排出，细料由下部排出口排出

4. 关于三维运动混合机正确的表述是（　　　）

　　A. 当主动轴转动时，万向节使料桶作轴向、径向和环向三维复合运动

　　B. 混合料桶通过两只 Y 形万向节悬装于主、从动轴端部

　　C. 两只万向节在空间既交叉又互相垂直

　　D. 物料在桶内进行相互流动、扩散、掺杂和剪切，由分离状态达到相互掺杂

　　E. 混合桶的翻转运动，使物料产生离析现象

5. 影响中药粉碎的因素有（　　　）

　　A. 粉碎方法　　　　　　　B. 粉碎时间　　　　　　　C. 物料性质

　　D. 进料速度　　　　　　　E. 进料粒度

二、简答题

1. 叙述万能粉碎机的结构和工作原理。为什么万能粉碎机必须先空转一段时间再投料进行粉碎？

2. 简述振动筛的工作原理。

3. 试说明三维运动混合机的工作原理。

三、分析题

某制药企业采用三维运动混合机对多种物料进行混合时，出现了混合不均匀的问题，试根据本项目所学内容分析其原因，并找出解决的方法。

实训四 粉碎、筛分、混合设备

【实践目的】

1. 掌握粉碎、筛分、混合设备的结构、工作原理。

2. 学会粉碎、筛分、混合设备的操作和清洁、消毒以及维护保养操作。

【实践内容】

1. 万能粉碎机、振动筛、槽型混合机的结构和工作原理。

2. 万能粉碎机、振动筛、槽型混合机的标准操作规程。

3. 万能粉碎机、振动筛、槽型混合机清洁操作规程和维护保养标准操作规程。

【实践步骤】

1. 实践前认真复习项目六的相关内容,做好实践前的各项准备。

2. 观察万能粉碎机、振动筛、槽型混合机的结构、工作原理。

3. 万能粉碎机、振动筛、槽型混合机的操作。

4. 万能粉碎机、振动筛、槽型混合机的清洁与维护保养。

【思考题】

1. 万能粉碎机、振动筛、槽型混合机的结构、原理是什么?

2. 怎样操作、清洁万能粉碎机、振动筛、槽型混合机?

【实践测试】

实践技能考核要点见附录二。

（韩 丽）

项目七

提取设备

项目七PPT

导学情景

情景描述：

每年春秋等季节交替时期，呼吸道疾病如感冒、咳嗽等频发。为此医生常推荐我们服用川贝止咳糖浆等药物。那么同学们知道这些药物是如何制备的吗？制备过程中需要用什么设备？

学前导语：

传统中药主要是用原药材或饮片，由病人自行煎煮汤剂服用，这种传统方法服用不方便、疗效不稳定、质量无法控制。为了规范中药的生产加工，形成标准化、批量化、质量稳定可靠的产品体系，根据不同提取工艺形成了不同类型的提取设备。目前按照提取方法可分为煎煮设备、渗漉设备、多级逆流提取设备、超临界流体萃取设备、热回流提取设备、超声提取设备以及微波提取设备等。

ER-7-1
扫一扫知重点

任务 7-1 提取设备

提取是采取适宜的溶剂和方法，最大程度地将中药中有效成分或有效部位转移至溶剂中的操作过程。提取是中药制剂制备的基本单元操作。提取的目标是尽可能提出药材中的有效成分，降低或消除药材中无效或有害成分，从而简化分离精制工艺，降低药物服用剂量，增加制剂的稳定性。

中药材提取常用的溶剂有：水或不同浓度乙醇等。一般根据药材有效成分的性质和制剂要求，按照"相似相溶"的原理选择提取溶剂。常用的方法有煎煮法、渗漉法、多级逆流提取法、超临界流体萃取法、热回流提取法、超声提取法及微波提取法等。

▶ 课堂活动

生活中，我们服用的"安神补脑口服液"，是纯中药制剂，但却没有了苦涩味，且溶液澄清。它是如何从药材变成口服液的呢？讨论中药的提取原理及影响中药浸提的因素有哪些？

一、煎煮法及设备

（一）煎煮法

煎煮法是以水为溶剂，将药材加热煮沸一定时间以提取有效成分的方法。

煎煮法适用于有效成分能溶于水，且对湿、热较稳定的药材。

(二)煎煮设备

煎煮法常用的提取设备有敞口可倾斜式夹层锅、提取罐、球形煎煮罐等,其中提取罐是目前生产中普遍采用的一种可调节气压、温度的密闭间歇式多功能提取设备,可用于水煎煮提取、有机溶剂回流提取、强制循环提取、挥发油提取、有机溶剂回收等操作。

提取罐按照罐体形状不同分为底部正锥式、底部斜锥式、直筒式、倒锥形、蘑菇形、翻斗式及罐底能加热等多种形式,按照提取过程性质不同分为静态提取罐和动态提取罐。

1. 结构 提取罐主要由罐体、加料口、出渣门、气动装置、夹套等组成,常见不同形状的提取罐如图 7-1 所示。罐体一般采用不锈钢材料制造,规格有 $0.5m^3$、$1m^3$、$1.5m^3$、$2m^3$、$3m^3$、$6m^3$ 等。夹层可通入蒸气加热或通水冷却。出渣门上安装有不锈钢筛网或滤板以分离药渣与药液,排渣底盖通过气动装置控制出渣门的启闭。为了防止药渣在提取罐内膨胀、拱结(俗称"架桥")难以排出,有些底部正锥式、底部斜锥式提取罐内安装有料叉,可借助于气动装置使提升杆上下往复运行,协助破拱排渣。直筒式,特别是倒锥式提取罐一般可借药渣自身重量自行顺利出渣。罐体内装有搅拌装置的称为动态提取罐,物料在搅拌下降低了周围溶质的浓度,增加了扩散推动力。在出渣门上安装蒸气加热夹层的提取罐,使出渣门上的料液被蒸气饱和上升的液流所搅动,药材有效成分提取较为完全,而且可减轻药材受挤压的程度,出液流畅,不易堵塞。

2. 工作原理 药材经加料斗进入罐内,加水浸没药材,浸泡适宜时间,加热至微沸并维持规定的时间。提取完毕后,提取液从罐体下部经滤网过滤后排出,保存,药渣再依法煎煮提取 1~2 次,合并各次滤液,即得。

在提取过程中,为了提高提取效率,可进行强制循环提取:开启水泵,使药液从罐体下部排液口放出,经管道滤过器过滤,用泵打回罐体内循环,直至提取完毕。但该法不适宜含淀粉多或黏性大的药材的提取。

3. 操作要点

(1)检查准备:①检查投料门、排渣门是否正常,是否顺利到位,排渣门是否有漏液现象;②检查设备各机件、仪表是否完整无损,电气线路、控制系统是否正常。

(2)操作:①打开压缩空气阀,关闭并锁紧排渣门,关掉压缩空气阀。②按工艺要求加入药材和饮用水,一般加水量不得超过罐体体积的 2/3,关闭投料门并锁紧。③按照工艺要求浸泡一定时间。④打开冷凝器循环水,缓缓开启蒸气阀,升温加热,升温速度宜先快后慢,待温度升至所需温度时,调节蒸气阀门,保持微沸至工艺要求的时间;提取过程中应经常观察提取罐内动态,防止爆沸冲料。⑤提取结束后,关闭蒸气阀门,开启放液阀,启动输液泵,将药液泵入贮液罐内。⑥放液完毕后,关闭输液泵及放液阀。⑦按工艺要求重复进行第 2 次、第 3 次提取。⑧提取完成后,打开出渣门排放药渣。⑨用饮用水清洗提取罐及其管道、出渣门、密封条等。

二、渗漉法及设备

(一)渗漉法

渗漉法是将药材粗粉置于渗漉容器中,溶剂从容器上部连续加入并流经药材,渗漉液从下部不

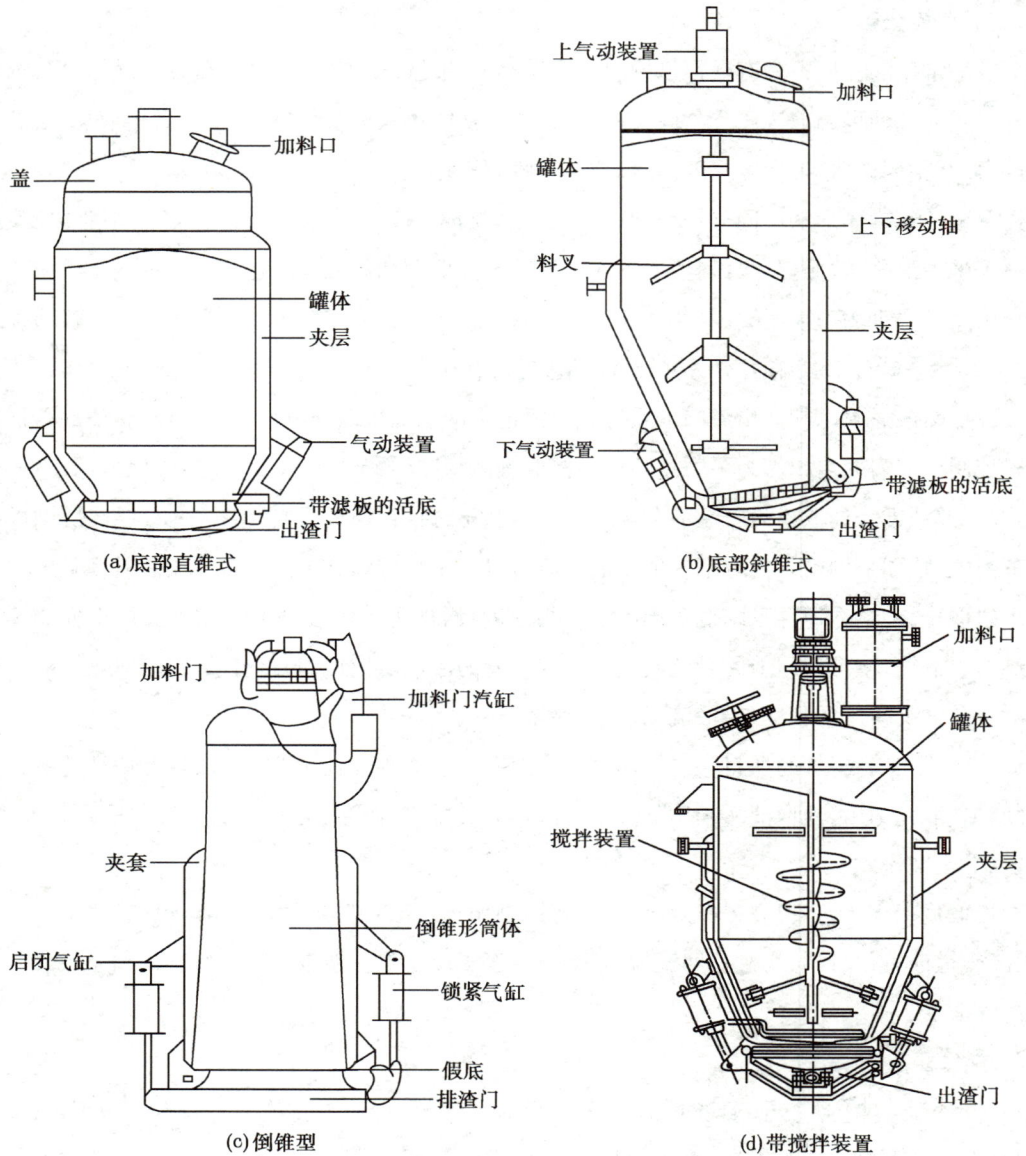

图 7-1 常见不同类型提取罐结构示意图

断流出,从而提取药材有效成分的方法。在渗漉过程中,溶剂相对于药粉流动,属于动态提取,有效成分提取完全,溶剂利用率高。因此,渗漉法适合于贵重药材、含毒性成分的药材、高浓度的制剂及有效成分含量较低的药材的提取,但不宜用于新鲜药材、容易膨胀的药材、无组织结构的药材的提取。渗漉提取时溶剂通常为不同浓度的乙醇。

渗漉工艺包括单渗漉法、重渗漉法、加压渗漉法等。

(二)渗漉设备

1. 结构　渗漉提取罐有圆柱形、圆锥形两类。罐体上部有加料口、下部有出渣口,底部安装筛板、筛网等以支持药粉底层。圆柱形渗漉提取罐结构如图 7-2 所示。大型渗漉提取罐设有夹层,可以通蒸气加热或加水冷却,达到提取所需温度,并能进行常压、加压及强制循环渗漉操作。

2. 工作原理　渗漉时,溶剂渗入药材细胞中溶解可溶性成分后浓度增加,密度增大而向下移动,上层的提取溶剂或稀提取液置换其位置,形成了良好的浓度梯度,使扩散过程自然进行,故渗漉提取有效成分比较完全,而且省去了分离药渣与提取液的操作过程。

3. 操作要点

(1)检查准备:①检查并关闭所有阀门;②检查渗漉提取罐是否漏液。

(2)操作:①投料:打开进料口,装入经过润湿的药材粉末或颗粒,药材粒度应根据具体工艺要求控制;药材装量一般不得超过罐体容积的 2/3,药材填装应松紧均匀一致。②浸渍:加规定浓度和数量的乙醇或其他溶剂,密闭浸渍药粉至规定时间,一般浸渍时间为 24~48 小时。③渗漉:打开进液喷淋阀、出药液阀,使渗漉液按工艺规定的渗漉速度流入药液贮罐,同时调整进液喷淋流量,使药粉上部始终保留一定量的溶剂。④排渣:渗漉结束后,打开排渣门,排渣;出渣时,注意避免损坏底部滤网。⑤清洁:清洗渗漉筒及管道,关闭所有阀门。

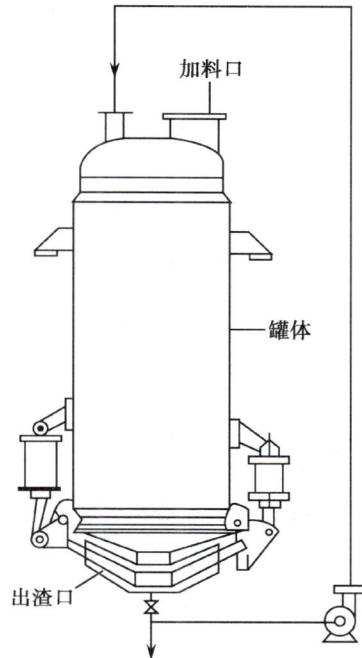

图 7-2　圆柱形渗漉提取罐

三、多级逆流提取法及设备

(一)多级逆流提取法

多级逆流提取法系将一定数量的渗漉提取罐用输液管道互相连接起来,先后排成一定次序,形成罐组。通过相应的流程配置,逐级将药材中的有效成分扩散至套提溶液中,以最大限度地转移药材中的可溶解成分,缩短提取时间和降低溶剂用量的中药提取技术。提取过程中由于提取液与药渣走向相反,故称为逆流提取法。

(二)多级逆流提取设备

1. 结构　多级逆流提取设备一般由 5~10 个渗漉罐、加热器、泵、溶剂罐、贮液罐等组成,如图 7-3所示。

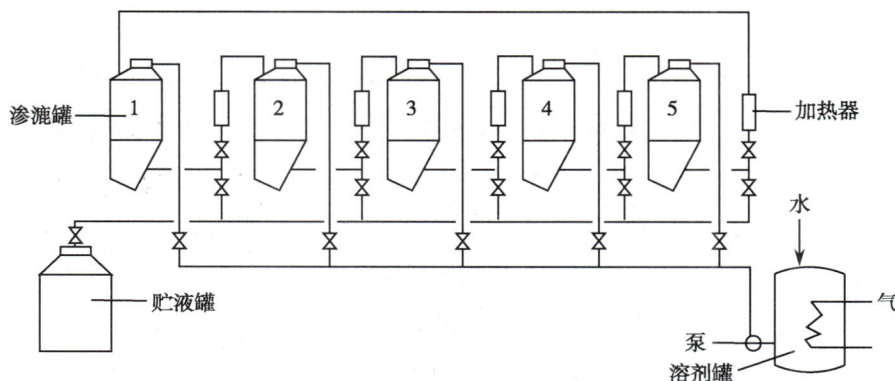

图 7-3　多级逆流提取设备

2. 工作过程　以 5 组提取罐为例,将经过处理的药材按顺序均匀装入 1~5 号渗漉罐,用泵将溶剂从贮罐送入 1 号罐,1 号罐的渗漉液经加热器后流入 2 号罐,依次送到 5 号罐,药液达到最大浓度,进入贮液罐。当 1 号罐内的药材有效成分渗漉完全后,用压缩空气将 1 号罐内液体全部压出,1 号罐即可卸渣,装新料,成为最末一罐。来自溶剂贮罐的新溶剂进入 2 号罐,最后从 5 号罐出液至贮液罐中,待 2 号罐渗漉完毕时,即由 3 号罐注入新溶剂,改由 1 号罐出渗漉液,依此类推,直至提取完成。整个操作过程中,始终有一个渗漉罐进行卸料和加料,新溶剂或稀提取液总是与成分含量最少的药材接触,而最浓的提取液则与成分含量最多的药材接触,故药材有效成分提取较完全。

在逆流提取过程中,应根据药材性质、制剂要求,并通过实验筛选,确定提取罐的数量和提取工艺流程。

3. 特点　在整个操作过程中,每份溶剂从第 1 罐流入末罐多次使用,使从末罐流出的提取液浓度达到最大,罐中的药渣经多次提取,使有效成分在药渣中的含量降到最低,提取率较高;溶剂总用量大幅度减小,降低了后续工艺的能耗及生产成本;设备采用管道化、提取罐组单元形式,既可多个单元组合进行多级连续逆流提取,各单元也可单独进行提取作业。

▶▶ 边学边练

　　1. 如何确定提取罐使用数量。
　　2. 能正确按照操作规程操作设备,注意提取液传递流向设备编号。

四、超临界流体萃取法及设备

(一) 概述

超临界流体萃取(supercritical fluid extraction,简称 SFE)是用超临界流体作溶剂,对药材中目标成分进行萃取和分离的技术。

1. 超临界流体概念　物质有气、液、固 3 种存在形式。对特定的一种物体,当温度和压力发生变化时,其状态会相互转化。例如水在常压常温时是液态——水,冷却至 0℃ 以下为固态——冰,加热至 100℃ 以上时变成气态——水蒸气。如果将水置于一足够耐热并耐压的容器中持续加热至水全部变成蒸气,此时,容器内温度为 374.4℃,压力为 22.2MPa。如果向容器压入同温度的蒸气增加密度与压力,蒸气会不会变成水呢?试验证明,只要水的温度超过 374.4℃,水分子就有足够的能量抵抗压力升高的压迫,分子间始终保持一定距离,此距离小于水在液态时分子之间的距离,即使压力大到蒸气密度与水的密度相近时,也不会液化成水。此时水的温度称为临界温度,相对应的压力称为临界压力。临界温度与临界压力构成了水的临界点,超过临界点的水称为超临界水。为了与水的一般形态相区别,称其为"流体"。因此,超临界流体是指处于临界温度(T_c)和临界压力(P_c)以上的流体,如图 7-4 所示,是介于液体和气体之间的一种状态。

2. 超临界流体特性　与常温常压下的气体和液体比较,超临界流体具有两个特性:一是密度接近于液体;二是黏度接近气体,扩散系数比普通液体约大 100 倍。由于同时具有类似液体的高密度和气体的低黏度,使超临界流体既具有液体对溶质溶解度较大的特点,又具有气体易于扩散和运动

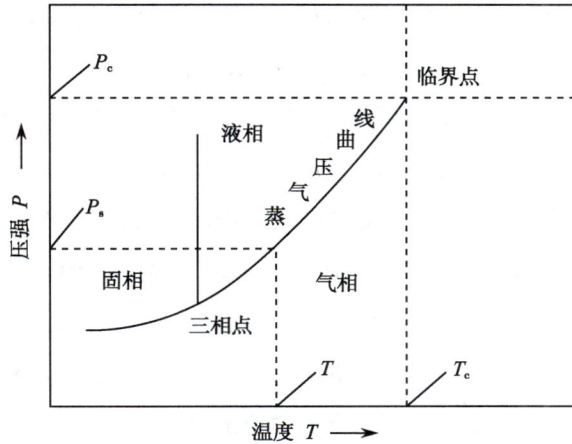

图 7-4 纯物质相图

的特性,在进行超临界萃取时,超临界流体的传质速率远大于其处于液态下溶剂的萃取速率,成为良好的分离介质。

由于二氧化碳具有较低的临界温度和适宜的临界压力,其操作压力一般为 8~30MPa,温度为30~80℃,且无色、无味、无毒、不易燃、化学惰性、膨胀性低、价格低廉,故目前生产上常用二氧化碳作为超临界流体来提取中药材中的有效成分。

(二)超临界流体萃取设备

1. **系统组成** 超临界流体萃取设备包括萃取釜、分离釜(解析釜)、高压泵、二氧化碳贮罐、冷凝器、换热器及控制系统等,如图 7-5 所示。萃取釜是装置的主要部件,必须耐高压、耐腐蚀、密封。物料通常装在吊篮中,然后将吊篮放入萃取釜中。吊篮上下有过滤板使二氧化碳通过。高压泵承担二氧化碳流体的升压和输送任务。

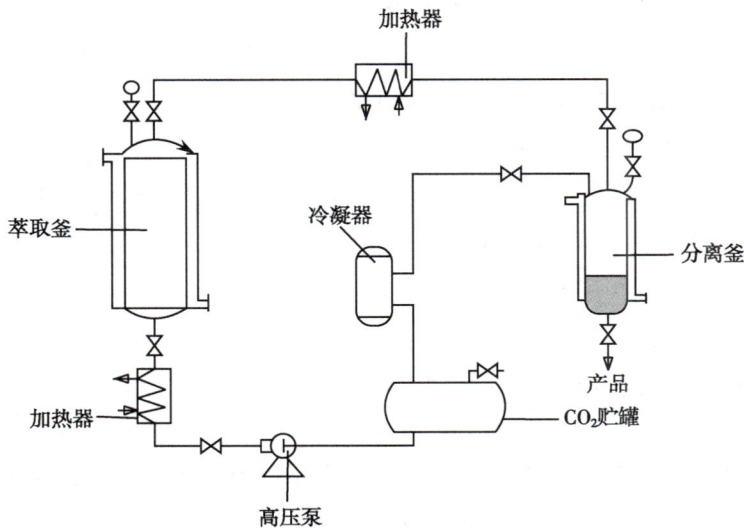

图 7-5 超临界二氧化碳提取工艺流程

2. **萃取工艺及原理** 超临界二氧化碳流体萃取的基本流程包括萃取和解析两个阶段。萃取阶段系指溶质由药材转移至二氧化碳流体中的过程。当温度、压力调节到超过二氧化碳临界状态时,其对药材中的某些特定溶质具有足够高的溶解度而进行溶解;解析阶段系指溶质与二氧化碳分离及不同溶质间的分离。溶解有溶质的二氧化碳流体进行节流减压,其后在热交换器中通过调节温度变为气体,对溶质的溶解度降低,使溶质析出,当析出的溶质和气体一同进入分离釜后,溶质与气体分离而沉降于分离釜底部,气体进入冷凝器冷凝液化,然后经高压泵升压(使其压力超过临界压力),在流经换热器时被加热(使其温度超过临界温度),重新达到超临界状态,进入萃取釜中再次进行提取。

二氧化碳为对称分子,只能对低极性、亲脂性化合物有较强的溶解能力,对带有极性的物质的萃取量很低。在超临界二氧化碳中加入极性溶剂,可以改善超临界二氧化碳流体的极性,拓宽其使用范围,加入的极性溶剂称为夹带剂。常用的夹带剂有:甲醇、乙醇、丙酮、乙酸乙酯等。夹带剂通常以液体的形式加入到超临界流体中,用量不超过物料总量的50%。

超临界二氧化碳流体萃取工艺参数主要包括:萃取压力、萃取温度、二氧化碳流量、萃取时间、药材粉碎度、夹带剂种类及用量等。

3. 特点　①提取温度低,适用于热敏性药物;②萃取分离一次完成,提取速度快、效率高;③整个萃取过程处于密闭状态,排除了药物氧化和见光分解的可能性;④提取的产品中没有溶媒残留;⑤二氧化碳无毒,无腐蚀性,价廉,可循环使用;⑥适于脂溶性、相对分子质量较小的成分的提取,对极性较大、相对分子质量较大的物质提取时可以通过加入夹带剂,或升高压力等措施加以改善;⑦属高压设备,一次性投资较大。

知识链接

超临界流体萃取技术的发展

1943年出现最早的超临界流体萃取专利是从石油中脱沥青。20世纪70年代以后,超临界流体萃取专利不断涌现,如植物油脱臭、咖啡豆脱除咖啡因等。

由于超临界二氧化碳无毒害、残留少、价格低廉又可在常温下操作,因此在20世纪60年代末到80年代初,超临界二氧化碳流体在食品和医药领域也引起了人们的关注。随着超临界流体萃取技术的进一步研究,发达国家陆续建立起了一些中小规模的超临界技术生产厂家。

从世界来看,超临界流体萃取技术正在向石油、化工医药等各个领域迈进,并将成为21世纪一门新兴的高新技术。萃取装置都配有电脑软件,可以完全自动化生产。

五、热回流提取浓缩机组

热回流提取浓缩机组是集提取、浓缩为一体,全封闭连续动态循环提取、浓缩的机组,主要用于水、乙醇及其他有机溶剂提取药材中的有效成分、提取液的浓缩及有机溶剂的回收。

1. 结构　热回流提取浓缩机组由提取、浓缩及辅助部分组成,如图7-6所示。提取部分主要由提取罐、冷凝器、冷却器、油水分离器、过滤器、消泡器等部件组成。浓缩部分主要由加热器、蒸发器、冷凝器、蒸发液料罐等组成。辅助部分包括真空泵、空气压缩机、控制系统等。

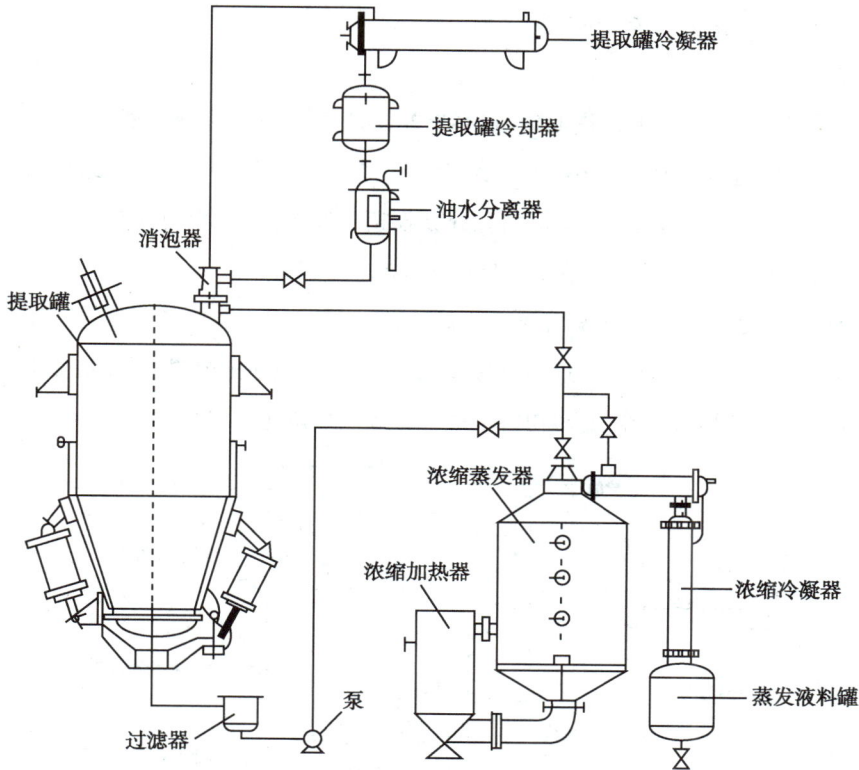

图 7-6 热回流提取浓缩机组

2. 工作原理 将药材置于提取罐内,加入适量溶剂。开启提取罐和夹套的蒸气阀,加热至沸腾,维持一定时间后,利用真空泵将1/3提取液经过滤器过滤后抽入浓缩蒸发器。关闭提取罐和夹套的蒸气阀,开启浓缩加热器蒸气阀对提取液进行浓缩。产生的二次蒸气可维持罐内沸腾。二次蒸气继续上升,经提取罐冷凝器回落到提取罐内作新溶剂回流提取,形成高浓度梯度,有利于药材有效成分的提取。提取完成后,关闭提取罐与浓缩蒸发器阀门,继续进行浓缩。浓缩产生的二次蒸气经浓缩冷凝器进入蒸发液料罐,直至浓缩至规定相对密度的浸膏,放出,即得。

3. 特点 ①提取过程中热的溶剂连续加入药面,由上至下通过药材层,产生高浓度差,有效成分提取率高;②提取与浓缩同步进行,时间短,效率高;③浓缩的二次蒸气为提取的热源,抽入浓缩器的提取液与浓缩的温度相同,余热得到充分利用,减少了重复加热和冷却,能耗大大降低;④提取过程中溶剂一次加入,密闭循环使用,药渣中的溶剂均能回收,溶剂用量较多功能提取罐少,消耗率低。

六、超声提取法及设备

(一)超声提取法

超声波是指频率高于20kHz的声波。超声提取是利用超声波具有的机械、空化及热效应,通过加快介质分子的运动速度,增大介质的穿透力以提取药材中有效成分的方法。

超声提取在中药制剂质量检测中已广泛用于样品的处理,具有提取效率高、操作简单、省时的优点。超声提取设备集超声振荡、热回流为一体,既可用于水提,也可用于有机溶剂的提取,在中药制

133

剂提取生产工艺中的应用越来越受到关注。

(二) 超声提取设备

1. 结构 超声提取设备主要由提取罐、超声装置、加料口、冷凝器、冷却器、出料口、控制系统等组成,如图 7-7 所示。超声装置由超声波发生器、超声波振荡器及高频电缆线等组成,超声波振荡器浸入提取罐,沿罐体中轴线安装,能使提取物充分吸收超声波能,产生均匀的空化作用,有利于有效成分的溶出。提取时常用的超声频率在 20~80kHz 范围。

2. 工作原理 由超声波发生器发出的高频振荡信号,通过超声波振荡器浸入式振合,转换成高频机械振荡而传播到介质提取液中,超声波在提取液中疏密相间地向前辐射,使液体振荡,通过强烈的机械效应、空化效应及热效应等,促使物料中所含有效成分快速、高效率溶出。

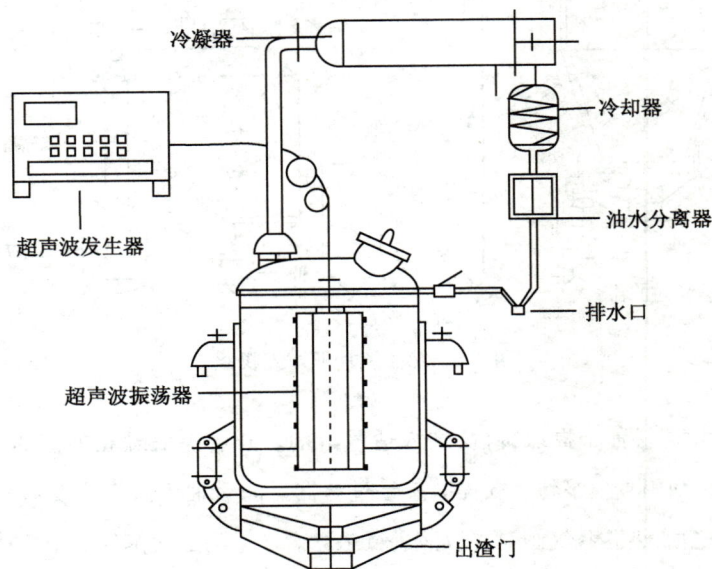

图 7-7 超声提取设备

此外,超声波还可以产生如乳化、扩散、击碎、化学等次级效应,促进植物体中有效成分的溶解,加快提取过程的进行。

3. 特点 ①超声提取时不需加热,避免了中药常规煎煮法、回流法长时间加热对有效成分的影响,适用于热敏物质的提取;②超声提取增大了药物有效成分的提取率,提高了药材的利用率;③工艺简单,操作方便。

知识连接

超声提取的机械效应、空化效应及热效应

1. 机械效应 超声波在介质中传播时,介质质点在其传播空间内产生振动,形成的辐射压强沿声波方向传播,对物料有很强的破坏作用,可使细胞组织变形,同时给予介质和悬浮体不同的加速度,在两者之间产生摩擦,使细胞内有效成分更快地溶解于溶剂之中。

2. 空化效应　通常情况下，介质内部存在一定的微气泡，气泡在超声波作用下产生振动，当声压达到一定值时，气泡定向扩散而增大，形成共振腔，然后突然闭合，在其周围产生高达几千个大气压的压力，形成微激波，造成植物细胞壁及整个生物体破裂，使药材在溶液中产生湍动效应，边界层减薄，增大了固液两相的传质面积，促进有效成分的溶出。

3. 热效应　超声波在介质中传播，声能不断被介质质点吸收而全部或大部分转变成热能，导致介质本身和药材组织温度瞬间升高，增大了有效成分的溶解度和溶解速度，且能保持被提取成分的结构和生物活性不变。

七、微波提取法及设备

（一）微波提取法

微波是波长介于 $1mm \sim 1m$、频率介于 $3 \times 10^5 \sim 3 \times 10^8 Hz$ 之间的电磁波。微波提取是利用微波能来提高药材有效成分提取率的一种新技术。

（二）微波提取设备

目前国内微波辅助提取设备主要包括：微波提取设备、微波低温提取设备、微波真空提取设备、微波动态提取设备、连续式微波提取设备、微波逆流提取设备等，可实现水提、醇提等操作。微波提取频率通常为 $2450MHz$。

1. **结构**　主要包括微波提取罐、泡沫捕集器、冷凝器、冷却器、气液分离器、油水分离器、控制与检测系统等。微波提取罐由内提取腔、微波源、微波抑制器、进液口、回流口、微波加热腔、搅拌装置、排料装置组成。

2. **工作原理**　微波提取主要是基于微波的热效应。微波透过提取介质到达植物药材内部，由于药材维管束和腺胞系统含水量高，水分子吸收微波能量，使细胞内温度迅速上升，压力增大。当液态水气化产生的压力超过细胞壁可承受的力时，细胞破裂，细胞内的有效成分进入提取剂而被溶解，过滤除去药渣，即可达到提取的目的。

微波加热有两个途径：一是通过"介电损耗"。具有永久偶极的分子在 2450MHz 的电磁场中所能产生的共振频率高达 4.9×10^9 次/秒，使分子超高速旋转，平均动能迅速增加，从而导致温度升高。二是通过离子传导。离子化的物质在超高频电磁场中超高速运动，因摩擦产生热效应。热效应的强弱取决于离子的大小、电荷的多少、传导性能及溶剂的相互作用等。一般来讲，具有较大介电常数的化合物如水、乙醇等，在微波辐射作用下会迅速被加热，而极性小的化合物如芳香族化合物和脂肪烃类、高度结晶的物质，对微波辐射能量的吸收性能很差，不易被加热。

不同物质的介电常数、比热、形状及含水量的不同，将导致各种物质吸收微波能的能力不同。影响微波提取的因素有：提取溶剂种类、微波功率、微波作用时间、操作压力等。

3. **特点**　①微波穿透力强，在物料内外部分同时均匀、迅速加热，提取时间短；②药材不需要干燥等预处理；③热效率高，节省能源；④溶剂用量少，可降低排污量。

点滴积累 ∨

1. 煎煮法适用于有效成分能溶于水，且对湿、热较稳定的药材的提取，在提取过程中，为了提高提取效率，可进行强制循环提取。

2. 超临界流体提取设备包括萃取釜、分离釜（解析釜）、高压泵、二氧化碳贮罐、冷凝器、换热器及控制系统等，其工艺包括萃取和解析两个阶段。

3. 超声提取主要是利用超声波的机械效应、空化效应、热效应及乳化、扩散、击碎、化学等效应，使物料中所含有效成分快速、高效率溶出。

4. 影响微波提取的因素有：溶剂种类、微波功率、微波作用时间、操作压力等。

任务 7-2 中药提取生产线

中药制剂提取生产线常见的生产工艺流程如下：中药提取→浓缩→干燥→半成品（中间体）。涉及的主要设备类型有多能提取罐、双效浓缩器、多功能醇沉罐、酒精蒸馏塔、喷雾干燥机以及相关的过滤、除尘等辅助配套设施。多能提取罐是提取生产线的重要设备，浓缩等设备在其他项目中介绍。

1. 结构 多能提取罐由提取罐、泡沫分离器、冷凝器、冷却器、油水分离器、气液分离器和管道过滤器等组成，如图 7-8 所示。可进行常温浸渍、温浸、渗漉、煎煮、热回流、挥发油提取等操作；在罐体底部增加一台搅拌器进行搅拌，可实现动态提取。

2. 工作原理及操作要点

（1）以水为溶剂时，采用夹层加热，当温度达到提取工艺规定的温度后，减小夹层加热阀门，以维持罐内温度在规定范围。提取过程中适当补水。

（2）以乙醇为溶剂回流提取时，采用夹层加热，溶液沸腾产生的大量蒸气从蒸气排出口经泡沫分离器到冷凝器进行冷凝，再进入冷却器进行冷却，然后进入气液分离器，使气体逸出，冷却液体回流到提取罐内，如此循环直至提取终止。

ER-7-2

多能提取罐
结构简介

（3）提取挥发油（吊油）时，加热方式与乙醇提取相似，但必须关闭冷却器与气液分离器间的阀门，打开通向油水分离器的阀门，使药液经冷却后直接进入油水分离器进行油水分离，挥发油从油出口放出，芳香水从回流水管经气液分离器进行气液分离，未凝气体排出，液体回流到罐体内。提取挥发油完成后，对油水分离器内残留而回流不了的部分液体，可从底部放水口放出。

（4）提取结束后真空出液，气压自动排渣，既缩短出液时间，又可将药渣中提取液抽尽，减少损失。

3. 注意事项 ①工作时必须使用保险气缸，以免泄压脱钩而发生事故。②在加压操作时或压力没有降至零时，严禁触摸加料口手柄。当关闭加料口时，必须使定位销进入沟槽内。罐内加料加液后必须检查出渣门保险气缸是否处于锁定保险状态。③使用乙醇提取时要采用真空操作，或经冷却器冷却后流入提取罐内，不能采用水泵强制循环。④安装时必须设有减压阀、安全阀、压力表等。

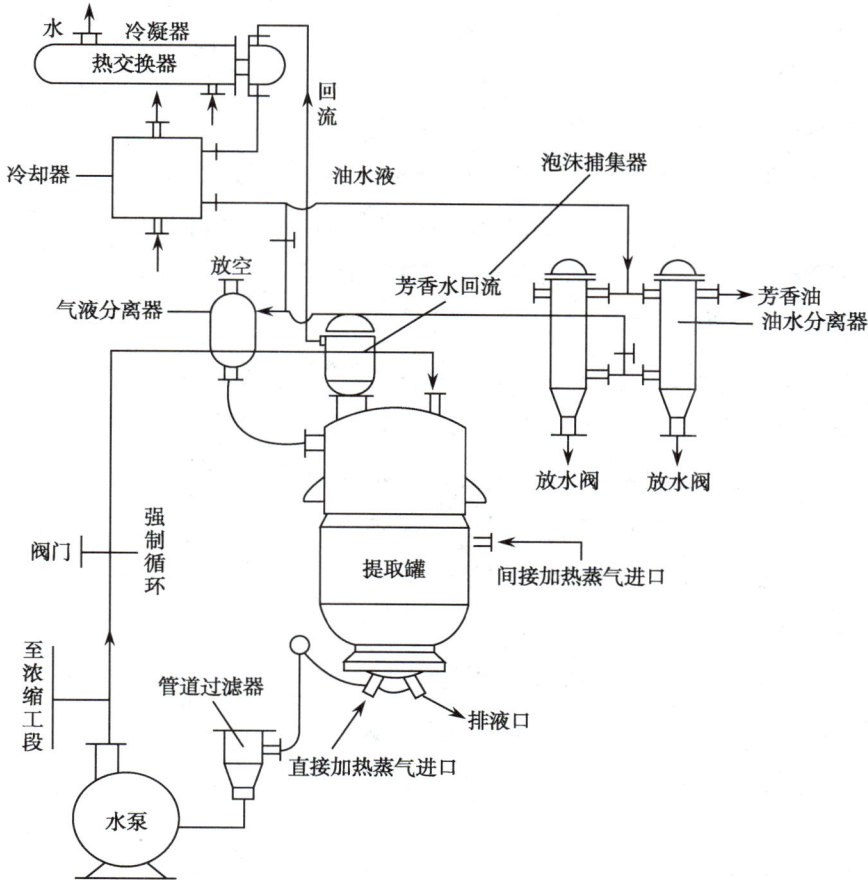

图 7-8　中药多能提取罐

技能赛点 ∨

1. 能熟练操作多能提取罐。

2. 能根据生产指令，并按照多能提取罐相关 SOP 完成提取任务。

3. 知道提取操作前的检查要点、操作过程中的注意事项，避免发生安全事故。

点滴积累 ∨

中药制剂提取生产线常见的生产工艺流程如下：中药提取→浓缩→干燥→半成品（中间体）。 涉及的主要设备类型有多能提取罐、双效浓缩器、多功能醇沉罐、酒精蒸馏塔、喷雾干燥机以及相关的过滤、除尘等辅助配套设施。

目标检测

一、选择题

（一）单项选择题

1. 下列哪种方法不适合于贵重药材和有效成分含量低的药材的提取(　　)

　　A. 煎煮法　　　　　　　B. 浸渍法　　　　　　C. 回流法　　　　　D. 渗漉法

2. 微波辅助提取应用最广泛的微波频率为(　　)

A. 50MHz　　　　　　B. 2540MHz　　　　　　C. 2450MHz　　　　　　D. 5800MHz

3. 有关提取过程叙述正确的是(　　)

A. 强制提取液的循环流动不利于提高提取效果

B. 蒸馏法与超临界流体提取法均可用于中药挥发油的提取

C. 多功能提取罐可用于水煎煮、热回流、挥发油提取等,但不能进行有机溶剂回收

D. 二氧化碳在超临界状态下具有低密度、高黏度的性质

4. 中药材超声提取的原理是(　　)

A. 机械效应、空化效应、热效应、乳化、扩散、击碎、化学效应等

B. 机械效应、空化效应、热效应等

C. 空化效应、热效应、乳化、扩散、击碎、化学效应等

D. 机械效应、热效应、乳化、扩散、击碎、化学效应等

5. 中药多能提取生产线可用于(　　)

A. 常温浸渍、温浸、热回流提取、动态提取

B. 常温浸渍、温浸、热回流提取、挥发油提取

C. 常温浸渍、热回流提取、动态提取、挥发油提取

D. 常温浸渍、温浸、热回流提取、动态提取、挥发油提取

(二) 多项选择题

1. 影响中药提取的因素有(　　)

A. 药材粒度　　　　　　B. 药材成分　　　　　　C. 浸提温度、时间

D. 浸提压力　　　　　　E. 浸提溶剂

2. 超声提取设备中超声装置主要包括(　　)

A. 超声波发生器　　　　B. 超声波振荡器　　　　C. 冷凝器

D. 高频电缆线　　　　　E. 蒸发液料罐

3. 超临界二氧化碳流体萃取工艺参数包括(　　)

A. 萃取压力　　　　　　B. 萃取温度　　　　　　C. 二氧化碳流量

D. 萃取时间　　　　　　E. 药材粉碎度

4. 以乙醇为提取溶剂的提取方法有(　　)

A. 浸渍法　　　　　　　B. 煎煮法　　　　　　　C. 超临界流体萃取法

D. 渗漉法　　　　　　　E. 回流法

5. 中药多能提取生产线除提取罐外,还包括(　　)

A. 泡沫分离器　　　　　B. 冷凝器　　　　　　　C. 冷却器

D. 油水分离器　　　　　E. 气液分离器

二、简答题

1. 简述多功能提取罐的应用方式。

2. 简述超声提取的工作原理。

3. 试述热回流提取浓缩机的基本组成。

三、分析题

试分析比较煎煮法、渗漉法、超临界二氧化碳流体萃取法的适用范围。

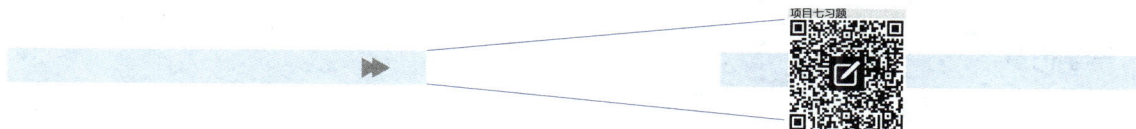

项目七习题

实训五 制药企业中药提取车间实践

【实训目的】

1. 掌握中药提取生产线。

2. 熟悉中药提取工艺流程,主要设备的原理、结构、操作以及维护与保养;熟悉中药提取生产线每一环节生产工艺操作规程、卫生要求及人员职责等 GMP 相关要求;岗位标准操作的目的、内容、责任和管理规程。

3. 了解中药提取车间,生产区域的划分和车间的布局。

【实训内容】

1. 实践各类浸提设备:多功能提取罐、提取浓缩、敞口浓缩锅、外循环蒸发器、醇沉罐,能讲出设备各部件的名称。

2. 观察中药提取生产线每一环节生产工艺操作规程,设备的清洁、维护和保养标准操作规程。

【实训步骤】

1. 实践前,认真复习教材项目七中有关内容,熟记常用提取设备及流水线。按制药企业有关规定进入制药车间,做好安全着装的准备工作。

2. 实践时认真听取技术人员的讲解,做好笔录。整个过程必须严格遵守制药企业的规章制度,服从安排,不影响生产秩序。

3. 实践结束后,将实践的生产流水线绘制成图,并进行分组讨论。

4. 根据目标要求,结合实践内容,写出实践报告。

【实训思考题】

1. 阐明所实践的提取生产流水线的作用和生产区域划分的意义。

2. 简述所实践的主要提取设备的名称、结构、原理、清洁、使用维护和注意事项。

【实训测试】

根据学生实践报告、实践现场表现和思考题完成情况进行考核。实践报告格式见附录三。

（吴　迪）

项目八

蒸发、蒸馏与干燥设备

导学情景 ∨

情景描述：

　　中医传统用砂锅熬制中药，讲究火候、时间，稍不注意，锅里的药汁会熬干，导致砂锅糊底，药物失效。那药汁都跑哪去了，为什么会熬干呢？

学前导语：

　　中药材中有效成分的提取主要靠水或不同浓度的乙醇等提取溶剂，生产中怎么样才能把提取出来的大量的溶剂与有效成分进行分离呢？在这个生产过程中涉及哪些单元操作？需要哪些设备？

任务 8-1 蒸发设备

◆ 概述

蒸发是利用加热气化分离溶液中部分溶剂，提高溶质浓度的工艺过程，即浓缩溶液的单元操作。所用设备称为蒸发器。蒸发在中药制药过程中的应用目的如下。

(1)浓缩药物溶液：如各类中药提取液的浓缩，以便将其制成各种剂型。

(2)喷雾干燥预处理：用蒸发的方法将药物浓缩到一定浓度再进行喷雾干燥。

(3)减少溶液体积：用蒸发的方法减少溶液体积，便于储存和运输。

(4)回收溶剂：用蒸发的方法将废液中的溶剂气化，然后经冷凝回收溶剂。

(5)结晶：通过蒸发操作制取过饱和溶液，得到结晶产品。

在生产过程中影响蒸发的因素，可用式(8-1)蒸发公式表示：

$$m \propto \frac{S(F-f)}{p} \qquad \text{式}(8-1)$$

式中 m——单位时间内的蒸发量，kg/h；

S——气液接触面积(蒸发面积)，m^2；

p——蒸发操作时液面上方的气体总的压强(操作压强)，kPa；

F——在一定温度时液体的饱和蒸气压，kPa；

f——在一定温度时液体的实际蒸气压，kPa；

从式(8-1),在一定时间内液体的蒸发量(m)与蒸发面积(S)、饱和蒸汽压与实际蒸汽压的差值(F-f)成正比,而与大气压强成反比。因此,蒸发面积越大,操作压强越小,液体的实际蒸汽压越小,越有利于蒸发。

（一）蒸发方式与方法

蒸发的方式有自然蒸发和沸腾蒸发,中药制药生产中多采用沸腾蒸发。沸腾蒸发操作所用的热源多为饱和水蒸气,称为加热蒸气或一次蒸气;蒸发过程中溶剂气化所生成的蒸气称为二次蒸气。二次蒸气必须从蒸发液面不断移除,以利于蒸发的进行。

1. **常压蒸发**　是指在一个大气压下进行蒸发的方法。一般在敞口蒸发器中进行,二次蒸气直接排放到大气中,因不符合 GMP 要求,在制药生产中已很少使用。

2. **减压蒸发**　是使溶液沸点降低而进行沸腾蒸发的操作方法。溶液在负压下蒸发,又称真空蒸发,现在中药制药生产中的蒸发操作采用减压蒸发较多。

3. **薄膜蒸发**　是指应用薄膜蒸发器进行减压或常压蒸发的一种操作。它具有蒸发表面积大、热传递快且均匀、蒸发温度低、受热时间短等特点。适用于蒸发处理热敏性料液,在制药生产中得到广泛应用。

▶▶ 课堂活动

现实生活中哪些属于蒸发现象？　影响蒸发的因素有哪些,如何提高蒸发效率？　为什么没有加压蒸发？

（二）蒸发设备的类型

蒸发设备的类型较多,分类方法也有多种。

1. 按蒸发器的效数分类

(1)单效蒸发器:蒸发器产生的二次蒸气不再利用,直接或经冷凝后移除。

(2)多效蒸发器:是指蒸发器产生的二次蒸气用作另一蒸发器的热源。

2. 按蒸发器的型式分类

(1)循环型蒸发器:料液在蒸发器中被循环加热蒸发,以提高传热效果,减少溶液结垢。常用的蒸发器有:中央循环管式蒸发器、外循环式蒸发器、强制循环蒸发器、盘管式蒸发器、列文蒸发器等。

(2)单程式蒸发器:料液呈膜状流动而进行传热和蒸发,又称膜式蒸发器。常用的有:升膜式蒸发器、降膜式蒸发器、旋转蒸发器、刮板式薄膜蒸发器、离心薄膜蒸发器等。

一、常用蒸发设备

蒸发器主要由加热室、分离室及辅助设备组成。加热室也称沸腾室,是用饱和蒸气间壁加热使物料沸腾的部分;分离室也称蒸发室,溶液在加热室受热沸腾气化后产生的二次蒸气中带有大量的液滴,利用蒸发室突然增大的蒸发空间进行气液分离,液滴凝聚沉降,蒸气上升。根据加热和蒸发操作时溶液流动情况,可将间壁式加热蒸发器分为循环型(非膜式)蒸发器、单程型(膜式)蒸发器两大类。辅助设备主要有除沫器与冷凝器。

(一) 循环式(非膜式)蒸发器

1. 中央循环管式蒸发器　亦称标准蒸发器,其结构如图8-1所示。加热室是由固定在上下管板之间的一组直立沸腾管与一个直径较大的中央循环管组成。管内走料液,管间通入加热蒸气。蒸发时,加热蒸气在管间流动,由于管径悬殊,使管内料液受热程度不同,形成料液在沸腾管内沸腾气化上升,而中央循环管内料液受热程度较低,料液相对密度较大而下降,即形成了料液自沸腾管上升经中央管下降,完成自然循环过程。料液在沸腾管上部气化,二次蒸气在蒸发室上升,所夹带的液体在重力作用下沉降,二次蒸气经过除沫器后经冷凝而移除。

中央循环管式蒸发器的优点是结构紧凑、设备投资费用低。但清洁和维修麻烦、料液循环速度较低、传热系数小。适用于黏度适中、结垢轻、结晶析出少及腐蚀性较小料液的蒸发。

采用中央循环管式蒸发器进行蒸发浓缩时,先开启真空阀抽真空,将料液自加热室上部吸入,高于加热管后关闭原料液进口阀门;开启加热蒸气阀门,管间通入加热蒸气,蒸发产生的二次蒸气经除沫后冷凝被移除。停止蒸发时,关闭真空阀与加热蒸气阀,打开放空阀,使设备恢复常压,浓缩液从蒸发器下部放出。

图 8-1　中央循环管式蒸发器
1. 加热室;2. 蒸发室

2. 外循环式蒸发器　如图8-2所示,加热室与蒸发室由上下循环管相连,加热室为列管式换热器,加热管较长。蒸发器顶部多设有除沫器,由于与加热室分开,又称为外加热式。其具有清洗方便、容易更换加热管和降低蒸发器总高度的结构特点,适应能力强,但结构不紧凑,热效率较低。

当料液在加热室被加热至沸腾后,部分溶液被气化成蒸气,沸腾的液体连同气化的蒸气沿蒸发室壁快速进入蒸发室,溶液受离心力、重力作用而旋转降至分离室下部,经下循环管返回加热室,二次蒸气从上部排出。由于溶液在循环管内流动不受热,使料液在此处的相对密度远大于加热室的相对密度,从而使液体的循环速度加快。为了更有效地防止料液被二次蒸气夹带造成跑料,常外设分离器,并根据需要另设回收装置,对有机溶剂进行回收。

外循环式蒸发器通常采用真空蒸发工艺。操作时,先开启真空阀门,抽至一定真空度,然后开始进料,进料完毕关闭进料阀,开启蒸气阀门,开始加热并使蒸气压在正常工作压力范围内,使蒸发器进入正常运行状态。当溶液蒸发一定时间后,进行抽样检查,达到规定的浓缩程度后,关闭真空系统和加热蒸气阀门,使蒸发室内恢复常压,打开放料阀,放出浓缩液。

3. 强制循环蒸发器　前面两种是自然循环型蒸发器,由于循环速度较低,导致传热系数较小。为了处理黏度较大或容易析出结晶或结垢的溶液,加快循环速度以提高传热系数,常采用强制循环蒸发器,如图8-3所示。它借助泵的外力强制循环蒸发。其主要结构有加热室、蒸发室、除沫器、循环管、循环泵等。被蒸发的溶液从蒸发器底部用循环泵打出,然后进入蒸发器蒸发,使料液形成不断

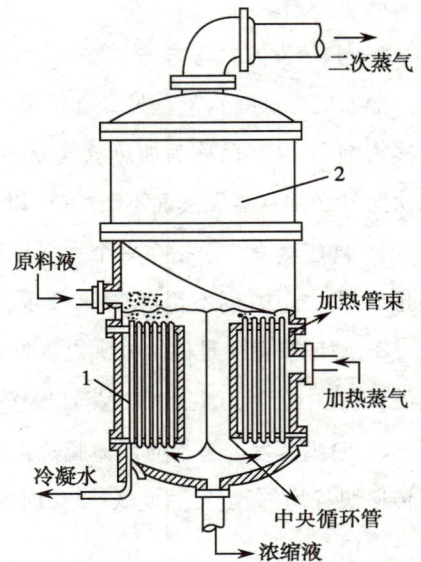

循环的定向流动。

　　强制循环蒸发器进行蒸发浓缩时,先开启真空阀门抽真空,然后将料液自料液进口吸入,关闭进料阀,启动循环泵,同时通入加热蒸气,料液在循环泵的作用下快速流经蒸发室被加热气化,产生的二次蒸气经除沫器除沫后,经冷凝而移除。停止蒸发时,先关闭真空阀和加热蒸气阀门,打开放空阀恢复常压,再开启浓缩液出料阀,使料液在循环泵作用下放出。浓缩液放尽后关闭循环泵即可。

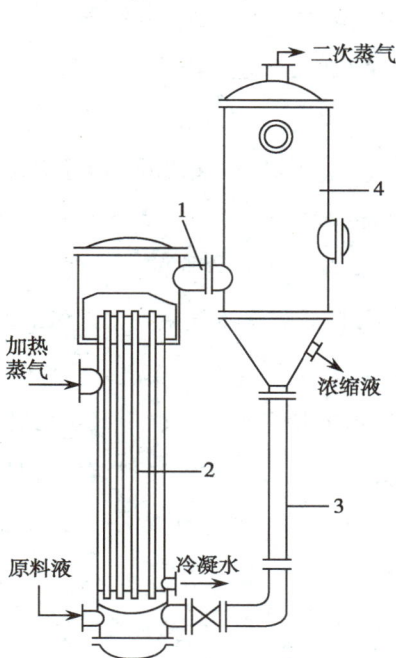

图 8-2　外循环式蒸发器
1,3. 循环管;2. 加热室;4. 蒸发室

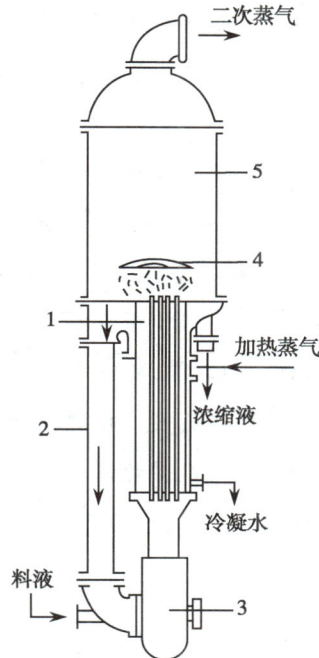

图 8-3　强制循环蒸发器
1. 加热室;2. 循环管;3. 循环泵;
4. 除沫器;5. 蒸发室

　　循环型蒸发器的共同缺点是:蒸发器内溶液的滞留量大,致使溶液在高温下停留时间长,不适用于处理热敏性物料。

(二)单程型(膜式)蒸发器

　　膜式蒸发器的特点是:溶液沿加热管呈膜状流动(上升或下降),蒸发速度极快,溶液只通过加热室一次即可浓缩到要求的浓度,在加热管内的停留时间很短(几秒至十几秒)。具有传热效率高、蒸发速率快、溶液在蒸发器内停留时间短、器内存液量少等优点,适用于热敏性药液的浓缩。

1. 升膜式蒸发器

　　(1)结构:如图 8-4 所示,主要由蒸发室、分离室及附属的高位液槽、预热器等构成。

　　(2)原理:料液经预热器底部进入加热管,受管外蒸气加热,使料液在管内迅速沸腾气化,形成大量泡沫;生成的泡沫及二次蒸气于加热管的中部形成蒸气柱,蒸气密度急剧变小继而迅速上升,并拉引料液形成薄膜状,沿管壁快速向上流动,液膜在上升的过程中,以泡沫的内外表面为蒸发面而迅速蒸发。泡沫与二次蒸气的混合物进入气液分离器中,二次蒸气与浓缩液分离,浓缩液由分离器底部排出收集,二次蒸气则由分离器顶部排出,并由管道引至预热器作为热源,对料液进行预热。多余的废气则进入混合冷凝器,冷凝之后自出口排出。

升膜式蒸发器可采用常压蒸发也可采用减压蒸发,其正常操作的关键是让料液在加热管壁上形成连续不断的液膜上爬。产生爬膜的必要条件是要有足够的传热温差和传热强度,使蒸发产生的二次蒸气量和蒸气速度达到足以带动溶液成膜上升的程度。

(3)应用:升膜式蒸发器不适合高黏度、易结晶和易结垢料液的浓缩,适用于处理蒸发量较大的稀溶液、热敏性及易生泡的溶液。中药提取液可选用此蒸发器做初步蒸发浓缩之用,将溶液浓缩到一定相对密度后,再采用其他蒸发器如刮板式、薄膜式蒸发器来进一步浓缩。

2. 降膜式蒸发器

(1)结构:如图 8-5 所示,主要由蒸发室、分离器及附设的高位液槽、预热器等组成。

(2)原理:与升膜式的区别是料液从蒸发器的顶部加入,通过分布器均匀地进入加热蒸发室,在重力作用下沿管壁成膜状下降,并在成膜过程中不断被蒸发增浓,在底部进入气液分离室得到浓缩液。为了保证料液在加热管内壁形成均匀的薄膜,并且防止二次蒸气从管上方窜出,在每根加热管顶部必须设置液体分布装置。

(3)特点:与升膜式蒸发器相比较,降膜式蒸发器的特点有:蒸气、冷凝水的耗量小,处理量大,料液停留的时间更短,受热影响更小,所以更适用于处理热敏性物料、蒸发浓度较高的溶液或黏度较大的物料,如黏度在 $0.05\sim0.45Pa\cdot s$ 范围内的物料。不适用于易结晶或易结垢的溶液。

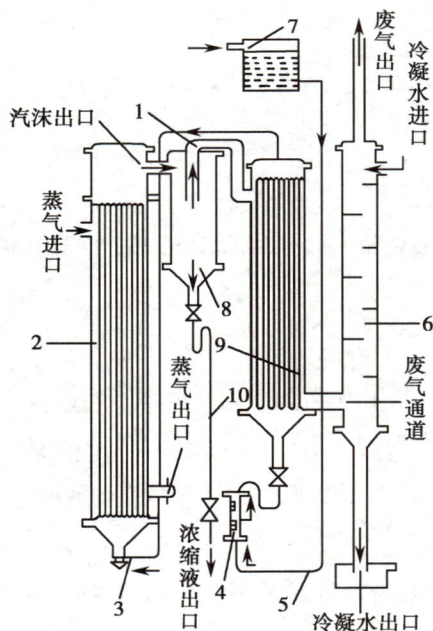

图 8-4 升膜式蒸发器
1. 二次蒸气导管;2. 蒸发室;3,5. 输液管;4. 流量计;6. 混合冷凝器;7. 高位液槽;8. 气液分离器;9. 预热器;10. 浓缩液导管

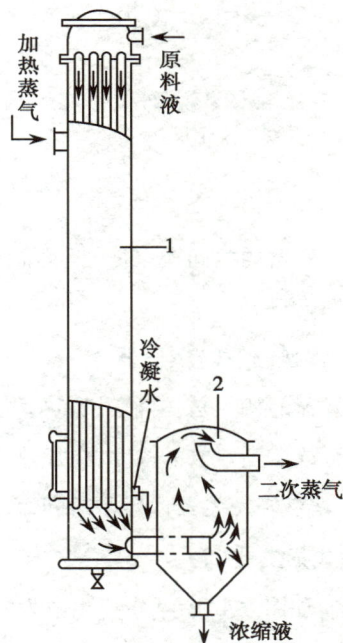

图 8-5 降膜式蒸发器
1. 加热蒸发室;2. 分离器

▶▶ **课堂活动**

比较升膜式与降模式蒸发器工作原理与特点。 讨论对于易结晶或易结垢的溶液应采用何种蒸发设备。

3. 旋转蒸发器

（1）结构：旋转蒸发器（图8-6）由主机、玻璃部分、恒温升降浴锅等组成。相应的管路连接（图8-7）按照优化设计进行配置，方便使用。其主要用于医药、化工和生物制药等行业的浓缩、结晶、干燥、分离及溶媒回收。各主要玻璃件法兰连接，采用聚四氟乙烯（polytetrafluoroethene，PTFE）复合密封圈，旋转密封（图8-8）采用特种材料，持久耐用；防冲料导气瓶，双收集瓶，采用特殊全PTFE复合阀，任意控制气、液流，密封可靠，可连续工作；下出料设全PTFE特殊阀门，多重密封，螺纹加长，防止松脱；全新加强拱形收集分流管道，使用安装方便，强度提高；大口径旋转瓶，螺母连接，装卸方便，易于清洗，并可选配多规格旋转瓶，扩大使用范围；变频无级调速；加热浴锅可手动或电动升降，可精确设定加热温度；真空管道设有截止阀，防止真空泵循环水倒流。旋转瓶上开个小口，工作时不影响旋转，却能保持真空度，蒸发结束可在此插入PTFE管子，利用负压将其中溶液方便地吸出来，避免旋转瓶的频繁拆卸。

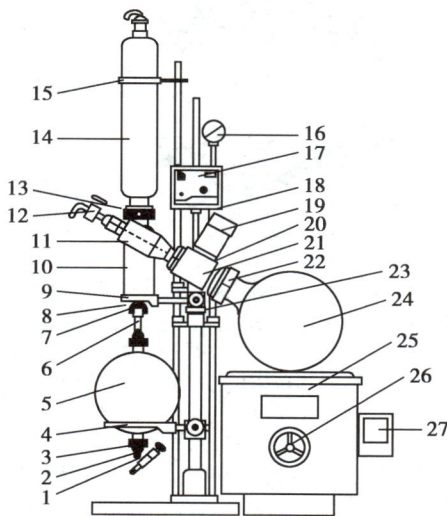

图8-6 旋转蒸发器
1. 放料阀芯；2. 放料阀；3. 法兰连接组件1；4. 收集瓶托盘；5. 收集瓶；6. 拱形分流管；7. 复合阀；8. 副阀芯；9. 托盘；10. 副冷凝管；11. 导气瓶；12. 加料管；13. 法兰连接组件2；14. 主冷凝管；15. 抱箍；16. 真空表；17. 电控箱；18. 插头座；19. 电机；20. 止动销；21. 机头；22. 大螺母；23. 保险圈；24. 旋转瓶；25. 恒温浴锅；26. 升降手柄；27. 智能温控仪

（2）原理：在真空条件下，恒温浴锅恒温加热，旋转瓶恒速旋转，使物料在瓶壁形成大面积薄膜，物料中的溶媒得到高效蒸发。溶媒蒸气经玻璃冷凝器冷却，回收于收集瓶中，大大提高蒸发效率。因水浴温度相对较低，特别适用于对高温容易分解变性的生物制品的浓缩、结晶和分离溶媒回收、回流提取等。

（3）操作

1）使用前的检查：检查旋转蒸发器有无清洁合格标志牌和设备完好标志牌。检查抽真空用的橡胶管有无老化问题。检查所有的旋塞是否都已关闭。

2）旋转蒸发器的使用：使用水浴锅升降手轮使水浴锅下降，然后装上蒸发烧瓶。

ER-8-2
旋转蒸发器的操作

使用水浴锅升降手轮使水浴锅上升。接通冷凝水。打开真空泵阀门,检查真空表指数是否在规定的范围内。旋转加料旋塞,使其处于开启状态,用橡胶管抽入料液(料液量不得超过旋转蒸发瓶容量的1/2)。抽料完毕后,关闭抽料口。调节浴锅至适当高度,通常旋转瓶浸入1/3~1/2为宜,水(油)浴高度能以浮力平衡旋转瓶的重量。按下旋转启动键,开始旋转,由慢到快调节旋钮,最佳转速要避开水浴共振波动。按下加热键,并调节温度调节钮,调节至需要的温度。旋转大收集瓶阀门,使冷凝器和大收集瓶相连,蒸出的溶剂流到该瓶中。快满时,关闭复合阀门,打开小收集瓶的复合阀门,使冷凝器和另一个小收集瓶相连,同时打开大收集瓶上复合阀中的副阀,使大收集瓶排空后打开放料阀,放出收集液。大小收集瓶可以交替使用,保证操作连续进行。旋转蒸发器可以连续进料:旋转加料旋塞使其开启,用橡胶管抽入即可。蒸完后,关掉加热键和真空泵,使用水浴锅升降手轮使水浴锅下降,取下旋转瓶。也可以通过旋转瓶上的小孔,通入 PTFE 管子,利用负压将其中浓缩液方便地吸出来,避免旋转瓶的频繁拆卸。

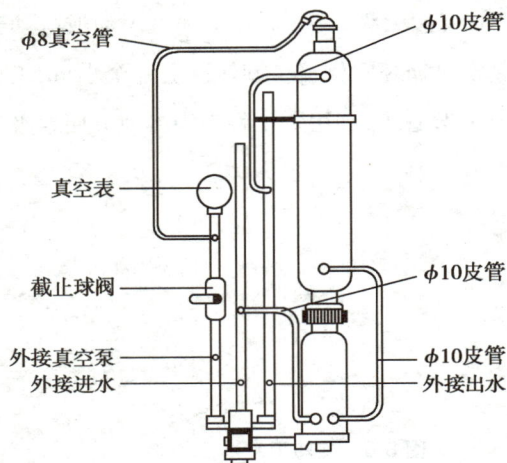

图 8-7 旋转蒸发器管路

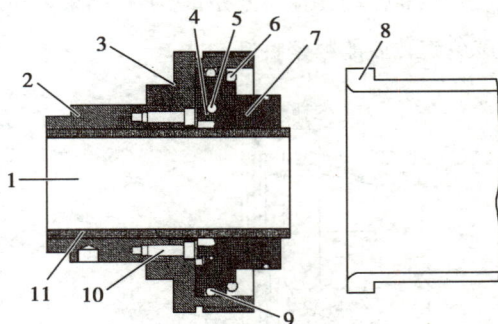

图 8-8 旋转密封

1. 玻璃轴;2. 主轴;3. 主轴接长套;4. 特殊油封;5,6,9.O 形密封圈;7. 聚四氟乙烯衬套;8. 旋转瓶;10. 内六角螺钉;11. 导气轴

3)旋转蒸发器的清洗:每次使用完毕,应用无尘布蘸取纯化水将旋转蒸发器的接口处擦拭干净。按蒸发操作,再用水反复冲洗旋转蒸发器,直至目视无残留,用抽料瓶抽出蒸发瓶中残液。关闭真空,用纯水将旋转蒸发器的外部擦洗干净。将所有的口用塑料袋封住。挂上清洁牌,备用。如发现有损伤或故障,应立即通知维修人员更换。

案例分析

案例:外循环式蒸发器回收中药提取液中的乙醇,结果回收的乙醇浓度以及收率较低,造成较大的浪费。

分析:外循环式蒸发器回收提取液中乙醇,回收速度快,但是由于蒸发器加热快,乙醇容易蒸发,一般情况下生产的设备冷凝装置不匹配,乙醇蒸气来不及冷凝即被真空抽出,造成浪费。 外循环式蒸发器真空度较高，导致乙醇沸点低，蒸发出的乙醇度数相对较低，一般含醇量在90%以下，对于回收乙醇度数有要求的产品不适合。如果要用外循环式蒸发器来回收乙醇溶剂等，需要对冷凝装置的冷凝效果进行改进验证，在实际操作时要对真空度及时进行调节控制，确保乙醇收率。

二、多效蒸发

（一）多效蒸发原理

将几个蒸发器顺次连接起来协同操作以实现二次蒸气的再利用，从而提高加热蒸气利用率的操作称为多效蒸发。

第一效通入加热蒸气，从第一效产生的二次蒸气作为第二效的加热蒸气，则第二效的加热室相当于第一效的冷凝器，从第二效产生的二次蒸气作为第三效的加热蒸气，以此类推。由于多效蒸发可以节省加热蒸气用量，所以在蒸发大量水分时广泛采用多效蒸发。

（二）多效蒸发流程

1. **并流**加料法（又称顺流法） 料液与蒸气的流向相同，如图8-9所示。料液与蒸气都是由第一效依次流到末效。

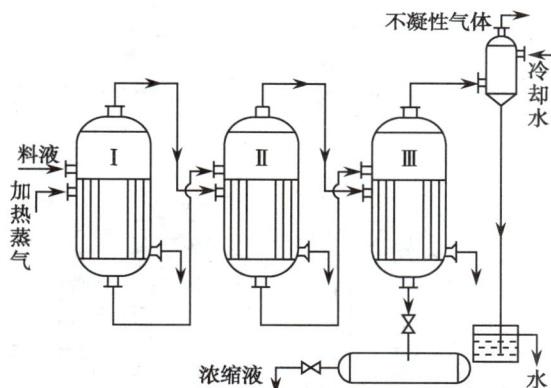

图 8-9 并流加料法

2. **逆流**加料法 料液与蒸气的流向相反，如图8-10所示。料液从末效加入，必须用泵送入前一效；而蒸气从第一效加入，依次至末效。

3. **平流**加料法 料液同时加入各效，完成液同时从各效引出，蒸气从第一效依次流至末效，如图8-11所示。

（三）多效蒸发器

常用多效蒸发器的效数为2~4效，可根据蒸发水量的多少来选择，当蒸发量为500kg/h时，可选用单效；500~1500kg/h时应选用双效；大于1500kg/h时，选用三效。常见的有二效、三效、四效外加热式蒸发器、二效升降薄膜蒸发器、三效降膜蒸发器等多种形式。现以二效外加热式蒸发器、二效升降薄膜蒸发器为例，介绍如下。

1. 二效外加热式蒸发器 它由一效加热室、一效蒸发室、二效加热室、二效蒸发室、受水器、冷凝器及真空系统等构成,如图8-12所示。它采用平流加料法。

操作时,先关闭冷凝水排放阀及放空阀,开启真空系统,使真空度达到规定数值,然后打开进料阀,当料液进入量到达一效、二效蒸发器第二视镜一半以下时,开启循环冷却系统,同时通入一效加热蒸气将料液加热,料液从喷管喷入一效蒸发室,水迅速被蒸发,被浓缩后的料液从循环管回到加热室,再次受热又喷入蒸发室形成循环。蒸发产生的二次蒸气进入二效加热室给二效料液加热,进行循环蒸发,二效蒸发器产生的二次蒸气进入冷凝器被冷凝除去,料液的水分不断地被蒸发而浓缩,待达到规定的相对密度后,关闭真空系统、循环冷却水系统,打开放空阀使设备恢复常压,开启出料阀,启动出料泵将浓缩液抽出。出料后,重新再进待浓缩料液,重复进行浓缩操作。

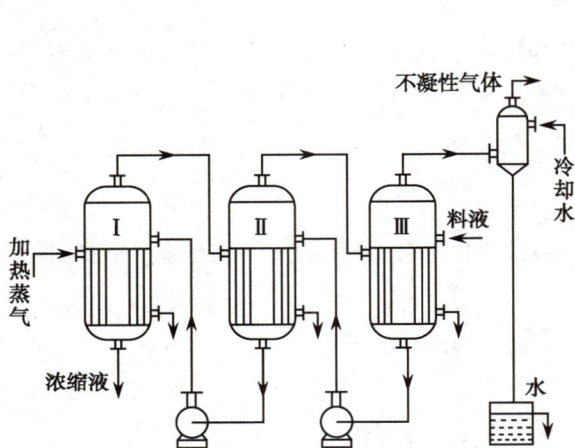

图 8-10 逆流加料法

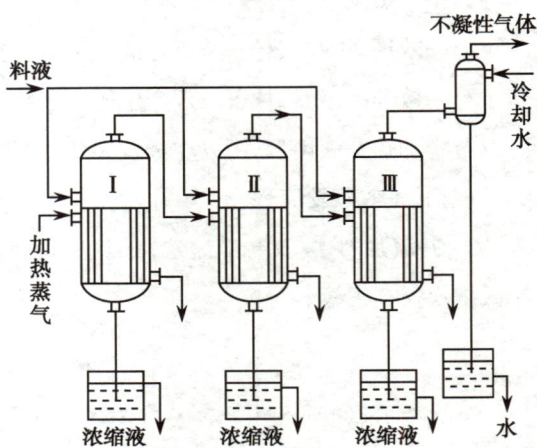

图 8-11 平流加料法

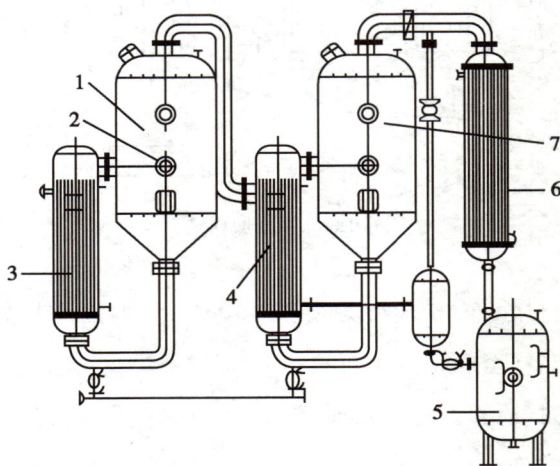

图 8-12 二效外加热式蒸发器示意图
1. 一效蒸发室;2. 视镜;3. 一效加热室;4. 二效加热室;
5. 受水器;6. 冷凝器;7. 二效蒸发室

2. 二效升降薄膜蒸发器 如图8-13所示,主要由升膜蒸发器、降膜蒸发器、分离器及高位计量罐、预热器等组成。它采用顺流加料法。料液经预热后进入一效升膜蒸发,产生气液混合物,经一效分离器分离出来的料液进入二效继续降膜蒸发浓缩,经二效分离器得到所需浓缩液,一效产生的二次蒸气作为二效的热源,而二效蒸发产生的蒸气再用来预热稀溶液,从而使热能得到充分利用。该设备可用于多泡沫性料液的浓缩。

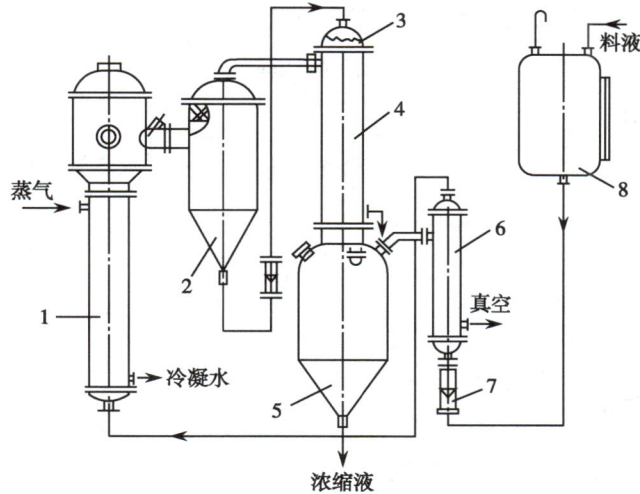

图 8-13 二效升降薄膜蒸发器
1. 升膜蒸发器;2. 一效分离器;3. 液体分布器;4. 降膜蒸发器;
5. 二效分离器;6. 预热器;7. 转子流量计;8. 高位计量罐

操作时,先将料液用泵输入高位计量罐,并保持一定液量,开启真空阀门,抽至规定的真空度,通入加热蒸气,同时开启进料阀门,使料液自高位计量罐经流量计进入一效进行升膜蒸发,并注意控制适当的进料流量,使从二效分离器得到的浓缩液符合要求。蒸发完成后关闭加热蒸气及真空系统,恢复常压后,浓缩液由收集器放出即可。

点滴积累 ╲

1. 循环式蒸发器常用的有: 中央循环管式蒸发器、外循环式蒸发器、强制循环蒸发器等。 根据具体产品生产特点来选用。
2. 单程式蒸发器常用的有: 升膜式蒸发器、降膜式蒸发器、旋转蒸发器、刮板式薄膜蒸发器、离心薄膜蒸发器等。
3. 多效蒸发的流程有顺流加料法、逆流加料法和平流加料法。

任务 8-2 蒸馏设备

◆ 概述

蒸馏是指液体被加热气化,再经冷却复凝为液体的过程。它是利用各组分在相同压力、相同温度下的沸点不同使液体混合物分离的单元操作,目的是提纯或回收有效成分。乙醇、三氯甲烷、乙醚等有机溶剂都有气化的通性,因而可通过蒸馏来回收。对热较稳定的浸出液可采取常压蒸馏回收溶剂,对热不甚稳定的浸出液应采用减压蒸馏,可以采用分段蒸馏获取较高浓度的溶剂。蒸馏设备在药物制剂生产中应用甚广,如蒸馏水的制备、溶剂的回收、中药挥发性成分的提取等。

（一）蒸馏方法

1. 按蒸馏操作方式可分为间歇蒸馏、连续蒸馏。

2. 按蒸馏方法分为简单蒸馏、平衡蒸馏、精馏、特殊蒸馏。

3. 按蒸馏操作压力分为常压蒸馏、加压蒸馏、减压蒸馏。

（二）蒸馏设备类型

常用的蒸馏设备有：常压蒸馏设备、减压蒸馏设备、精馏设备，还有水蒸气蒸馏设备、分子蒸馏设备等。

▶ **课堂活动**

讨论蒸馏与蒸发有何不同？

一、常压蒸馏设备

常压蒸馏设备由蒸馏器、冷凝器、接受器构成，如图 8-14 所示。蒸馏器为不锈钢或铜制的夹层锅，用蒸气加热，特点是容量大、结构简单、操作方便，可用于乙醇等溶剂的回收，但加热面积较小，提纯分离效果差，且常压下进行蒸馏，蒸馏温度高、时间长，不适用于热敏性料液。

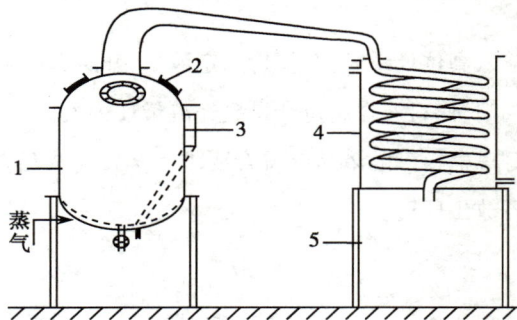

图 8-14　常压蒸馏设备
1. 蒸发器；2. 观察窗；3. 温度计；4. 冷凝器；5. 接受器

蒸馏操作时，用液体输送设备将待分离的混合液通过液体进出口注入，至一定容量后，关闭液体进出口阀门。接通冷凝水，徐徐开启加热蒸气阀门，加热混合液，使混合液保持适度沸腾。同时开启夹层排水口，以排除加热蒸气冷凝水。混合液受热产生的蒸气进入冷凝器冷凝成液体，流入接受器中。蒸馏完成时，先关闭加热蒸气，待片刻再关闭冷凝水，浓缩液可经液体进出口放出。可自观察窗随时察看蒸馏过程，蒸馏温度亦可自温度计读出。

操作应注意料液不能注入太满，最多为容积的 2/3，同时控制加热蒸气使液体均匀沸腾，冷凝水流量应使产生的蒸气被充分冷凝。在实际生产中，常采用多功能提取罐进行蒸馏。

二、减压蒸馏设备

如图 8-15 所示，减压蒸馏设备由蒸馏器、冷凝器、接受器及附设的真空装置构成。蒸馏器为夹套结构，冷凝器为列管式，多以不锈钢制成。该设备在减压条件下将料液加热沸腾，产生的蒸气经除沫装置除沫后冷凝成蒸馏液。由于降低液面压力，使料液沸点相应降低，不仅提高蒸馏效率，还可保

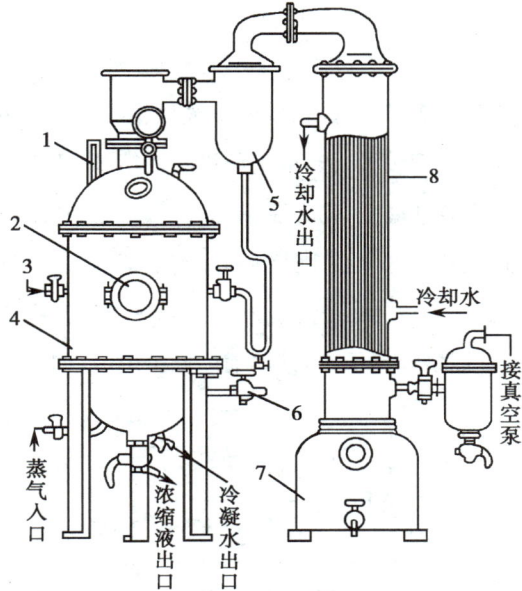

图 8-15　减压蒸馏设备
1. 温度计；2. 观察窗；3. 原料入口；4. 蒸馏器；5. 除沫器；
6. 排气阀；7. 接受器；8. 冷凝器

证料液有效成分的稳定,故主要用于有效成分不耐热的浸出液浓缩及溶剂的回收。

使用时先开启真空装置,抽出部分空气。然后自进料口吸入待蒸馏的混合液,并继续减压至规定的范围。徐徐打开蒸气进口,使容器内料液适度沸腾。放入蒸气的同时,应开启废气出口以放出不凝性气体,并开启夹层排水口以排除回气水。待不凝性气体排净,将废气出口关闭,夹层排水口关小,以能保持继续排水为度。被蒸馏混合液的蒸气经除沫器与液沫分开,被冷凝器冷凝进入收集器中。蒸馏完毕后,先关闭真空装置,开启放气阀,使容器内恢复常压,浓缩液即可经阀门放出。

减压蒸馏操作时应注意:①蒸馏器内液面不宜高于观察窗,以保证一定的蒸馏空间;②应根据被蒸馏混合液的性质来确定真空度的高低;③所有阀门的启闭均须缓慢进行,尤其蒸气阀门及真空阀门的开启更应注意安全;④操作过程中应注意蒸馏器内压力与温度的变化。

知识链接

中药提取方法之——水蒸气蒸馏法

水蒸气蒸馏法适用于具有挥发性的,能随水蒸气蒸馏而不被破坏,与水不发生反应,且难溶或不溶于水的成分的提取。 此类成分的沸点多在100℃以上,与水不相混溶或仅微溶,并在100℃左右有一定的蒸气压。 当与水在一起加热时,其蒸气压和水的蒸气压总和为一个大气压时,液体就开始沸腾,水蒸气将挥发性物质一并带出。 例如中药中的挥发油,某些小分子生物碱——麻黄碱、槟榔碱,以及某些小分子的酚性物质,如牡丹酚等,都可应用本法提取。 有些挥发性成分在水中的溶解度稍大些,常将蒸馏液重新蒸馏,在最先蒸馏出的部分分出挥发油层,或在蒸馏液水层经盐析法并用低沸点溶剂将成分提取出来。 例如玫瑰油、原白头翁素等的制备多采用此法。 水蒸气蒸馏法需要将原料加热,不适用于化学性质不稳定组分的提取。

三、精馏设备

精馏是利用多次部分气化和多次部分冷凝,以分离液体混合物的操作过程。根据流程不同,精馏设备分为间歇精馏设备与连续精馏设备。间歇精馏设备较简单、适应性强,多用于小批量、多品种物料的处理。连续精馏设备操作条件稳定,易控制,产品质量稳定,利用率高,产能大,适用于大批量的连续生产,易实现自动化,且能耗较低。在中药制剂生产上精馏设备多用于乙醇的回收,还可用于其他液体混合物的分离。

精馏设备主要由蒸馏釜、精馏塔、冷凝器与其他辅助设备组成,如图 8-16 所示。

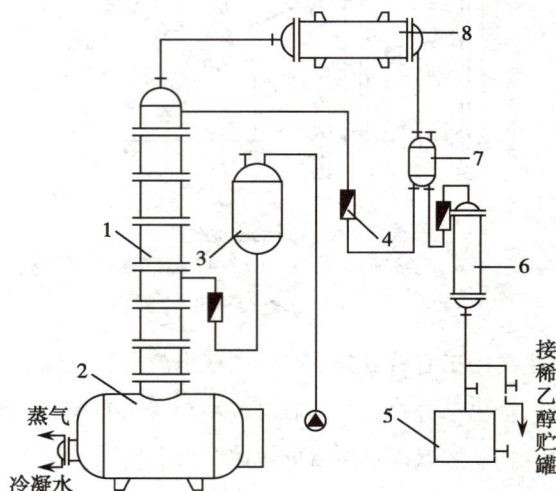

图 8-16 精馏设备
1. 主塔;2. 蒸馏釜;3. 高位槽;4. 流量计;5. 成品槽;6. 冷却器;7. 平衡器;8. 冷凝器

当采用精馏设备回收乙醇时,其操作方法为:先关闭平衡器与冷却器之间的流量计和蒸馏釜下面的排污阀,然后将稀乙醇自高位槽经流量计注入蒸馏釜,待液面超过蒸馏釜加热管后,开启蒸馏釜加热蒸气进口阀,同时开启冷却器上的冷却水进口阀,使冷凝水经冷却器进入冷凝器,并把平衡器与塔顶之间的流量计全开启,进行全回流操作一定时间,逐步开启平衡器与冷却器之间的流量计和逐渐关小回流塔顶的冷凝液阀门,使回收的乙醇相对密度合格后,则进入稳定操作。待成品乙醇相对密度达不到工艺要求时,关闭进入成品槽阀门,开启不合格乙醇阀,继续蒸馏至釜中残余乙醇全部蒸出收集于稀乙醇贮罐,并入下批蒸馏用。蒸馏结束时,先关闭加热蒸气阀,待冷却器无精馏液流出后,关闭冷却水,并放出釜中残液即可完成操作。

点滴积累 ∨

1. 常用的蒸馏设备有:常压蒸馏设备、减压蒸馏设备、精馏设备,还有水蒸气蒸馏设备、分子蒸馏设备等。

2. 精馏是利用多次部分气化和多次部分冷凝,以分离液体混合物的操作过程。根据流程不同,精馏设备分为间歇精馏设备与连续精馏设备。

3. 精馏设备主要由蒸馏釜、精馏塔、冷凝器与其他辅助设备组成。

任务 8-3　干燥设备

◆ 概述

干燥是利用热能使物料中的湿分(水分或其他溶液)气化,并利用气流或真空带走气化的湿分,从而获得合格固体产品的过程。

干燥设备按操作方式分为连续式和间歇式干燥设备;按操作压力分为常压型和真空型干燥设备;按被干燥物料的形态分为块状物料、粒状物料、液体或浆状物料干燥设备;按热量传递方式可分为对流型、传导加热型、辐射加热型、介电加热型干燥设备。

一、厢式干燥器

厢式干燥器主要是以热风通过湿物料表面达到干燥的目的。按照被干燥物料与空气之间的相对流动方向可分为平流式厢式干燥器和穿流式厢式干燥器。

1. 平流式厢式干燥器

(1)结构:如图 8-17 所示,由厢体、隔板架子、加热器、气流调节器、鼓风机等组成。

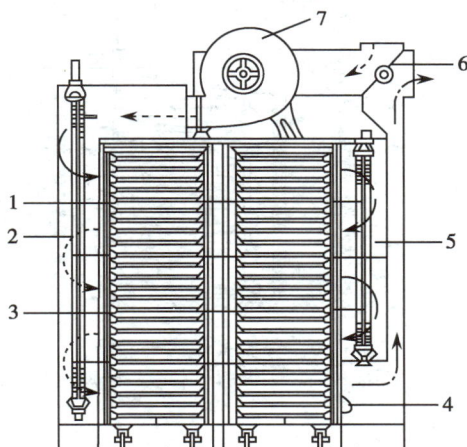

图 8-17　平流式厢式干燥器
1,3. 隔板;2,5. 加热器;4. 隔板架子;6. 气流调节器;7. 鼓风机

(2)工作原理:热源多为蒸气加热管道,干燥介质为洁净空气及部分循环热风,烘盘装载被干燥的物料,干燥过程中物料保持静止状态,料层厚度一般不超过 10mm。热风沿着物料表面和烘盘底面水平流过,同时与湿物料进行热交换并带走被加热物料中气化的湿气,热风在循环风机作用下,部分从排风口放出,同时由进风口补充部分湿度较低的新鲜空气,与部分循环的热风一起加热进行干燥循环。当物料湿含量达到工艺要求时停机出料。

(3)特点与应用:结构简单,设备投资少,操作方便,适用性强,可适用于干燥多种物料,适用于药材提取物及丸剂、散剂、片剂颗粒的干燥,亦用于中药材的干燥。

2. 穿流式厢式干燥器

（1）结构：如图 8-18 示，主要由干燥机主体、循环风机、蒸气加热系统、料盘、排湿系统、电器控制箱等组成。

（2）工作原理：与平流式厢式干燥器基本相同，区别仅在于料盘有孔，形成穿流，中药材的干燥效率高于粉料。

（3）应用：用于中药材干燥。

3. 操作　①将物料推入厢体，注意关好厢门；②接通电源，按下风机按钮，启动风机；③切换开关，放在"自动"位置，设定好温度控制点、极限报警点，然后将仪表拨动开关放在测量位置；④关掉电磁阀两边的截止阀，打开旁通阀，同时打开疏水器旁通阀，放掉管道中的污水，然后按相反顺序关掉旁通阀，打开截止阀；⑤将切换开关置于"手动"位置，按下加热按钮开关，反复进行几次，检查电磁阀开关是否灵活，若无异常现象，将切换开关置于"自动"位置投入使用；⑥待温度升到设定值后，打开排湿系统；⑦待物料干燥合格后，关掉排湿、加热、风机，断开电源，拉出物料，准备下一批物料的操作。

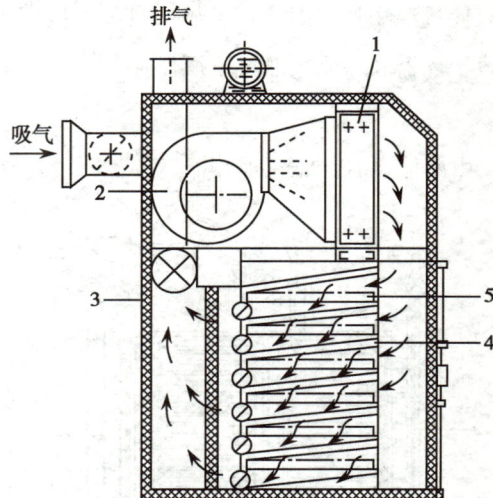

图 8-18　穿流式厢式干燥器
1. 加热器；2. 循环风机；3. 干燥机主体；4. 干燥板层；5. 物料盘

二、流化床干燥器

1. 流化床干燥原理　流化床干燥又称沸腾干燥，是流化技术在干燥过程中的应用。它是利用负压使加热空气向上流动，当气流速度被控制在某一区间值时，湿物料颗粒就会被吸起，但又不会被吸走，处于似沸腾的悬浮状态，即流化状态，称之为流化床。气流速度区间的下限值称为临界流化速度，上限值称为带出速度。处于流化状态时，热气流在湿物料间流过，于动态下与湿物料之间进行传热传质交换，带走湿分，湿物料最终被干燥。

2. 流化床干燥特点　在流化床中，气-固体间的高度混合，使整个床内温度均匀，无局部过热现象；良好的传热传质，加上气-固接触面积大，传热系数可达 $2000 \sim 7000 \mathrm{W/(m^2 \cdot ℃)}$；由于物料颗粒的剧烈跳动，表面的气膜阻力大大减少，热效率可高达 $60\% \sim 80\%$；又由于干燥室密封性好，物料不能与其他机件接触,不会有杂质混入,因而特别适合于制药生产的干燥。

3. 流化床干燥器的类型　流化床干燥器又称沸腾干燥器。从类型看主要分为:单层流化床干燥器、多层流化床干燥器、卧式多室流化床干燥器、塞流式流化床干燥器、振动流化床干燥器、机械搅拌流化床干燥器等。从被干燥的物料来看,大多数的产品为粉状、颗粒状、晶状。被干燥物料的含水率一般为10%~30%,物料颗粒度在120目以内。

（1）单层流化床干燥器:如图8-19所示,由原料输入系统、热空气供给系统、干燥室及空气分布板、气-固分离系统、产品回收系统和控制系统组成。

干燥器工作时,空气经空气过滤器12过滤,由鼓风机11送入加热器10加热至所需温度,经气体分布板喷入流化床9。物料由螺旋加料器（抛料机）7输送到分布板上,随后被热气流吹起,形成流化状态沸腾起来;物料在流化干燥室内悬浮流化,经过一定时间被干燥,大部分干燥后的物料从干燥室旁卸料口排出,部分随尾气从干燥室顶部排出,经旋风除尘器5和袋滤器回收。

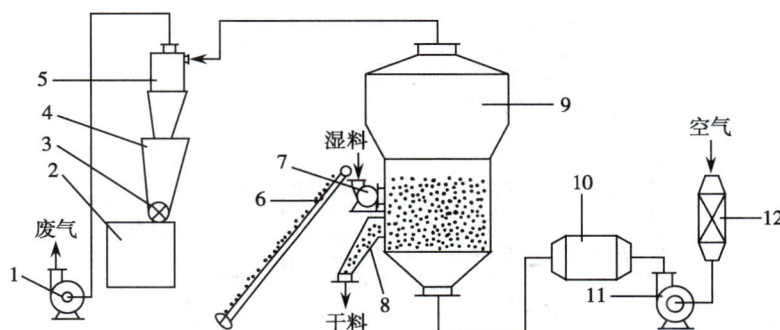

图8-19　单层流化床沸腾干燥流程
1. 排风机;2. 灰仓;3. 星形下料器;4. 集灰斗;5. 旋风除尘器;6. 皮带输送机;
7. 抛料机;8. 卸料管;9. 流化床;10. 加热器;11. 鼓风机;12. 空气过滤器

（2）振动流化床干燥器:振动流化床的流化主要是通过机械的振动形成。如图8-20所示,干燥器由振动电机产生激振力使机器振动,物料在给定方向的激振力作用下跳跃前进,同时从床底输入热风使物料处于流化状态,物料颗粒与热风充分接触,进行剧烈的传热传质过程,此时热效率最高。上腔处于微负压状态,湿空气由引风机引出,干料由排料口排出,从而达到理想的干燥效果。此设备流化均匀,无死角,温度分布均匀,热效率高,振幅可无级调节,可调性好,全封闭结构,可连续作业。适用于颗粒、粉、条、丝梗状物料的干燥,像淀粉、葡萄糖及很多大批量生产的药用中间体均可选用。

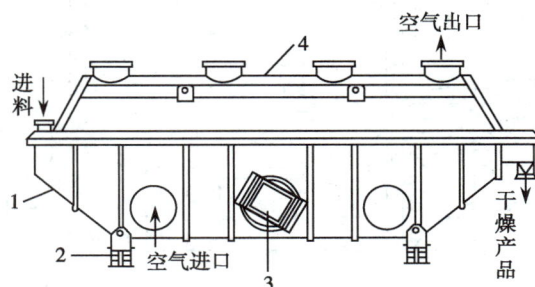

图8-20　振动式流化床干燥机
1. 机体;2. 隔振弹簧;3. 振动电机;4. 上盖

（3）卧式多室流化床干燥器：如图8-21所示，卧式多室流化床干燥器为一长方形箱式流化床，底部为多孔筛板，孔径为1.5~2.0mm。筛板上方有竖向挡板，将流化床分隔成8个小室。每块挡板可上下移动，以调节其与筛板的间距，使物料能逐室通过，到达出料口。每一小室的下部有一进气支管，热空气分别通入各室，各室的温度、湿度和流量均可调节。如第一室中由于物料较湿，热空气量可调大；至最后一室可通入低温空气，冷却产品。每一个室相当于一个流化床，卧式多室流化床相当于多个流化床串联使用。这类干燥器可使每个室内的干燥速率达到最大，且不降低效率或不破坏热敏性物料。

中药湿浸膏制得的软材由摇摆颗粒机制成颗粒，连续加料于干燥机的第①室内，由第①室逐渐向第⑧室移动，干燥后的中间体颗粒由第⑧室卸料口卸出。空气经过滤器到加热器加热后，分别从8个支管进入8个室的下部，通过多孔板进入干燥室，流化干燥中药颗粒。其废气由干燥器顶部排出，经旋风除尘器、袋式除尘器，由引风机排到大气当中。

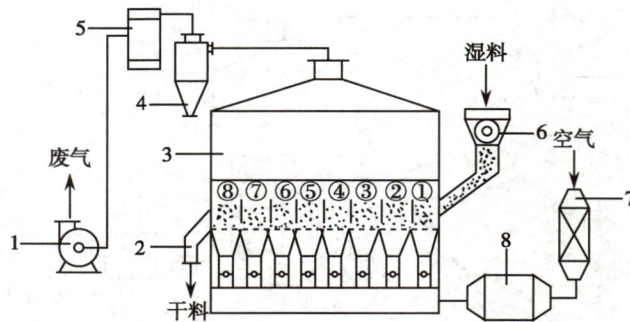

图8-21 卧式多室流化床干燥机
1. 排风机；2. 卸料管；3. 流化床；4. 旋风除尘器；5. 袋式除尘器；
6. 摇摆颗粒机；7. 空气过滤器；8. 加热器

4. FG-120沸腾干燥机

（1）结构：如图8-22所示，主要由流化床（沸腾器）、搅拌桨、上气室、下气室、风机、空气过滤器、换热器、推车、捕集器等组成。

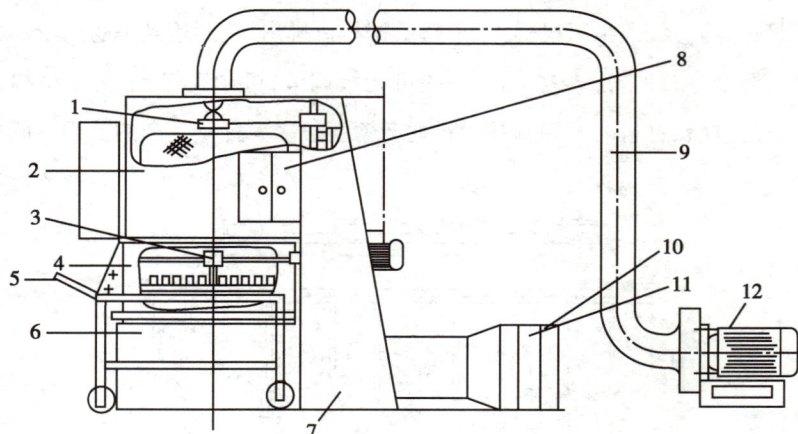

图8-22 FG-120沸腾干燥机
1. 捕集袋架；2. 过滤室；3. 搅拌桨；4. 流化床；5. 推车；6. 机座；7. 支撑；
8. 泄爆口；9. 引风管；10. 空气过滤器；11. 换热器；12. 引风机

整台机器以机身作为主要的支撑件。上部是上气室,室内装有数个捕集袋。含有细粉的热空气通过滤袋的网孔排出时,细粉被捕集下来。机身的下部有两个端面,一个和下气室相连,另一个和加热器的进风管相连。空气经过滤、受热后,通过下气室和机座到达沸腾器。沸腾器与上下气室有一定的间隙,该间隙可通过调节而达到良好的位置。工作前对上、下气室的密封圈充气,使之膨胀而将间隙达到密封状态。容器内装有搅拌机构,其输入转轴的外端装有嵌牙。当容器内盛入物料后,将车推入到位,并使嵌牙与机身牙嵌离合器的牙齿相嵌合,再经上、下气室的密封圈充气密封后,即可进入工作状态。此时,开启风机电源,使容器成负压。热空气由下部冲出,通过分布板、流化床使物料成沸腾运动状态,并经热交换后带走水分。

(2)操作

1)开机前准备:①将捕集袋套在袋架上,一并放入清洁的上气室内,松开定位手柄后摇动手柄使吊杆放下,然后用环螺母将捕集袋架固定在吊杆上,摇动手柄升高到尽头,将袋口边缘四周翻出密封槽外侧,勒紧绳索,打结;②将物料加入盛料器内,检查密封圈内空气是否排空,排空后可将盛料器缓缓推入上、下气室之间,此时盛料器上的定位头与机身上的定位块应该吻合,就位后的盛料器应与密封槽同心;③接通压缩空气气源及电加热电源,开启电气箱的空气开关,面板上的电源指示灯亮;④总进气减压阀压力调至0.5MPa左右,气封减压阀调到0.1MPa,气封压力可根据充气密封情况适当调整,但不得超过0.15MPa,否则密封圈易爆裂;⑤预设进风温度和出风温度(一般出风温度为进风温度的一半),然后切换开关复位,温度调节仪显示实际进风温度;⑥选择"自动/手动"设置。

2)开机操作:①合上"气封"开关,待指示灯亮后观察充气密封圈的鼓胀密封情况,密封后方可操作下步。②启动风机,根据观察窗内物料沸腾情况,转动机顶的手阀调节手柄,控制出风量,以物料沸腾适中为宜。若出风量过大,真空度太高,会产生过激沸腾,使得颗粒易碎,细粉多,且热量损失大,干燥效率低,应将风量调小;若出风量过小,真空度太小,物料难以沸腾,使得物料湿度大、黏度大,不易干燥,应将风量调大。③开动电加热约半分钟后,开动"搅拌",确保搅拌器不伤物料蓬松,待物料接近干燥时,应关闭"搅拌"。④检查物料的干燥程度,在取样口取样,经检测含水量达到标准要求即可。⑤干燥结束时,关闭加热器。⑥待出风口温度下降至室温时,关闭风机。⑦约1分钟后,按振动按钮点动(8~10次),使捕集袋内的物料掉入盛料器内。⑧关闭"气封",待充气密封圈回复原状后,拉出盛料器小车,卸料。

3)操作注意事项:①电气操作顺序:启动为风机开→加热开→搅拌开,停机为加热关→搅拌关→风机关;②手动状态:实际进风温度≥预设进风温度时,自动关闭加热器必须靠人工控制搅拌器和风机的关闭;③自动状态:实际进风温度≥预设进风温度时,加热器自动关闭;实际进风温度≤预设进风温度时,加热器重新启动;实际出风温度≥预设出风温度时,自动关闭搅拌器和风机;④关闭风机后,必须等候约1分钟,再按"振动",确保捕集袋不致在排气未尽的情况下因振动而破损;⑤关闭"气封"后,必须待密封圈完全回复(圈内空气放尽),方可拉出盛料器,否则易损坏充气密封圈。

(3)设备维护与保养:①保证设备各部件完好可靠。②设备外表及内部应洁净,无污物聚集。③定期向各润滑油杯、油嘴加润滑油或润滑脂。④气动系统的空气过滤器应清洁。⑤气动阀活塞应完好可靠。⑥水冲洗系统无泄漏。⑦沸腾干燥机机身和盛料器、沸腾室内壁可用水冲洗或用湿布擦干净,但要防止电器箱受潮、密封圈进水以及气封管路内进水;清洗下气室时水量不能高于进风口,以防加热器和风机受潮。⑧空气过滤器的清洁:该设备容尘量为 1800g,应每隔半年清洗或更换滤材。

三、喷雾干燥器

喷雾干燥是流化技术用于液态物料干燥的一种方法,它是指通过雾化器将物料分散成雾状液滴,在干燥介质(热风)作用下进行热交换,使雾状液滴中的溶剂(通常为水)迅速蒸发,获得粉状或颗粒状制品的干燥过程。喷雾干燥在医药工业、食品工业、化学工业等领域得到广泛应用,最适用于从溶液、乳液、悬浮液和可塑性糊状液体原料中生成粉状、颗粒状或块状固体产品。

▶ **课堂活动**

讨论流化干燥与喷雾干燥的原理及特点有何异同。

1. **结构** 主要包括原料液供给系统、空气加热系统、干燥系统、气-固分离系统及控制系统,其中干燥系统是关键部分,包括雾化器、干燥室等,如图 8-23 所示。

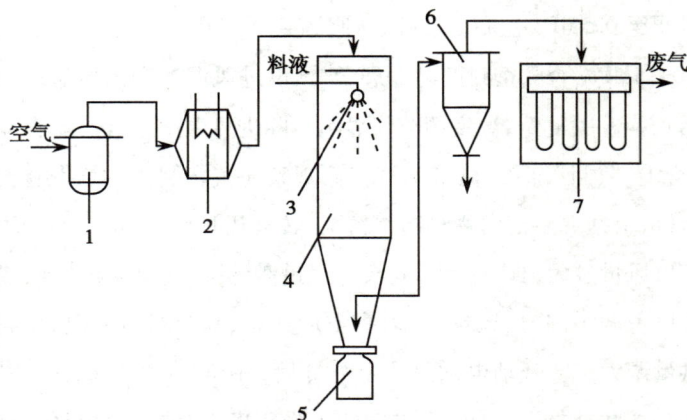

图 8-23 喷雾干燥器
1. 空气过滤器;2. 加热器;3. 喷嘴;4. 干燥器;5. 干料贮器;6. 旋风分离器;7. 袋滤器

2. **工作原理** 喷雾干燥利用雾化器将溶液、乳浊液、悬浮液或膏状料液分裂成细小雾状液滴,其在下落过程中,与热气体接触进行传热传质,瞬间除去大部分水分而成为粉末状或颗粒状的产品。

3. **操作** 首先打开鼓风机,然后开启空气预热器,并按需要设定进气温度,空气经滤过除尘和预热后,自干燥器上部进入干燥塔,待塔内达到规定温度数分钟后,开启输送阀门将料液送到喷嘴,进料量调节必须由小逐渐加大,使料液雾化成液滴,与热空气流接触而被干燥成细粉落入收集器。喷雾正常后 5~10 分钟,可以从收集器内取出干燥物料进行含水量测定,如发现成品含水率高,可适当减小进料量或增加进风温度,反之则可以增加进料量或降低进风温度。料液喷完后,关闭加热器,打开干燥室门,清扫干燥室壁以及喷嘴附近的积粉,最后关闭风机。

喷雾干燥机
操作

四、冷冻干燥器

冷冻干燥,全称为真空冷冻干燥,简称冻干(freeze drying,FD),又称升华干燥、冻结干燥。冷冻干燥是指将被干燥物料低温冻结成固体,然后在低温减压条件下利用水的升华,使物料低温脱水而达到干燥的目的。冷冻干燥得到的产物称为冻干物。

冷冻干燥适宜于热敏性、易水解、易氧化物料及含易挥发成分物料的干燥。制药生产中常用于血浆、血清、抗生素、激素等生物制品和一些蛋白质药品如酶、天花粉蛋白以及需固体贮存而临用前溶解的注射剂等。

1. 冷冻干燥系统的组成 如图 8-24 所示,主要由冷冻干燥箱、制冷系统、加热系统、真空系统和控制及辅助系统等组成。

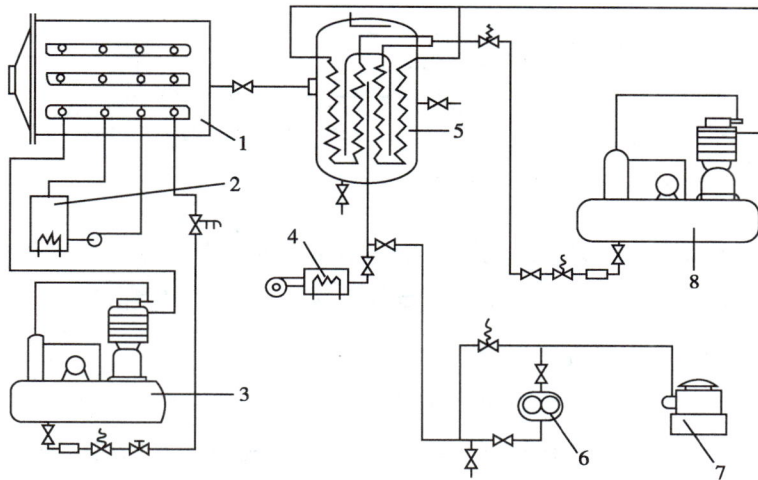

图 8-24 冷冻干燥器
1. 干燥室;2. 加热系统;3,8. 制冷机组;4. 加热器;5. 冷凝器;6. 罗茨泵;7. 旋片式真空泵

冷冻干燥设备的主要配置是冷阱与干燥室配置,分为整体式和分体式两种形式:小型设备一般采用整体式,冷阱直接焊接在干燥室的下部;大中型干燥设备采取分体式,分体式的干燥室和冷阱分开配置,中间用真空管道连接。

加热系统是用于加热冷冻干燥室内的隔板,促使产品升华。它主要有高沸点导热介质加热、电加热和远红外加热 3 种形式。加热器的形状有管式和板式两种。

制冷系统主要由冷冻机组、冷冻干燥室和低温冷凝器内部的管道组成。冷冻机组可以是互相独立的两套,即一套为冷冻干燥室制冷,另一套为低温冷凝器制冷,也可以两者合用一套冷冻机组。进口或国产冷冻干燥设备中广泛使用的制冷系统都是由双级压缩机组构成。

真空系统主要采用低温冷凝器和真空泵构成的真空系统。

2. 原理 冷冻干燥过程实质上就是在低温低压下水的物态变化和移动的过程。水有 3 种聚集态(或称相态),即固态、液态和气态。3 种相态之间达到平衡时必有一定的条件,称为相平衡关系,如图 8-25 所示。图中 *OA*、*OB*、*OC* 分别为熔化、蒸发、升华曲线,三线交点 *O* 为固、液、气三相共存的状态,称为三相平衡点,该点的温度为 0.0098℃,压力为 610.5Pa。曲线 *OC*、*OA*、*OB* 分别表示冰升华成水蒸气、冰融化成水、水气化成水蒸气的转变。当压力低于三相点压力时,不论温度如何变化,液态水都不可能存在,这时如果对冰进行加热,冰只能越过液态直接升华成气态,冷冻干燥就是基于此原理。

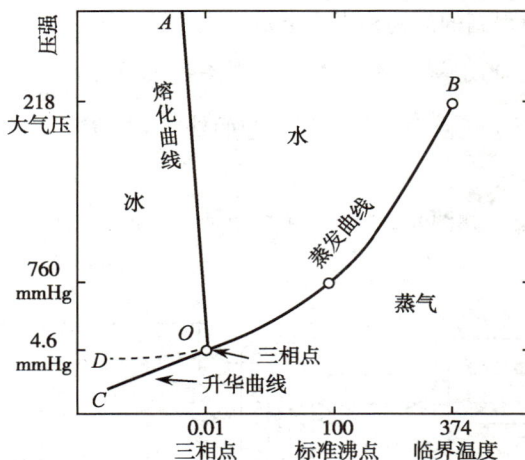

图 8-25　水的三相图

3. 冷冻干燥工艺过程　冷冻干燥工艺过程可划分为 3 个阶段:预冻结、升华干燥和解析干燥。

(1)预冻结:一般情况下,预冻结时使物料温度降低到共熔点以下 10~15℃后,保持一段时间(1~2 小时),以克服溶液的过冷现象,就能使物料完全冻结。

(2)升华干燥:将经预冻结的物料置于密闭的真空干燥器中加热和降压,湿分由固相直接升华为气相,使物料脱去湿分,达到干燥的目的,升华生成的气相则引入冷凝器使其固化而除去。

(3)解析干燥:以较高的真空度和较高的温度,保持 2~3 小时,除去升华阶段残留的吸附湿分,即第二阶段干燥,称为解析干燥。解析干燥后,物料内残留的湿分可降至 0.5%~3%,直至达到干燥要求。

4. 冷冻干燥曲线　在冻干生产中,一般根据每种冷冻干燥机的性能和物料特点,通过实验确定冻干过程各阶段的温度变化,绘制出冷冻干燥曲线,如图 8-26 所示。冻干曲线描述了隔板温度、物料(制品)温度、冷凝器温度与系统真空度随时间的变化关系,它是控制冷冻干燥过程的基本依据。

五、微波干燥器

1. 概念　微波是指频率为 $3\times10^2 \sim 3\times10^5$ MHz、波长为 1mm~1m 之间的电磁波。微波干燥实质上是一种微波介质加热干燥。用于工业加热的微波频率被限定在 915~2450MHz。

2. 微波干燥的原理　是利用微波在快速变化的高频电磁场中与物质分子相互作被吸收而产生热效应,把微波能量直接转换为介质热能,从而达到物料干燥的目的。

微波干燥不仅适用于含水物质,也适用于许多有机溶剂、无机盐类药物的加热干燥,如各种中药

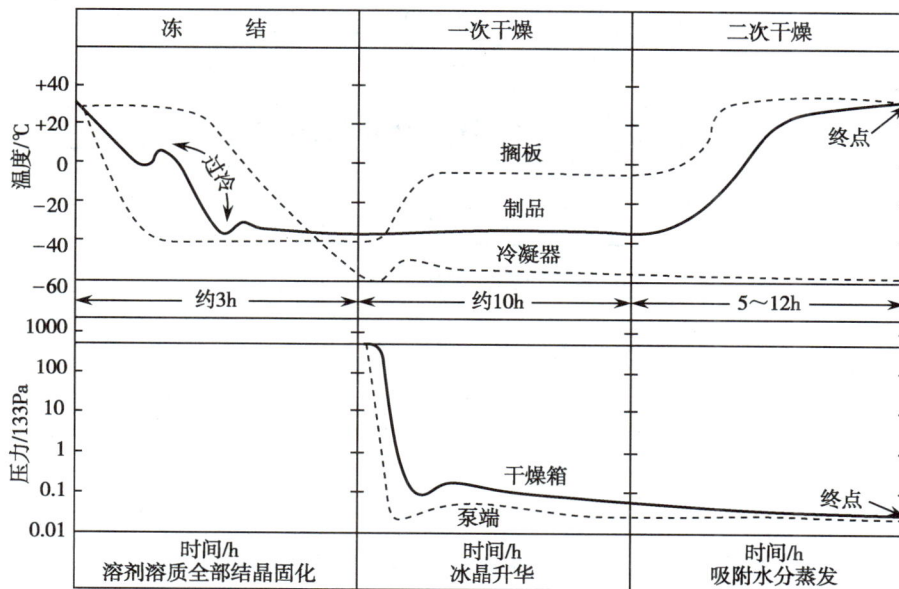

图 8-26　冻干曲线

材的干燥、提取物的干燥等制药中间体的干燥。微波干燥的主要特点有：干燥速度快、物料加热均匀、热效率高、控制灵敏及操作方便。

3. 微波干燥机　微波干燥系统主要由直流电源、微波管、传输线或波导、微波炉及冷却系统等几部分组成，如图 8-27 所示。微波管由直流电源提供高压并转换成微波能量。微波能量通过连接波导传输到微波炉，对干燥物料进行加热干燥。冷却系统用于对微波管的腔体及阴极部分进行冷却，冷却方式可分为风冷或水冷。微波干燥机有箱型、腔型、输送带型、波导型、辐射型等几种型式。图 8-28 是小型的微波箱干燥机。

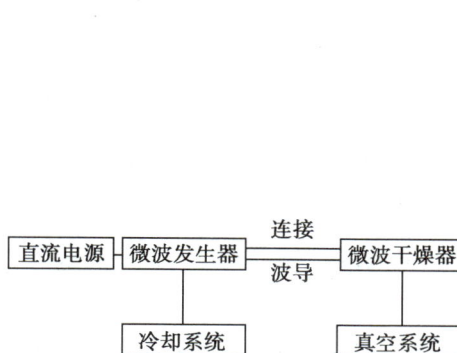

图 8-27　微波干燥系统组成

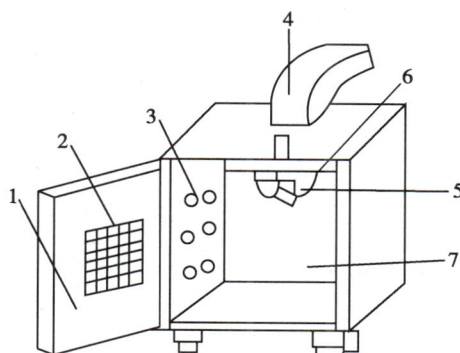

图 8-28　微波箱干燥机
1. 微波箱门；2. 透视观察窗；3. 排湿孔；4. 波导；
5. 搅拌器；6. 反射板；7. 腔体

4. 连续式多谐振腔微波干燥机　如图 8-29 所示，它由输送带传送物料在加热器内连续移动，能实现微波干燥的连续自动化生产。适用于中草药、浸膏及丸剂的干燥和灭菌等。多谐振腔可以得到大的功率容量，在机体的进口和出口设有吸收功率的水负载，以防止微波的泄漏。

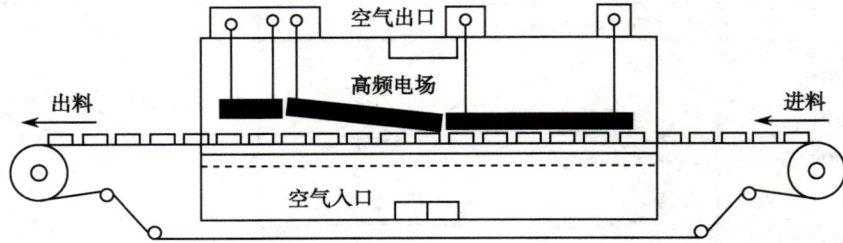

图 8-29 连续式多谐振腔微波干燥机

点滴积累 ∨

1. 厢式干燥设备在中药制剂生产过程中多用于药材、颗粒等的干燥。

2. 干燥设备主要有厢式、沸腾、喷雾、微波、冷冻等类型。

3. 喷雾干燥是流化技术用于液态物料干燥的一种方法，最适用于从溶液、乳液、悬浮液和可塑性糊状液体原料中生成粉状、颗粒状或块状固体产品。

目标检测

一、选择题

（一）单项选择题

1. 升膜式薄膜蒸发器适用于处理( )的蒸发

    A. 热敏性物料   B. 黏度大的料液   C. 浓度大的料液   D. 易结垢的料液

2. 降膜式薄膜蒸发器结构上与升膜式薄膜蒸发器不同的是( )

    A. 加热室   B. 蒸发室   C. 分离器   D. 液体分布器

3. 蒸发器内溶液的滞留量大,致使溶液在高温下停留时间长,不适用于处理热敏性物料,是( )蒸发器的共同缺点

    A. 循环式   B. 外加热式   C. 多效式   D. 膜式

4. 料液同时加入各效,完成液同时从各效引出的是( )

    A. 并流加料法   B. 顺流加料法   C. 逆流加料法   D. 平流加料法

5. ( )蒸发器用于黏度适中、结垢不严重、腐蚀性较小料液

    A. 强制循环式   B. 中央循环管式   C. 外循环式   D. 膜式

6. 对热不甚稳定的浸出液应采用( )

    A. 简单蒸馏   B. 常压蒸馏   C. 减压蒸馏   D. 水蒸气蒸馏

7. 精馏设备的关键部位是( )

    A. 蒸馏釜   B. 精馏塔   C. 冷凝器   D. 真空泵

8. 厢式干燥器不宜用于( )的干燥

    A. 中草药   B. 纤维性物料   C. 热敏性物料   D. 颗粒

9. 喷雾干燥器的关键部位是( )

    A. 加热器   B. 雾化器   C. 分离器   D. 空气过滤器

10. 流化床干燥器适宜处理粒度范围在 0.02~6mm,含水量在(　　)的湿颗粒

    A. 10%~30%　　　　　B. 15%~25%　　　　　C. 20%~30%　　　　　D. 10%~20%

11. 流化床干燥器特别适用于处理(　　)的物料

    A. 含水量大　　　　　B. 湿性粒状且不结块　C. 易结团　　　　　　D. 易粘壁

12. 真空冷冻干燥器适用于(　　)的干燥

    A. 中草药　　　　　　B. 散剂　　　　　　　C. 抗生素制品　　　　D. 颗粒剂

13. 外循环式蒸发器结构上没有(　　)

    A. 加热室　　　　　　B. 蒸发室　　　　　　C. 除沫室　　　　　　D. 精馏室

（二）多项选择题

1. 蒸发在制药过程中应用的目的有(　　)

    A. 药物溶液的浓缩　　B. 结晶　　　　　　　C. 减少溶液体积

    D. 回收溶剂　　　　　E. 喷雾干燥前预处理

2. 蒸发方法主要有(　　)

    A. 常压蒸发　　　　　B. 加压蒸发　　　　　C. 减压蒸发

    D. 恒压蒸发　　　　　E. 薄膜蒸发

3. 常用的循环式蒸发器有(　　)

    A. 中央循环管式蒸发器　B. 外加热式蒸发器　C. 强制循环蒸发器

    D. 盘管式蒸发器　　　E. 列文蒸发器

4. 常用的膜式蒸发器有(　　)

    A. 升膜式蒸发器　　　B. 隔膜蒸发器　　　　C. 降膜式蒸发器

    D. 刮板式薄膜蒸发器　E. 离心薄膜蒸发器

5. 多效蒸发的流程有(　　)

    A. 并流加料法　　　　B. 顺流蒸发法　　　　C. 平流加料法

    D. 多效蒸发法　　　　E. 逆流加料法

6. 按蒸馏方法分有(　　)

    A. 连续蒸馏　　　　　B. 简单蒸馏　　　　　C. 平衡蒸馏

    D. 精馏　　　　　　　E. 特殊蒸馏

7. 按干燥器的热量传递方式可分为(　　)

    A. 对流型　　　　　　B. 传导加热型　　　　C. 辐射加热型

    D. 介电加热型　　　　E. 真空型

8. 流化床干燥器,从类型看主要分为(　　)

    A. 单层流化床干燥器　　　　　　B. 多层流化床干燥器

    C. 卧式多室流化床干燥器　　　　D. 振动流化床干燥器

    E. 机械搅拌流化床干燥器

9. 冷冻干燥系统主要由(　　)等组成

A. 冷冻干燥箱　　　　　　　B. 制冷系统　　　　　　　　C. 加热系统

D. 真空系统　　　　　　　　E. 控制及辅助系统

10. 微波干燥机有(　　　)等几种型式

A. 箱型　　　　　　　　　　B. 腔型　　　　　　　　　　C. 输送带型

D. 波导型　　　　　　　　　E. 辐射型

二、简答题

1. 简述中央循环管式蒸发器进行蒸发浓缩时的操作过程。

2. 简述升膜式蒸发器的工作原理。

3. 简述减压蒸馏操作时的注意事项。

4. 简述平流厢式干燥器的原理。

5. 简述冷冻干燥工艺过程。

项目八习题

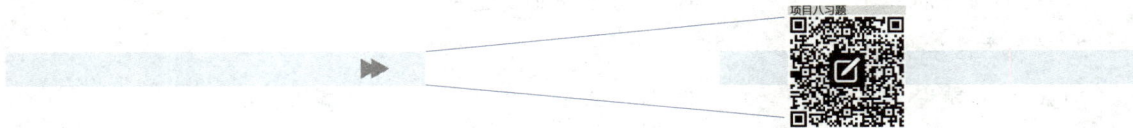

实训六　制药企业蒸发、蒸馏与干燥设备实践

【实训目的】

1. 掌握蒸发、蒸馏和干燥设备的操作、清洁、维护与保养规程。

2. 熟悉常用蒸发、蒸馏和干燥设备的类型、结构、工作原理。

3. 了解蒸发、蒸馏和干燥车间的环境及通风要求。

【实训内容】

1. 观察蒸发、蒸馏和干燥设备的结构、性能、工艺布局及安装环境。

2. 听取技术人员的讲解,熟悉蒸发、蒸馏和干燥设备的原理、操作与维护方法。

3. 学习蒸发、蒸馏和干燥设备的标准操作规程、清洁规程、维护保养规程及相应的规章制度。

4. 了解蒸发、蒸馏和干燥设备的验证文件,了解设备的验证方法。

【实训步骤】

1. 实践前,认真复习教材中蒸发、蒸馏和干燥的理论内容,查阅制药企业常用蒸发、蒸馏和干燥设备的相关资料。

2. 实践时,认真听取制药企业技术人员的讲解,做好笔记;实践过程中严格遵守厂方的规章制度、纪律要求,服从安排。

3. 实践后,写出所看见的蒸发、蒸馏和干燥设备,分组讨论常用蒸发、蒸馏和干燥的结构、原理、使用操作方法。

4. 根据目标要求,结合实践内容,写出实践报告。

【实训思考题】

1. 试述所实践的制药企业常用蒸发、蒸馏和干燥设备的工作原理、结构和使用注意事项。

2. 简述所实践制药企业的蒸发、蒸馏和干燥设备工作岗位的操作规程、岗位制度。

【实训测试】

根据学生实践报告、实践现场表现和思考题完成情况进行考核。实践报告格式见附录三。

（龚道锋）

项目九

制药用水生产设备

项目九PPT

导学情景 ∨

情景描述：

　　自然界湖泊里的水与制药车间所用的水、日常生活中所用的饮用水、医院配制药剂所用的水，它们之间有什么区别？它们分别是如何得到的呢？

学前导语：

　　制药用水根据使用的范围不同，分为饮用水、纯化水、注射用水及灭菌注射用水，它们的制备方法及质量要求均不同。

❖ 概述

　　《中国药典》（2015 年版）规定，制药用水根据使用的范围不同分为饮用水、纯化水、注射用水及灭菌注射用水。制药用水的原水通常为饮用水，为天然水经净化处理所得的水，其质量必须符合中华人民共和国国家标准 GB5749-2006《生活饮用水卫生标准》。制药用水的制备从生产设计、材质选择、制备过程、贮存、分配和使用均应符合药品生产质量管理规范的要求。

ER-9-1

扫一扫，知重点

　　1. **饮用水**　饮用水通常有自来水和天然水，为达到饮用标准的水。饮用水可作为药材净制时的漂洗、制药用具的粗洗用水。除另有规定外，也可作为中药材的提取溶剂。

　　2. **纯化水**　纯化水为饮用水经蒸馏法、离子交换法、反渗透法或其他适宜的方法制备的制药用水，不含任何添加剂。纯化水可作为配制普通药物制剂用的溶剂或试验用水；可作为中药注射剂、滴眼剂等灭菌制剂所用药材的提取溶剂；口服、外用制剂配制用溶剂或稀释剂；非灭菌制剂用器具的精洗用水；也用作非灭菌制剂所用药材的提取溶剂。纯化水不得用于注射剂的配制与稀释。

　　3. **注射用水**　注射用水为纯化水经蒸馏所得的水。注射用水可作为配制注射剂用的溶剂或稀释剂及注射用容器的精洗；也可作为滴眼剂配制的溶剂。

　　4. **灭菌注射用水**　灭菌注射用水为注射用水按照注射剂生产工艺制备所得。主要用于注射用无菌粉末的溶剂或注射剂的稀释剂。

▶ 课堂活动

　　你认为注射用水与灭菌注射用水之间有何区别和联系？

任务 9-1 纯化水设备

一、离子交换制水设备

离子交换法除盐一般用于电渗析或反渗透等除盐设备之后,将盐类去除至纯化水要求,出水电阻率可控制在 $1\sim18M\Omega\cdot cm$ 之间。离子交换设备分有机玻璃柱和钢衬胶柱体两种,一般以阳柱、阴柱、混合柱顺序配置,一般装填的树脂为凝胶型苯乙烯系强酸、强碱树脂,型号为 0017 和 2017。

1. 基本原理 离子交换法是利用阴、阳离子交换树脂中含有的氢氧根离子和氢离子与原水中的电解质离解出的阴、阳离子进行交换,原水中的离子被吸附在树脂上,而从树脂上交换下来的氢离子和氢氧根离子则结合成水,故达到了去除水中盐的作用。

离子交换法的主要特点:设备简单,节约能源与冷却水,成本低;所得水化学纯度较高,对热原和细菌也有一定的清除作用;对新树脂需要进行预处理,老化后的树脂需要再生处理,消耗大量的酸碱。

2. 运行操作 阴、阳单床和混床操作管路如图 9-1 和图 9-2 所示。

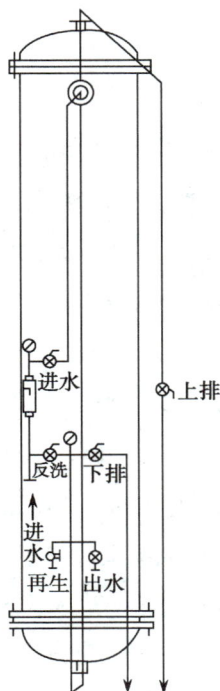

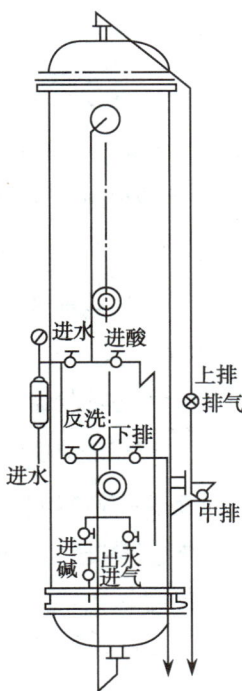

图 9-1 阴、阳单床操作管路图　　图 9-2 混床操作管路图

打开全部排气阀,依次进行如下操作:开阳床进水阀并调节其流量,阳床排气阀出水→开阳床出水阀,开阴床进水阀→关阳床排气阀,阴床排气阀出水→开阴床出水阀,开混床进水阀→关阴床排气阀,混床排气阀出水→开混床下排阀→检测水质合格后→开混床出水阀,送出合格水,再关下排阀。

若交换柱以阳、阴、阴阳混床组合,则中间重复一次阴床操作过程即可。此操作特点考虑了水时刻有出路,避免柱内压力急剧升高引起柱体损坏。

当离子交换树脂达到交换终点后,需要进行离子交换树脂的再生操作。离子交换树脂的再生分为同时再生和适时再生两种方式。所有树脂都同时达到了交换终点则可同时进行再生。但实际生产过程中,离子交换柱一般不会同时失效,再生工作随时都有可能进行。

> **知识链接**
>
> 离子交换树脂
>
> 　　离子交换树脂使用一段时间后,吸附的杂质接近饱和状态,就要进行再生处理,用化学药剂将树脂所吸附的离子和其他杂质洗脱除去,使之恢复原来的组成和性能。在实际运用中,为降低再生费用,要适当控制再生剂用量,使树脂的性能恢复到最经济合理的再生水平,通常控制性能恢复程度为 70%～80%。如果要达到更高的再生水平,则再生剂量要大量增加,再生剂的利用率则下降。
>
> 　　树脂的再生应当根据树脂的种类、特性,以及运行的经济性,选择适当的再生药剂和工作条件。再生剂的种类应根据树脂的离子类型来选用,并适当地选择价格较低的酸、碱或盐。例如:钠型强酸性阳树脂可用 10% NaCl 溶液再生,用药量为其交换容量的 2 倍;氢型强酸性树脂用强酸再生,用硫酸时要防止被树脂吸附的钙与硫酸反应生成硫酸钙沉淀物。为此,宜先通入 1%～2% 的稀硫酸再生。

二、电渗析制水设备

1. 工作原理　电渗析(electric dialysis,ED)是利用直流电场的作用使水中阴、阳离子定向迁移,并利用阴、阳离子交换膜对水溶液中阴、阳离子的选择透过性,使原水在通过电渗析器时,一部分水被淡化,另一部分则被浓缩,从而达到了分离溶质和溶剂的目的。其特点是除盐率比较任意;消耗电量很低;不消耗酸碱,对环境无污染;装置设计灵活、使用寿命长、操作维修方便;但制得的水电阻率较低,一般在 5 万～10 万 $\Omega \cdot cm$。

2. 主要结构　如图9-3所示,电渗析器主要由隔板、离子交换膜、电极等部件组成。离子交换膜对电解质离子具有选择透过性:阳离子交换膜(简称阳膜)只能通过阳离子,同样阴离子交换膜(简称阴膜)只能通过阴离子,在外加直流电场作用下,水中离子作定向迁移以达到淡化和浓缩的目的。

在两极间,由阴、阳离子交换膜和隔板多组交替排列,构成浓室(1、3、5)和淡室(2、4、6)。在直流电场作用下,2、4、6室中水中阳离子向负电极方向迁移,通过阳膜进入3、5和极室,阴离子向正极方向迁移,通过阴膜进入1、3、5室,这样2、4、6室出来的水就减少了阴、阳离子数而成为淡水。1、3、5室水中的阳离子向负极方向迁移时遇到阴膜受阻,阴离子向正电极方向迁移时遇到阳膜受阻,这样本室的离子迁移不出,而邻室阴、阳离子源源不断涌入,故称为浓缩水(浓水)。在正、负两个电极端的仓室里阴离子和阳离子的浓度增加且不为电中性,故称为极水。

3. 电渗析器操作注意事项

(1)开车时先通水后通电,停车时先停电后停水;

(2)开车或停车时,要同时缓缓开启或关闭浓、淡、极水阀门,以保证膜两侧受压均匀;

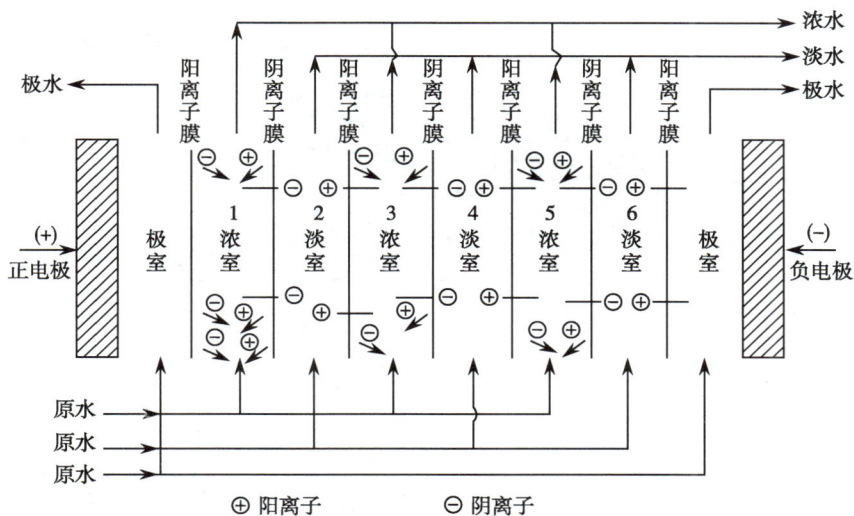

图 9-3 电渗析除盐原理

（3）淡水压可略高于极水压力（一般高 0.01~0.02MPa）；

（4）要缓缓开、闭阀门，防止突然升高或降压、致使膜堆变形；

（5）化学清洗（酸洗或碱洗）绝对不能开整流器；

（6）电渗析通电后膜上有电，切勿碰、摸膜堆，以免触电或损坏膜堆；

（7）进电渗析器水的压力不得大于 0.3MPa。

三、反渗透制水设备

1. 工作原理 反渗透（reverse osmosis，RO）是以压力为推动力，利用反渗透膜只能透过水而不能透过溶质的选择透过性，从浓水中提取纯水的物质分离过程。用反渗透法制备纯化水常用的膜有醋酸纤维膜和聚酰胺膜。

知识链接

反渗透原理

当把相同体积的稀溶液和浓溶液分别置于一容器的两侧，中间用半透膜阻隔，稀溶液中的溶剂将自然地穿过半透膜，向浓溶液侧流动，浓溶液侧的液面会比稀溶液的液面高出一定高度，形成一个压力差，达到渗透平衡状态，此种压力差即为渗透压。若在浓溶液侧施加一个大于渗透压的压力时，浓溶液中的溶剂会向稀溶液流动，此种溶剂的流动方向与原来渗透的方向相反，这一过程称为反渗透。

2. 反渗透装置 反渗透装置主要有板框式、管式（管束式）、螺旋卷式及中空纤维式四种类型。对装置的共同要求是：对膜能提供合适的机械支撑；能将高压浓水和纯水良好地分隔开；在最小消耗能量的情况下，维持高压浓水在膜面上均匀分布和良好流动状态以减少浓度差极化；单位体积中膜的有效面积要大；便于膜的装拆，装置牢固、安全可靠、价格低廉、制造与维修方便。中空纤维式反渗透装置结构如图 9-4 所示。

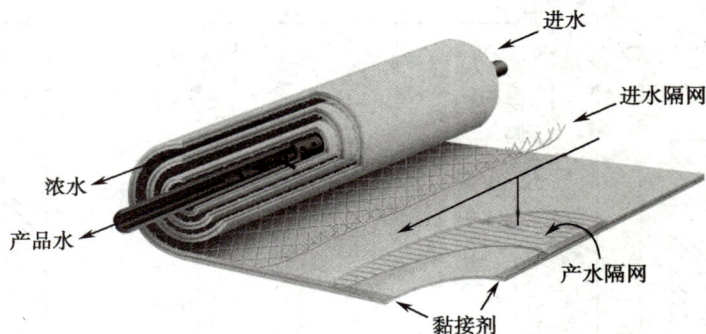

图 9-4　反渗透装置组件

3. 二级反渗透系统

（1）工艺流程：反渗透法制备纯化水一般采用二级流程才能彻底地除尽原水中的杂质，使引出的纯水符合制药用水的质量标准。二级反渗透装置制备纯化水根据实际情况选择不同的工艺流程：

1）二级反渗透：原水→多介质过滤器→活性炭过滤器→软化器→精密过滤器→保安过滤器→一级反渗透→二级反渗透→紫外线杀菌器→纯化水。

2）二级反渗透+离子交换：原水→多介质过滤器→活性炭过滤器→软化器→精密过滤器→保安过滤器→一级反渗透→二级反渗透→阳床→阴床→混合床→紫外线杀菌器→纯化水。

3）二级反渗透+EDI（电去离子技术）：原水→多介质过滤器→活性炭过滤器→软化器→精密过滤器→保安过滤器→一级反渗透→二级反渗透→EDI→紫外线杀菌器→纯化水。

（2）预处理：预处理包括多介质过滤、活性炭过滤、软化处理、精密过滤和保安过滤。

多介质过滤主要是滤出水中的悬浮性物质。多介质过滤器使用前要进行反洗和正洗，运行时多介质过滤器内必须完全充满水。多介质过滤器每运行 2 天，需反洗 1~2 次（先反洗后正洗，正洗完毕后再运行）。

活性炭过滤器主要是滤出水中的有机物、胶体物质和除氯。活性炭过滤器使用前要进行反洗和正洗，运行时活性炭过滤器内必须完全充满水。活性炭过滤器每运行 2 天，需反洗、正洗 1~2 次（先反洗后正洗）。因复合膜不耐余氯，炭过滤器是除余氯，因此绝不能用未经过炭过滤器的水进入反渗透膜，否则膜的损坏无法恢复。

软化处理是去除原水中易于沉积在 RO 膜上的钙、镁离子。软化法是利用离子交换树脂与水中的钙镁离子进行交换，将水中的钙镁离子去除。软化器能自动完成反洗、再生、冲洗、运行工作。

精密过滤是采用 3~5μm 的精密滤芯，滤出 5μm 以上的粒子。精密过滤器的滤芯一般 90 天或每个过滤器的压力下降大于 0.1MPa 时更换或清洗一次。

保安过滤是原水过滤的最后一道屏障，保安过滤器是保障处理系统安全的过滤器，又称滤芯过滤器。一般情况下保安过滤器放置在石英砂、活性炭、树脂等之后，是去除大颗粒杂质的最后保障，以防止反渗透膜被损坏。其实从广义来讲，精密过滤器也属于保安过滤器。

保安过滤器的滤芯一般 90 天或每个过滤器的压力下降大于 0.1MPa 时更换或清洗一次。滤芯的清洗方法：3%~5%NaOH 泡 12 小时以上，冲洗干净，再用 3%~5% 盐酸泡 12 小时以上，冲洗干净，晾干待用。

（3）反渗透装置操作

1）运行操作：当反渗透运行时，打开电源开关，启动运行按钮，反渗透可编程控器（PLC）发出工作指令，高压泵自动开启，相应的工作阀门打开运行，机上的仪表开始进入工作状态，检查各工作点是否有异常情况（故障指示灯正常时均不亮），如无异常反渗透即投入正常运行。

2）关机操作：分为正常关机和非正常关机两种情况。①系统正常关机：停机前首先缓慢开大浓水阀，随后用 RO 水低压（约 0.3~0.5MPa）冲洗膜元件，5 分钟左右，至浓水电导率达到进水电导率后，关闭高压泵电源及所有运行阀门，保证设备必须注满水，设备进入关机状态；②系统非正常关机：若遇紧急特殊情况，如突然停电、停水或无法估计的事件发生，则首先关高压泵，依次关纯水泵、药泵、原水泵，随后关电源，然后关所有的阀门和水源。

3）系统清洗：当产水量比初始降低 10%~20% 或脱盐率下降 10% 时，须对系统进行清洗。常用清洗液为柠檬酸，用反渗透水配制，柠檬酸约 2% 浓度，用分析纯氨调节 pH 至 3.0。

4）停机操作：①当工作结束后，按开机操作反向关机；②取下运行标志牌，按照相应清洁标准操作规程进行清洁检查，合格后，挂上"清洁合格证"状态标志牌。

4. EDI 单元

（1）工作原理：电去离子技术（electrode ionization，EDI）实际上是在电渗析器的淡水室中填入混床树脂，其结构如图 9-5 所示。EDI 装置将离子交换树脂充夹在阴/阳离子交换膜之间形成 EDI 单元。EDI 单元中间充填了离子交换树脂的间隔为淡水室。EDI 单元中阴离子交换膜只允许阴离子透过，不允许阳离子透过；而阳离子交换膜只允许阳离子透过，不允许阴离子透过。

在 EDI 中，既有离子交换的工作过程，又有电渗析的工作过程，还有树脂的再生过程，这三个过程同时发生，使得 EDI 能够连续、稳定地实现水的深度脱盐，提供高纯水或者超纯水。目前 EDI 技术适合于低含盐量水溶液的深度脱盐，通常是作为反渗透的后级处理工艺，提供产水电阻率在 5~16MΩ·cm 的高纯水及超纯水。

EDI 技术制水特点：纯度高，出水水质电阻率高且稳定；连续运行及自动再生，可 24 小时不间断供水；无需酸碱处理，更无酸碱废水处理问题；运行成本低，操作简单及维护方便；占地空间小，模块式组合可扩充。

（2）工艺流程：常见的有二级反渗透+EDI 制水系统工艺，如图 9-6 所示。原水→多介质过滤器→活性炭过滤器→软化器→保安过滤器→一级反渗透→二级反渗透→EDI→紫外线杀菌器→纯化水。

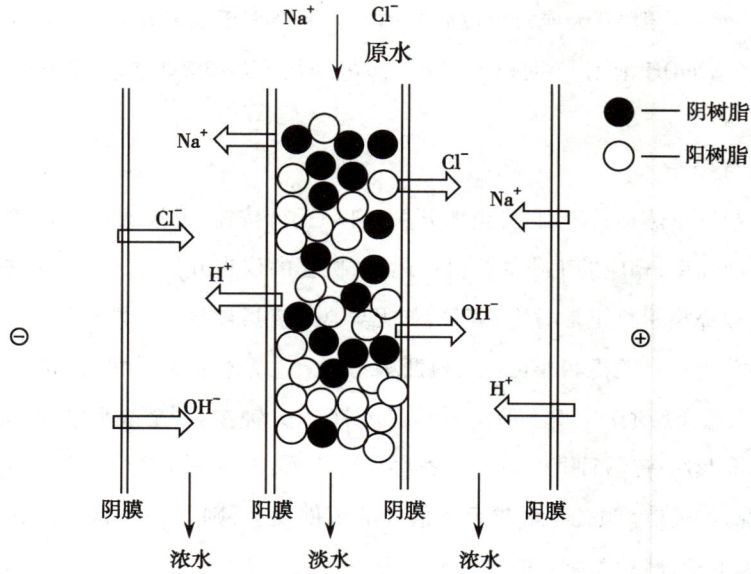

图 9-5 EDI 工作原理图

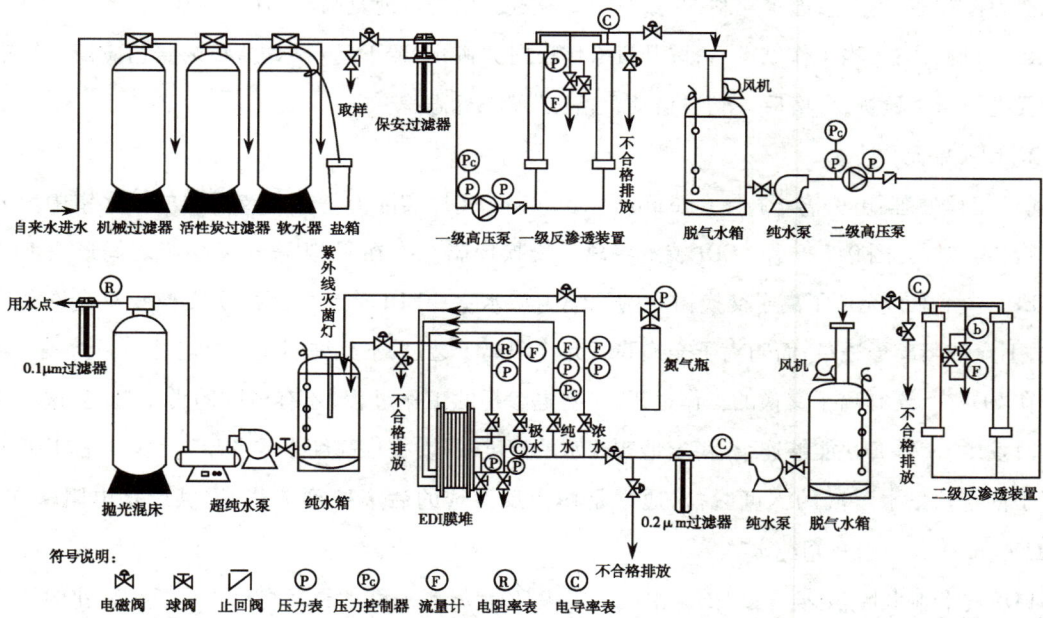

图 9-6 EDI 制水系统组成简图

点滴积累 ∨

1. 制备纯化水的设备主要包括离子交换制水设备、电渗析制水设备、反渗透制水设备和 EDI 单元等。

2. 离子交换设备通常以阳柱、阴柱、混合柱顺序配置，装填的树脂一般为凝胶型苯乙烯系强酸、强碱树脂。

3. 反渗透法制备纯化水采用二级流程彻底地除尽原水中的杂质，使引出的纯水符合制药用水的质量标准。

任务 9-2 注射用水设备

一、注射用水的工艺流程

（一）注射用水定义

注射用水为纯化水经蒸馏所得的水。注射用水可作为配制注射剂、滴眼剂等的溶剂或稀释剂及容器的精洗。

▶ **课堂活动**

请查阅《中国药典》，看看我国药典规定注射用水必须用什么方法制备得到？

（二）注射用水的工艺流程

注射用水应符合细菌内毒素试验要求，所以注射用水必须在防止产生细菌内毒素的设计条件下生产、贮藏及分装。为了提高注射用水的质量，普遍采用综合法制备注射用水。组合工艺流程有多种，现介绍几种流程如下：

1. 离子交换树脂法　自来水→多介质过滤器→阳离子树脂床→阴离子树脂床→混合树脂床→膜滤→多效蒸馏水器或气压蒸馏水机→热贮水器→注射用水。

2. 电渗析-离子交换树脂法　自来水→砂滤器→活性炭过滤器→细过滤器（膜滤）→电渗析装置→阳离子树脂床→脱气塔→阴离子树脂床→混合树脂床→多效蒸馏水机或气压蒸馏水机→热贮水器→注射用水。

3. 反渗透-离子交换树脂法　自来水→多介质过滤器→活性炭过滤器→软化器→精密过滤器→保安过滤器→一级反渗透→二级反渗透→紫外线杀菌器→多效蒸馏水机或气压式蒸馏水机→热贮水器→注射用水。

知识链接

中美药典对注射用水制备工艺的要求

中美两国药典对注射用水的制备工艺均有限定条件，如美国药典明确规定注射用水的制备工艺只能是蒸馏及反渗透，并不要求企业必须用纯化水为源水来制备注射用水。它对水质的控制绝不局限于以往的项目及指标上，而是延伸到了系统的设计、建造、验证及运行监控等各个方面。而《中国药典》（2015 版）则规定注射用水的生产工艺必须是蒸馏，这与国内反渗透器的质量现状有关。应当指出，不同的蒸馏水机对源水要求不同，不同型号的蒸馏水机，由于性能上的差异，它们可以分别以纯化水、去离子水、深度软水为源水，制备得到符合标准的注射用水。这些是中美两国根据本国的实际情况用以保证注射用水质量的必要条件。

二、气压式蒸馏水器

1. 基本结构 气压式蒸馏水器又称热压式蒸馏水器,如图9-7所示,其结构主要由自动进水器、蒸馏水换热器、不凝气换热器、蒸发冷凝器、蒸汽压缩机、循环罐、泵等组成。

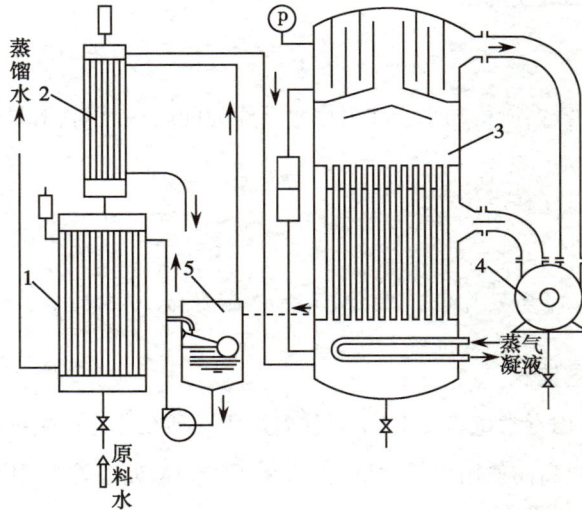

图9-7 气压式蒸馏水器
1. 蒸馏水换热器;2. 不凝气换热器;3. 蒸发冷凝器;4. 蒸汽压缩机;5. 循环罐

2. 工作原理 将进料水加热,使其沸腾汽化,产生二次蒸汽;把二次蒸汽压缩,其压强、温度同时升高;再使压缩的蒸汽冷凝,其冷凝液就是所制备的蒸馏水,蒸汽冷凝所放出的潜热作为加热原水的热源使用。

3. 基本操作 进料水以0.2~0.3MPa的压力经蒸馏水换热器1及不凝气换热器2,被预热后进入蒸发冷凝器3内,在蒸发管中被外来蒸汽加热蒸发形成纯蒸汽(105℃)。纯蒸汽由蒸发冷凝器3上部,除去其中夹带的雾沫和杂质,进入蒸汽压缩机4被压缩,被压缩的纯蒸汽(二次蒸汽),其温度升高到120℃,将该高温压缩蒸汽再送回到蒸发冷凝器3中蒸发管的外侧,作为热源加热蒸发管内侧的进料水,其本身被冷却形成蒸馏水。蒸馏水经循环罐5用泵打入蒸馏水换热器1,加热进料水,纯净的蒸馏水由蒸馏水出口排出。不凝性气体经不凝气换热器2冷却后排入大气,除去其中的不凝性气体CO_2、NH_3等。蒸发管内的进料水被压缩蒸汽加热后形成蒸汽,又重复前面过程。整个生产流程只需消耗蒸汽压缩机的电能及蒸发冷凝器补充加热用的少量蒸汽热量。

4. 主要特点 在制备蒸馏水的整个生产过程中不需用冷凝水;热交换器具有回收蒸馏水中余热的作用,同时对源水进行预热;从二次蒸汽经过净化、压缩、冷凝等过程,在高温下停留45分钟,可以保证蒸馏水无菌、无热原;自动型的气压式蒸馏水机,当机器运行正常后,即可实现自动控制;产水量大,工业用气压式蒸馏水机的产水量为0.5m³/h以上,最高可达10m³/h,耗汽量很少,具有很高的节能效果,但价格较高。

三、多效蒸馏水器

1. 特点与分类 多效蒸馏水器的特点是耗能低、产量高、质量优,并有自动控制系统,是近年发展起来的制备注射用水的重要设备。多效蒸馏水器又可分为列管式、盘管式和板式三种型式。列管式多效蒸馏水器是采用列管式的多效蒸发制取蒸馏水,盘管式多效蒸馏水器是采用盘管式多效蒸发来制取蒸馏水。因各效重叠排列,又称塔式多效蒸馏水器,蒸发器是属于蛇管降膜蒸发器,板式现尚未广泛使用。多效蒸馏水器的效数多为 3~5 效,5 效以上时蒸汽耗量降低不明显。

2. 基本结构　列管式五效蒸馏水器主要由五只降膜式列管蒸发器(简称为塔),内置发夹形换热器,一台冷凝器,以及机架、水泵、控制柜等组成。五只换热器分别在五只塔内,塔内的结构分为两部分:加热室及蒸发室,加热室由多根管子的外壁及塔芯组成;蒸发室由多根管子的内壁及塔体组成。在蒸发室内装有螺旋板,它的作用是除去蒸汽中的液滴。冷凝器内装有冷凝水管和进料水管。五只塔和冷凝器,由进料水管、蒸汽管及冷凝水管等连接在一起安装在机架上组成一台蒸馏水器主体,控制柜在主机旁单独安装。

　　单效降膜式列管蒸发器结构如图 9-8 所示。进料水从 1 进入蒸发器内,外来的加热蒸汽(165℃)从 2 进入列管间将进料水蒸发,加热蒸汽冷凝后形成冷凝水从 3 排出。生成的蒸汽(又称二次蒸汽)自下部排出,再沿由内胆与分离筒 7 间的螺旋叶片旋转向上运动,蒸汽中夹带的液滴被分离,在分离筒内壁形成水层,经疏水环流至分离筒 7 与外壳构成的疏水通道,下流汇集于器底。蒸汽继续上升至分离筒顶端,从蒸汽出口 5 排出。蒸发器内还有发夹形换热器 6,用以预热进料水。

3. 工作原理　多效蒸馏水器由多个蒸馏水器串接而成,通过多效蒸发、冷凝的办法分段截留,去除各种杂质,可制得高质量的蒸馏水,热量得到充分利用,大大节省蒸汽和冷凝水。纯化水经过多级加压后首先进入冷凝器,然后纯化水在密闭的串联管道里流动并被冷凝器筒体里的五效二次蒸汽加热后进入五效预热器,被进一步加热后出五效预热器进入四效预热器。同理,纯化水依次通过三至一效的预热器并被加热,最后纯化水出一效预热器时进入一效蒸发器筒体内可以进行喷淋。纯化水在一效筒体

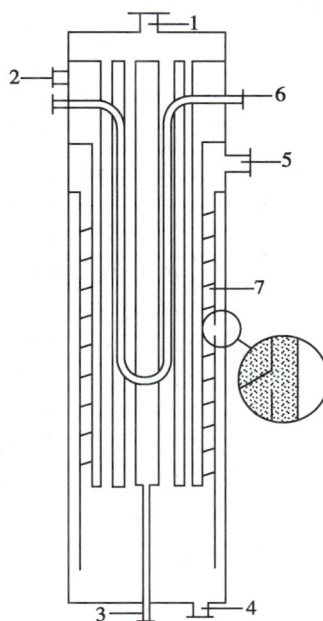

图 9-8　降膜式列管蒸发器
1. 进料水;2. 加热蒸汽;3. 冷凝水;
4. 排放水;5. 纯蒸汽;6. 发夹形换热器;7. 分离筒

内部进行降膜蒸发,即高温纯化水在膜状下降的过程中被一效筒体里的蒸汽加热产生二次蒸汽,产生的二次蒸汽随未蒸发的纯化水顺列管内壁下降,未蒸发的纯化水会聚到一效蒸发器底部并通过一效相对于二效的高压力将剩余纯化水送入二效继续进行降膜蒸发,产生的二次蒸汽在一效底部会聚后通过重力分离,丝网分离除去夹杂的含有热原等杂质的大小液滴后变成纯净的高温纯蒸汽后,再通过内部的导汽槽进入筒体的上部,在上部再进入二效的蒸发器筒体内继续作为二效的加热蒸汽,加热后凝结为蒸馏水依次向后面各效传递。后面各效的工作原理与一效工作原理相同。五效的二次蒸汽进入冷凝器,五效筒体内部的蒸馏水进入冷凝器筒体下部,和五效的二次蒸汽冷凝后的五效蒸馏水汇合流出冷凝器成为设备的总蒸馏水产量。五效筒体底部的剩余纯化水已经成为富含杂质的浓缩水而被排掉。

　　五效列管式蒸馏水器操作过程如图9-9所示。进料水进入冷凝器吸收热量,经各蒸发器内的发夹形换热器进行预热,最终被加热至142℃进入蒸发器1。外来的加热蒸汽(165℃)从蒸发器1蒸汽进口进入管间,加热进料水后,形成冷凝水从冷凝水排放口排出。蒸发器1内的进料水约有30%被加热蒸发,生成的二次蒸汽(141℃)作为热源从纯蒸汽出口排出进入蒸发器2。蒸馏器1内的进料水也从排放水口进入蒸发器2(130℃)。

　　在蒸发器2内,进料水再次被蒸发,而纯蒸汽全部冷凝为蒸馏水,从底部排放水口进入蒸发器3。再次蒸发产生的二次蒸汽(130℃)作为热源从纯蒸汽出口排出进入蒸发器3。

　　蒸发器3~5均以同一原理以此类推。最后从蒸发器5出来的蒸馏水与纯蒸汽全部引入冷凝器,被进料水和冷却水所冷凝。蒸馏水从蒸馏水出口流出,温度为97~99℃。进料水经蒸发后形成含有杂质的浓缩水从蒸发器5底部废水排出口排出。另外,冷凝器顶部也排出不凝性气体。

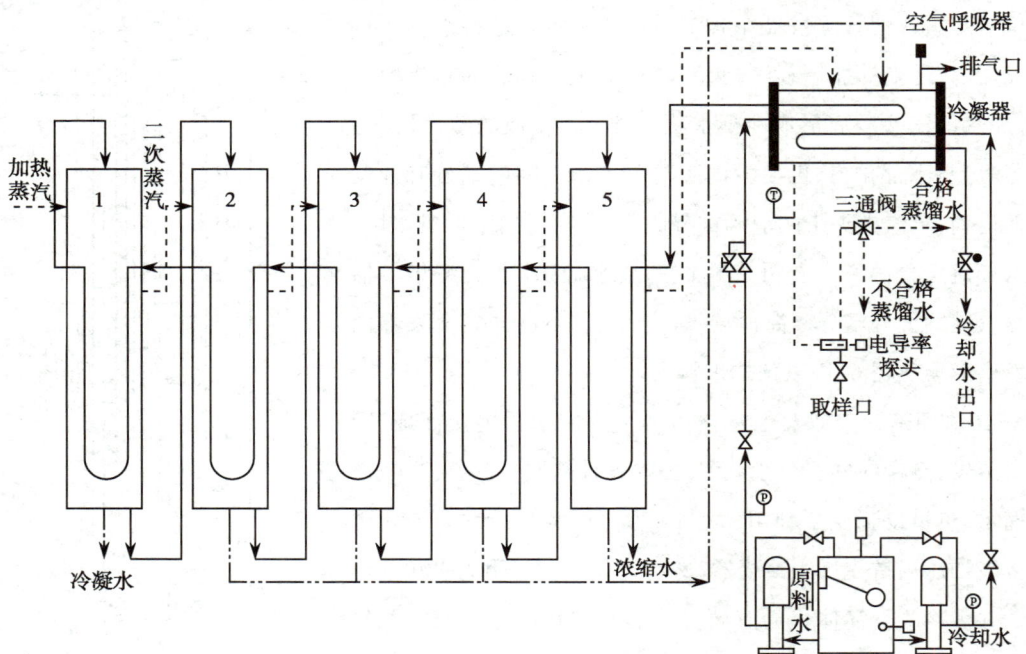

图9-9　五效蒸馏水器工作原理

▶▶ 边学边练

　　1. 能正确说出多效蒸馏水器的各部分结构名称;

　　2. 会正确按照操作规程操作设备。

4. 自动操作程序

　　(1)预热及准备工作:将蒸汽管道中冷凝水排放干净的干燥饱和蒸汽,送入蒸馏水器的加热蒸汽管道,打开各蒸馏塔下部排水阀,排净各蒸馏塔内部积水,随后关闭各排水阀,打开最后一塔下部排污手阀,等待原料水进入机器。打开疏水器旁路阀,排尽结水,慢慢打开加热蒸汽操作手阀至蒸汽压力达到0.3MPa,预热数分钟后,关闭该旁路阀,开大蒸汽手阀使进蒸馏水器的加热蒸汽压力达到0.4MPa以上,压缩空气大于0.4MPa送入机器。

（2）开机：打开操作台上电锁，选择菜单，再选择手动/自动操作，再按一下手动钮切换到自动状态，按下启动钮使其灯变绿，蒸馏水器将按预定程序进行自动操作，分别自动打开进料水泵、冷却水泵等。适当调整进水手阀、进水旁路阀，逐渐达到正常进水量的三分之一。

（3）开机一段时间后，蒸汽压力表显示大于 0.3MPa，调节进水流量符合参数表值。蒸馏水温度逐渐增至 95℃，当蒸馏水温度升至 90℃ 以上时，冷却水泵自动启动，延时一段时间后，当蒸馏水的电导率小于 1μs/cm 时，蒸馏水出口管路上的三通气动阀将自动地把蒸馏水从排放管道切换到合格蒸馏水管道，当进料水气动阀打开时，适当调整进水手阀，使进水流量进入正常流量。

（4）机器运行时各指示灯工作含义：①进水泵灯：绿色——示进料水泵已经打开，进料水进入机器，各蒸馏塔开始升温；黄色——示水泵停止。②出水阀灯：绿色——示已有出水阀门切换至储罐进口管道，黄色——示出水阀切换至排放管道。③冷却泵灯：绿色——示冷却水泵已开启，黄色——示冷却水水泵停止。④进水阀灯：绿色——示进水气动阀已打开，黄色——示进水阀关闭。

（5）停机：把启动按钮按一下，启动灯变黄，此时机器的进料水泵停止，进料水气动阀关闭，出水阀关闭，蒸馏水被切换到排放管道。冷却水泵继续运行，延时一段时间后，待蒸馏水温度低于 90℃ 时，冷却水泵关闭。整台蒸馏水器停止运行。若停机后不再运行，则要关闭操作柜电锁，切断电源，排尽各塔剩余水后，关闭蒸馏水器最后一效蒸馏塔下部排污阀。当蒸馏水储罐装满时，应立即停机；当进料水泵及其他影响正常操作的部件发生故障时，也应立即停机。

案例分析

蒸馏水质量不合格，试分析原因，如何解决？

1. 产生原因：①蒸馏水温度过低；②排空口不流畅；③操作过程中，蒸发器水位线超过观察窗口；④原料水质量不符合要求。

2. 解决方法：①降低冷却水流量，控制蒸馏水出口温度在 92~99℃ 之间，并保证排空口流畅，使不凝性气体顺利地排出机外；②操作员在设备运行过程中，应随时观察各效蒸发器的水位线不得超过观察窗的一半，并随时观察蒸汽压力及原料水流量的变化，及时进行调节控制；③控制原料水质量。

---

5. 维护与保养

（1）进料水应是去离子水，电导率 ≤2μs/cm，不含二氧化硅和氯离子。

（2）疏水器及过滤器应定期检查，定期清洗过滤器，定时检查冷凝水出口疏水器。

（3）水泵的初次安装和调试新泵时，应注意水泵叶轮的正确旋向。若水泵启动后不出液，则应检查水泵内是否有气体。

（4）使用取样阀时应避免将水滴溅到电机上。

（5）外接管道需仔细清洗后细心安装。

（6）当蒸馏水的生产能力显著降低或确信有污垢沉积在热交换器表面时，应当进行清洗。

点滴积累 ∨

1. 注射用水的贮存可采用80℃以上保温、70℃以上保温循环或4℃以下存放。

2. 多效蒸馏水器由多个蒸馏水器串接而成，热量得到充分利用，节省蒸汽和冷凝水。

3. 多效蒸馏水器是目前药品生产企业制备注射用水的重要设备。

目标检测

一、选择题

（一）单项选择题

1. 离子交换法制备纯化水时,其工艺流程正确的是(　　)

　　A. 阴床→阳床→混合床　　　　　　　B. 阴床→混合床→阳床

　　C. 混合床→阴床→阳床　　　　　　　D. 阳床→阴床→混合床

2. 下列对电渗析制水设备说法错误的是(　　)

　　A. 电渗析器主要由隔板、离子交换膜、电极等部件组成

　　B. 离子交换膜对电解质离子具有选择透过性

　　C. 阳离子交换膜只能通过阴离子,不能通过阳离子

　　D. 在正、负两个电极端的仓室里阴离子和阳离子的浓度增加且不为电中性,故称为极水

3. 对多效蒸馏水器特点说法错误的是(　　)

　　A. 耗能低　　　　　B. 产量高　　　　　C. 质量优　　　　　D. 不需冷凝水

4. 下列不是列管式五效蒸馏水器的主要结构的是(　　)

　　A. 列管蒸发器　　　　B. 内置发夹形换热器　　C. 冷凝器　　　　　D. 蒸汽压缩机

5. 蒸馏水器结构中的不凝气换热器的作用是除去

　　A. 二氧化碳　　　　B. 氧气　　　　　C. 湿气　　　　　D. 废气

6. 反渗透制水设备中,有关水预处理的叙述错误的是(　　)

　　A. 多介质过滤器使用前要进行反洗和正洗

　　B. 可以使用未经过炭过滤器的水进入反渗透膜

　　C. 软化器能自动完成反洗、再生、冲洗、运行工作

　　D. 精密过滤器的滤芯一般90天时更换或清洗一次

7. 有关纯化水的叙述错误的是(　　)

　　A. 可作为配制普通药物制剂用的溶剂或试验用水

　　B. 非灭菌制剂用器具的精洗用水

　　C. 用于注射剂的配制与稀释

　　D. 不含任何附加剂

8. 下列不属于气压式蒸馏水器的特点有(　　)

　　A. 生产过程中需用冷凝水　　　　　　B. 可实现自动控制

C. 耗汽量很少,具有很高的节能效果 D. 价格较高

9. 下列有关多效蒸馏水器的维护与保养叙述错误的是( )

   A. 使用取样阀时应避免将水滴溅到电机上

   B. 外接管道需仔细清洗后细心安装

   C. 疏水器及过滤器应定期检查

   D. 进料水可以是饮用水

10. 下列不属于 EDI 技术制水的特点有( )

   A. 纯度高,出水水质电阻率高且稳定 B. 连续运行及自动再生

   C. 有酸碱废水处理问题 D. 运行成本低,操作简单及维护方便

(二)多项选择题

1. 反渗透制水设备的装置主要有( )

   A. 板框式 B. 管式 C. 管束式

   D. 螺旋卷式 E. 中空纤维式

2. 注射用水的贮存可采用( )存放,并在制备 12 小时内使用

   A. 80℃以上保温 B. 70℃以上保温循环 C. 4℃以下

   D. 85℃以上保温 E. 60℃以上保温循环

3. 不属于制备注射用水的方法有( )

   A. 蒸馏法 B. 离子交换法 C. 反渗透法

   D. 凝聚法 E. 电渗析法

4. 纯化水制备方法有( )

   A. 蒸馏法 B. 离子交换法 C. 反渗透法

   D. 凝聚法 E. 电渗析法

5. 电渗析制水的特点有( )

   A. 除盐率比较任意 B. 消耗电量很低

   C. 不消耗酸碱,对环境无污染 D. 装置设计灵活

   E. 制得的水比电阻较低

二、简答题

1. 简述制药用水的种类及适用范围。

2. 简述注射用水三种制备工艺流程。

实训七 制药企业制水设备实践

【实训目的】

1. 掌握制水车间设备的结构、工作原理。

2. 熟悉各类制水设备的基本操作。

3. 了解制水生产工艺流程、工艺布局、车间布置。

【实训内容】

1. 制水车间生产设备的种类、结构、工作原理和使用方法。

2. 观看制水生产工艺流程及生产质量管理。

3. 学习制药用水质量管理的有关规章制度、措施。

【实训步骤】

1. 实践前认真复习项目九的内容,查阅与制水的有关资料,并认真学习,按企业进入厂区、车间的有关规定要求,做好衣、鞋、帽等的准备工作。

2. 实践时认真听取工作人员的讲解,做好笔记。实践过程中严格遵守生产企业的各种规章制度,注意安全。

3. 实践结束后要绘制所实践的制水工艺流程图所处的制剂车间工艺流程图,并进行分析讨论,结合实践内容,写出实践报告。

【思考题】

1. 常用制水生产设备有哪些?其结构、原理是什么?

2. 如何保证制水贮液点与用水点做到有效循环?

【实训测试】

根据学生实训报告、实践现场表现和思考题完成情况进行考核。实训报告格式见附录三。

(冯传平)

项目十

灭菌设备

导学情景 V

情景描述：

　　夏季天气炎热，开袋的牛奶如果没有冷藏，第二天就会因变味不能食用。

学前导语：

　　如果是治病的药品呢？你敢服用吗？药品霉变与细菌有什么关系？制药生产中如何解决这些问题呢？灭菌是用什么设备来完成的呢？灭菌设备是如何达到灭菌效果的呢？

❖ 概述

ER-10-1

扫一扫，知重点

一、灭菌的含义与目的

1. **灭菌的含义**　灭菌系指用适当的物理或化学手段将物品中活的微生物杀灭或除去，从而使物品残存活微生物的概率下降至预期的无菌保证水平的总过程。所应用的方法称为灭菌法，它是制药生产中的一项重要操作。尤其对无菌、灭菌制剂（如注射用、眼用制剂）、敷料和缝合线等生产过程中的灭菌，是保证用药安全的必要条件。灭菌涉及厂房、设备、容器、用具、工作服装、原辅材料、成品、包装材料、仪器等。无菌药品特别是注射液、供角膜创伤或手术用滴眼剂等无菌制剂，必须符合中国药典无菌检查的要求。

2. **灭菌的基本目的**　既要杀灭或除去制剂中的微生物，又要保证药物的理化性质稳定及临床疗效不受影响。因此在制剂中选择灭菌方法，与微生物学上的要求不尽相同，应根据药物的性质及临床治疗要求，选择适当的灭菌方法。微生物的繁殖很快，细菌的芽孢具有较强的抗热力，不易杀死，故灭菌效果应以杀死芽孢为主。

　　F_0可作为灭菌过程的比较参数。一般规定值F_0不低于8分钟，实际操作应控制F_0为12分钟。对热极为敏感的产品，可允许F_0值低于8分钟，但要采取特别的措施确保灭菌效果。

▶ 课堂活动

　　如何区分灭菌、除菌、防腐和消毒等基本概念？

二、灭菌法的分类

1. **物理灭菌法**　又分为干热灭菌法（包括火焰灭菌法、干热空气灭菌法等）、湿热灭菌法（包括热压灭菌法、流通蒸汽灭菌法、煮沸灭菌法、低温间歇灭菌法等）、射线灭菌法（包括辐射灭菌法、紫外线灭菌法、微波灭菌法等）、过滤除菌法等。

2. 化学灭菌法　包括气体灭菌法、化学杀菌剂灭菌法等。

3. 无菌操作法　是把整个操作过程控制在无菌条件下的一种操作方法。

点滴积累　∨

常用灭菌方法有：物理灭菌法、化学灭菌法、无菌操作法等。

任务 10-1　干热灭菌设备

一、干热灭菌原理

利用火焰或干热空气（高速热风）进行灭菌，称为干热灭菌。其原理是利用加热可破坏蛋白质和核酸中的氢键，导致核酸破坏，蛋白质变性或凝固，酶失去活性，微生物因而死亡。由于空气是一种不良的传热物质，其穿透力弱，且不太均匀，所需的灭菌温度较高，时间较长，所以容易影响药物的理化性质。

火焰灭菌适宜于对不易被火焰损伤的物品、金属、玻璃及瓷器等进行灭菌。干热空气灭菌一般140℃，至少3小时；160~170℃，至少1小时以上；采用干热250℃，45分钟灭菌也可以除去热原物质，适用于湿热方法灭菌无效的非水性物质、极黏稠液体或易被湿热破坏的药物，如油类、软膏基质或粉末等，不适用于对橡胶、塑料制品及大部分药物的灭菌。高速热风灭菌法对某些药物的水溶液，采用较高的温度和较短的时间，其灭菌效果较好。因此用风速30~80m/s，风温190℃，可使细菌被杀灭的速度超出一般化学反应的速度，呈现出较显著的灭菌效果。

二、常用干热灭菌设备

干热灭菌设备分两大类：一类是间歇式干热灭菌设备，即烘箱；另一类是连续式干热灭菌设备，即隧道式干热灭菌机，它又有两种：热层流式干热灭菌机和辐射式干热灭菌机。

（一）间歇式干热灭菌机

1. 基本结构　常用为柜式电热干燥灭菌烘箱。电热干燥烘箱种类很多，但主体结构基本相同，主要由防锈壳体、保温层、加热器、隔板、门、风机、风阀、高效空气过滤器、冷却器、温度控制器及电气控制系统等组成，如图10-1所示。其灭菌箱采用前后双扉及优质保温材料，设备控制系统还配备可编程序控制器、PLC人机界面触摸屏、自动监控加热温度和时间装置、自动排湿阀门等，进出风口均设有过滤器，箱内达A级层流净化，符合GMP规范要求。

本机适用于制药行业的西林瓶、安瓿瓶、铝盖、金属及玻璃器皿和固体物料等的干热灭菌。

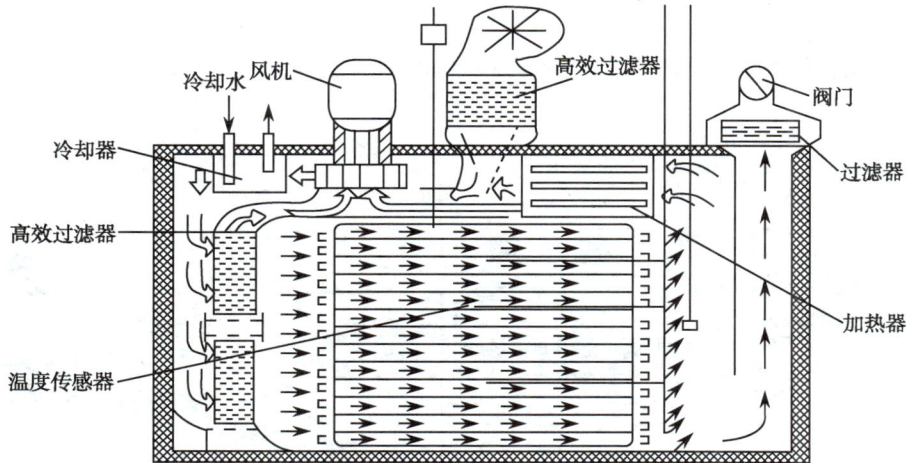

图 10-1 间歇式干热灭菌机示意图

2. **工作过程** 将待灭菌物品放入箱内托架上,关好门;设定好灭菌温度和时间参数,灭菌温度通常设定在180~300℃范围内,低温用于灭菌,除去热原需要较高温度;启动PLC可编程序控制系统,内循环风机工作、加热、蝶阀同时开启、干燥箱迅速升温。在内循环风机作用下,干热空气通过耐高温的高效过滤器进入箱体,在微孔调节作用下形成均匀分布的热空气向箱体内传递,干热空气吸收待灭菌物品表面的水分,进入加热通道蒸发排出,干热空气在鼓风机作用下定向循环流动,随着水蒸气逐渐减少,同时间隙性补充新鲜过滤空气,箱体内呈微正压状态,恒温加热结束。开启送风或进冷却水强制冷却,自动蝶阀进入关闭状态,当灭菌室温度降至比室温高15~20℃时,烘箱停止工作,声光提示开门出瓶。

知识链接

干热灭菌条件参数

《中国药典》(2015年版)规定:干热灭菌条件一般为(160~170℃)×120min以上、(170~180℃)×60min以上或250℃×45min以上,也可采用其他温度和时间参数。无论采用何种灭菌条件,均应保证灭菌后的物品的SAL≤10⁻⁶。采用干热过度杀灭后的物品一般无需进行灭菌前污染微生物的测定。250℃×45min的干热灭菌也可除去无菌产品包装容器及有关生产灌装用具中的热原物质。采用干热灭菌时,被灭菌物品应有适当的装载方式,不能排列过密,以保证灭菌的有效性和均一性。

(二)热层流式干热灭菌机

1. **基本结构** 该机也称为热风循环隧道式灭菌烘箱,为整体隧道结构,由预热区、高温灭菌区、冷却区三部分组成,分为前后层流箱、高温灭菌箱、机架、输送网带、热风循环风机、排风机、耐高温高效空气过滤器、电加热器、电控箱等部件,如图10-2所示。其控制系统一般为机电一体化设计,整机加热运行等工艺参数设定由可编程序控制器精确控制,各层流风机采用交流变频技术控制风量大小,控制精度较高,温度控制可在0~350℃内任意设定,具有参数显示、温度分段显示、自动电脑打印记录和故障报警显示等多种功能。

本机主要用在针剂联动生产线上,适用于2~20ml安瓿瓶、西林瓶、口服液瓶和其他药用玻璃瓶的灭菌干燥。

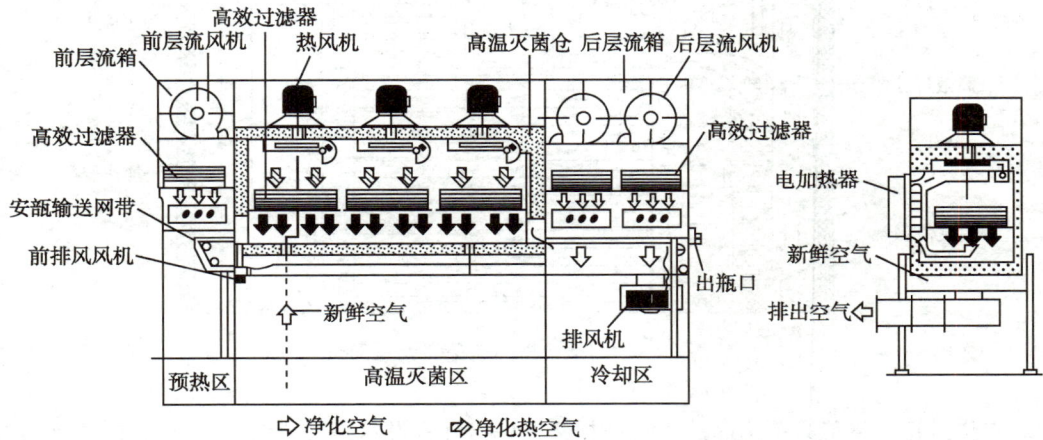

图 10-2　热层流式干热灭菌机示意图

2. 工作原理　以安瓿隧道烘箱为例说明,该机是将高温热空气流经空气过滤器过滤,获得洁净度为A级的清洁空气,在A级单向流洁净空气的保护下,洗瓶机将清洗干净的安瓿送入输送带,经预热后的安瓿送入高温灭菌段,流动的清洁热空气将安瓿加热升温到300℃以上,安瓿经过高温区的总时间根据灭菌温度而定,一般为5~20分钟,干燥灭菌除热原后进入冷却段。冷却段的单向流洁净空气将安瓿冷却至接近室温,再送入拉丝灌封机进行药液的灌装与封口。安瓿从进入隧道至出口全过程时间一般为25~35分钟。由于前后层流箱及高温灭菌箱均为独立的空气洁净系统,有效地保证了进入隧道烘箱的瓶子始终在A级洁净空气保护下,且机内压力高于机外气压5Pa以上,使机外空气不能侵入,整个过程均在密闭状态下进行,其生产过程符合GMP要求。

▶▶ **边学边练**

1. 能正确说出热层流式干热灭菌机的各部分结构名称;

2. 会正确按照操作规程操作设备。

3. 基本操作

(1)准备工作:合上总电闸,开启自动加热按钮,检查排风风门是否在所需的档上,确保安瓿在灭菌机中正常运行通过。检查进、出口层流风机、中间烘箱风机是否运转,先启动风机,测量风速和风压,当中间烘箱风速达0.7m/s,风压达250Pa,进口、出口层流风机风速达0.5m/s,风压达250Pa时,表示可以运行工作了。

(2)运行工作:①接通电源,打开总电源开关,然后输入电压值。②设定隧道内的工作温度,通常烘干灭菌温度为280℃,停机温度为100℃,做好温度记录,存档备查。③按规定操作程序点“日间工作”按钮,开启所有风机,同时加热管也开始工作,全机启动完毕。④当隧道温度升至100℃,有指示灯显示隧道内的工作温度,待温度升至设定温度值后,开启洗瓶机,由输送带控制速度,安瓿直立密排通过隧道,在规定的时间内通过高温灭菌区,完成灭菌过程。

（3）结束工作：当灭菌完毕,按规定操作程序点"日间停车"各加热管自动断电,此时各风机仍继续运转（目的在于保护高温高效空气过滤器不被烧坏）,直到烘箱内温度降至设定的停机温度,风机会自动停机。前后风机继续旋转是为了避免脏空气进入隧道。点"紧急停车"所有的耗能元件均停止工作,然后关闭电源开关。

4. 维护保养

（1）由于热层流式干热灭菌机的空气排出管道过长或弯头过多,通常多于两个以上,为了增加排气效果,一般应在排风管的终端串联安装一台单排风离心通风机,按照操作规程进行维护和保养。

（2）设定工作温度时,一般不要超过350℃,在满足安瓿瓶灭菌除热原的前提下,尽可能低些,以延长高效过滤器的使用寿命。

（3）若发现指示灯不亮或时亮时暗等问题时,应将灭菌箱上部的初效过滤器进行更换,若更换无效,应更换高效空气过滤器。

（4）传送带下方装有高效排风机,其出口处装有调节风门,通过检查风门,根据需要调节风门以控制排出的废气量和带走的热量。

（5）加热管在使用过程中如有损坏时,需及时更换。注意加热管安装要可靠、接线要牢。

（6）每天工作完后,必须检查进口过渡段的弹片凹形弧内是否有玻璃碎屑,如有,必须及时清扫。烘箱背后下面的排气机构中有一碎屑聚集箱,应每星期清扫一次。

（7）按照规定,烘箱内风机一年后应拆下更换新的润滑脂；进口、出口风机三年后更换；排风机一年后更换；输送带上的各传动轮所装轴承每运行一年后更换。

（三）辐射式干热灭菌机

1. 基本结构 辐射式干热灭菌机也是由预热区、高温灭菌区及冷却区三部分组成,如图10-3所示。电加热管沿隧道长度方向安装,在隧道横截面上呈包围安瓿盘的形式。电热丝装在镀有反射层的石英管内,热量经反射聚集到安瓿上,以充分利用热能。电热丝分两组,一组为电路常通的基本加热丝；另一组为调节加热丝,依箱内设定温度控制其自动接通或断电。

本机适用范围和热层流式干热灭菌机基本相同,结构相对简单,但热分布均匀性要比热层流式干热灭菌机差。

2. 工作原理 形如矩形料盘的水平网带和垂直网带将密集直立的安瓿以同步速度缓缓通过加热灭菌段,完成对安瓿的预热、高温灭菌和冷却。在箱体加热段的两端设置静压箱,提供A级垂直单向流洁净空气屏。垂直单向流洁净空气屏能使由洗瓶机输送网带传送来的安瓿立即得到A级单向流空气保护,不受污染；在灭菌结束后,A级单向流洁净空气对安瓿还起到逐步冷却的作用,使安瓿在送出干热灭菌机前接近室温。该机的预处理部分通常都安装排风机,以排除湿的灭菌物在预热段产生的大量水蒸气。

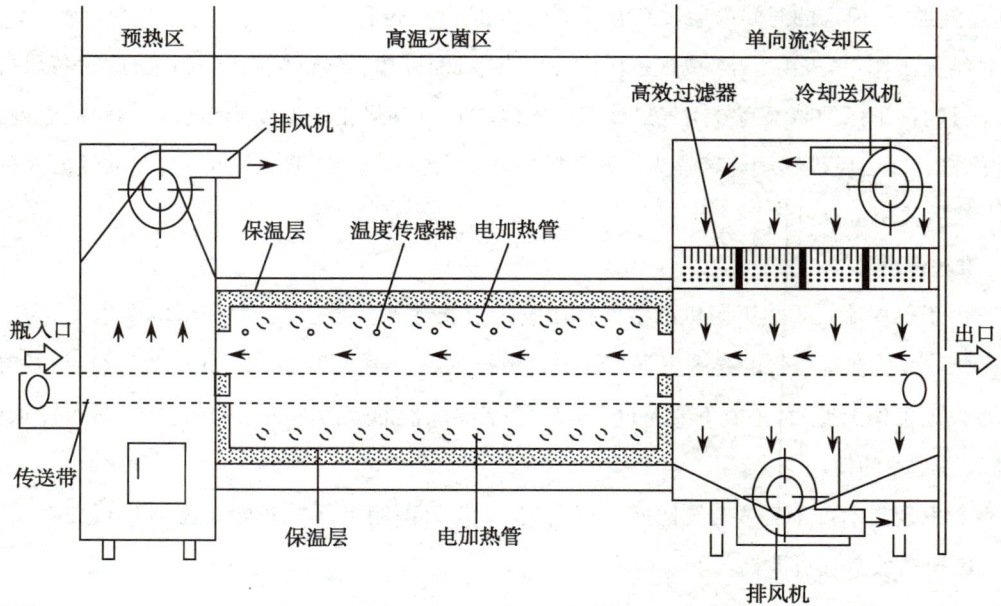

图 10-3　辐射式干热灭菌机

3. 基本操作

(1)准备工作:合上总闸,开启自动加热按钮,同时调节所需温度上、下限的范围。当到达恒温状态后,开启传动电机,同时调整传动速度,开启风机并调节风量。

(2)运行工作:待工作温度升至设定温度值后,开启洗瓶机使安瓿直立密排通过隧道,在规定的时间完成灭菌。灭菌温度由电子调温器设定,同时显示可自动记录温控状况。

(3)结束工作:首先关闭加热开关,风机将继续旋转,当隧道内的温度降至设定值时,风机会自动停机,最后再关总电源开关。

4. 维护保养

(1)严格按照操作规程来进行操作,为保证安全,应由专人管理,专人操作。

(2)定期检查压力表,一般每三个月检查一次,定期校对温度传感器探头。

(3)做好日常维护,灭菌室必须每天清洗,如有杂物应及时清理。

(4)按照规定,烘箱内风机一年后应拆下更换新的润滑脂;进口、出口风机三年后更换;排风机一年后更换;输送带上的各传动轮所装轴承每运行一年后更换。

点滴积累 ∨

1. 干热灭菌设备包括间歇式干热灭菌设备和连续式干热灭菌设备,其中后者又包括热层流式干热灭菌机和辐射式干热灭菌机。

2. 热层流式干热灭菌机操作时风速、风压、温度对灭菌效果有重要意义。

3. 干热灭菌设备均可提供 A 级洁净空气,对待灭菌物品进行预热、高温灭菌和冷却。

4. 干热灭菌设备维护保养的要求及注意事项。

任务 10-2 湿热灭菌设备

一、湿热灭菌法原理

湿热灭菌法是利用饱和水蒸气或沸水来杀灭细菌的方法。由于蒸汽潜热大,穿透力强,容易使蛋白质变性或凝固,所以灭菌效率比干热灭菌法高。其特点是灭菌可靠,操作简便,易于控制,价格低廉。湿热灭菌是制药生产中应用最广泛的一种灭菌方法。缺点是不适用于对湿热敏感的药物。

1. 热压灭菌法 热压灭菌法是利用高压蒸汽杀灭细菌,是一种公认的可靠灭菌法,能杀灭所有细菌繁殖体及芽孢。灭菌条件:温度 115.5℃,压力 68.6kPa,灭菌时间 30 分钟;温度 121.5℃,压力 98.0kPa,灭菌时间 20 分钟;温度 125.5℃,压力 137.2kPa,灭菌时间 15 分钟。凡能耐高压蒸汽的药物制剂、玻璃容器、金属容器、瓷器、橡胶塞、膜过滤器等均能采用此法。

2. 流通蒸汽灭菌法 流通蒸汽灭菌法是在不密闭的容器内,用蒸汽灭菌,即为 1 个大气压,100℃蒸汽灭菌,灭菌时间通常为 30~60 分钟。本法不能保证杀灭所有的芽孢,可适用于消毒及不耐高热的制剂的灭菌。

3. 煮沸灭菌法 煮沸灭菌法是把待灭菌物品放入沸水中加热灭菌的方法。通常煮沸 30~60 分钟。本法灭菌效果差,常用于注射器、注射针等器皿的消毒。必要时加入适当的抑菌剂,如甲酚、氯甲酚、苯酚、三氯叔丁醇等,可杀死芽孢。

二、常用湿热灭菌设备

(一)高压蒸汽灭菌器

1. 基本结构 各种高压蒸汽灭菌器的基本结构大同小异。除了手提式和立式外,工业用压力蒸汽灭菌器为卧式双层结构,其外层夹套为普通钢制结构,并装有隔热保温层外罩和夹套压力表,内层为耐酸不锈钢制灭菌柜室,并装有柜室压力表、压力真空表与温度计,灭菌柜配有蒸汽进入管道、蒸汽过滤器、蒸汽控制阀、蒸汽压力调节阀和疏水器等,如图 10-4 所示。

该类灭菌器具有结构简单、造价低、适用范围广等特点,被广泛用于耐热、耐湿物品的灭菌,如瓶(袋)装药液、金属器械、瓷器、玻璃器皿、工器具、包装材料、织物等。

2. 基本操作

(1)放入物品:首先将待灭菌物品放入灭菌室内,关闭灭菌柜门。

(2)夹套加热:将蒸汽控制阀移至关闭位置,打开进汽阀,使蒸汽进入外层夹套加热柜室四壁。

(3)灭菌:当夹套压力表指示已达灭菌所需压力时,将蒸汽控制阀移至灭菌位置,此时热蒸汽进入灭菌柜内,将柜内冷空气和凝结水由下部的疏水器排出;待灭菌柜内压力和温度达到灭菌要求时,旋动压力调节阀,使其保持恒定,至规定灭菌时间。

(4)排气:灭菌结束后,将蒸汽控制阀移至排气位置,排出灭菌柜的蒸汽。

(5)干燥:若物品需要干燥,则可待排完蒸汽后将蒸汽控制阀移至干燥位置,此时柜室内被抽成

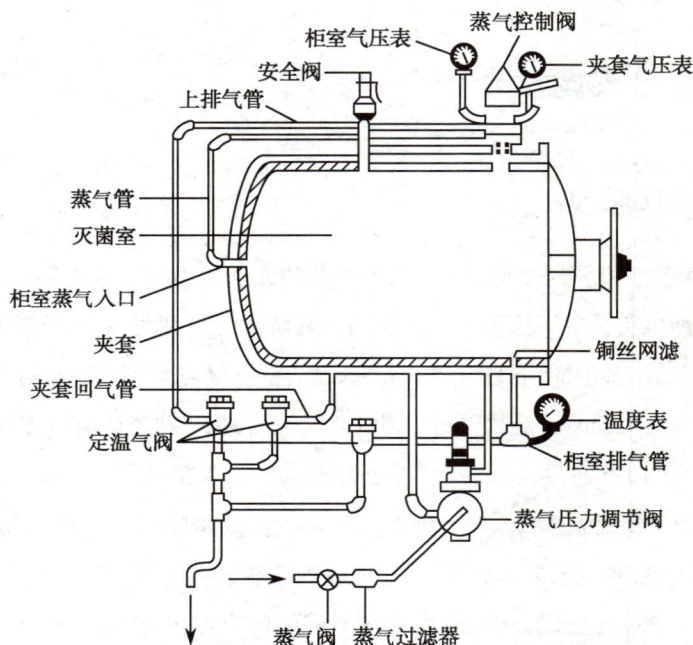

图 10-4　高压蒸汽灭菌器结构

负压,抽取 20 分钟即可达到干燥要求。

(6)消除真空状态:干燥完毕,将蒸汽控制阀移至关闭位置,此时空气经空气过滤器进入柜室,负压消失,待压力表恢复到 0 位、温度降至 60℃ 以下时,可开启柜门,取出物品。

(二)快速冷却灭菌器

快速冷却灭菌器是指应用快速冷却技术把灭菌后产品快速冷却下来的灭菌设备。设备配有温度、压力、时间、F_0 值计算显示及记录功能,符合 GMP 要求,灭菌可靠,时间短,被广泛用于对瓶装液体制剂进行灭菌。

1. 基本结构　快速冷却灭菌器由设备主体、管路系统和控制系统等组成。设备主体属卧式矩形(圆形)结构,优质耐酸不锈钢内胆,矩形筒体上装有安全阀,密封门有平移门、机动门或撑档门(仅限于小型设备),门有安全联锁装置,保证灭菌柜内有压力和操作未结束时,密封门不能打开。管路系统由过滤器、真空泵、进口循环水泵、喷淋网板、热交换系统及各种控制阀等通过管件、法兰连接而成。控制系统由工业可编程序器(PLC 机)、压力开关、温度传感器、测量仪表、温度、F_0 值记录仪及各种辅助器组成,F_0 值与温度时间双重保证灭菌效果,电气控制系统能自动控制蒸汽、水、压缩空气、真空等进入、排出灭菌室。

2. 工作原理　如图 10-5 所示,快速冷却灭菌器是利用饱和蒸汽冷凝释放出来的潜热对玻璃装液体进行灭菌,通过附加喷淋装置,对灭菌后的大输液进行快速冷却,缩短了整个灭菌周期,同时防止药品被破坏。在冷却时辅以反压保护措施,保证软袋、瓶装大输液等无爆袋、爆瓶现象发生。一般大输液灭菌柜容积较大,故常采用预真空和多点置换的排气方式,使柜内空气排除较彻底,利于柜内灭菌温度的均匀性,确保灭菌效果。

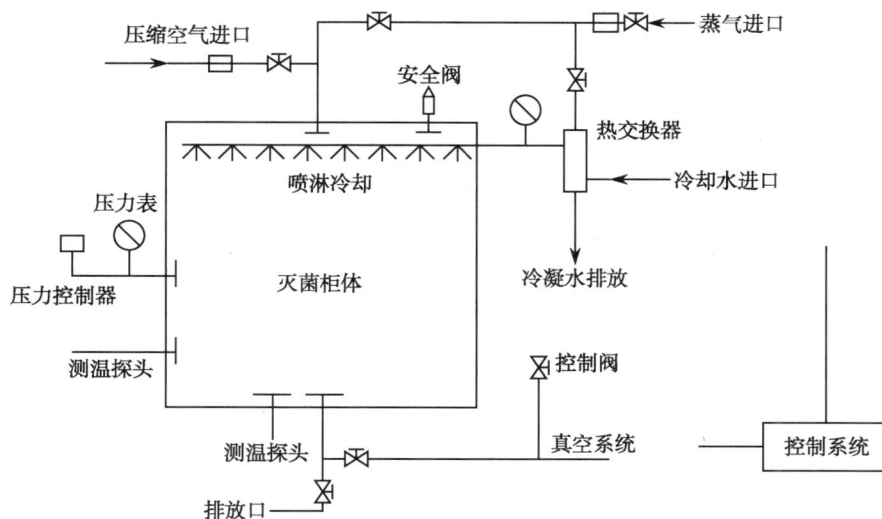

图 10-5　快速冷却灭菌柜工作原理

（三）水浴式灭菌器

水浴式灭菌器是利用高温水喷淋杀死药液中的微生物。采用计算机控制灭菌柜内的循环水，换热后的循环水通过安装在腔室顶部的喷淋装置自上而下地喷淋产品，达到灭菌的目的。该灭菌器广泛用于制药行业玻璃瓶装、塑料瓶装、软袋装等输液产品的灭菌。

1. 基本结构　水浴式灭菌器由筒体、控制系统和消毒车等组成。①筒体有方形和圆形腔体两种，内壁选用优质耐酸不锈钢，外壁采用优质碳钢板；主体外表面采用保温材料包裹，外敷碳钢喷塑或不锈钢保温罩。门一般为气动（或电动）平移式和电动升降式密封门，该密封结构全自动操作，省力可靠，双门可实现安全联锁，保证灭菌室内有压力和操作未结束时，密封门不能被打开。②管路系统的作用是将主机和辅机连成一体，通过动作阀阀门和循环泵，板式换热器以及其他阀件进行控制。③控制系统采用计算机自动控制箱控制，自动化程度较高，计算机屏幕显示工作流程。另外设置了一个强电控制箱，用于灭菌器所有驱动装置的控制（如循环泵、真空泵、灭菌车传送机等）。④辅机由循环泵、热交换器、真空泵、执行阀和机架等组成。

2. 工作原理　水浴式灭菌过程分为升温、保温、降温三个阶段。灭菌室内先注入洁净的灭菌介质（目前国内常用纯化水）至一定液位（水量经过计算，以保证循环系统内流量）。然后由循环泵从柜底部抽取灭菌用水经过板式换热器加热，连续循环进入灭菌柜顶喷淋系统。喷淋系统由喷淋管道和喷头组成，喷出的雾状水与灭菌物品均匀密切接触。关闭换热器一侧的蒸汽阀门，打开冷却水阀门，连续逐步对灭菌物品进行快速冷却，并辅以一定的反压保护，防止冷爆现象产生，检漏一般于灭菌后待温度稍降，抽气至真空度 85.3~90.6kPa，再放入有色溶液及空气，由于漏气安瓿中的空气被抽出，当空气放入时，有色溶液即借大气压力压入漏气安瓿内而被检出。然后，通过增加灭菌柜内层压力将灭菌柜内有色溶液及空气压出，并储存起来还可利用，减少浪费。如图 10-6 所示。

3. 基本性能特点

（1）水浴式灭菌器采用了喷淋操作，柜内升温快速均匀，温度变化的梯度可控制在 0~5℃/min 内，并且换热过程中的温度变化率均衡，恒温过程中药液的温差也可控制在 ±0.5℃ 内，有效保证了

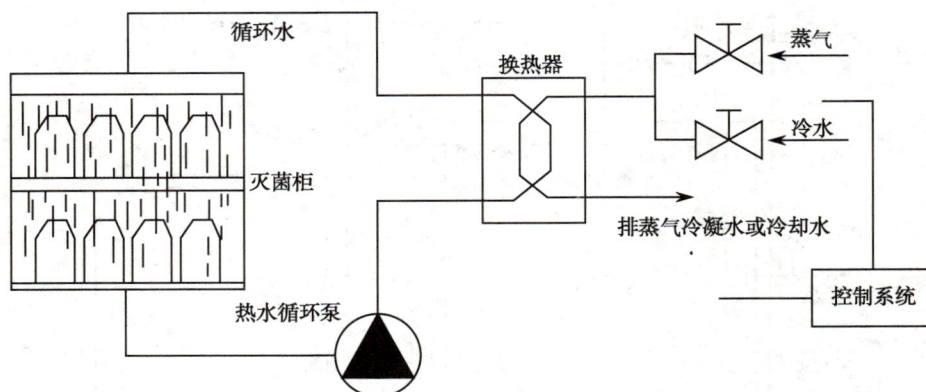

图 10-6　水浴式灭菌器工作原理

药品质量。温度调控范围宽,可实现100℃以下的均匀灭菌。

(2)在整个灭菌过程中,纯化水作为灭菌和冷却介质,处于一个相对独立的循环系统内,可有效防止工作过程中因不洁净冷却水对产品的二次污染。

(3)灭菌过程中柜内压力自动调节,如灭菌物为塑料袋(瓶)时,通过预定的过程可使附加压缩空气进入柜内,以克服升温或降温时因袋(瓶)内外压力差而产生的变形。

(4)水浴式灭菌器工作过程全自动控制,计算机能够针对不同灭菌物的性质选择编制相应的灭菌程序,对多点温度、压力及 F_0 值进行自动控制,自动完成整个灭菌过程。灭菌温度、压力数据报告以表形式可自动打印、易于保存分析。

4. 基本操作

(1)装料过程:将待灭菌的瓶装药品用灭菌车经送瓶轨道推进灭菌柜的规定区域,灭菌车在灭菌室内按双排并列方式排放。然后启动手动按钮、关闭柜体密封门。

(2)注水过程:启动供水泵,打开相应的阀门,柜内注入去离子水,到指定的水位限时,进入工作状态。

(3)升温过程:去离子水注入柜内,待水位达到水位上限,转入升温阶段。传动装置启动,内筒开始旋转;然后启动热水循环泵,打开蒸汽阀及疏水阀,通过热交换器将去离子水加热至设定的灭菌温度。

(4)灭菌过程:当下部测温点达到灭菌温度的下限即进入灭菌阶段,大进蒸汽阀及疏水阀关闭。当上部测温点低于灭菌设定下限时,小进蒸汽阀打开。当内室压力低于灭菌设定压力值时,内室进压缩空气阀打开;当内室压力高于灭菌设定的压力值时,自动关闭压缩空气阀。

(5)冷却过程:当下部测温点和 F_0 值达到程序设定值,灭菌时间达到程序设定值,程序转入冷却阶段。先关闭蒸汽阀,打开进冷水阀,循环水泵一直运行,通过热交换器循环冷却到出瓶温度。

(6)排水排汽过程:当下部测温点降到设定的冷却终温时,冷却过程结束,程序转入排去离子水阶段。先关闭冷水阀、压缩空气阀门,循环水泵停止运行,同时打开排去离子水阀,将离子水排尽,旋转内筒停止转动,并且停在出瓶位置,方便出瓶,打开排气阀,使柜内压力降至常压,循环水排尽,关闭排去离子水阀。

（7）结束过程：密封门打开，手动开门，松开灭菌小车锁紧装置，将车推出柜外，灭菌过程结束。

5．维护保养

（1）日常维护：清洗灭菌室及灭菌车，一般至少每天一次，待灭菌室冷却到室温后，将灭菌室内灭菌车污物清理干净，如有破碎的瓶子残片、胶塞及其他填物，应及时清除，否则将影响灭菌和冷却的效果。

（2）灭菌室内有5个温度探头，用于测控瓶内的温度，探头内探测元件为易碎件，所以使用时应避免碰撞。灭菌室外探头连线不得用力拉扯，并防止挤压碾伤。

（3）定期（每半个月）将灭菌室内顶部八个喷淋盘拆下，清洗盘内污垢，清洗完毕再安装好。

（4）每月将灭菌室内底部的底隔板拆下，清洗水箱内的污垢，清洗完安装好，注意在安装中严禁将紧固螺钉落入底部的水箱，误入管路，以免损坏水泵和板式换热器。

（5）定期检查压力表，一般每三个月检查一次。定期校对温度传感器探头。

（6）每个月检查一次安全阀，将安全阀放汽手柄拉起反复排汽数次，防止长时间不用发生粘堵。

（7）每天检查排放压缩空气管路上的分水过滤器内存水，经常注意观察换热器，疏水阀的情况。

（8）每隔半年清洗一次管路系统上的蒸汽及水过滤器的过滤网。

（9）注意循环泵的维护和保养。

（10）密封门的维护：通常每周向前后门的滑动槽内涂凡士林、黄油；每次关门前检查密封门的下滑道槽有无异物，每次关门前将驱动气路中的水放空，在清洗设备时，注意保护汽缸的表面，不得有障碍物妨碍汽缸行走；密闭圈的表面应保持干净，每天开门时及时检查有无聚集物，密闭圈损坏或失效应及时更换密闭圈。

（四）回转式水浴灭菌器

回转式水浴灭菌器既有水浴灭菌器的特点，又有独特的优点。该机特别适用于脂肪乳输液剂和其他混悬剂的灭菌。

1．基本结构 回转式水浴灭菌器包括筒体、管路系统和控制系统三部分。由筒体、密封门、旋转内筒、消毒车、减速转动机构、热水循环泵、热交换器及计算机控制系统等基本结构组成。这种灭菌器的特点是消毒车和旋转内筒相对固定共同回转。

2．工作原理 其工作原理与静态式水浴式灭菌柜基本相同，如以热水为灭菌介质，以水喷淋的方式进行加热升温，不同的是装载灭菌物品的灭菌车可以不断地正反旋转并可以调整速度，再加上喷淋水的强制对流，形成均匀趋化温度场，从而缩短柜室内温度均衡的时间，提高了灭菌质量。灭菌后冷却是靠循环水间接均匀降温，确保了无爆瓶、爆袋现象发生。检漏一般于灭菌后待温度稍降，抽气至真空度85.3～90.6kPa，再放入有色溶液及空气，由于漏气安瓿中的空气被抽出，当空气放入时，有色溶液即借大气压力压入漏气安瓿内而被检出。然后，通过增加灭菌柜内层压力将灭菌柜内有色溶液及空气压出，并储存起来还可利用，减少浪费。如图10-7所示。

3．主要特点 与静态水浴式灭菌器比较，由于该灭菌器灭菌时的回转运动，可防止药液分层，同时柜内温度场较静态式更趋一致，热传递更快，无死角，因而灭菌效果更佳、灭菌周期缩短。特别适用于混悬剂、乳剂、黏稠性大、热敏性高等药液的快速灭菌。

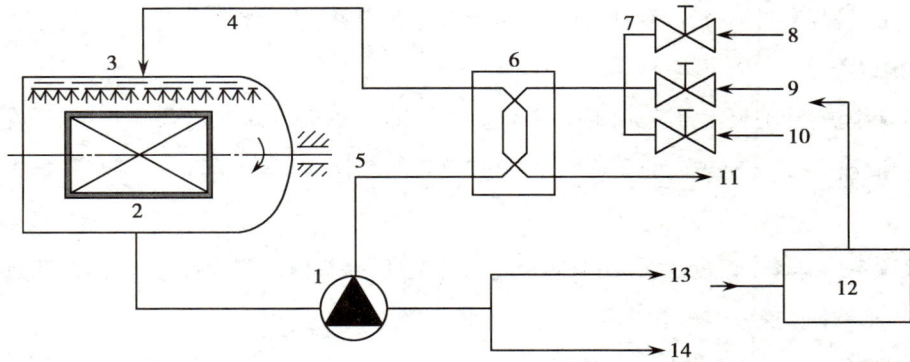

图 10-7 回转式水浴灭菌器工作原理

1. 热水循环泵；2. 回转内筒；3. 灭菌柜；4. 循环水；5. 减速机；6. 热交换器；7. 执行阀；
8,9. 蒸气；10. 冷水；11. 排冷却水；12. 计算机控制系统；13. 排色水；14. 排水

4. 基本操作

（1）准备过程：用消毒车将待灭菌的瓶装药品经送瓶轨道推进灭菌柜。手动关门，用气动方式实现密闭门的关闭。然后启动计算机，进入灭菌控制程序主菜单，设定工作参数。

（2）注水过程：启动供水泵，打开相应的阀门，向柜内注入去离子水，到指定的水位限时，进入工作状态。

（3）升温过程：去离子水注入柜内，转入升温阶段。传动装置启动，内筒开始旋转；然后启动热水循环泵，打开蒸汽阀及疏水阀，通过热交换器将去离子水加热至设定的灭菌温度。

（4）灭菌过程：加热温度达到灭菌温度的下限即进入灭菌阶段，计算机监控 F_0 值，屏幕显示灭菌温度、压力、F_0 值，压力小时自动打开压缩空气阀，高于灭菌压力时，自动关闭压缩空气阀。

（5）冷却过程：先关闭蒸汽阀，打开进冷水阀，循环水泵一直运行，通过热交换器循环冷却到出瓶温度。

（6）排水排汽过程：先关闭冷水阀、压缩空气阀门，同时打开排去离子水阀，将去离子水排尽，旋转内筒停止转动，并且停在出瓶位置，方便出瓶，打开排气阀，使柜内压力降至常压，循环水排尽，关闭排去离子水阀。

（7）结束过程：真空泵启动，密封门打开，手动开门，松开灭菌小车锁紧装置，将车推出柜外，灭菌过程结束。

案例分析

案例：2006 年，安徽华源制药有限公司生产的克林霉素磷酸酯葡萄糖注射液（简称"欣弗"注射液）在临床出现严重的药品不良事件，造成多名患者死亡，被称为"欣弗事件"。

分析：经查，导致这起药品不良事件的主要原因是该公司 2006 年 6 月~7 月未经严格验证擅自增加灭菌柜装量，由 5 层增至 7 层，灭菌温度由 105℃ 30 分钟降至 100℃ 5 分钟、99.5℃ 4 分钟、104℃ 4 分钟或 1 分钟不等，灭菌不彻底，导致染菌。

5. 维护保养

（1）严格按照操作规程来进行，为保证安全，应由专人管理，专人操作。

（2）定期检查压力表，一般每三个月检查一次，定期校对温度传感器探头。

（3）做好日常维护，灭菌室及灭菌车必须每天清洗，如有杂物应及时清理。

（4）一般每月清理水箱内污垢，每半个月清洗喷淋盘，检查安全阀及管路系统等。

（5）定期检查密封门，严格按照产品的使用说明书中的密封门的操作来进行。发现破损或老化要及时更换密封的密封圈，并定期加注凡士林、黄油。

（五）湿热灭菌设备的维护

1. 每次灭菌结束，需对灭菌室进行清理，去除柜内、滤网上的污物，排尽压缩空气管路分水过滤器内存水。长时间不用，需将灭菌室擦洗干净，保持干燥清洁。

2. 设备为压力容器，应定期向当地安检部门申请检查。定期检查压力表，定期到当地计量部门校准，一般每3~6个月检查校验一次，读数不符时应及时修理更换。定期校对温度传感器探头及温度显示表。

3. 门密封圈表面保持清洁，及时清除密封圈表面玻璃屑等异物，如有残损应及时更换。锁紧机构应每月检查一次，如检查有无松动、卡住等现象。

4. 正常情况下，灭菌柜每年须做一次再验证。验证热分布均匀性，用生物指示剂等检测灭菌效果。

点滴积累 ∨

1. 湿热灭菌设备主要有高压蒸汽灭菌器、快速冷却灭菌器、水浴式灭菌器、回转式水浴灭菌器。

2. 湿热灭菌设备的基本操作主要包括：准备工作、运行工作和结束工作，并且注重维护保养。

3. 水浴式灭菌过程分为升温、保温、降温三个阶段，可实现对物品的灭菌和注射液的检漏。

4. 回转式水浴灭菌器既有水浴灭菌器的特点，又有独特的优点，其设备操作主要分准备、注水、升温、灭菌、冷却、排水排气、结束7个过程。

任务 10-3　其他物理灭菌设备

▶ 课堂活动

日常生活中还有哪些物品和操作起到了一定的灭菌效果？它们又是如何起到灭菌作用的呢？

一、过滤除菌

过滤除菌系利用细菌不能通过致密具孔滤材的原理，除去对热不稳定的药品溶液或液体物质中的细菌从而达到无菌要求。其特点是不需要加热，药液澄明度好，加压、减压过滤均可以。常用过滤器材有滤柱、滤膜等。适用于很不耐热药物溶液的灭菌,但必须无菌操作。要求供灭菌用滤器能有效地从溶液中除净微生物,溶液顺畅地通过滤器且无任何物质脱落,才能确保制品完全无菌。

二、紫外线灭菌

用于灭菌的紫外线波长是 200~300nm,灭菌力最强的波长为 254nm 的紫外线,可作用于核酸蛋白促使其变性;同时空气受紫外线照射后产生微量臭氧,从而起到共同杀菌的作用。常见的有紫外灯照射灭菌,紫外线进行直线传播,其强度与距离平方成比例地减弱,其穿透作用微弱,但易穿透洁净空气及纯净的水,故广泛用于纯净水、空气灭菌和表面灭菌。一般在 $6~15m^3$ 的空间可装置 30W 紫外灯一只,灯距地面距离为 1.8~2.0m 为宜,室内相对湿度为 45%~60%,温度为 10~55℃,杀菌效率最理想。

三、辐射灭菌

辐射灭菌是将最终产品的容器和包装暴露在由适宜放射源(通常用^{60}Co)辐射的 γ 射线或电子加速器发出的射线中来杀灭细菌法。对湿热灭菌法、干热灭菌法、滤过除菌法不适用的医疗器械、容器、不受辐射破坏的药品等可采用。特点是灭菌过程中不升高灭菌产品温度,故特别适用于一些不耐热药物的灭菌。亦适用于较厚样品的灭菌,可用于固体、液体药物的灭菌。对已包装好的药品也可进行灭菌,因而大大减少了污染的机会。

γ 射线是由钴-60(^{60}Co)或铯-137(^{137}Cs)发出的电磁波,不带电荷,即光子;γ 射线穿透力很强,可使有机化合物的分子直接发生电离,产生破坏正常代谢的自由基,导致大分子化合物分解,而起杀菌作用。辐射灭菌的设备造价高,另外某些药物经辐射灭菌后,有可能效力降低,产生毒性物质或发热性物质,需继续深入研究。

四、微波灭菌

频率在 300MHz~300GHz 范围的电磁波称为微波。物质在外加电场中产生分子极化现象,随着外加高频电场的变化方向,极化分子也随着不停地转动,结果使电场能量转化为分子热运动的能量。水为极性分子,强烈吸收微波,分子运动加剧,摩擦生热,物质温度升高。由于热是在被加热的物质内部产生的,所以加热均匀,升温迅速。又由于微波能穿透介质的深部,可使药物溶液内外一致均匀加热,故微波可用于水性药液的灭菌。

点滴积累 ╲ ┈┈┈

1. 过滤除菌系利用细菌不能通过致密具孔滤材的原理,除去对热不稳定的药品溶液或液体物质中的细菌,从而达到无菌要求。

2. 紫外线进行直线传播,其强度与距离平方成比例地减弱,其穿透作用微弱,但易穿透洁净空气及纯净的水,故广泛用于纯净水、空气灭菌和表面灭菌。

3. 辐射灭菌对湿热灭菌、干热灭菌、滤过除菌不适用的医疗器械、容器、不受辐射破坏的药品等均可采用。

目标检测

一、选择题

（一）单项选择题

1. 灭菌的基本目的是（　　）

    A. 杀灭微生物

    B. 保持制剂稳定

    C. 保证制剂临床有效

    D. 既要杀死或除去制剂中的微生物，又要保证药物的理化性质稳定及临床疗效不受影响

2. 下列不属于湿热灭菌的是（　　）

    A. 热压灭菌　　　　　　B. 流通蒸汽灭菌　　　　C. 煮沸灭菌　　　　D. 辐射灭菌

3. 流通蒸汽灭菌的灭菌条件（　　）

    A. 100℃蒸汽灭菌，灭菌时间通常30~60分钟

    B. 温度115.5℃，压力68.6kPa，灭菌时间30分钟

    C. 温度121.5℃，压力98.0kPa，灭菌时间20分钟

    D. 温度125.5℃，压力137.2kPa，灭菌时间15分钟

4. 下列对水浴式灭菌器说法错误的是（　　）

    A. 是利用高温饱和蒸汽喷淋杀死药液中的微生物

    B. 广泛用于制药行业玻璃瓶装、塑料瓶装、软袋装等输液产品的灭菌

    C. 水浴式灭菌器由筒体、控制系统和灭菌车等组成

    D. 灭菌温度、压力数据报告以表形式可自动打印、易于保存分析

5. 紫外线灭菌力最强的波长是（　　）

    A. 245nm　　　　　　　B. 254nm　　　　　　　C. 255nm　　　　　　D. 256nm

6. 下列对干热空气灭菌法叙述错误的是（　　）

    A. 一般140℃，至少3小时　　　　　　　　　B. 160~170℃，至少1小时以上

    C. 干热250℃，45分钟灭菌　　　　　　　　　D. 180℃，至少45分钟以上

7. 下列对水浴式灭菌器的说法错误的是（　　）

    A. 主要由筒体、控制系统和消毒车组成

    B. 灭菌过程分为升温、保温和降温三个阶段

    C. 灭菌过程中，常因不洁净冷却水而对产品产生二次污染

    D. 具有灭菌和检漏两项功能

8. 热层流式干热灭菌机工作时可获得洁净度为（　　）的清洁空气。

    A. A级　　　　　　　　B. B级　　　　　　　　C. C级　　　　　　　D. D级

9. 混悬剂、乳剂、黏稠性大、热敏性高等药液的快速灭菌选用（　　）最佳

    A. 热层流式干热灭菌机　　　　　　　　　　　B. 水浴式灭菌器

C. 辐射式干热灭菌机   D. 回转式水浴灭菌器

10. 在紫外线灭菌中,灯距地面距离为(　　)为宜

    A. 1.8~2.0m   B. 1.0~1.5m   C. 2.0~2.5m   D. 3.0m 以上

（二）多项选择题

1. 下列灭菌方法属于物理灭菌法的是(　　)

    A. 火焰灭菌法   B. 热压灭菌法   C. 流通蒸汽灭菌法

    D. 微波灭菌法   E. 气体灭菌法

2. 湿热灭菌的特点有(　　)

    A. 灭菌可靠   B. 易于控制   C. 操作简便

    D. 价格低廉   E. 温度很高

3. 热压灭菌法的灭菌条件有(　　)

    A. 温度 115.5℃,压力 68.6kPa,灭菌时间 30 分钟

    B. 温度 121.5℃,压力 98.0kPa,灭菌时间 20 分钟

    C. 温度 125.5℃,压力 137.2kPa,灭菌时间 15 分钟

    D. 温度 125.5℃,压力 137.2kPa,灭菌时间 10 分钟

    E. 温度 115.5℃,压力 68.6kPa,灭菌时间 15 分钟

4. 适用于湿热灭菌的有(　　)

    A. 耐高压蒸汽的药物制剂   B. 纯净水

    C. 耐高压蒸汽的金属容器、瓷器、橡胶塞   D. 注射器、注射针等器皿

    E. 空气和地面

5. 下列对辐射灭菌的叙述正确的是有(　　)

    A. 通常用^{60}Co 辐射的 γ 射线   B. 灭菌过程中不升高灭菌产品温度

    C. 辐射灭菌的设备经济便宜   D. 对已包装好的药品也可进行灭菌

    E. 可用于固体、液体药物的灭菌

二、简答题

1. 简述灭菌法的分类,常见有哪些灭菌方法?

2. 简述湿热灭菌的原理。

3. 简述热层流干热灭菌机的结构和原理。

4. 简述辐射式干热灭菌机的结构和原理。

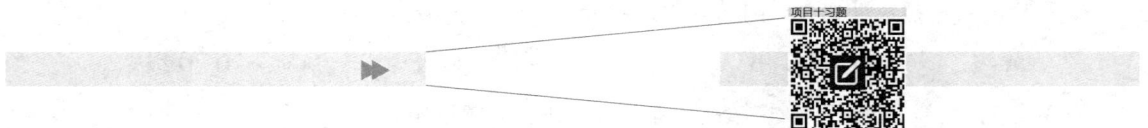

实训八　制药企业灭菌设备实践

【实训目的】

1. 掌握灭菌设备的结构、工作原理。

2. 熟悉各类灭菌设备的基本操作。

【实训内容】

1. 灭菌设备的种类、结构、工作原理和使用方法。

2. 学习如何验证灭菌设备与灭菌条件的有关规章制度、措施。

【实训步骤】

1. 实践前认真复习项目十的内容,查阅与灭菌设备的有关资料,并认真学习,按厂方进入厂区、车间的有关规定要求,做好衣、鞋、帽等的准备工作。

2. 实践时认真听取工作人员的讲解,做好笔记。实践过程中严格遵守生产企业的各种规章制度,注意安全。

3. 实践结束后要绘制所实践的灭菌设备所处的制剂车间工艺流程图,并进行分析讨论,结合实践内容,写出实践报告。

【思考题】

1. 常用灭菌设备有哪些? 其结构、原理是什么?

2. 如何验证灭菌设备与灭菌条件能够满足制剂灭菌需要?

【实践测试】

根据学生实训报告、实践现场表现和思考题完成情况进行考核。实训报告格式见附录三。

（冯传平）

模块四

口服固体制剂生产设备

项目十一

中药丸剂生产设备

▲

导学情景 V

情景描述：

丸剂是中药最常见的固体制剂之一，例如牛黄解毒丸、六味地黄丸等。 那么同学们知道丸剂有哪些种类吗？ 是用什么设备如何生产出来的吗？

学前导语：

丸剂系指原料药物与适宜的辅料制成的球形或类球形固体制剂。 中药丸剂包括蜜丸、水蜜丸、水丸、糊丸、蜡丸、浓缩丸和滴丸等。

❖ 概述

ER-11-1

扫一扫，知重点

中药丸剂是一种古老的剂型，具有悠久的历史。目前，丸剂仍是中成药的主要剂型之一。按制备方法分为塑制丸（如蜜丸、糊丸、浓缩丸、蜡丸等）、泛制丸（如水丸、水蜜丸、浓缩丸、糊丸等）和滴制丸（滴丸）；按赋形剂分为水丸、蜜丸、水蜜丸、糊丸、蜡丸等。目前企业生产中应用的主要设备有泛丸机、滚筒式筛丸机、离心式自动选丸机、制丸机、滴丸机、捏合机、中药自动成丸机等。

▶ **课堂活动**

同学们见过哪些中药丸剂？ 它们分别是采用什么方法生产的？

泛制法是将饮片粉末与润湿剂或黏合剂交替加入适宜的设备内，使药丸逐层增大的制备方法。

塑制法是将饮片细粉与适宜的黏合剂混合，制成软硬适度的可塑性丸块，然后制成丸条，再经分割、搓圆而成丸粒的制备方法。蜜丸、糊丸、部分浓缩丸、蜡丸等可采用此法制备。

滴制法是将主药溶解、混悬、乳化在一种熔点较低的脂肪性或水溶性基质中，滴入到一种不相混溶的液体冷却剂中冷凝而制成丸粒的方法。

点滴积累 V

中药丸剂制备方法主要分泛制法、塑制法、滴制法三种。

任务 11-1　泛制法制丸设备

泛制法是将饮片细粉与润湿剂或黏合剂交替加入适宜的设备内，使药丸逐层增大的制备方法。

水丸、水蜜丸、糊丸、浓缩丸等均可采用此法制备。

泛制法制丸的一般工艺流程为:药粉的准备→起模→泛制成丸→盖面→干燥→选丸→成丸。生产中所采用的泛制法制丸设备主要包括泛丸机(亦称糖衣机、包衣机)、滚筒式筛丸机、离心式自动选丸机、水丸连续成丸机等。

一、泛丸机

生产中常用普通包衣锅作为泛丸机,主要完成起模、泛制成丸、盖面等工序。

1. 结构　如图 11-1 所示,主要由机身、蜗轮箱体、锅体、加热装置、风机、电气等主要部分组成。

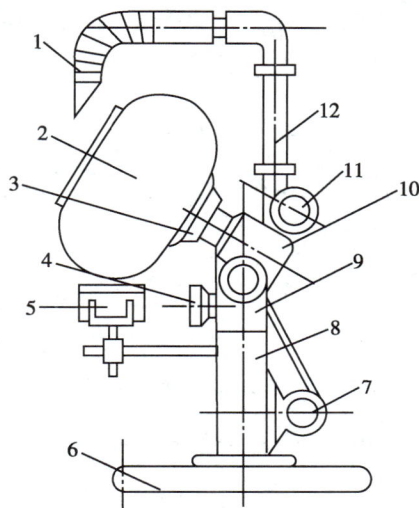

图 11-1　泛丸机

1. 热风管;2. 泛丸机锅体;3. 转轴;4. 仰角调节手轮;5. 加热器;6. 底座;
7. 电机;8. 机身;9. 机架;10. 减速箱;11. 风机;12. 电炉丝

2. 工作原理　由电动机通过三角皮带驱动蜗轮、蜗杆减速器,带动锅体旋转,可使物料在锅内上下翻滚。制丸时,将药粉置于锅体内,用喷雾器将润湿剂喷到锅体内的药粉上,转动锅体或人工搓揉使药粉均匀润湿,成为细小颗粒,继续转动成为丸模。丸模成型,筛取一定规格的丸模再依次撒入药粉和润湿剂,滚动使丸模逐渐增大成为光滑圆整、大小合适的丸粒。

二、滚筒式筛丸机

滚筒式筛丸机是中药丸剂生产过程中主要的筛选设备,多用于分离泛丸成型过程中的过大、过小和畸形丸粒,也可用于干燥后丸粒的筛选。

1. 结构　如图 11-2 所示,卧式滚筒筛丸机由筛筒、进料斗、盛料器、毛刷、变速传动机构和电机等组成。筛筒分 3 段,滚筒筛的孔径按所需药丸直径冲制成梅花形、圆形或方形等,前段筛孔小,后段筛孔大,以便丸粒从前向后滚动时被筛孔分成几等。筛筒的转速有调速电机控制,可以自行调整。

图 11-2　滚筒式筛丸机

2. 工作原理　旋转滚筒筛的三节筒筛在主动轴的带动下顺时针旋转,丸粒进入筛内由不同孔径的筛孔分别选出符合要求的各种丸剂。在筛选的过程中,夹在筛孔中的丸粒由安装在滚筒筛侧边的固定板刷将药丸挤出。

三、离心式自动选丸机

1. 结构　如图 11-3 所示,离心式自动选丸机主要由吸料电机、吸药口、料斗、螺旋轨道、出料口等组成。用于筛选形状不圆或多粒粘连等不合格中药丸,多用于筛选干丸。

2. 工作原理　由吸料机将药丸吸入离心式自动选丸机上端料斗中,经等螺距、不等径的螺旋轨道,利用离心力产生的速度差将圆整的药丸和不圆整的药丸分开,到达底部分别流入合格品容器和不合格品容器中。

四、水丸连续成丸机

如图 11-4 所示,CW-1500 型水丸连续成丸机组的结构包括进料、成丸和选丸三部分。操作时,先输送脉冲信号,将药粉送到加料斗,开动成丸机,加料斗将药粉均匀地加入成丸锅,待药粉盖满成丸锅底

图 11-3　离心式自动选丸机

面时,喷液泵开始喷液体,药粉遇到液体后形成微粒,再交替加入适量药粉和液体,使微粒逐渐增大成丸,直到达到规定的规格,丸粒经滑板滚入圆筒筛中分档,收集大小不同的丸粒。

该设备可以使药粉直接一步成丸,从而使生产自动化、连续化,制成的丸剂圆整、光洁、质量好、产量高,比包衣锅制丸前进了一步,更加符合 GMP 的要求。

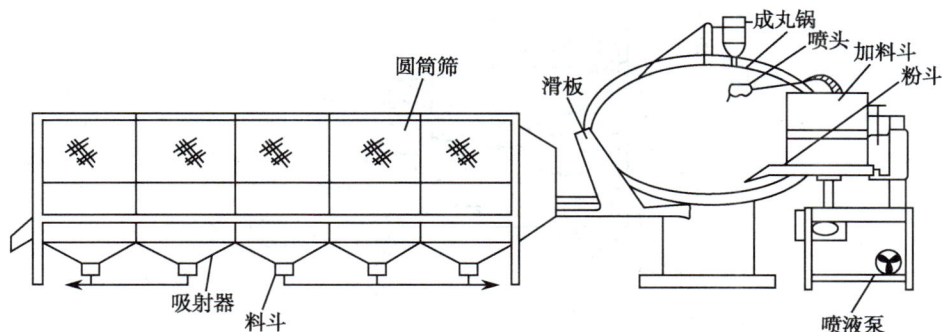

图 11-4　CW-1500 型水丸连续成丸机组生产线

点滴积累 ∨ ··

1. 泛制法制丸的一般工艺流程为：药粉的准备→起模→泛制成丸→盖面→干燥→选丸→成丸。

2. 生产中常用普通包衣锅作为泛丸机，主要完成起模、泛制成丸、盖面等工序。

3. 滚筒式筛丸机是中药丸剂生产过程中的主要筛选设备，多用于分离泛丸成型过程中的过大、过小和畸形丸粒，也可用于干燥后丸粒的筛选。

4. CW-1500 型水丸连续成丸机组的结构包括进料、成丸和选丸三部分。

任务 11-2　塑制法制丸设备

塑制法是将中药饮片细粉与适宜的黏合剂混合，制成软硬适度的可塑性丸块，然后制成丸条，再经分割、搓圆而成丸粒的制备方法。蜜丸、糊丸、部分浓缩丸、蜡丸等可采用此法制备。

塑制法制丸的一般工艺过程包括：药材细粉+黏合剂→合坨→制丸块→制丸条→分割→搓圆→干燥→成丸质量检验→包装。传统的丸剂塑制设备包括捏合机、丸条机和轧丸机。现代企业多采用制丸连动装置，主要设备有全自动制丸机，辅助设备有炼蜜锅、混合机、干燥设备、抛光机等。

一、捏合机

1. **结构**　如图 11-5 所示，捏合机多由不锈钢制成。主要结构包括箱槽和两组强力的 S 形桨叶，槽底呈半圆形，两组桨叶以不同的转速反向转动，起到搅拌捏合的作用。

2. **操作**　将药粉放入捏合机的箱槽内，加入适量炼蜜或其他适宜的辅料，打开电源开关，使捏合机桨叶转动。因桨叶的搅拌、揉捏及桨叶及槽壁间的研磨使药料混合均匀，并反复捏合，直至全部湿润，色泽一致，形成能从桨叶及槽壁上剥落下来的丸块，此时应立即进入下道制丸条的工序。

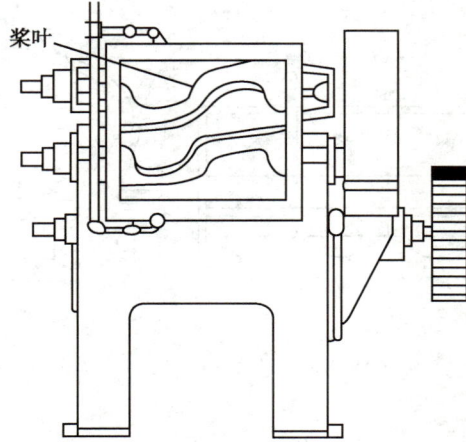

图 11-5　捏合机

二、丸条机

丸条机有螺旋式和挤压式两种,如图 11-6、图 11-7 所示。最常用的是螺旋式丸条机,即丸块从加料口加入,利用圆形壳体内水平旋转的螺旋输送器的推动、挤压作用,经最前端的丸条机模口形成丸条。更换模口不同口径的出条管可得到大小不同的丸条;若在丸条机模口处安装微量调节器,可控制丸剂的重量和重量差异限度。

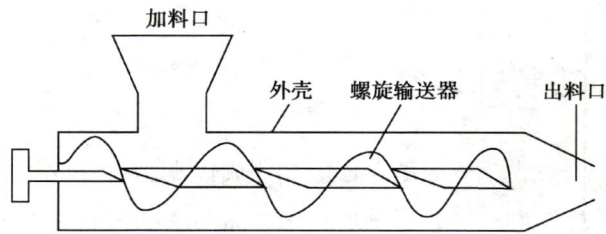

图 11-6　螺旋式丸条机

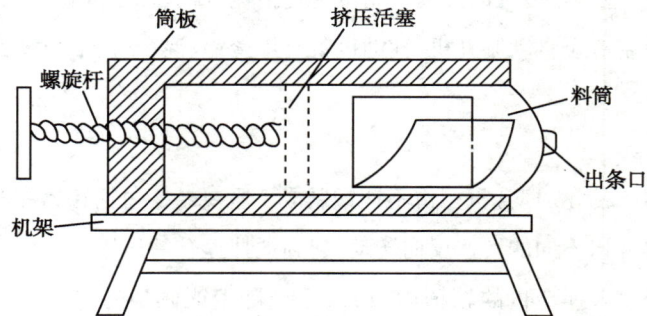

图 11-7　挤压式丸条机

三、轧丸机

轧丸机包括双滚筒式轧丸机和三滚筒式轧丸机。

1. **工作原理**　从丸条机出来的丸条经过加热后使其光圆,随后丸条落到上输送带上,当适当长短的丸条到达滚筒上方时,上输送带倾斜,使其落入两个滚筒之间,此时两个滚筒做相对运动,同时依靠外侧的上滚筒的平移,共同完成分割与搓圆的过程。

2. **双滚筒式轧丸机** 由两个表面有半圆形切丸槽的铜制滚筒组成,如图 11-8 所示。两滚筒以不同的速度作同一方向旋转,转速一快一慢(约为 90r/min,70r/min)。将丸条置于两滚筒切丸槽之间,滚筒转动将丸条切断,并将切成的丸粒搓圆。

3. **三滚筒式轧丸机** 该机由 3 个有槽滚筒呈倒三角形排列组成,如图 11-9 所示。下部一个滚筒直径较小、固定不动,转速约 150r/min;两个上滚筒直径较大,内侧的是固定的,靠外的一个定时转动,转速分别为 200r/min 及 250r/min。定时转动由离合装置控制。操作时,上面两个滚筒间要随时擦润滑剂,以免物料黏附于滚筒上。三滚筒式轧丸机适用于蜜丸的制备,成型的丸粒呈椭圆形,冷却后即可包装。

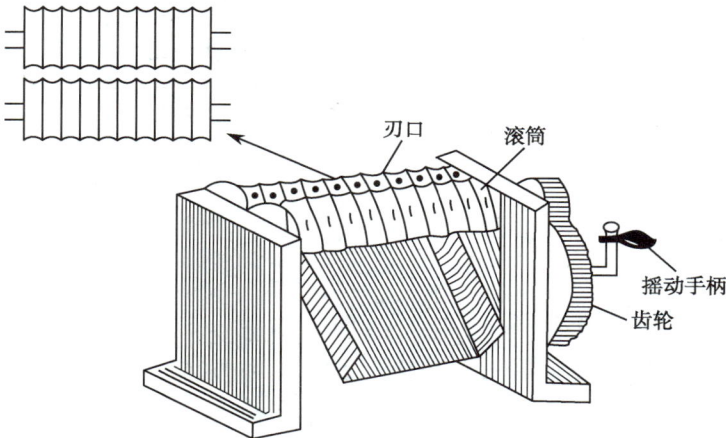

图 11-8 双滚筒式轧丸机　　　　图 11-9 三滚筒式轧丸机

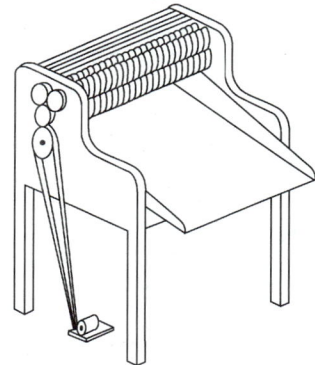

四、全自动制丸机

YUJ-17A 型制丸机为智能、高效、全自动速控中药制丸设备,专门生产 1~11g,丸径为 3~8mm 的水丸、水蜜丸、蜜丸、浓缩丸等,配比在 1∶(0.9~1.3)的丸剂均可选用,图 11-10 是制丸机的外形图。

1. **结构** 图 11-11 是制丸机结构平面图,主要由传动系统,制条系统,分粒、搓圆系统及自控系统等四大部分组成。

2. **工作原理** 将混合均匀的丸块送入进料口,在螺旋推进器的挤压下制成规格相同的药条,在光电测速装置的跟踪下,经过导轮、顺条器同步进入制丸刀轮中,经过两个刀轮的快速切割、搓圆,制成大小均匀的药丸。

图 11-10 YUJ-17A 型制丸机

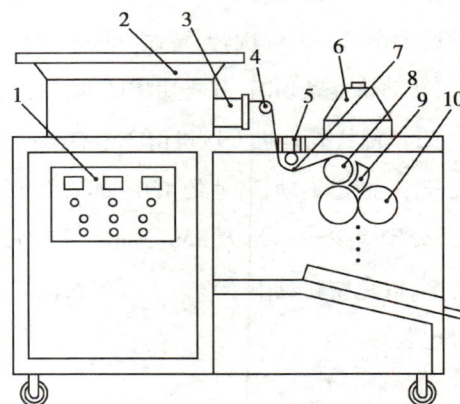

图 11-11 YUJ-17A 型制丸机结构平面图
1. 控制面板；2. 进料口；3. 制条机；4. 测速机；5. 减速控制器；6. 酒精桶；7. 药条；8. 送条轮；9. 顺条器；10. 刀轮

3. 标准操作规程

（1）开机前的准备工作

1）检查设备有无"完好"及清洁合格状态标志。

2）根据制丸机需要把开关（SA）扳向手动或自动；把调频开关（SA1）扳向关。

3）把伺服机速度调节旋钮（RP）和制条机调频旋钮（RP3）反时针调至最低位置。

4）合上低压断路器（QF1、QF2、QF3），电源指示灯（HL0）燃亮（该指示灯含在急停按钮内）。

5）先后启动各电机：①按启动按钮（SB4）搓丸电机启动，指示灯（HL1）燃亮；②按启动按钮（SB6）伺服机准备启动，约经过 2 秒指示灯（HL2）燃亮，只有在这时才可以顺时针缓慢转动速度调节旋钮（RP）；③按启动按钮（SB2），制条电机交流变频器数显燃亮，并显示为零，把调频开关（SA1）扳向开，顺时针转动调频旋钮（RP3），数显板显示的就是制条电机频率。制条电机速度随频率增加，直到所需制条机速度，停止转动调频旋钮（RP3）。

（2）制丸：①打开酒精开关，先把制丸刀润湿；②将制出的药条放在测速电机轮上，并从减速控制器下面穿过，再放到送条轮上，通过顺条器进入制丸刀轮进行制丸；③工作开始一般是先取一根药条，通过测速机轮和减速控制器，待进一步确认速度调好后，再将其余几根药条依次放上；④在生产过程中可通过更换出条口与制丸刀来制出所需直径的药丸。

（3）关机：①先逆时针转动速度调节旋钮（RP）和调频旋钮（RP3），使伺服机和制条机停止转动，并把调频开关（SA1）扳向关；②依次按停止按钮（SB1）、（SB3）、（SB5）切断各电机电源，指示灯（HL1）、（HL2）和变频器数显均熄灭；③如果短时间停开制条机，只能用调频开关（SA1）进行操作，切不可频繁操作（SB1）、（SB2）按钮以免损坏变频器；④切断整机电源，指示灯（HL0）熄灭；⑤遇有紧急情况，可按急停按钮（SB0）切断所有电机电源；⑥工作结束后应将料仓和刀轮上的残留物清洗干净。

► **边学边练**

1. 能正确说出 YUJ-17A 型制丸机的各部分结构名称。

2. 会正确按照操作规程操作 YUJ-17A 型制丸机。

4. 清洁标准操作规程

（1）清洁频次：①生产结束后,清洁消毒一次；②更换品种时必须按本程序清洁消毒；③维修后必须彻底清洁消毒。

（2）清洁工具：水盆、毛刷、镊子、不锈钢刀、清洁布、橡胶手套。

（3）清洁剂、消毒剂：①清洁剂为 5% 洗涤剂溶液；②消毒剂为 75% 的乙醇溶液或 0.1% 的苯扎溴铵溶液,每个月交替使用。

（4）清洁地点：就地清洁。拆下的部件移至工器具清洗间清洁。

（5）清洁方法：生产结束后,先关闭所有电源,再进行清洁：①将制条、伺服减速到零,关闭搓丸、伺服电机。拿下出条筒内帽,将制条变频开至 10Hz 以下挤出料头回收,最后将制条变频降至零,并关闭电源。②拿出料仓中推进器、内帽等,用饮用水冲洗。③将翻板、刀具、毛刷卸下用饮用水冲洗。④在卸下上述部件后,可用清洁布将料仓擦洗,擦洗时要注意,防止水流入机架内部电器中。⑤将整机用清洁布擦洗,必要时使用液体洗涤剂。⑥清洁各部件及整机均需用饮用水清洗 3 次,纯化水清洗两次,然后用干燥清洁布蘸 75% 乙醇消毒。清洁完毕后填写清洁记录,并请 QA 检查员检查清洁情况,确认合格后,签字并贴挂"清洁合格"状态标志。

（6）效果评价：机身表面无污迹,出料口和推进器无残留药料。

（7）注意事项：①完成上述清洗时须一个人操作设备,避免多人操作设备引发事故,并要保持断电；②清洁好的配件放在固定位置,防止出现乱拿或碰伤等事故；③不能用乙醇、汽油等化学稀料擦拭清洁触摸屏,以免损坏触摸屏表面。

（8）清洁有效期：1 周。

5. 维护检修与保养标准操作规程

（1）检修前的准备：设备说明书、有关技术标准、图纸等技术资料；设备运行记录、设备修理记录、设备缺陷、功能失常等技术状态记录；拆卸工具及万用电表、千分尺、卡尺、绝缘等检验测试仪器、设备。

（2）检修方法

1）制丸刀拆卸及安装方法：①制丸刀轴的螺纹为右旋螺纹,制丸刀轴上齿轮体与齿轮连接左侧为左旋螺纹,右侧为右旋螺纹；②拆卸右侧制丸刀锁紧螺母（要用冲击力瞬时旋动制丸刀螺母,以免齿轮体与齿轮脱离）；③用专用退刀螺母与制丸刀拧紧；④拧退刀螺母的顶丝；⑤退出制丸刀。安装时按拆卸的相反程序进行。

2）弹簧拆卸方法及安装方向：①卸掉制丸刀（用板子卡住刀轴,在正面看右侧刀轴上的联结螺纹为右旋螺纹,左侧则为左旋螺纹）；②卸掉刀轴法兰座上的螺栓；③旋转刀轴,使齿轮体与齿轮脱离；④握住刀轴向外抽,可将法兰座、齿轮体、刀轴及弹簧一次抽出；⑤去掉法兰座,齿轮体；⑥更换弹簧,弹簧分左右旋,左侧为左旋弹簧,右侧为右旋弹簧。

3)导向键拆卸方法及安装方向:在拆卸掉法兰座后,压紧弹簧,将齿轮体向外抽动 10mm 距离取出导向键,且不可与齿轮体一起退出,避免导向键卡在刀轴方槽的退刀槽内。

（3）日常维护:①料仓上部的双翻板每班前加注食用油;②油箱须保证油面高度,应高于油窗中心线,低于中心线应加油,油号为 25# 机油,每半年换油一次;③减速机为油浴式润滑,用 70# 工业级压齿轮油,正常油面应高于油表中线位置,每 3~6 个月更换一次;④检查和确认设备平衡接地,忌用金属棒代替手操作,破坏触摸屏屏面。

6. 常见故障、产生原因及处理方法　见表 11-1。

表 11-1　YUJ-17A 型制丸机常见故障、产生原因及处理方法

常见故障	产生原因	处理方法
丸与丸之间连接不断	制丸刀没对正,药料太硬、太黏	对正制丸刀,处理药料,将主丸刀的刀刃部锉成锯齿形
丸形成方块形,丸型不好	药料硬、药性黏	将制丸刀 R 弧面划成弧线沟,使制丸刀与药丸之间增加摩擦力
出现异常声音,不搓丸不切丸	①刀轴与齿轮体研住 ②弹簧断了 ③齿轮体与齿轮螺纹松动	①刮研刀轴和齿轮体接触面 ②更换弹簧 ③旋转齿轮体和齿轮(旋进方向与制丸刀运动方向相反)
推料速度和切丸速度不协调	自控失灵	①检查接近开关磁头与金属片之间距离 ②更换接近开关

技能赛点

1. 熟练掌握丸剂的制备过程和要求。

2. 能熟练操作 YUJ-17A 型制丸机,并能及时对设备进行清洁和维护。

3. 能根据生产指令并按照相关 SOP 完成规定的任务。

4. 知道 YUJ-17A 型制丸机操作前的检查要点、操作过程中的注意事项。

5. 能判断 YUJ-17A 型制丸机的常见故障、产生原因及处理方法。

五、中药自动成丸机

目前常用的中药自动成丸机为 ZW-80A 型。该机性能稳定、运行可靠、结构紧凑、操作方便,可制备蜜丸、水蜜丸、浓缩丸、水丸,实现了一机多用。主要由加料斗、推进器、出条片、导轮及一组刀具等组成。其工作原理如图 11-12 所示。

操作时,药料加入到加料斗内,高度不低于料斗锥部高度的 1/3,以避免药条致密程度波动。药料在螺旋推进器的挤压作用下通过出条片制成丸条,丸条先经自控轮,再由导轮直接送至制药刀具处进行切、搓,在刀辊的直线运动和圆周运行下成丸。其制丸速度可通过旋转调节钮调节。制丸过程中由喷头喷洒一定浓度的乙醇,防止药丸的粘连。

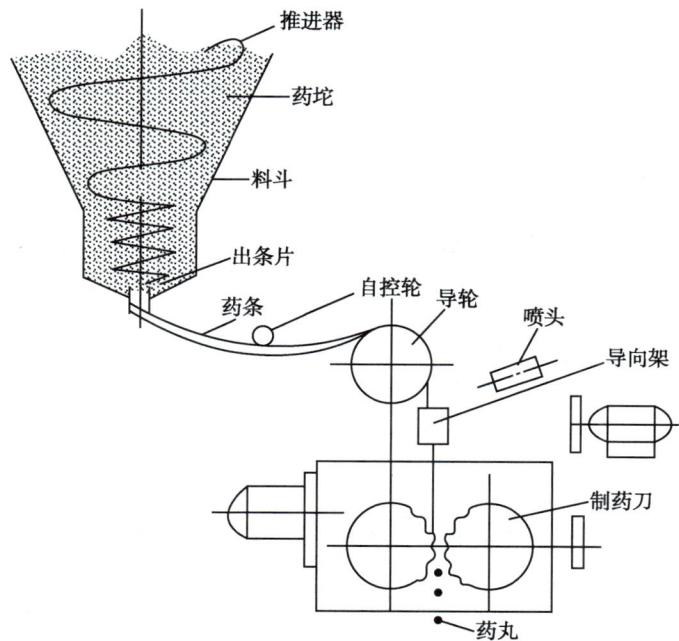

图 11-12　ZW-80A 型中药自动成丸机工作原理

知识链接

常见丸剂的干燥条件

中药丸剂的制备方法主要有塑制法、泛制法和滴制法。塑制法和泛制法成型后不同类型的湿药丸含有一定水分，一般在 20%~40%，因此，中药丸剂的干燥除湿是其制备过程必不可少的工艺环节。合理的干燥工艺对保证丸剂干燥后外形的要求至关重要。

蜜丸干燥应在常压 80℃以下进行，至 5 成干时经常翻动丸药，时间不宜过长，以保持蜜丸的外形圆整、柔软滋润，否则水分过低，丸剂表面粗糙。

水丸的干燥应当在常压 80℃以下进行，均匀受热，以防止裂纹产生。

糊丸应 60℃以下干燥或置于通风处阴干，因糊丸内部的水分蒸发很慢，如果高温迅速干燥或暴晒，会使丸粒表面干而内部稀软，或整个丸粒裂缝或崩碎。

含挥发性成分较多的丸剂应低温焖烘，60℃以下干燥，干燥时采用逐渐升温的方法，慢慢升至 60℃左右，不翻动丸药，不进行冷热空气的对流，至 8 成干时，再开鼓风进行冷热空气的交换。

点滴积累　∨

1. 塑制法制丸的一般工艺过程包括：药材细粉+黏合剂→合坨→制丸块→制丸条→分割→搓圆→干燥→成丸质量检验→包装。

2. 捏合机由两组以不同的转速反向转动的 S 形桨叶完成搅拌捏合的作用。

3. 丸条机有螺旋式和挤压式两种，最常用的是螺旋式丸条机。螺旋式丸条机主要利用螺旋输送器的推动、挤压作用完成丸条的制备。

4. 全自动中药制丸机主要由传动系统，制条系统，分粒、搓圆系统及自控系统等四大部分组成。

任务 11-3　滴制法制丸设备

滴制法是将主药溶解、混悬、乳化在一种熔点较低的脂肪性或水溶性基质中，滴入到一种不相混溶、互不作用的液体冷却剂中冷凝而制成丸粒的方法。滴制法主要用于滴丸的制备。

滴制法制丸的一般工艺过程为：熔融基质→加入药材提取物制成滴制液→滴制→冷凝→洗涤→干燥成丸。

DWJD-Ⅲ自动化大型滴丸机是中型滴丸机集 PLC 控制系统、药物调剂供应系统、循环制冷系统、动态滴制收集系统于一体，并配有集丸离心机和振动筛选干燥机等配套设备，形成一条适合大中型制药生产企业的生产线，如图 11-13 所示。

图 11-13　滴丸生产线

1. **基本参数**　见表 11-2。

表 11-2　DWJD-Ⅲ滴丸机基本参数表

项目	参数	项目	参数	项目	参数
功率	7.5kW	滴制装置	配备 36~72 孔滴头	调料罐容量	60L
系统气压	0.8MPa	油箱容积	100L	滴罐容量	1.5L

2. **设备组成**　如图 11-13 所示，滴丸机由四大系统组成。

（1）药物调剂供应系统：由保温层、加热层、调料罐、电动减速搅拌机、油浴循环加热泵、药液自动输出开关、自动喷淋清洗装置、压缩空气输送机构等组成。作用：将药液与基质放入调料罐内，通过加热搅拌制成滴丸的混合药液,然后通过压缩空气将其输送到滴液罐内。

(2)动态滴制收集系统:滴液罐内的液位通过液位传感器控制与供料系统连接,使滴液罐保持一定的液位。滴制时药液由滴头滴入到冷却液中,在冷却柱上部装有加热器,它使药滴在温度梯度降低的同时,在表面张力作用下适度充分地收缩成丸,使滴丸成型圆滑,丸重均匀。冷却柱内安装了线性压力传感器,通过变频调速控制输液泵的流量,使冷却剂在收集过程中保持了液面的动态平衡。另外,冷却柱具有升降功能,以便于滴头的安装和使滴头至液面具有适于不同药液的最佳滴距。

(3)循环制冷系统:为了保证滴丸的成型,避免滴制的热量及冷却柱加热盘的热量传递给冷却液,使其温度受到影响,该机采用进口组合的制冷机组,制冷机组通过钛合金制冷器控制制冷箱内冷却剂的温度,保证了滴丸的顺利成型。

(4)PLC及触摸屏控制系统:采用触摸屏计算机控制技术,实现了整机的自动化生产。

配套的主要设备有集丸离心机和筛选干燥机:集丸离心机的作用是将滴丸集中起来,通过可调转速的离心机将油甩干,高速正转脱油,反转低速出粒,时间和转速都任意可调,出粒口又与筛选干燥机(振选筛和干燥机)相连,然后通过振选筛将不合格丸分出,自动进入干燥机,进行风干,筛选干燥后的滴丸大小均匀、表面洁净,由导料口导出可直接装瓶。

3. 工作原理　药液与基质加入调料罐内,通过加热搅拌制成待滴制的混合药液,经压缩空气将药液输送到滴液罐内,在动态滴制系统控制下,由滴头将药液滴入冷却液中,料滴在表面张力作用下适度充分地收缩成丸,使滴丸成型圆滑,丸重均匀。

4. 标准操作规程

(1)开机前准备:①检查设备有无"完好"证及清洁状态标志。②检查主机的压缩空气管道是否接好。③检查设备内冷却液状石蜡是否足够,如不足应及时补充。

(2)开机操作:①整机接入电源,调整压缩空气压力在0.5MPa。打开主控开关,滴丸机滴头侧面的照明灯点亮,表示主机电源已经接通;同时,触摸屏自动进入操作画面。②根据需要,点击"系统运行"。系统进入"手动状态"后,点击"参数设定",设定各参数,然后点击"确认"键,按"返回"键,系统返回操作画面。③点击"加热"键和加热油泵的"开关"键,系统进入"预热状态"(这个过程需要1~2小时)。到达设定温度后,系统加热状态将自动关闭或手动关闭,停止加热。④点击"制冷"开关,系统进入制冷状态,压缩机和风机开始工作(这个过程需要1~2小时)。到达设定温度后,关闭制冷机。"制冷"与"加热"过程可以同步进行,这样可以缩短准备工作的等待时间。⑤点击"磁力泵"开关,使冷却液进行循环,同时拉动滴液罐左侧气缸升降阀,使冷却柱升起。点击"管口加热"开关,使冷却柱上端达到设定温度。⑥滴制:点击菜单中的"自动"键。自动运行过程如下:当制冷、加热温度达到其设定要求时,系统自动开始进行搅拌。当达到设定的搅拌时间后,系统自动打开"加料管阀门"加药。滴液罐加满后,"加料管阀门"自动关闭。同时,手动打开"滴头"开关开始滴制,同步自动打开"传送带"的开关,至此设备全面开始运转。在药液液位降至滴液罐下限液位时,系统再次打开"加料管阀门"补充加药。当加药时间已到,而药液液位未达到滴液罐上液位时,触摸屏上出现告警"料已用完,请转手动"状态,此时,按下"手动"键,使系统变"自动"状态为"手动"状态,至此自动运行过程结束。⑦试滴30秒,取样检查滴丸外观是否圆整,去除表面的冷却油后,称量丸重,根据实际情况及时对冷却温度、滴头与冷却液面的距离和滴速作出调整,直至符合工艺要求为止。⑧正式滴丸后,每小时取丸10粒,用罩绸毛巾抹去表面冷却油,逐粒称量丸重,根据丸重调整滴速。⑨滴制结束后关闭系统程序:滴头开关→冷却油泵→制冷系统→将冷却柱降下→放上滴液罐下部的接水盘→关闭真空处的阀门。

(3)清洗:当本次药液滴制完毕,不再滴制,或需要更换另一种药液时,需要对"滴液罐"及管路等滴制系统进行清洗。①加水。从加料口或进水口向滴液罐内注入适量90℃以上的热水。②清洗。卸下滴头和内分流器,换上单孔滴头,并从滴头出口处外接导水管至废水桶。然后,打开空压机,点击打开"加料管阀门"使热水注入滴液罐内,打开"滴头"开关,废水在压力的作用下流出,关闭"滴头"开关。如此反复数十次,直至滴制系统清洗干净,调料罐内的水全部流出为止。更换上已清洗干净的滴头。

(4)关机:①清洗完毕后,关闭空压机;②打开调料罐放气阀,放出压缩空气;③关闭触摸屏,最后关闭总电源。

5. 常见故障、产生原因及处理方法　见表11-3。

表11-3　DWJD-Ⅲ自动化大型滴丸机常见故障、产生原因及处理方法

常见故障	产生原因	处理方法
滴液罐内无药液进入	①压缩空气压力不够 ②压缩空气管道未接通 ③加料管阀门未打开	①调节压缩空气压力至0.5MPa ②检查压缩空气管道 ③打开加料管阀门
无法达到预热温度	①温度传感器损坏 ②加热器电气故障	①检查温度传感器灵敏度,调整传感器灵敏度 ②更换温度传感器 ③检查加热器电气线路
无法达到制冷温度	①温度传感器损坏 ②制冷压缩机故障	①检查温度传感器灵敏度,调整传感器灵敏度 ②更换温度传感器 ③检查制冷压缩机电气线路及机械传动部分
预热温度达到设定温度后,未自动搅拌	①搅拌电机电路接触不良,电控系统元件损坏 ②搅拌电机机械传动零件松动,损坏卡住	①检查搅拌电机的电控系统,电机接触器是否良好 ②检查搅拌电机的机械传动部分是否有零件松动
无法控制滴制速度	滴液罐内恒压装置故障	①检查压力传感器灵敏度,调整传感器灵敏度 ②更换压力传感器 ③检查真空系统是否故障
滴液罐内药液液位降至下限液位时,系统未自动加药	①液位传感器损坏 ②加料管阀门故障	①检查并调整液位传感器灵敏度 ②更换液位传感器 ③检查排除加料管阀门故障

点滴积累 ╲

1. 滴制法制丸的一般工艺过程为: 熔融基质→加入药材提取物制成滴制液→滴制→冷凝→洗涤→干燥成丸。

2. DWJD-Ⅲ自动化大型滴丸机由四大系统组成：药物调剂供应系统、动态滴制收集系统、循环制冷系统、PLC 及触摸屏控制系统。

目标检测

一、选择题

（一）单项选择题

1. 下列丸剂中不能采用泛制法制备的是(　　)
   A. 水丸　　　　　　　B. 水蜜丸　　　　　　C. 滴丸　　　　　　D. 糊丸

2. 下列设备不属于泛制法制丸时常用设备的是(　　)
   A. 滚筒式筛丸机　　　B. 微波干燥器　　　　C. 丸条机　　　　　D. 泛丸机

3. 离心式自动选丸机不能筛选(　　)
   A. 形状不圆的丸　　　B. 湿丸　　　　　　　C. 干丸　　　　　　D. 多粒粘连丸

4. 由筛筒、进料斗、盛料器、毛刷和电机组成的是(　　)
   A. 泛丸机　　　　　　　　　　　　　　　B. 卧式滚筒筛丸机
   C. 离心式自动选丸机　　　　　　　　　　D. 制丸机

5. 可以使药粉直接一步泛制成丸的设备是(　　)
   A. 制丸机　　　　　　　　　　　　　　　B. 自动选丸机
   C. 滚筒式筛丸机　　　　　　　　　　　　D. 水丸连续成丸机

6. 制丸时发现 YUJ-17A 型制丸机丸形成方块形，丸形不好，主要原因是(　　)
   A. 自控失灵　　　　　　　　　　　　　　B. 药料硬,药性黏
   C. 齿轮与齿轮螺纹松动　　　　　　　　　D. 制丸刀没对正

7. DWJD-Ⅲ自动化大型滴丸机循环制冷系统的作用是(　　)
   A. 保证滴丸的成型　　　　　　　　　　　B. 输送滴丸
   C. 降低液滴的温度　　　　　　　　　　　D. 以上答案都不正确

8. DWJD-Ⅲ自动化大型滴丸机的滴液罐内的液位通过(　　)控制与供料系统联结,使滴液罐保持一定的液位
   A. 液位传感器　　　　B. 调料罐　　　　　　C. 滴料罐　　　　　D. 加料管

9. 下列不属于 YUJ-17A 型制丸机功能的是(　　)
   A. 制丸块　　　　　　B. 制丸条　　　　　　C. 切割　　　　　　D. 搓圆

10. 制丸机在生产过程中可通过更换(　　)来制出所需直径的药丸
    A. 出条口与制丸刀　　B. 送条轮　　　　　　C. 顺条器　　　　　D. 减速控制器

（二）多项选择题

1. 泛制法制丸主要用于(　　)的制备
   A. 水丸　　　　　　　　B. 大蜜丸　　　　　　　C. 水蜜丸

D. 糊丸   E. 浓缩丸

2. YUJ-17A 型制丸机主要由( )等组成

A. 制条系统   B. 传动控制   C. 分割、搓圆系统

D. 自控系统   E. 加热系统

3. 丸条机的类型有( )

A. 桨叶式   B. 螺旋式   C. 双滚筒式

D. 三滚筒式   E. 挤压式

4. YUJ-17A 型制丸机制丸时丸与丸之间连接不断,处理方法为( )

A. 旋转齿轮体和齿轮   B. 对正制丸刀

C. 处理药料   D. 将制丸刀刀刃部锉成锯齿形

E. 使制丸刀与药丸之间增加摩擦力

5. DWJD-Ⅲ自动化大型滴丸机的药物调剂供应系统由( )及保温层、加热层、压缩空气输送机构等组成

A. 调料罐   B. 电动减速搅拌机

C. 油浴循环加热泵   D. 药液自动输出开关

E. 自动喷淋清洗装置

二、简答题

1. 泛丸机的工作原理是什么?

2. YUJ-17A 型制丸机的制丸操作步骤是什么?

3. 滴丸机主要由几部分组成? 其工作原理是什么?

项目十一习题

实训九　中药丸剂设备实践

【实训目的】

1. 熟练掌握 YUJ-17A 型制丸机的结构、工作原理。

2. 学会 YUJ-17A 型制丸机的操作和清洁、消毒操作以及维护保养操作。

【实训内容】

1. YUJ-17A 型制丸机的结构、工作原理。

2. YUJ-17A 型制丸机的标准化操作规程。

3. YUJ-17A 型制丸机的清洁标准操作规程和维护保养标准操作规程。

【实训步骤】

1. 实践前认真复习项目十一任务三的内容,做好实践前的各项准备。

2. 观察 YUJ-17A 型制丸机的结构、工作原理。

3. YUJ-17A 型制丸机的操作。

4. YUJ-17A 型制丸机的清洁与维护保养。

【实训思考题】

1. 叙述 YUJ-17A 型制丸机的结构、工作原理。

2. 怎样操作 YUJ-17A 型制丸机?

3. 怎样清洁 YUJ-17A 型制丸机? 怎样维护保养 YUJ-17A 型制丸机?

【实训测试】

实践技能考核要点见附录二。

（吴　迪）

项目十二

胶囊剂生产设备

项目十二PPT

导学情景 ∨

情景描述：

炎热的夏季如果因为高温而中暑，这时大家习惯到药房去买藿香正气软胶囊服用。那么同学们知道胶囊有哪些种类吗？知道胶囊是用什么设备如何生产出来的吗？

学前导语：

胶囊剂系指原料药物或与适宜辅料充填于空心胶囊或密封于软质囊材中制成的固体制剂。胶囊剂可分为硬胶囊、软胶囊（胶丸）、缓释胶囊、控释胶囊和肠溶胶囊，主要供口服用。

任务 12-1　硬胶囊剂生产设备

ER-12-1

扫一扫，知重点

硬胶囊（通称为胶囊）系指采用适宜的制剂技术，将原料药物或加适宜辅料制成的均匀粉末、颗粒、小片、小丸，半固体或液体等，充填于空心胶囊中的胶囊剂。硬胶囊剂生产过程包括两个步骤：空心胶囊壳的制备及药物填充。空心胶囊壳通常由专业生产厂制备；药物填充由制药企业用胶囊充填机完成。

硬胶囊剂生产设备主要是指胶囊充填机，它可分为半自动及全自动两大类，本书主要介绍的全自动胶囊充填机，按其工作台运动形式可分为间歇运转式和连续回转式。目前根据回转台的工位不同，又有 8、10、12 等形式的机型。它们的工作过程为：空心胶囊供给→空心胶囊定向排列→囊帽、囊体分离→药物填充→剔废→囊帽与囊体闭合→胶囊排出→清洁。

一、胶囊充填机的机构分析

间歇式或连续式胶囊充填机的工艺过程基本相同，只是执行机构动作有所差别，所以每种机器原则上都有 8 个装置。

1. 胶囊和药粉的供给装置

（1）空胶囊落料排序装置：空胶囊落料排序装置是把空胶囊从饲料斗（又称供囊斗）连续不断供给的排序装置，如图 12-1 所示。空胶囊是在孔槽落料器（空胶囊落料供给装置）中移动完成落料动作。孔槽落料器在驱动机构带动下做上、下滑动的机械运动，落料器上、下滑动一次，由于落料器下端阻尼弹簧的释放，阻尼动作相应地完成一次空胶囊的输送、截止动作。

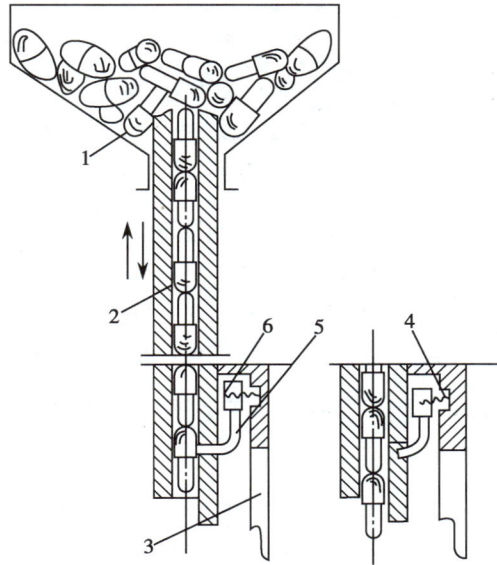

图 12-1　空胶囊落料排序装置
1. 贮囊斗;2. 落料器;3. 压囊爪;4. 弹簧;5. 卡囊簧片;6. 簧片架

（2）供给药粉装置:药粉的供给装置是由电动机带动减速器输出轴连接的输粉螺杆,将进料斗中的药物按定量供入盛粉器腔内,借助于剂量转盘的转动和搅粉环,将药物供给填充的接受器（即剂量环）,实现药粉供给。

2. 定向装置　如图 12-2 所示,其原理是利用囊体与囊帽的直径差和排斥力差,使空胶囊落到比囊帽外径稍窄一点的定向槽内,由水平校正器（推囊爪）将空胶囊推成水平状态,转换成帽在后、体在前,接着由垂直校正器（压囊爪）下移,实现了胶囊帽在上、体在下的第二次转换,使之落入重合且对中的上下模块（囊板）孔中,以便下一步进行分囊。

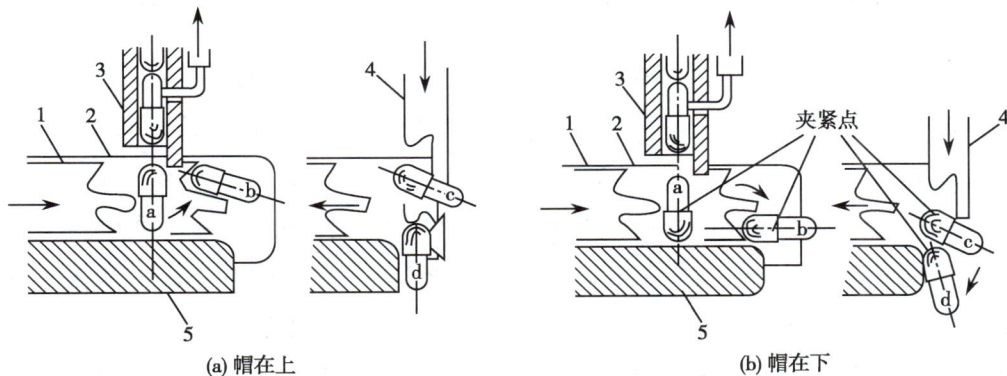

图 12-2　定向装置结构与工作原理
1. 水平校正器;2. 定向滑槽;3. 落料器;4. 垂直校正器;5. 定向器座
a、b、c、d 分别表示定向过程中胶囊所处的空间状态

3. 囊体与囊帽分离装置　空胶囊在间歇回转台上的上、下模块孔中,因上模孔下缘呈一级阶梯状缩小,通过孔径小于囊帽大于囊体,导致真空能把胶囊体吸向下模块,而囊帽则被留在上模孔中,实现了囊体与囊帽分离,如图 12-3 所示。

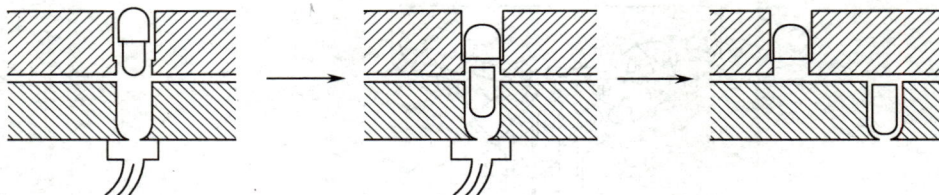

图 12-3　真空分离囊帽与囊体的装置

4. 填充药物装置　药物定量填充装置的类型很多,按药物的流动性、吸湿性、物料状态(粉状、颗粒状、固态或液态)选择填充方式和机型。粉末及颗粒的填充方式可分为冲程法、填塞式定量法、插管式定量法。微粒的填充方式有冲程定量法、双滑块定量法、滑块/活塞定量法及真空定量法等。下面只介绍粉末及颗粒的填充方式。

> **知识链接**
>
> 微粒的填充方法
>
> 微粒的填充方法有多种,下面介绍常用的几种。
>
> 1. 双滑块定量法　依据容积定量原理,利用双滑块按计量室容积控制进入胶囊的药粉量,该法适用于混有药粉的颗粒充填,对于几种微粒充入同一胶囊体特别有效。
>
> 2. 活塞定量法　依据在特殊计量管里采用容积定量。微粒从药物料斗进入定量室的微粒盘,计量管在盘下方,可上下移动。充填时,计量管在微粒盘内上升,至最高点时,管内的活塞上升,这样使微粒经专用通路进入胶囊体。
>
> 3. 定量管法　也是容积定量法,但它是采用真空吸力将微粒定量。在定量管上部加真空,定量管逐步插入转动的定量槽,定量活塞控制管内的计量腔体积,以满足装量要求。

(1)冲程法:如图 12-4 所示,是依据药物的密度、容积和剂量之间的关系,通过调节填充机速度,变更推进螺杆的导程,来增减填充时的压力,以控制分装重量及差异。半自动胶囊充填机采用这种方式填充。

(2)填塞式定量法:也称夯实式或杯式定量。如图 12-5 所示,它是用填塞杆逐次将药粉夯实在定量杯里,最后再转换到杯里达到所需充填量。这种填充方式又称为冲塞式间歇计量送粉,可满足现代粉体技术要求。其优点是装量准确,误差可在±2%之内,特别是对流动性差的和易黏的药物,通过调节压力和升降填充高度可调节填充重量。目前,它是各种机型中送粉计量最理想的装置。

(3)插管式定量法:分为间歇和连续两种,如图 12-6、图 12-7 所示。第一种是采用将空心计量管插入药粉斗,由管内的冲杆将管内药粉压紧,然后计量管离开粉面,旋转180°,冲杆下降,将孔内药料压入囊体中。因机械动作是间歇式,故称为间歇插管式定量法。第二种与第一种原理相似,区别在于连续式的插管、计量、压紧、落料的动作是在插管架连续回转过程中完成的。

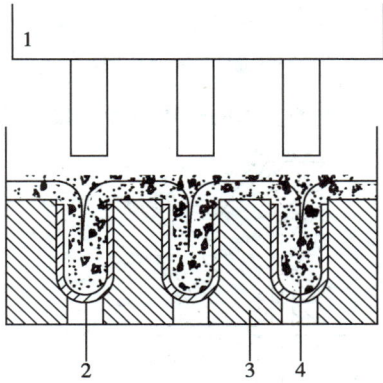

图 12-4　冲程法
1. 填充装置;2. 囊体;3. 囊体盘;4. 药粉

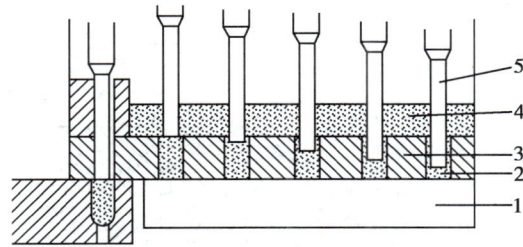

图 12-5　填塞式定量法
1. 底盘;2. 定量杯;3. 计量盘;4. 药粉或颗粒;5. 填塞杆

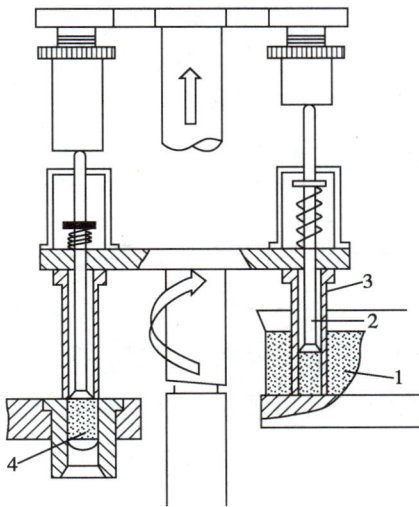

图 12-6　间歇插管式定量法
1. 药粉斗;2. 冲杆;3. 计量管;4. 囊体

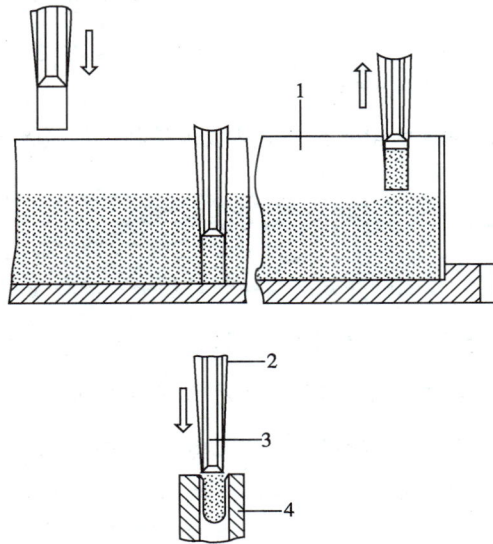

图 12-7　连续插管式定量法
1. 计量槽;2. 计量管;3. 冲塞;4. 囊体

　　5. **自动剔废装置**　自动剔废是指在工作过程中自动剔出空胶囊的装置。它是依靠驱动机构带动顶囊顶杆上移,将上模块中未分离的胶囊顶出上模孔,利用真空吸入吸尘器中。

　　6. **囊体与囊帽扣合装置**　如图 12-8 所示,已填充的囊体应立即与囊帽扣合。欲扣合的囊帽和囊体需将囊帽与囊体通过各自模块重合对中,然后驱动下模块内的顶杆,顶住囊体上移,驱使囊体扣合入帽;同时上模块上有盖板压住囊帽,被推上移的囊体沿上模孔道上滑,与囊帽扣合并锁紧胶囊。

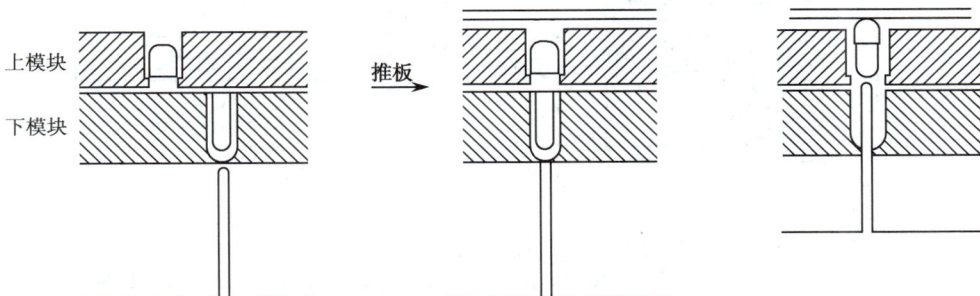

图 12-8　胶囊扣合装置

7. 成品排出装置　如图 12-9 所示,它主要靠排囊工位的驱动机构带动顶囊顶杆(比合囊顶杆长)上移,将留在上模块中的合囊成品顶出模孔。已被顶出上模孔的胶囊在重力作用下倾斜,此时导向槽上缘设有压缩空气出口,吹出的气体使已出模的胶囊在风力和重力的作用下滑向集囊箱中。

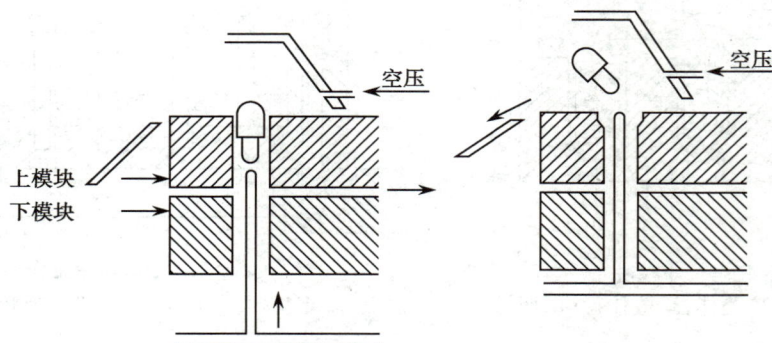

图 12-9　成品排出装置

8. 清洁吸尘装置　清洁吸尘是利用负压吸气管清洁回转台、模块和模孔。

二、全自动胶囊充填机

目前我国已开发出多种型号的全自动胶囊充填机,如 NJP 系列和 ZJT 系列等,它们多为全封闭式,符合 GMP 要求,下面介绍 ZJT-400 型全自动胶囊充填机。

1. 结构　如图 12-10 所示,ZJT-400 型全自动胶囊充填机由机架、传动系统、回转台机构、胶囊送进机构、胶囊分离机构、颗粒充填机构、粉剂充填机构、废胶囊剔除机构、胶囊封合机构、成品胶囊排出机构、真空泵系统、清洁吸尘机构、电气控制系统等组成。

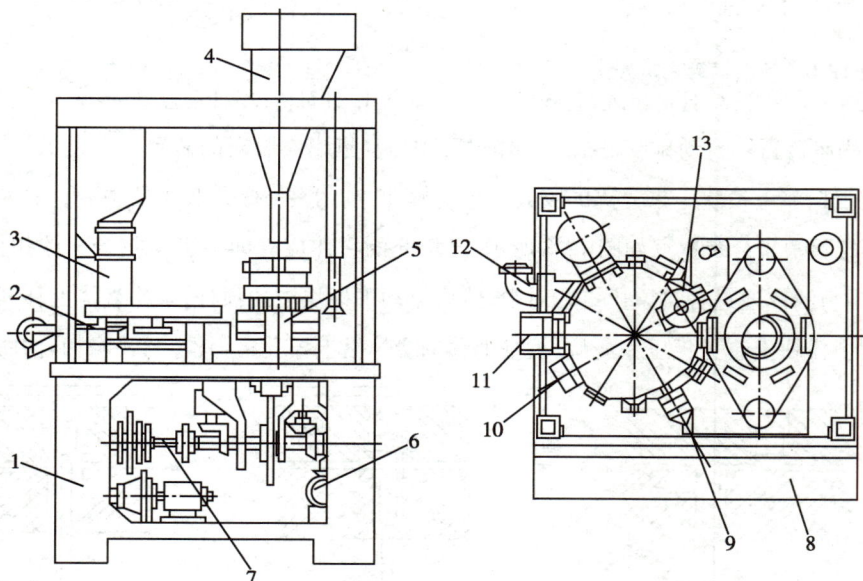

图 12-10　全自动胶囊充填机

1. 机架;2. 胶囊回转机构;3. 胶囊送进机构;4. 粉剂搅拌机构;5. 粉剂填充机构;
6. 真空泵系统;7. 传动装置;8. 电气控制系统;9. 废胶囊剔除机构;10. 合囊机构;11. 成品胶囊排出机构;12. 清洁吸尘机构;13. 颗粒填充机构

2. 工作原理　如图 12-11 所示,主电机经减速器、链轮带动主传动轴,在主传动轴上装有两个槽凸轮、四个盘凸轮以及两对锥齿轮。主传动轴上的成品胶囊排出槽凸轮 1 通过推杆的上下运动将成品胶囊排出,盘凸轮 2 通过摆杆的作用控制胶囊的扣合,盘凸轮 3 通过推杆的作用控制胶囊的分离,盘凸轮 4 通过摆杆的作用控制胶囊的送进运动,盘凸轮 5 通过推杆的作用将废胶囊剔除,槽凸轮 6 通过推杆的上下运动控制粉剂的填充。主传动轴上还有两个链轮,一个带动测速器,另一个带动颗粒充填装置。中间的一对锥齿轮通过拨轮带动胶囊回转机构上的回转盘,拨轮每转一圈,回转盘转动 30°,回转盘上装有 12 个滑块,受上面固定复合凸轮的控制,在回转的过程中分别做上、下运动和径向运动。右侧的一对锥齿轮通过拨轮带动粉剂回转机构上的分度盘,拨轮每转一圈,分度盘转动 60°。胶囊回转盘有 12 工位,分别是:a 送囊与分囊,b、c 过渡,d 颗粒填充,e 粉剂填充,f 过渡,g 废胶囊剔出,h、i 过渡,j 合囊,k 成品排出,l 清洁吸尘。粉剂回转盘有 6 个工位,其中 A~E 为粉剂计量填充工位,F 为粉剂充入胶囊体工位。目前有的充填机简化为 8 和 10 工位,并从结构上做了改进,但胶囊充填的原理是相同的。

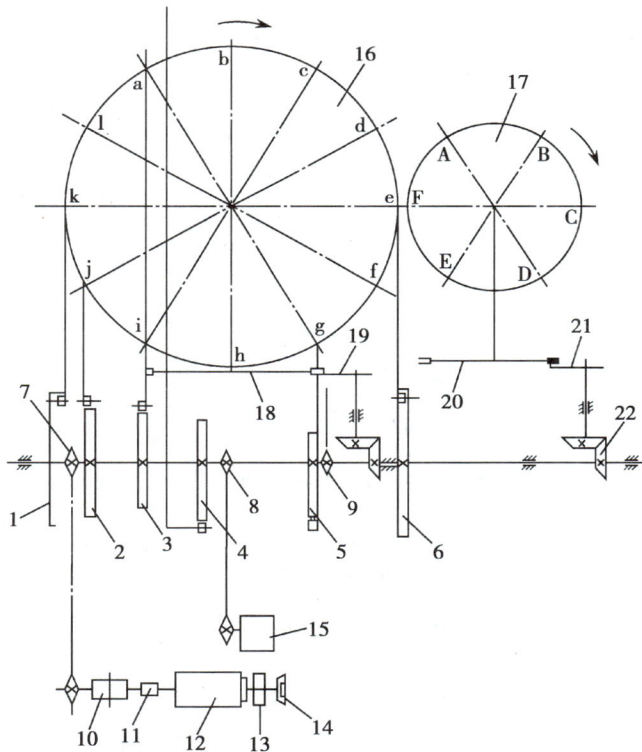

图 12-11　全自动胶囊充填机工作原理图

1. 成品胶囊排出槽凸轮;2. 合囊盘凸轮;3. 分囊盘凸轮;4. 送囊盘凸轮;5. 废胶囊剔除盘凸轮;6. 粉剂填充槽凸轮;7. 主传动链轮;8. 测速器传动链轮;9. 颗粒填充传动链轮;10. 减速器;11. 联轴器;12. 电机;13. 失电控制器;14. 手轮;15. 测速器;16. 胶囊回转盘;17. 粉剂回转盘;18. 胶囊回转分度盘;19,21. 拨轮;20. 粉剂回转分度盘;22. 锥齿轮

3. 主要特点　ZJT-400 型全自动胶囊充填机具有功能齐全、运行平稳、操作方便安全、胶囊上机率高(≥99%)、装量误差控制在±5%、装填药量可调、剂量准确、变频调速、全封闭式结构、易清洗等

特点。可充填 0~4 号硬胶囊,最高速度每分钟可充填 400 粒硬胶囊。还备有颗粒填充附件,可填充颗粒药物。

▶ 边学边练

　　1. 能正确说出全自动胶囊机的各部分结构名称;

　　2. 会正确按照操作规程操作设备。

4. 标准操作规程

（1）开机前准备

1）检查:①检查设备的清洁情况;②检查设备是否挂有合格待用的状态标志;③检查机器各部件是否正常,有无损坏或松动现象;④检查设备是否需要上润滑油;⑤胶囊规格更换时,需要更换模具(包括上下模块、选送叉、拨叉、导槽、充填杆和计量盘等)并对机器进行适当的调整和检查。

2）把机器检查一遍后并用手柄转动主电机轴,使机器运行 1~3 个循环后,将总电源开关从"0"转至"1"的位置,指示灯亮,变频调速器也相应显示。

3）加入空胶囊和药粉,在"手动"状态下,先按真空泵,再按主机,接着按供料键,回转台运行 1 周后,停机检查装量的情况。

4）当剂量达不到标准时,停机调整 1~5 组充填杆的高度与料粉传感器的高度,再点动"开机"、"停机"按钮,测量剂量,直至达到要求。

（2）正常操作

1）将开关转至自动位置,关闭好四扇防护门,开始生产。

2）操作中要经常观察料斗视镜中的粉层高度,及时加料,避免因药粉不够而产生自动停机现象;运行中每隔 20 分钟应做一次剂量差异自检,每次自检不得少于 10 粒,并填好记录;同时还要经常观察送囊板槽中拨囊情况,随时剔除残次胶囊。

3）当需立即停机时,可按动紧急开关按钮,立刻停机。

4）需停机或操作结束时,按停机按钮,再按真空泵,最后关总电源。

案例分析

案例:

胶囊充填机运行过程中出现废囊,试分析由哪些原因引起的,应如何解决?

分析:

空囊,原因是胶囊体帽没有及时分离,空胶囊质量问题,下囊板与真空板之间有间隙导致真空度不够,需要清洁并调整。

上下囊板孔内有异物,导致胶囊不能落到正确位置,需要清洁囊板孔。

5. 清洁、消毒标准操作规程

（1）清洁频度：①每批生产结束后；②连续生产每个班次结束后；③生产前、生产后清洁、消毒；④更换品种、规格、批号时必须清洗；⑤设备维修后必须彻底清洁、消毒。

（2）清洁工具：洁净不抽丝布、吸尘器、毛刷、清洁盆等。

（3）清洁剂与消毒剂：饮用水、纯化水、75%乙醇。

（4）清洁方法：按先拆后洗、先内后外、先零后整的顺序进行。

1）生产同一品种的清洁步骤：①先用吸尘器再用软毛刷清理药粉充填装置模块内的残余药粉；②拆下填塞杆、计量盘、药粉料斗，拿到清洗间，用饮用水冲洗一遍，再用纯化水冲洗干净，用干抹布擦干后，用蘸有75%乙醇的抹布擦拭消毒；③与药品直接接触的设备部分，用纯化水擦洗干净，再用干抹布擦干后，用蘸有75%乙醇的抹布擦拭消毒；④有机玻璃防护罩和设备表面用纯化水擦洗干净；⑤清理现场，经检查合格后，挂"已清洁"状态标志；⑥填写清洁记录。

2）更换品种的清洁步骤：除同生产同一品种的清洁步骤外，还应做以下工作：①卸下胶囊桶与胶囊漏斗，拿到清洗间，用纯化水冲洗干净，再用干抹布擦干，最后用蘸有75%乙醇的抹布擦拭消毒；②用抹布擦洗凸轮盘活动支座，然后用纯化水擦洗一遍，再用干抹布擦干，最后用蘸有75%乙醇的抹布擦拭消毒。

（5）清洗效果评价：整机外观光洁。用洁净的白色抹布擦拭设备的各部分，抹布上无色斑、污点、无残留物痕迹。

▶▶ 课堂活动

日常生活中，同学们见过的卫生清洁方法有哪些？ 是如何做的？

6. 维护保养标准操作规程

（1）每班使用后对机器整体检查一次，机件每个月检查一次。

（2）设备工作完毕，对其工作场地及设备进行彻底清场。

（3）机器正常工作时间较长时，要定期对与药粉直接接触的零部件进行清理。当要更换不同药料或停机时间较长时，都要进行清理。如药粉斗、计量盘、盛粉环、刮粉器、模块、推杆等。

（4）台面以上的零部件不允许用汽油、煤油、乙醚、丙酮等溶剂清洗，可用细布或脱脂棉蘸乙醇擦拭。

（5）机器台面下部的传动部件要经常擦净油污，使观察运转情况更清楚。

（6）真空系统的过滤器要定期打开清理堵塞的污物。当发现真空度不够，胶囊打不开时，也要清理过滤器。

（7）机器的润滑：①凸轮的滚轮工作表面每周要涂一层润滑脂；②机器台面下各连杆的关键轴每周要滴润滑油；③各种轴承要定期或根据运转情况加入润滑脂（密封轴承可滴油润滑）；④传动链条要每周检查一次松紧度，并涂润滑油或润滑脂；⑤12工位分度箱和6工位分度箱每个月要检查一次油量，不足时要及时加油，每半年要更换一次润滑油；⑥转盘下和剂量盘下的工位分度箱，必须在专业技术人员的指导下进行拆卸和维护；⑦机器的润滑应使用专用的润滑油。

（8）操作人员在设备运行时不得离开现场，发现异常应及时停机检查，待故障排除后方可使用，必要时请设备维修人员检查，以防事故发生。

7. 常见故障、产生原因及排除方法 见表12-1。

表12-1 常见故障、产生原因及排除方法

常见故障	产生原因	排除方法
顺序通道中胶囊下落不畅	①个别胶囊过大或变形 ②有异物堵塞	①检查滑道，如发现胶囊过大或变形，更换合格胶囊 ②如发现异物，用钩子或镊子清除
胶囊体帽分离不良	①上下模块错位 ②模板孔中有异物 ③真空度太小，管路堵塞或漏气 ④真空吸板不贴模块	①用模块调试杆调整模块位置 ②用镊子、毛刷清理模板孔中异物 ③检查真空表的气压，同时检查清理真空管道，清理过滤器 ④仔细调节真空吸板位置，同时检查真空管路及过滤器
成品胶囊底部有针孔	胶囊底部有气泡	目视及手感检查胶囊，更换合格胶囊
胶囊底部有顶坑	①胶囊底部太薄，太潮，底部有气泡 ②上下模板错位，压合处上压板过低	①目视及手感检查胶囊，更换合格胶囊 ②检查压合处，调整上下模块，加厚上压板垫片，调整压合推杆
运行中突然停机	①药粉用完 ②药粉中混入异物阻塞出料口 ③机械传动零件松动，损坏卡住，电机过载	①添加料粉 ②检查清理药粉中的异物 ③检查机械传动部分是否有零件松动，对机器作相应的调整
不自动加料	电路接触不良	检查相应的电路，排除故障
成品排出不畅	①胶囊有静电 ②异物堵塞 ③固定出料口螺钉松动凸起	①消除静电使胶囊黏留现象 ②清理出料口 ③检查推杆和导引器的位置
胶囊不能合紧	①胶囊锁口太松 ②压合顶杆调整不到位 ③压合板间隙过大	①检查胶囊体帽松紧度，如果太松，则需更换合格胶囊 ②检查压合顶杆是否到位，如不到位，请按说明调整 ③检查压合板间隙是否过大，如不符合机器要求，请按说明调整合适

技能赛点 ∨ ⋯⋯⋯⋯⋯⋯⋯⋯⋯⋯⋯⋯⋯⋯⋯⋯⋯⋯⋯⋯⋯⋯⋯⋯⋯⋯⋯⋯⋯⋯

1. 熟练掌握胶囊的制备过程和要求，GMP 对胶囊机操作的环境要求。

2. 能熟练操作全自动胶囊填充机，并能及时对设备进行清洁和维护。

3. 能根据生产指令并按照相关 SOP 完成规定的任务。

4. 能正确判断胶囊剂的装量差异等质量控制指标。

5. 知道胶囊机操作前的检查要点、操作过程中的注意事项。

点滴积累 V

1. 全自动胶囊填充机工作过程：空心胶囊供给→空心胶囊定向排列→囊帽与囊体分离→药物填充→剔废→囊帽与囊体闭合锁囊→胶囊排出→清洁。

2. 全自动胶囊填充机粉末及颗粒的填充方式可分为冲程法、填塞式定量法、插管式定量法。

3. 全自动胶囊充填机由机架、传动系统、回转台、胶囊送进、胶囊分离、颗粒加料充填（粉剂充填）、废胶囊剔除、胶囊封合、成品胶囊排出、清洁吸尘、真空泵系统、电气控制系统等组成。

任务 12-2 软胶囊剂生产设备

软胶囊剂（又称胶丸）系指将一定量的液体原料药物直接包封，或将固体原料药物溶解或分散在适宜的辅料中制备成溶液、混悬液、乳状液或半固体，密封于软质囊材中的胶囊剂。可用压制法或滴制法制备。压制法常用设备又可分为滚模式和平板式两种，常用的是滚模式软胶囊机。滴制法常用设备是滴丸机。

成套的软胶囊剂生产设备包括胶液配制、药液配制、压丸、干燥、清洗、废胶回收等设备。下面主要介绍滚模式软胶囊机（即压囊机）和滴制式软胶囊机（即滴丸机）。

▶ 课堂活动

日常生活中，同学们见过的软胶囊形状有哪些？ 请举例说明。

一、滚模式软胶囊机

滚模式软胶囊机即压囊机，是采用压制法制备软胶囊剂。

软胶囊机结构原理

ER-12-2

1. **结构** 滚模式软胶囊机的外形如图 12-12 所示，主要由软胶囊压制主机、供料系统、输送机、干燥机、电控柜、明胶桶和药液桶等设备组成。

（1）软胶囊压制主机是关键部分，其中机头又是软胶囊压制主机的核心。由机身传来的动力通过机头内部的齿轮系再分配给供料泵、滚模及下丸器等，驱动这些部件协调运转；机头上有左右两个滚模轴，轴上装有模子，左右两个模子组成一套模具，模子上模孔的形状、大小决定软胶囊剂的形状和型号，右滚模轴只能转动，左滚模轴既可以转动又可以横向水平运动；当滚模间装入胶皮后，可旋紧滚模的侧向加压旋钮，将胶皮均匀地压紧于两滚模之间；机头后部装有滚模"对线"调整机构，用来调整右滚模转动，使左右滚模上的凹槽一一对应。

（2）供料系统包括料斗、供料泵、进料管、回料管、供料板组合等。供料泵是供料系统的核心，常用供料泵有卧式柱塞泵，进出泵的管路上有单向阀控制，柱塞在泵体内做往复运动，当柱塞向一端运动时，此端的泵体空间减小，其中的料液受压通过导管挤出，同时另一端的泵体体积增大，形成负压从料斗中吸入料液。供料泵将料液通过导管送入喷体上的供料板组合，经供料板组合中的分流板分

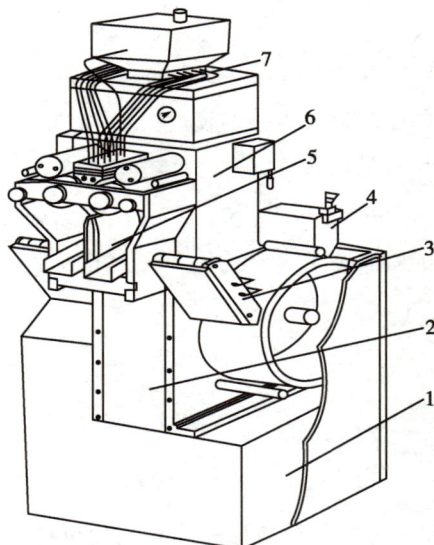

图 12-12　滚模式软胶囊机外形图
1. 机座；2. 机身；3. 油辊；4. 明胶盒；5. 下丸器；6. 机头；7. 供料斗

配后，部分或全部料液从楔形喷体喷出，其余料液沿回料管返回料斗；料斗内装有滤网过滤料液；料斗上部设置了电动搅拌机构，以防料液分层或沉淀；喷体两个圆柱孔内装有电加热管，可以加热喷体进而可加热其外侧的胶皮，以保证压胶囊时能可靠黏合，喷体上装有温度传感器，可显示并调节控制喷体的温度。

（3）每个明胶盒装有两个电加热管和一个温度传感器，将温度控制在 60℃ 左右；胶盒主要用途是将胶液分别均匀涂敷在两个旋转的胶皮轮上冷却形成胶皮，转动明胶盒上部两侧的调整螺钉则可调节胶皮的厚度和均匀度。

（4）油辊位于机身的左右两侧，用来输送胶皮，并给胶皮表面涂一层液态石蜡。

2. 工作原理　胶液经主机两侧的明胶盒和胶皮轮共同制备成胶皮，相对进入滚模夹缝处，药液通过供料泵经导管注入楔形喷体内，借助供料泵的压力将药液及胶皮压入两滚模的凹槽中，由于滚模的连续转动，使两条胶皮呈两个半圆形将药液包封于胶模内，剩余的胶皮被切断分离成网状（俗称网胶）。

3. 生产过程　如图 12-13 所示。首先制备明胶带，调整明胶盒的加热前板，使其与胶带轮之间的间隙约为 0.9mm；然后，打开明胶盒的电加热管和输胶管的电加热套的电源开关，调节温度为 50~60℃。开动机器的同时，开动冷风机，打开阀门放胶液。胶液自明胶盒下方的涂胶机箱流出，均匀涂布在温度为 4~15℃ 的鼓轮上，经过鼓轮的冷却即成为具有一定厚度的均匀明胶带。两侧鼓轮转过一周后，将胶带剥起，分别送入油辊，再经胶带导杆、送料轴送入两模子之间。药物溶液由贮液槽流入到供料泵内，再经导管进入温度为 37~40℃ 的楔形喷体内，注入夹在两模子间的胶带中。注入的药液体积由供料泵的活塞控制。由于药液的注入使胶带膨胀，同时模子旋转压迫胶带使其闭合，药物即被封闭在胶带中。模子的继续旋转将装满药液的软胶囊切离胶带，软胶囊即成型。

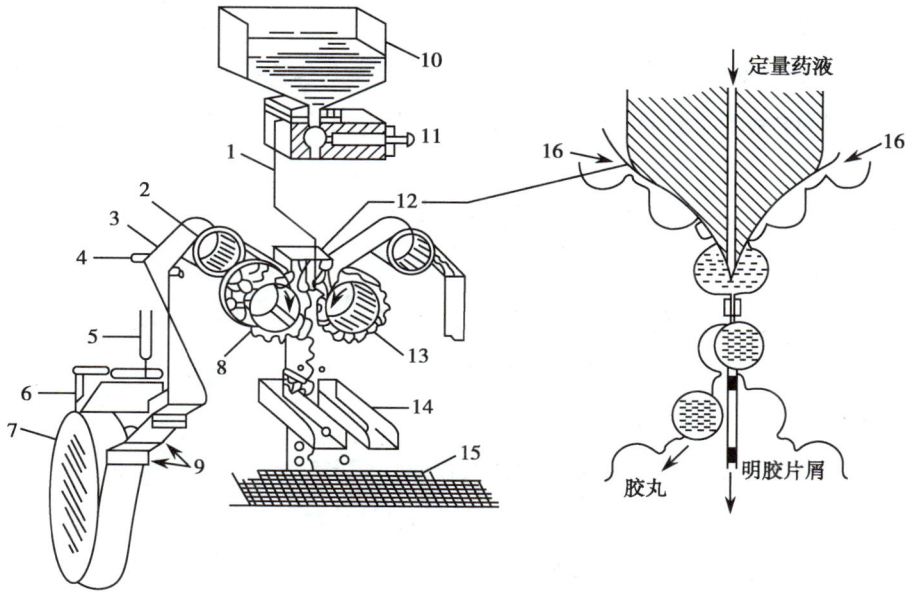

图 12-13 滚模式软胶囊机旋转模压原理图

1. 导管；2. 送料轴；3. 胶带；4. 胶带导杆；5. 管子；6. 涂胶机箱；7. 鼓轮；8. 模子；9. 油轴；10. 贮液槽；11. 填充泵；12. 楔形注入器；13. 模子；14. 斜槽；15. 软胶囊输送机；16. 明胶带

4. 设备操作

（1）操作前准备

1）检查电源插口是否插好，各部件是否装配完好，连接紧密。

2）开机前检查机身内部润滑油是否超过油箱的 2/3。

（2）操作

1）打开机器总电源，将机器配电盘电源开关打到"开"位置。

2）将配电盘制冷开关打开，设定制冷温度为 10℃ 左右。

3）胶皮制备的调整：①将左、右明胶盒加热温度调整在 60℃ 左右；②开启冷风机；③待左、右明胶盒温度达到设定温度时，将明胶保温桶、输胶管保温套的保温温度设定为 65℃ 左右，将输胶管接到明胶盒入口处，开启压缩空气将胶压出胶桶；④当胶液流到明胶盒容量的 1/3 时打开启动开关，机器开始运转；⑤将两条胶皮从滚模两侧穿过模具；⑥用测厚仪测量胶皮厚度，胶皮厚度一般为 0.6～0.7mm，根据情况可调节明胶盒上的旋动调节器，使两侧胶皮厚度相同。调节胶皮厚度时，先将旋动调节器归零，然后两侧调整相同的读数。

4）将喷体落到底，调落料时间，用左手抓住喷液管，右手调节落料时间开关，以点动方式反复调整，直至供料处于工作位置时，左右滚模端面的定时刻线对齐处于水平位置。

5）落料时间调到合适位置后，将喷体加热设定在 37℃ 左右。

6）当喷体温度达到设定温度时，将压力微调，逐步加压至压力表显示至规定值，将左侧压力开关打到"ON"，左右滚模受力贴合，则胶皮应能被滚模切断形成排列整齐的孔洞。

7）将输送开关打到（反转），使废胶皮送到废料箱里。

8）观察两片胶片黏合的程度，胶皮的外形是否正常，如不正常，可适当调整喷体温度和胶皮厚度,使两片胶皮密封严密。

9)当胶皮达到最佳状态时,可将加药泵开关打到"ON",使喷体喷液,即可生产出软胶囊。

10)主机压制的软胶囊经检验合格后即可正常生产,合格的软胶囊自动转入转笼干燥机内进行干燥、定型。

11)在转笼出口处放干净容器盛放定型过的软胶囊,转笼开关正转时软胶囊留在笼内转动,反转时,软胶囊可以从转笼自动转出。

12)工作结束后,先关掉加药开关,将压力微调归零,开关打到"OFF",将喷体升起。关掉加热开关,然后逐步将所有开关都打到"OFF"。

5. 维护保养

(1)定期检查电器系统中设备接地的可靠性,以确保用电安全。每班润滑油箱内的油量应保持液位高度。使用过程中对机器各润滑油孔应及时注油,保持润滑。

(2)每批生产后(或设备累计运转200小时)更换一次传动系统及供料泵内的润滑油,并清洗过滤器。生产过程中如发现润滑油有污染现象应及时换油,以免传动部件受损。

(3)每批生产后(或设备累计运转200小时)将下丸器拆下清洗一次,将齿轮加医用凡士林后安装于主机上。

(4)每批生产后供料板组合、料液分配板、输料管及滚模及时清洗、保存,经常保持两胶皮轮上清洁无油,发现油污及时擦净。避免利器划伤胶皮轮。

(5)胶盒、输胶管和干燥机在停止使用时必须及时清洗干净。清洗干燥机转笼时注意保护两端塑料圆盘,严禁磕碰,严禁将转笼放在地面上滚动。

(6)每季度将油辊系统拆下清洗,保持输油辊内部清洁。每半年更换一次油辊系统上的涂油套。

(7)每班检查主机传动带的张紧程度,发现过松则应及时调整。

(8)每班清洁干燥机风机罩的进风口,保持干燥用风的清洁与通畅。每班清理干燥机内置的接油盘,保持清洁。每批生产后应及时清理干燥机的通风管。

(9)每一年对整机分解检查、清洗一次(6根进料管除外),传动系统箱内的传动部件分解和装配要特别的慎重、细致,避免损伤。

(10)滚模不得与坚硬物体、利器接触,除安装在主机器上之外,必须放置在专用的模具盒内。设备运转时两滚模之间无胶膜情况下,左右滚模不得通过加压贴紧。正式生产时可用竹片等软性物体清除滚模上的异物。

(11)使用过程中,如发现滚模模腔凸台角有磨损,胶囊合缝质量变差,需及时将滚模送检、修复。带伤使用将严重损坏滚模直至报废。

(12)喷体和滚模有相同的加工精度,表面涂有聚四氟乙烯涂层。当停止使用时,应将喷体放入专用的模具盒内。喷体表面及刃口严禁受压和碰撞。使用时必须保证表面的聚四氟乙烯涂层不接触任何硬物、利器。每批生产结束,需用液状石蜡将其彻底清洗,包括喷体的药液孔。如发现喷孔或表面受损,应及时送修,否则将导致生产废品增多,严重还会损伤滚模。

（13）开始生产时应注意控制喷体温度，避免胶膜过热，缠绕下丸器，如发现胶膜缠绕下丸器，应及时清理，以免损坏下丸器。

（14）所有加热管及传感器应保持清洁，接头部分注意保护，严防进水或其他导电物质。

（15）擦拭设备时应使各接线点、插头插座处保持干燥。维护设备时所有插头插座严禁带电插拔。

6. 常见故障、产生原因及排除方法　见表 12-2。

表 12-2　常见故障、产生原因及排除方法

常见故障	产生原因	排除方法
胶膜有高低不平斑点	①胶皮轮上有油或异物 ②胶皮轮划伤或磕碰	①用清洁布擦净胶皮轮 ②停车修复或更换胶皮轮
单侧胶膜厚度不一致	胶盒端盖安装不当，胶盒出口与胶皮轮母线不平行	调整端盖，使胶盒在胶皮轮上摆正
胶膜在油辊系与滚模之间弯曲、堆积	①胶膜过重 ②喷体位置不当 ③胶膜润滑不良	①校正胶膜厚度，不需停车 ②升起供料泵，校正喷体位置，不需停车 ③改善胶膜润滑，不需停车
胶膜粘在胶皮轮上	冷风量偏小、风温或明胶温度过高	增大冷气量，降低风温及明胶温度，不需停车
胶囊形状不对称	两侧胶膜厚度不一致	校正两侧胶膜厚度，使之一致
胶囊表面有麻点	①胶液不合格 ②胶皮轮划伤或磕碰	①调换胶液 ②停车修复或更换胶皮轮
胶囊畸形	①胶膜太薄 ②环境温度低、喷体温度不适宜 ③内容物温度高 ④内容物流动性差 ⑤滚模模腔未对齐	①调节胶膜厚度 ②调节环境温度，调节喷体温度 ③调节内容物温度 ④改善内容物流动性 ⑤停机，重新校对滚模同步
胶囊接缝质量差（接缝太宽、不平、张口或重叠等）	①滚模损坏 ②喷体损坏 ③胶膜润滑不足 ④胶膜温度低 ⑤滚模模腔未对齐 ⑥两侧胶膜厚度不一致 ⑦供料泵喷注定时不准 ⑧滚模间压力小	①更换滚模 ②更换喷体 ③改善胶膜润滑 ④提高喷体温度 ⑤停机，重新校对滚模同步 ⑥校正两侧胶膜厚度，使之一致 ⑦停车，重新校对喷注同步 ⑧调节加压手轮
胶膜过窄引起破囊	①胶盒出口有阻碍物 ②胶皮轮过冷	①除去阻碍物 ②降低空调冷气，增加胶膜宽度
胶囊封口破裂	①胶膜太厚 ②胶液不合格 ③喷体温度太低 ④滚模模腔未对齐 ⑤内容物与胶液不适宜 ⑥环境温度太高或湿度太大	①减少胶膜厚度 ②调换胶液 ③提高喷体温度 ④停机，重新校对滚模同步 ⑤检查内容物，调整内容物或胶液 ⑥降低环境温度和湿度

续表

常见故障	产生原因	排除方法
胶囊中有气泡	①料液过稠夹有气泡 ②供液管路密封破坏 ③胶膜润滑不良 ④喷体变形 ⑤喷体位置不正	①排除料液中气泡 ②更换密封件 ③改善润滑 ④更换喷体 ⑤摆正喷体
胶囊装量不准	①内容物中有气体 ②供液管路密封破坏 ③供料泵柱塞磨损,尺寸不一致 ④料管及喷体内有杂物 ⑤供料泵喷注定时不准	①排除内容物中气体 ②更换密封件 ③更换柱塞 ④清洗料管、喷体等供料系统 ⑤停车,重新校对喷注同步

二、滴制式软胶囊机

滴制式软胶囊机即滴丸机,采用滴制法制备软胶囊剂。

1. 结构　该机主要由原料贮槽(药液贮槽和明胶液贮槽)、定量控制器、双层喷头、冷却器等组成,其关键部分是双层喷头,外层通入胶液(温度为 75~80℃),内层则通入油状药物溶液(温度约为 60℃)。

2. 生产过程　如图 12-14 所示,用明胶配成胶液(明胶 40%+甘油 20%+水 40%),以明胶为主的软质囊材(即胶液)与药液,分别经滴丸机双层喷头的外层与内层按不同速度定量喷出,先喷出胶液,

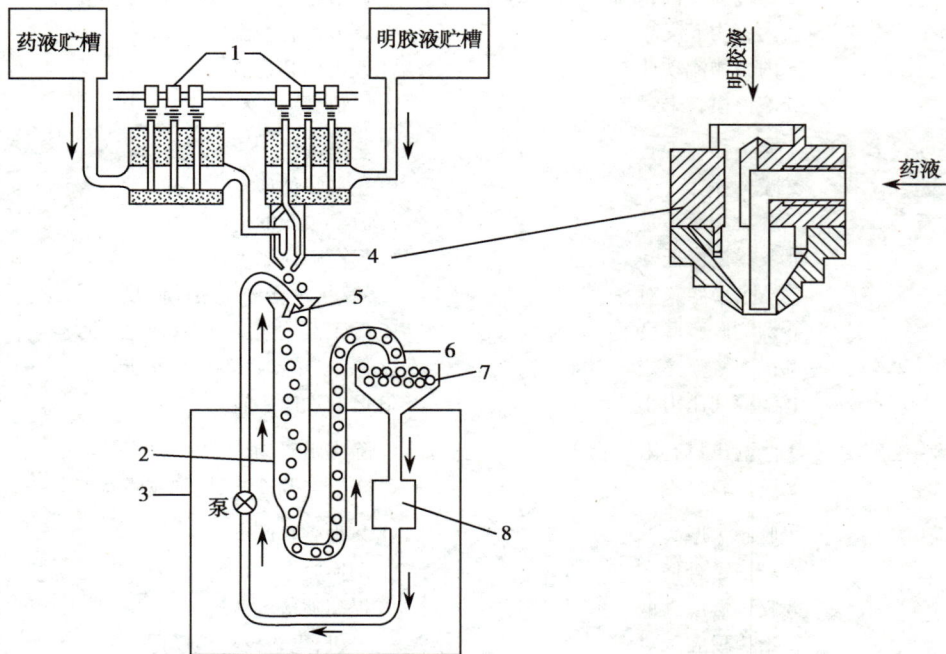

图 12-14　滴丸机生产过程示意图
1. 定量控制器;2. 冷却管;3. 冷却箱;4. 喷头;5. 冷却液状石蜡出口;
6. 胶丸出口;7. 胶丸收集箱;8. 液状石蜡贮箱

后喷出药液,待停止喷药液后再停止喷胶液,使定量的胶液将定量的药液包裹后,滴入与胶液互不相溶的液状石蜡冷却液(温度一般控制在5~50℃)中,由于表面张力作用使之形成球形,并逐渐冷却、凝固成软胶囊。滴制时,胶液与药液的温度、滴头的大小、滴制速度、冷却液的温度等因素均会影响软胶囊的质量。

点滴积累

1. 软胶囊剂的生产可分为压制法和滴制法两种,压制法软胶囊制造设备又分为滚模式和平板式两种。目前制药企业使用得最多的是滚模式软胶囊机。
2. 滚模式软胶囊机上两个滚轴是相对转动的,右滚模轴只能转动,左滚模轴既可以转动又可以横向水平运动。
3. 滴制式软胶囊机即滴丸机,采用滴制法制备软胶囊剂通常称为无缝胶丸。

目标检测

一、选择题

(一)单项选择题

1. ZJT-400型全自动胶囊充填机运行中每隔(　　)分钟应做一次剂量差异自检

A. 10　　　　　　　　B. 15　　　　　　　　C. 20　　　　　　　　D. 25

2. ZJT-400型全自动胶囊充填机可充填(　　)号硬胶囊

A. 0　　　　　　　　B. 1　　　　　　　　C. 4　　　　　　　　D. 0~4

3. 压囊机的结构关键部分是(　　)

A. 贮液槽　　　　　　B. 机头　　　　　　C. 胶囊输送机　　　　D. 鼓轮

4. 采用滴制法制备软胶囊剂时胶液的温度应为(　　)

A. 75~80℃　　　　　B. 60~75℃　　　　　C. 75~90℃　　　　　D. 65~80℃

5. 全自动胶囊填充机工作时,落料器本身在(　　)带动下作上、下往复滑动

A. 卡囊簧片　　　　　B. 驱动机构　　　　　C. 簧片架　　　　　D. 贮囊斗

6. 全自动胶囊填充机工作时,当空胶囊被压囊爪推入囊板孔后,(　　)上升,其上表面与下囊板的下表面贴严

A. 顶杆　　　　　　　B. 上囊板　　　　　　C. 卡囊簧片　　　　　D. 气体分配板

7. 滚模式软胶囊机主机供料泵左侧的调节手轮可用来调整(　　)的行程,从而调节供料量大小

A. 注料板　　　　　　B. 本体　　　　　　C. 柱塞　　　　　　D. 换向板

8. 滚模式软胶囊机压制机工作时,为了使胶带充满凹槽,在每个凹槽底部都有(　　)

A. 小通气孔　　　　　B. 加热器　　　　　C. 恒温装置　　　　　D. 温度指示仪

9. 滚模式软胶囊机压制机工作时,可以使用滚模"对线"调整机构,用来调整(　　)转动,使左右滚模上的凹槽一一对准

    A. 上滚模   B. 下滚模   C. 左滚模   D. 右滚模

10. PLC 全自动无缝软胶囊滴丸机工作时,液体流柱被(　　)以等速切断,在液体表面张力的作用下,形成球状滴丸

    A. 凸台   B. 脉冲液刀   C. 柱塞泵   D. 喷头

（二）多项选择题

1. 间歇回转式全自动胶囊填充机的工作台面上均设有可绕轴旋转的主工作盘,围绕主工作盘一般均有(　　)

    A. 空胶囊排序与定向装置   B. 拨囊装置   C. 剔除废囊装置

    D. 闭合胶囊装置   E. 出囊装置

2. ZJT-400 型全自动胶囊充填机的特点包括(　　)

    A. 运行平稳   B. 操作复杂   C. 装填药量可调

    D. 剂量准确   E. 胶囊上机率高

3. 软胶囊剂是用(　　)制成的制剂

    A. 滴制法   B. 泛制法   C. 塑制法

    D. 平板式压制法   E. 滚模压制法

4. 硬胶囊充填机的主要机构包括(　　)

    A. 胶囊送进机构   B. 胶囊分离机构   C. 物料充填机构

    D. 胶囊锁合机构   E. 气动控制系统

5. 下列关于滚模式软胶囊机压制机的成型装置,说法正确的是(　　)

    A. 一对滚模相向同步转动,喷体则静止不动

    B. 滚模表面上均匀分布着相当于半个胶囊的形状的许多凹槽

    C. 在滚模轴向凹槽的排数与喷体的喷药孔数相等,滚模周向上凹槽的个数和供药泵冲程的次数及自身转数相适应

    D. 当滚模转到凹槽与楔形喷体上的一排喷药孔对准时,供药泵即将药液通过喷体上的小孔喷出

    E. 喷体上加热元件的加热使得与喷体接触的胶带变软,从而可以和凹槽相吻合

二、简答题

1. 硬胶囊充填机原则上包括哪些装置?

2. 简述滴制式软胶囊机的工作原理。

3. 简述间歇回转式全自动胶囊填充机的工作原理。

项目十二习题

实训十 全自动胶囊充填机实践

【实训目的】

1. 熟练掌握全自动胶囊充填机的结构、工作原理。

2. 学会全自动胶囊充填机的操作和设备清洁、消毒操作、维护保养操作、常见故障及排除方法。

【实训内容】

1. 全自动胶囊充填机的结构、工作原理。

2. 全自动胶囊充填机的标准化操作规程。

3. 全自动胶囊充填机的清洁、消毒标准操作规程和维护保养标准操作规程。

【实训步骤】

1. 实践前认真复习项目十二的内容，做好实践前的各项准备。

2. 观察全自动胶囊充填机的结构，熟悉其工作原理。

3. 全自动胶囊充填机标准操作规程。

4. 全自动胶囊充填机消毒标准操作规程和维护保养标准操作规程。

【实训思考题】

1. 全自动胶囊充填机的结构、原理是什么？

2. 全自动胶囊充填机如何操作？

3. 全自动胶囊充填机如何清洁、消毒？

4. 全自动胶囊充填机如何维护保养？

5. 请分析全自动胶囊充填机的常见故障及排除方法。

【实训测试】

实践技能考核要点见附表二。

（李德成）

项目十三

片剂生产设备

项目十三PPT

导学情景 ∨

情景描述：

目前临床上最常用的剂型就是片剂。那么同学们知道片剂生产需要经历哪些过程吗？知道片剂是用哪些设备如何生产出来的吗？

学前导语：

中药片剂是在汤剂、丸剂的基础上改进而成的固体制剂之一。其特点是片剂内药物含量差异较小，剂量准确；质量稳定，保持包装完好的情况下，储存时间长；服用携带运输和储存方便；可机械化生产，产量大，成本低。

片剂系指原料药物或与适宜的辅料制成的圆形或异形的片状固体制剂。中药还有浸膏片、半浸膏片和全粉片等。片剂的制法可分为颗粒压片法和直接压片法两大类，制药工业中主要以颗粒压片法为主。颗粒压片法又可以分为湿法制粒压片法和干法制粒压片法。片剂生产设备主要经历制粒、压片、包衣及包装过程，因此，所涉及的生产设备按照生产工艺和流程主要分为制粒设备、压片机、包衣机及包装机等。

ER-13-1

扫一扫，知重点

任务 13-1 制粒生产设备

制粒是把细粉、熔融液体、水溶液等状态的原料药物经加工制成具有一定形状与大小粒状物的操作，又称成粒操作。制粒不仅能改善物料的流动性、分散性、黏附性，而且能保证颗粒的大小、形状、外观，便于压片、充填胶囊和制备颗粒剂。制粒还可保证颗粒良好的压缩成型性，避免裂片、松片，减小片剂的重量差异，所以，制粒是重要的单元操作。在药品生产中常用的制粒方法有 3 种，即湿法制粒、流化喷雾制粒、干法制粒，其中湿法制粒较为常用。

一、湿法制粒设备

湿法制粒是指在原料药物细粉中加入黏合剂，借助黏合剂的架桥或黏结作用，使细粉聚集在一起而制成颗粒的方法。湿法制粒主要包括挤压制粒、转动制粒和搅拌制粒等。由于湿法制粒过程中经过表面润湿，因此具有外形美观、耐磨性较强、压缩成型性好等优点，是制药企业中应用最为广泛的方法。

（一）摇摆式制粒机

摇摆式制粒机是国内制药生产中传统的制粒设备,具有结构简单、装拆和操作方便等特点。

1. 结构　主要由动力部分和制粒部分构成,如图 13-1 所示。动力部分的电动机装在机身底部的 U 形底座上,电动机经过皮带传动带动蜗轮减速器的蜗杆,在蜗轮轴上装有偏心轮,偏心轮带动齿条作上下往复平面运动,齿条使与之啮合的齿轮作往复转动,齿轮轴通过凸缘联轴器带动滚筒做往复摆动。制粒部分由滚筒、棘爪、棘轮、筛网、筛网夹管、手轮等组成。滚筒为七角滚筒,在其上固定有截面为三角形或梯形的"刮刀"。常用筛网按材质分有尼龙编织筛、不锈钢编织筛、不锈钢冲孔筛等。

ER-13-2
摇摆式制粒机结构原理

2. 工作原理　该设备以强制挤出为机制,滚筒上的刮刀与筛网形成一定斜角,借助滚筒正反方向交替旋转,刮刀将斜角内的湿物料强制挤压出筛网成粒,选用的不同目数的筛网决定颗粒粒度大小。

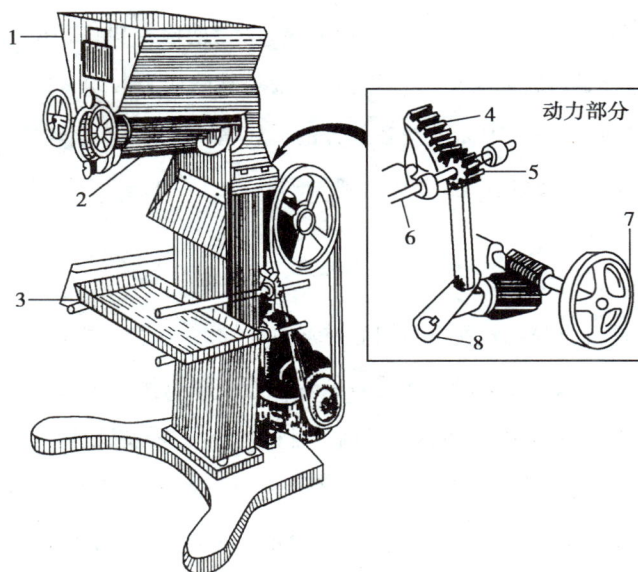

图 13-1　摇摆式制粒机
1. 加料斗;2. 滚筒;3. 置盘架;4. 半月形齿轮;5. 小齿轮;6. 转轴;7. 皮带轮;8. 偏心轮

3. 标准操作规程

（1）开机前检查设备是否挂有已清洁、合格待用的状态标志,检查设备上次使用和清洁是否符合要求,合格后填写并更换设备运行状态标志。

（2）操作:①根据生产工艺中颗粒大小要求,剪取相应目数的筛网;②旋下两侧塑料挡板的固定螺母,取下塑料挡板;③转动花形手轮,松开卡在棘轮上的棘爪,抽出筛网夹管;④将筛网从挡板一侧沿旋转滚筒外围穿至另一侧,装上筛网夹管,使筛网两端嵌入槽内,转动花形手轮,将筛网包在旋转滚筒的外围上,通过手轮内侧棘轮和棘爪调节松紧度;⑤关上两侧门的塑料挡板,并拧紧固定螺母;⑥通电、空运转试机,确认无异常情况下方可投入使用;⑦混合物料倒入斗内,在旋转滚筒的往复摇摆挤压作用下通过筛网形成颗粒,落入盛器中,如用于粉碎块状物料的整粒操作中,应逐渐加入,不宜加满,避免受压过度损坏筛网;⑧工作结束,按下红色的"OFF"按钮,切断电源。

4. 清洁标准操作规程

（1）清洁操作：①拧开制粒机两边挡板螺丝和旋转滚筒，抽出筛网夹管，取下挡板、筛网、旋转滚筒，移至清洗间，清除残留物，清洗、消毒、干燥；②擦洗加料斗等直接与药品接触的部件，除去残留物；③换用纯化水擦洗上述部分；75%乙醇消毒，干燥；④擦洗干净设备外部，将旋转滚筒、筛网夹管、挡板等部件装好；⑤清理现场，经检查合格后悬挂设备清洁合格状态标志，并填写设备清洁记录。

（2）注意事项：①清洁后要注意设备的保护，防止交叉污染；②已清洁干净的设备必须在规定时间内使用，否则应重新清洁、消毒。

5. 维护保养标准操作规程

（1）机器润滑：①一般机件每运行 3 天加油一次；②滚动轴承每 3 个月加 1# 钙基润滑脂。

（2）机器保养

1）保养周期：①电动机每个月检查一次；②每班使用后，对机器整体检查一次。

2）保养内容：①定期检查电器系统，确保用电安全；②定期检查机件（每个月进行一次），检查蜗轮、蜗杆、轴承等活动部分是否转动灵活和磨损情况，发现缺陷应及时修复，不得继续使用；③设备的传动部分开车前应全部加油一次，中途可按各部分的运转情况添加；④蜗轮箱内须长期存储机油，油面高度为蜗轮全部浸入油中，连续使用该机时，须每隔 3 个月换油一次；⑤设备运行前先进行空转，确认运行正常，润滑良好。

（二）湿法混合制粒机

湿法混合制粒机能使混合与制粒在全封闭的容器内进行，具有混合效果好、生产效率高、颗粒成球度佳、流动性好、易清洗、无污染、含量稳定和能耗低等优点。缺点是品种选择性范围窄。湿法混合制粒设备出料口可与沸腾干燥设备相接，而粉料可用提升机加到湿法制粒机内，易于实现自动化生产。

1. 结构 如图 13-2 所示，湿法混合制粒机主要由机体、锅体、锥形料斗、搅拌装置、制粒刀、进料装置、出料装置、开盖装置、控制系统及充气密封、充水清洗、夹套水冷却等辅助系统所组成，控制面板可采用触摸式计算机控制系统，操作方便直观。

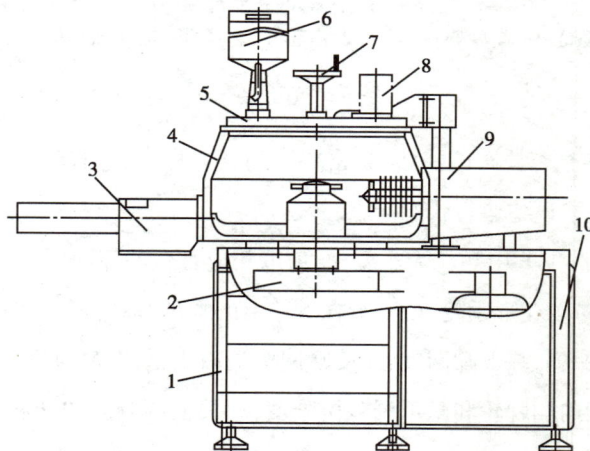

图 13-2 湿法混合制粒机
1. 扶梯；2. 搅拌传动；3. 出料装置；4. 夹层锅；5. 盖板部分；
6. 加浆部分；7. 刮粉机构；8. 检视孔；9. 制粒刀传动；10. 机身

2. 工作原理 如图 13-3 所示,湿法混合制粒过程是由混合、制粒两道工序在同一容器中完成。粉状物料从锥形料斗上方投入物料容器,待盖板关闭后,由于搅拌桨的搅拌作用,使粉料在容器内做旋转运动,同时物料沿锥形壁方向由外向中心翻滚,形成半流动的高效混合状态,物料被剪切、扩散达到充分的混合。制粒时由于黏合剂的喷入,使粉料逐渐湿润,物料性状发生变化,加强了桨叶和筒壁对物料的挤压、摩擦、捏合,并逐步生成液桥,物料逐步转变为疏松的软材,这些团粒结构的软材不是通过强制挤压而成粒,而是通过制粒刀的切割,软材在半流动状态下被切割成细小而均匀的颗粒,实现物料的相转变。最后开启出料门,湿颗粒在桨叶的离心作用下推出料斗。成品粒度范围为Φ0.15~Φ2.0mm(10~100 目),颗粒密度较沸腾制粒大 15% 左右。

湿法混合制粒的工艺与传统制粒工艺类似,其制粒的成功与否主要取决于药物的物理性质和制粒黏合剂的黏度和用量。黏合剂的用量比传统制粒方法减少 25%,有效地减少了干燥时间。

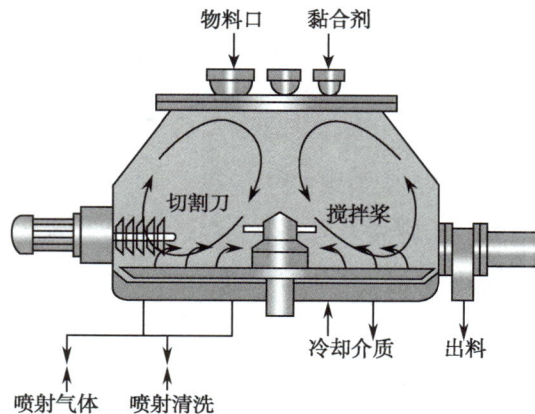

图 13-3 湿法混合制粒机工作原理图

3. 湿法混合制粒机操作

(1)开机前检查:①打开电源开关,打开压缩空气阀门,调节进气气压至 0.6MPa。②打开急停开关,打开物料锅盖。③调节搅拌桨和切割刀中心部的进气气流,通常送给气密封的气压大小为0.2~0.3MPa。④用手转动搅拌桨及切割刀,确定无异常情况后,关闭物料锅盖和出料活塞。⑤打开观察窗,短暂地开启两个电机,判断搅拌桨和切碎刀的旋转方向是否正确。⑥检查出料活塞进退是否灵活。⑦关闭出料活塞,把三通球阀旋转到通水位置。打开水源开关,再打开物料锅盖,观察搅拌桨和切割刀中心部分的出水情况。通水至切割轴的上沿,检查各密封处是否漏水。⑧把三通球阀旋转到通气位置,关闭物料锅盖。开启搅拌电机和切割电机,检查密封情况。特别是机座后面的搅拌密封和切碎密封不应有漏水。⑨打开出料活塞,把水放掉。清洁物料锅。⑩检查转动部分是否灵活,安全联锁装置是否可靠;检查设备良好后,填写并悬挂设备运行状态标志牌。

(2)操作:①待"开盖信号"指示灯亮后,打开物料锅盖,将所要加工的药粉、辅料倒入盛料器内,注意根据药物的密度、黏性严格控制加入量。然后关闭物料锅盖,锁死手柄。在溢气口系上过滤布罩。②根据物料性质和混合均匀度的要求,设定混合时间,注意计时单位是否选择正确。③开启搅拌电机和切割电机,注意选择搅拌速度(Ⅰ速、Ⅱ速)和切割速度(Ⅰ速、Ⅱ速)。④当混合时间达到设定值时,自动停机。⑤等待 2~3 分钟,待物料自然沉降后,打开物料检视孔取样,检查药粉与辅料的混合均匀度。合格者进行下步制粒操作,不合格者适当延长混合时间,直至合格。⑥将所要加的黏合剂适量加入加浆装置内。根据产品工艺需要,设定制粒时间,开启切割电机和搅拌电机,选择制粒转速(搅拌、切割),同时向已完成的干粉混合粉中喷入黏合剂。⑦制粒完成后,将盛料容器放在出料口下,启动搅拌桨,将颗粒排出。注意:应采用连续下料,而不要采用点动下料,如果盛料容器不能保证一次出完时,应及时使"点动"按钮复位,停止搅拌桨运转,而不能采用按下"出料停止"按钮来关闭出料活塞的方法,因为物料通道此时尚未清理,更换物料容器直至出完物料。⑧待"开盖信号"指示灯亮后,打开物料锅盖,清除锅内余料。⑨旋出出料门紧固螺母,拉出出料门,并将出料门开到最大位置,按出料停止按钮,使出料活塞推出,清洁出料活塞及其密封件,清洁物料通道。按"出料按钮",使出料活塞回缩,关闭出料门,旋紧紧固螺母,关闭出料活塞,进行下一锅操作。

4. 维护与保养

(1)机器润滑:①一般机件每运行 3 天加油一次;②滚动轴承每 3 个月加 1# 钙基润滑脂。

(2)机器保养

1)保养周期:①电动机每个月检查一次;②每班使用后,对机器整体检查一次。

2)保养内容:①主搅拌密封。②减速器维护保养:每个月检查一次减速器皮带的磨损和张紧情况,磨损严重及时更换,松紧程度可用调节螺钉调节。减速器加 90# 机油,每半年换一次。③切割部件维护保养。④定期检查皮带的松紧和磨损情况,并更换磨损严重的皮带。⑤经常检查各运动部位紧固件是否松动,若有松动,应立即拧紧,必要时进行调整或更换,以保证连接的牢固性。⑥每半年给轴承添加黄油,其量不超过轴承空间的 2/3。⑦保持设备表面清洁,周围无杂物,清洗时不要将水溅到设备控制面板上。⑧定期由维修人员对设备进行详细检查、维护,发现故障及时维修或更换,保证设备的使用性能完好。

(三)立式高速搅拌制粒机

立式高速搅拌制粒机是将药物粉末、辅料和黏合剂加入同一容器中,靠高速旋转的搅拌器的作用迅速完成混合并制成颗粒的方法。

1. 结构 立式高速搅拌制粒机由混合筒、搅拌桨、切割刀和动力系统(搅拌电机、制粒电机、电器控制器和机架)组成,如图 13-4 所示。

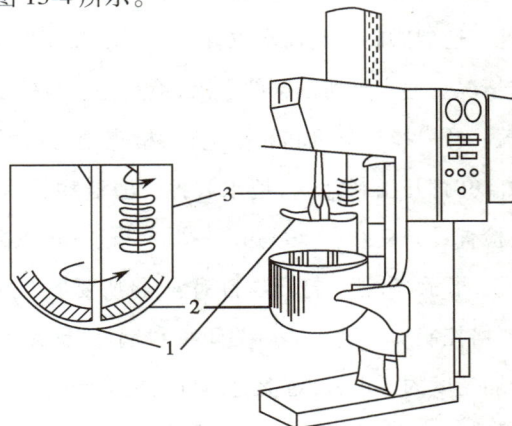

图 13-4 立式高速搅拌制粒机
1. 搅拌桨;2. 混合筒;3. 切割刀

2. 操作　该机是将物料与黏合剂共置圆筒形容器中,由底部混合桨充分混合成湿润软材,再由侧置的切割刀将其切割成均匀的湿颗粒。操作时,将原辅料按处方量加入混合筒中,密盖,开动搅拌桨混合干粉 1~2 分钟。待混合均匀后加入黏合剂或润湿剂,继续搅拌 4~5 分钟,同时开动切割刀,物料即被制成软材并切割成大小均匀的湿颗粒。

二、流化喷雾制粒设备

流化喷雾制粒是使药物细粉在自下而上的气流作用下保持悬浮的流化状态,将液体黏合剂喷入流化层,药物细粉聚集结成颗粒同时被干燥的方法。因为可以在同一台设备内完成混合、制粒、干燥的操作,也称"一步制粒";又因物料的状态类似液体沸腾,生产上也称为沸腾制粒。

一步制粒设备是目前较为先进的工艺设备,特点是操作周期短、占地面积小、制得颗粒质量较佳,成品颗粒较松,粒度 40~80 目,生产效率高、劳动强度低、不受外界污染和成品颗粒整齐。缺点是能耗较高、清洁相对困难和控制不当易产生污染。近年来开发成功的旋流式流化床设备,既可制粒又可包衣。同时,离心式流化床制粒可以制造出球形颗粒,适用于高密度、小直径颗粒的批量生产。下面重点介绍沸腾制粒机。

1. 结构　如图 13-5 所示,沸腾制粒机可分为四部分:空气过滤加热部分;物料沸腾喷雾和加热部分;粉末捕集、反吹装置及排风机构;输液泵、喷枪管路、阀门和控制系统。

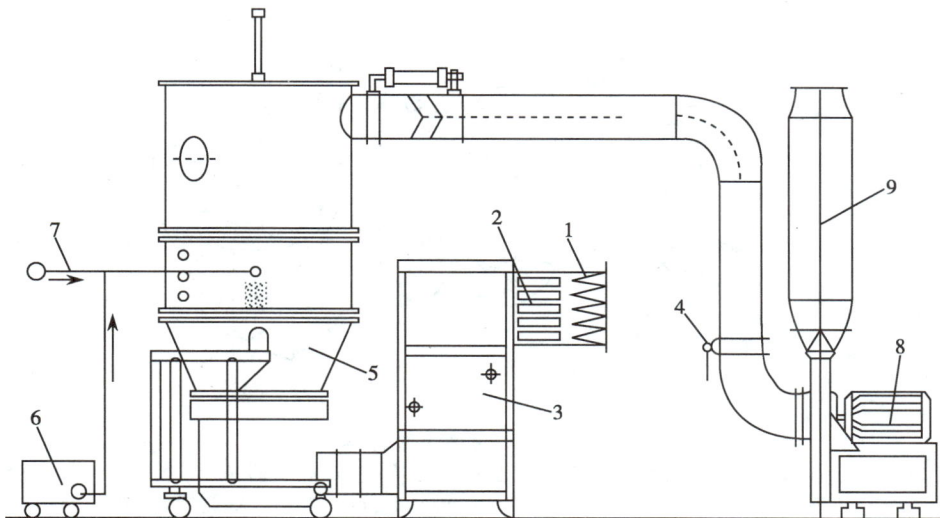

图 13-5　沸腾制粒机结构流程图
1. 中效过滤器;2. 亚高效过滤器;3. 加热器;4. 调风阀;
5. 盛料器;6. 输液泵;7. 压缩空气;8. 引风机;9. 消音器

2. 工作原理　沸腾制粒机是以沸腾形式进行混合、造粒、干燥的一步制粒设备,是将制粒用粉状物料投入流化床内,空气通过初效、中效过滤器进入后部加热室,经过加热器加热至进风所需温度后进入流化床,在引风机拉动下物料在床内呈流化态,制粒用黏合剂由输液泵送入双流体雾化器,经雾化后喷向流化的物料,细粉相互架桥聚集成粒,水分挥发后由风机带出机外,如图 13-6 所示。根据喷枪的位置不同分为顶喷[图 13-6(a)]、底喷[图 13-6(b)]、切线喷[图 13-6(c)]3 种方式。顶喷装置的喷枪位于物料运动的最高点上方,其喷液方向与物料方向相反,以免物料将喷枪堵塞。底喷装置,即喷液方向与物料运动方向相同,这种结构的机器主要适用于包衣,如薄膜包衣、缓释包衣、肠溶包衣等。切线喷装置,这种装置的喷枪装在容器的壁上,由于容器的底部装有旋转运动的转盘,因此物料的运动除了有上下运动外,还有圆周的旋转运动,这样就造成了物料的螺旋状运动,因此喷枪以切线喷液的方向与物料运动方向相同,这种装置除适用于制粒外,还适用于制微丸。

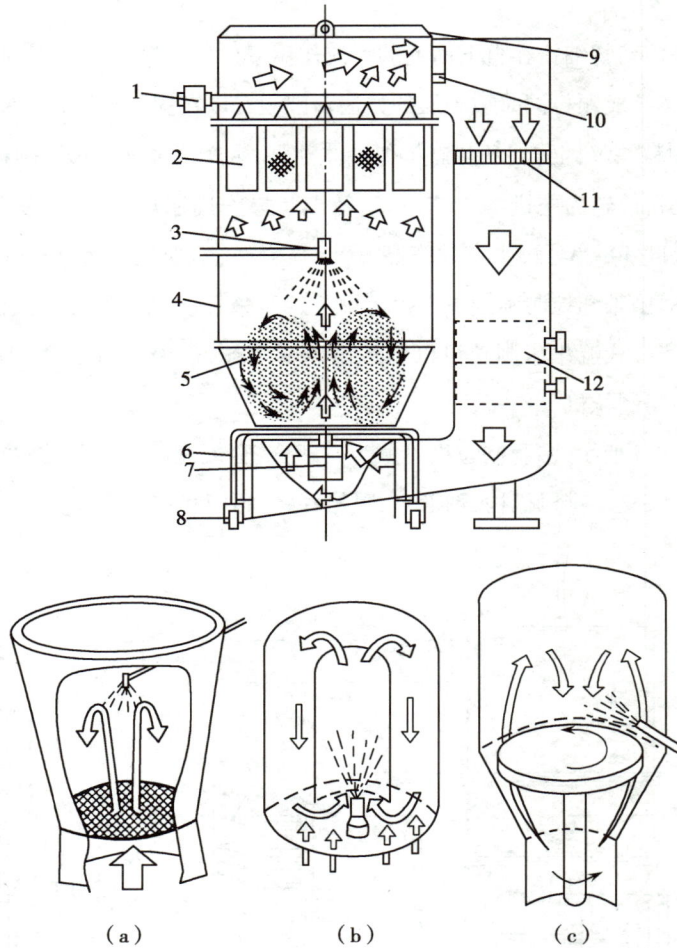

图 13-6 沸腾制粒机原理
1. 反冲装置;2. 过滤袋;3. 喷枪;4. 喷雾室;5. 盛料器;6. 台车;
7. 顶升汽缸;8. 排水口;9. 安全盖;10. 排气口;11. 空气过滤器;12. 加热器

3. 标准操作规程(顶喷操作)

(1)操作前的准备:①检查上一班次设备运行记录,故障记载是否及时处理,严禁设备带病运行。②油雾器油杯内加注油(食用植物油),排尽油雾器前冷却水贮杯中的冷却水。③组装好物料容器推车、喷雾室、过滤布袋。④接通控制电源,调节进气口风门至合适位置。启动空压机,调节输出压力至 0.45MPa。⑤检查电流表、电压表指示是否正常,检查温控仪表并设定进风温度。⑥将自动/手动开关放于"手动"位置,密封主塔,分别合上左风门、左清灰、右风门、右清灰,检查各动作是否灵活。将自动/手动开关放于"自动"位置,检查自动程序是否正确。⑦雾化器调节:

将喷枪取出,启动输液泵。调节雾化压力至 0.2~0.4MPa(视黏合剂黏度和喷液速度而定),启动输液泵,调节压缩气压、泵速和雾化器前的调节帽至雾化良好。⑧设备检查结束,填写并更换为设备运行状态标志。

(2)制粒操作:①装好喷枪,拧紧锁帽,设定雾化空气量、设定黏合剂量、空气压力等。②真空吸料:关闭进风口风门,开启风机,通过盛料器推车上的真空吸料口吸入预制粒物料。吸料结束后,取下真空吸料管,盖上并旋紧真空吸料管盖。关闭风机,打开进风口的风门。③手工加料:降下并拉出物料容器推车,倒入、推平物料,将小车推入到位,充气密封主塔。④根据产品工艺要求设置进风温度、报警温度、回差温度、恒温时间、风机工作时间、自动清灰时间、气缸顶入时间、气缸回缩时间。⑤关闭微调风门。启动引风机,逐步开启微调风门,直至流化物料被吸至中筒体视镜处,锁死手柄。⑥按"加热""自动清灰"按钮进入自动程序进行制粒。⑦制粒结束后,先关闭加热开关,待物料温度降至室温,再关闭风机;关闭引风管道(手动风门指示灯亮);手动清灰数次;降下、拉出物料小车,及时出料。

4. 常见故障、产生原因及排除方法　见表 13-1。

表 13-1　常见故障、产生原因及排除方法

常见故障	产生原因	排除方法
沸腾状况不佳	①过滤器长时间没有抖动,布袋上吸附的粉尘太多 ②沸腾状态高度激烈,床层负压高,粉尘吸附在袋滤器上	①检查布袋过滤器抖动汽缸 ②调小风门的开启度,抖动布袋
空气中细粉多	①袋滤器布袋破裂 ②床层负压高,将细粉抽除	①检查袋滤器布袋是否有破口,如有小孔都不能用,必须补好或更换 ②调节风门开启度
干燥颗粒时出现沟流或死角	①颗粒含水分太高 ②湿颗粒存放盛料器里过长	①降低颗粒水分;不装足量,待其稍干后再将湿颗粒加入 ②湿颗粒不要久放在原料容器中;开机时将风门手动开闭几次,注意汽缸的执行节奏,要全开全闭引风阀,使其流化床内急剧鼓动颗粒,消除沟流
干燥颗粒时出现结块现象(塌床)	①湿颗粒在盛料器中压死 ②抖动袋滤器时间太长	①调节风门开启度,适度搅拌 ②调整抖袋时间
制粒操作时颗粒不均	①喷嘴开闭不严有滴流 ②雾化压缩空气压力偏小 ③喷嘴有块状物堵塞 ④喷嘴出口雾化角不合适	①检查喷嘴开闭情况是否灵敏可靠 ②调整雾化压力;调小液流量 ③检查喷嘴,排除块状异物 ④调整喷嘴的雾化角(按喷枪操作)

三、干法制粒设备

知识链接

干法制粒常用的方法

常用的干法制粒主要有滚压制粒法和重压制粒法。

1. 滚压法　将药物粉末和辅料混合均匀，通过转速相同的两个滚动圆筒的缝隙压成所需硬度的薄片，再通过整粒机制成所需大小的颗粒，然后加润滑剂压片。

2. 重压法　将药物与辅料混合均匀，经特殊压片机压成大片，再经整粒机制成一定大小的颗粒，再加入润滑剂即可压片成型。

干法制粒设备是通过对粉末混合物加压制成大片后，再经粉碎整粒制成所需粒度的颗粒，特别适用于在湿、热条件下不稳定药物的制粒。干法制粒设备特点是所需设备少、占地面积小、省时省工，容易崩解。缺点是压片时逸尘严重、易造成交叉污染，压制颗粒的溶出速率较慢，故不适用于水溶性药物。

1. **结构**　主要由送料螺旋桨、压缩成型机构、轧辊机构、破碎机组、制粒机组、加压机构、抽真空机构、控制机构及容器等组成。由4台变频器，分别控制整粒破碎、轧轮、压料、送料。加压机构通过手动油泵，将油压推给挤压力油缸，在整个油压系统上有一套高压控制阀和贮能器，以及压力继电器。贮能器能吸收系统中的压力波动，压力继电器用来控制油压系统的最高压力，防止在压力过高时损坏机件，如图13-7、图13-8所示。

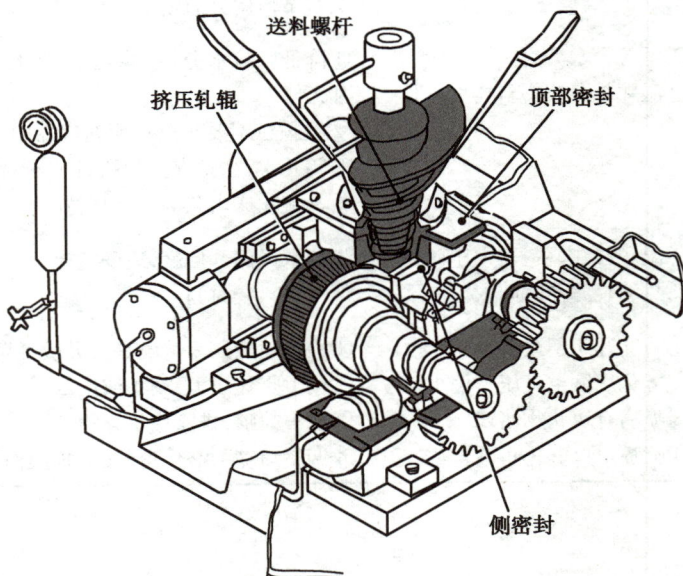

图 13-7　干式挤压制粒机的主机结构

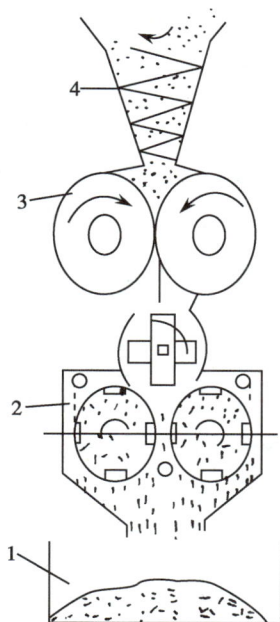

图 13-8　干式挤压制粒机工作示意图
1. 颗粒容器;2. 粉碎机;3. 挤压轮;4. 送料螺杆

（1）轧辊机构:是干式挤压制粒机的主要部件,完成将中等密度的粉料挤压成高密度的条片;动力通过减速器带动主动轴旋转,主动轴通过一组齿轮传动被动轴,使主动轴、被动轴上的轧辊作对挤转动。主动轴是固定的,不作水平移动,而被动轴在油缸和物料的反作用力下作水平移动,直到油缸的推力和物料的反作用力平衡。物料的反作用力大小和物料条片的硬度、厚度有关,条片越硬越厚,反作用力就越大。在轧辊接触处的两侧各装有一对密封板,防止在挤压过程中,物料由轧辊两侧滑出。轧辊圆周表面有各种形状的槽沟,根据物料的性质来选用。轧辊的表面经过氮化处理后硬度极高,能经受高压物的挤磨,挤压物在工作时压力达 6.2T,有关零件要有足够强度防止机件损坏。

（2）水平送料机构:由调速电机带动送料螺旋桨以 0~32r/min 转动,以满足各种物料的需要。

（3）垂直压料机构:由可调速电机带动压料螺旋器,将物料压紧送下,螺旋桨以 20~250r/min 转动,以满足物料要求,该机构有 0.75kW 的调速电机转动(注意:逆时针旋转)。

（4）油压系统:油压系统提供轧辊上的挤压力,开机前根据物料的性质来选择油缸的工作压力。系统包括:一个手摇泵、一套耐压 16MPa 的单向阀、一套直径为 63mm 的油缸活塞、两个分配器和一个压力保护继电器。整个系统不允许有渗漏现象。在生产过程中,由于物料性质关系,轧辊轮推力油缸的压力波动大小不一,特别是遇到黏性的物料时,压力波动较大,有时甚至无法连续生产,有些情况可通过调整三要素来减少波动,有时要通过调整辅料才能解决,在该系统中有一套高压单向阀,一套控制轧辊的推力油缸,一个贮能器。贮能器能吸收一部分压力波动,如果压力波动过大,超过预先调好的压力保护器的预置压力,保护器动作。如果有特殊、小量物料需要较高的压力压制,可暂时将保护器调高(要采取安全措施)。设备采用普通 30# 机械油,每隔 6~8 个月换一次油,要及时清洗并调换工作油。

（5）电器控制系统:电器控制为集中控制形式,而且面板均有机构工作示意图。所有控制开关、仪表、按钮指示灯都集中在一个电控箱内,备有一个急停按钮,在发生紧急情况时可迅速切断电路。设备轧轮电机,进料电机,压料电机均采用变频调速,用人机界面设置其转速,整体操作时,互相均有互锁装置。

2. 工作原理 粉末物料经配料混合后,由制粒机顶端的加料口加入送料仓内,由一螺旋送粒机构将混合好的粉末物料向下推送,粉末进入两个轧辊的间隙,轧辊旋转并经两端油压的作用力将粉末挤压成片状,向下掉落并经设备内置或单独外置的整粒机制成所需目数的颗粒。

点滴积累

1. 摇摆式颗粒机和湿法混合制粒机结构和原理简单,操作方便,应用广泛。
2. 沸腾制粒机可分为四部分:空气过滤加热部分;物料沸腾喷雾和加热部分;粉末捕集、反吹装置及排风机构;输液泵、喷枪管路、阀门和控制系统。
3. 干法制粒设备适用于在湿、热条件下不稳定药物的制粒。

任务 13-2 压片生产设备

压片是片剂成型的主要过程,也是整个片剂生产的关键部分。压片操作由压片机完成,是将各种颗粒状或粉末状物料置于模孔内,用冲头压制成片剂。

压片设备包括单冲压片机、旋转式压片机和较先进的全自动高速压片机。近几年开发的多层压片机、异形压片机等可供制备缓释片、异形片剂。

▶ **课堂活动**

请同学们列举你所见过片剂的形状,这些各式各样的形状你们知道是怎样生产出来的吗?

一、旋转式压片机

目前广泛采用的是旋转式压片机,又称为旋转式多冲压片机。该机填料方式合理,由上、下冲头相对加压,压力分布均匀;片重差异较小;连续操作、生产效率较高。

旋转式压片机是目前生产中应用较广的多冲压片机,虽然机型各异,但压制机构和原理基本相同。旋转式压片机通常按转盘上的模孔数分为 19 冲、21 冲、27 冲、33 冲、35 冲、55 冲等;按转盘旋转一周填充、压片、出片等操作的次数,可分单压、双压等。单压指转盘旋转一周时一个模孔出一片,双压指转盘旋转一周时一个模孔出两片,所以生产能力是单压的两倍。我国各大制药企业普遍采用 ZP19 及 ZP35 等型号的压片机。

ER-13-3

旋转压片机的结构原理操作

(一)主要技术参数

主要技术参数见表 13-2。

表 13-2　ZP19 和 ZP35 压片机的主要技术参数

型号	ZP19	ZP35
转盘中模孔数	19 孔	35 孔
最大压片压力	4T	6T
最大填充深度	15mm	15mm
最大压片直径	Φ12mm	Φ13mm
片剂厚度范围	1～6mm	1～6mm
转盘转速	20～40r/min	14～36r/min
电机转速	960r/min	960r/min
片剂产量	2.5 万～4.5 万片/h	15 万片/h
电机功率	2.2kW	3kW

（二）结构

ZP35 旋转式压片机结构一般分为四部分：动力及传动部分、加料部分、压制部分、吸粉装置等，其外形如图 13-9 所示。

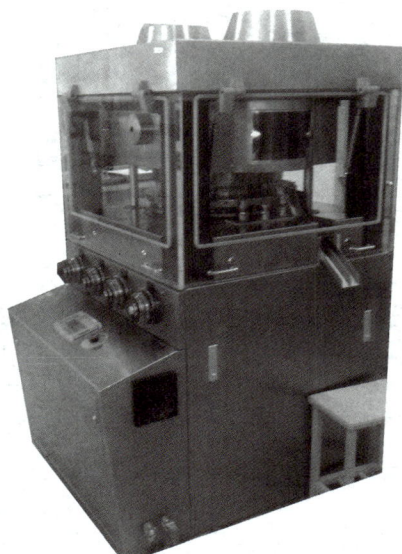

图 13-9　旋转式压片机外形图

1. 动力及传动部分　传动部分（图 13-10）由电动机、同步带轮、蜗轮减速箱、试车手轮等组成。电动机固定在机身内部底板的电机板，通过一对同步齿形带将动力传递到减速蜗轮副上。电动机转速通过交流变频无级调速来实现，底板上装有排风扇散热。

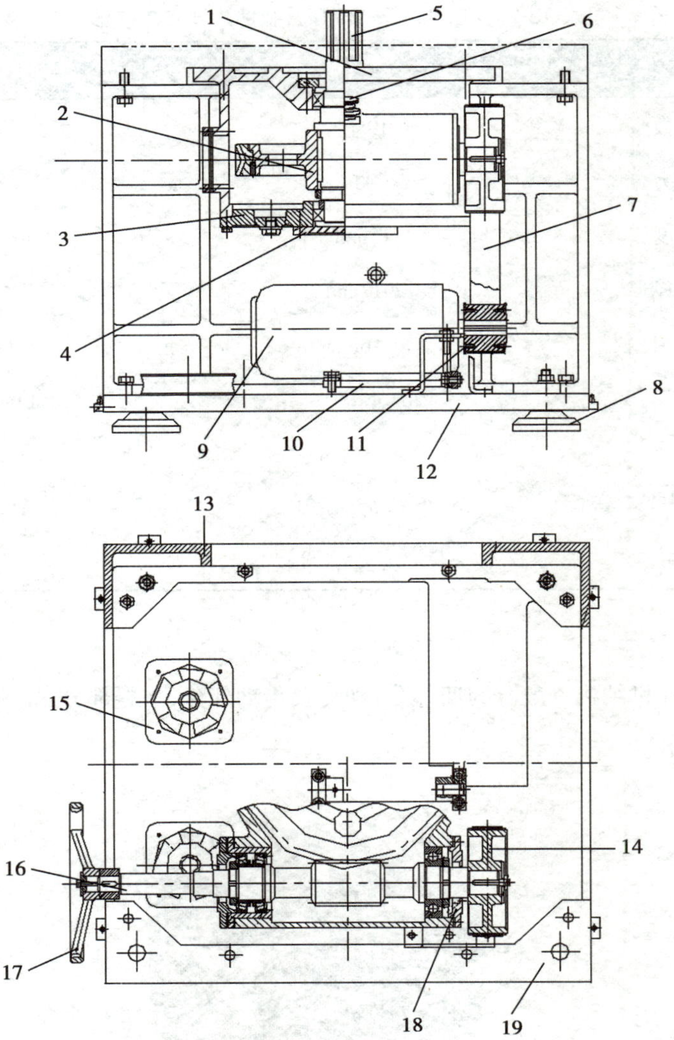

图 13-10　旋转式压片机传动部分

1. 蜗轮箱；2. 涡轮；3. 蜗轮箱盖；4. 端盖；5. 涡轮轴；6. 加油盖；
7. 同步齿形带；8. 防震垫；9. 电动机；10. 底板组件；11. 同步小
带轮；12. 底板；13. 后底墙角；14. 同步大带轮；15. 轴流风扇；
16. 蜗杆轴；17. 手轮；18. 轴承盖；19. 前底墙角

2. 加料部分　加料部分(见图 13-11)固定在转盘的模盘上方,由加料器、斗架、支柱、刮板、调节螺钉等组成。加料器为月形栅式加料器,分别安装在转台的两侧。加料器底面与转台工作面的间隙以及料斗的高度均可调整,加料器底部距离转台表面 0.03~0.1mm,可将片剂颗粒刮入中模孔内,并将中模内的颗粒刮匀,以使所压的片剂符合重量差异的要求。加料斗的出料口距模盘的高度应能控制颗粒的流量,使其满足填充量的要求,以控制加料器内颗粒量,不外溢为合格。

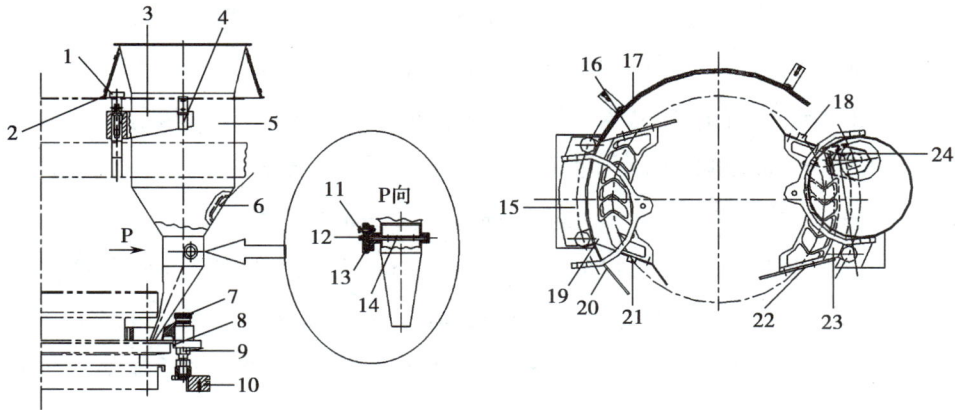

图 13-11 加料器组件

1. 料斗高度调节旋钮；2. 防粉罩；3. 料斗架；4. 料斗搭攀；5. 料斗；6. 视窗；7. 加料器固定旋钮；8. 密封板；9. 加料器调节螺钉；10. 加料器架组件；11. 阀门手柄固定螺钉；12. 料斗阀门转轴；13. 阀门手柄；14. 料斗阀门；15. 加料器支承板；16. 单头刮粉；17. 拦片板；18. 双头刮板；19. 左加料器；20. 挡片板；21. 单头刮板；22. 双头刮粉；23. 右加料器；24. 刮板组件

3. 压制部分 压制部分包括：具有三层结构的转盘(上层为上冲转盘,中层为转盘,下层为下冲转盘)；冲模；上、下导轨；上压轮及安全调节装置、下压轮调节装置；填充调节装置等。

（1）转盘：又称转台（见图 13-12），是本机工作的主要执行件，由上下轴承组件、主轴、转台等主要零件构成,转盘圆周上有均匀分布的 35 副冲模,转台与主轴间由平键传递扭矩。主轴支承在圆锥滚子轴承上,由蜗轮副传动,花键连接,转动主轴,使转台旋转工作。冲头及中模随转盘做顺时针方向旋转,完成加料、填充、压片、出片等压片全过程。

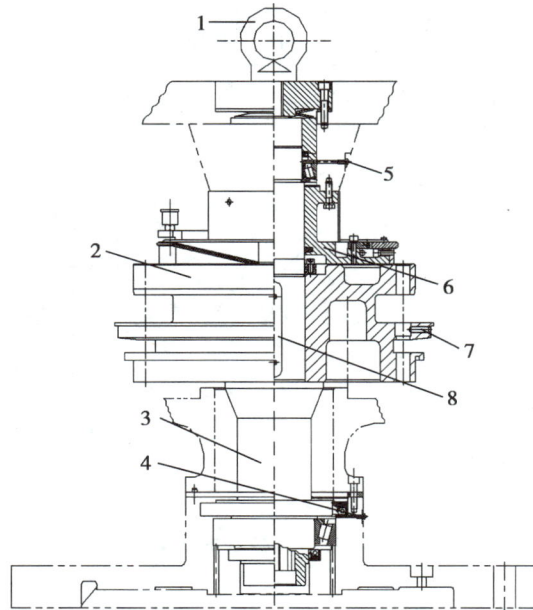

图 13-12 转盘部分

1. 吊环螺钉；2. 转台；3. 主轴；4,5. 直通式压注油杯；6. 上轨道组件；7. 内六角球端螺钉；8. 平键

（2）冲模：冲模是压片机最重要的部件，由优质合金钢制造，并经热处理以使其具有足够的强度和耐磨性。一副冲模由上冲、下冲及中模构成。冲模具有良好的配合性，其加工尺寸是以冲头的直径或中模的孔径来表示，共有14种规格，一般为5.5~12mm，每0.5mm为一种规格。其规格为全国统一标准，具有互换性。冲模基本结构如图13-13所示。以ZP19和ZP35压片机所用的冲模为例，上、下冲杆直径22mm，全长115mm，中模外径26mm，高为22mm，可压药片直径为5.5~13mm。

冲头断面的形状、弧度以及上面刻有的文字、数字、字母、线条等，均可使压制出的片剂不同，以适应不同的要求，既使片剂外形美观、新奇，又便于识别和使用。另外，冲头和模孔截面的形状决定压制出的片剂可以是圆形，也可以是三角形、椭圆形等异形。但是截面的大小受压制力的限制，不宜超过机器所允许的最大面积，以免损坏机器。

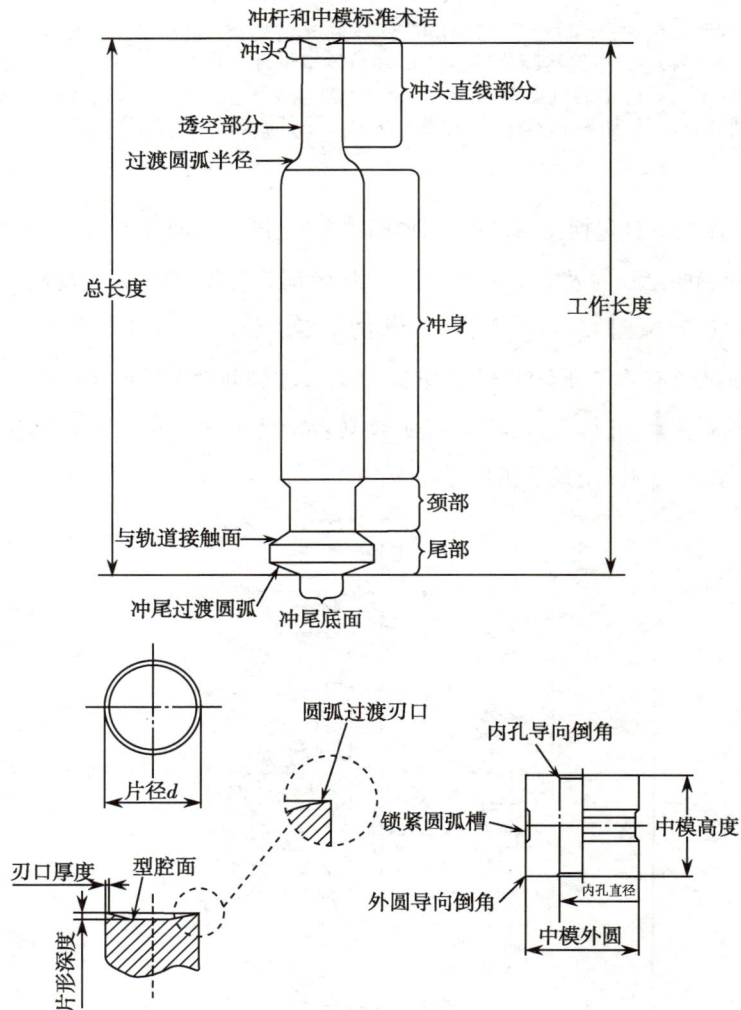

图 13-13　冲模基本结构

（3）轨道装置：轨道由上导轨（见图13-14）和下导轨（见图13-15）组成的圆柱凸轮和平面凸轮，是上、下冲杆运动的轨迹。上导轨装置固定在立轴套上，位于转盘的上方，下导轨固定在主体分界上台面处，位于转盘的下方。上导轨装置是由上冲上行轨、上冲下行轨、上冲上平行轨、上冲下平行轨、压下路轨等多块轨道组成。它们分别紧固在上轨道盘上。导轨盘为圆盘形,中间有轴孔,用键将其固定于立轴上,导轨盘的外缘有经过热处理的导轨片,用螺钉紧固在导轨盘上。上冲尾部的凹槽沿导轨的凸边运转,做上下运动。在上导轨的最低点装有上压轮装置。下导轨由下冲上行轨、下冲下行轨和充填轨、过桥板组成。下导轨用螺钉紧固在主体分界面之上,当下冲运行时,它的尾部嵌在或顶在导轨槽内,随着导轨槽的坡度做上下运动。在下导轨的圆周内主体的上平面装有下压轮装置、填充调节装置等。

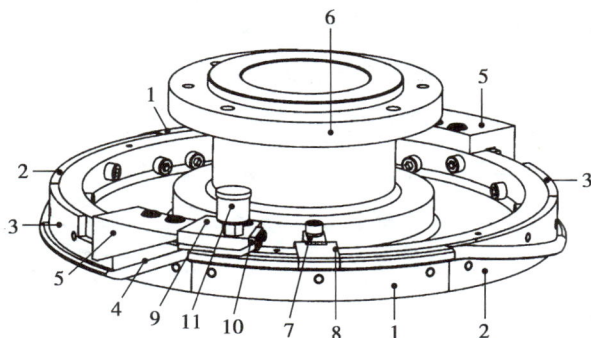

图 13-14　上导轨结构组成

1. 上平行轨;2. 上行轨;3. 下平行轨;4. 下行轨;5. 压下路轨;
6. 轨道盘;7. 舌架;8. 嵌舌;9. 加油座;10. 加油片;11. 弹簧盖油杯

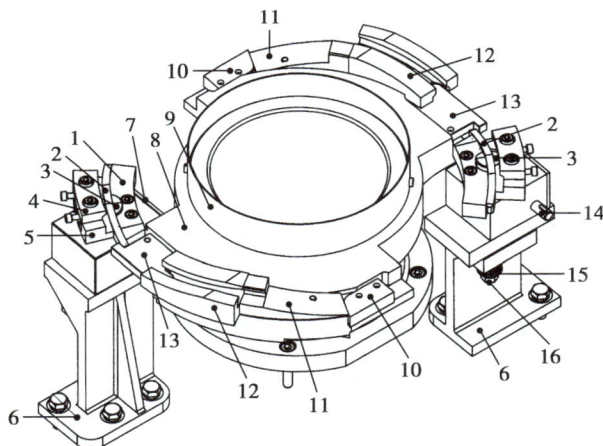

图 13-15　下导轨结构组成

1. 垫片;2. 充填轨;3. 升降杆;4. 拉下轨;5. 拉下轨固定块;6. 充填调节架;7. 盖板;8. 下轨道盘;
9. 防尘圈;10. 过桥板;11. 上行轨;12. 下行轨;13. 下冲装卸轨;14. 小轴;15. 弹簧;16. 轴位螺钉

（4）上压轮及安全调节装置:上压轮在曲轴上,轴外端有杠杆铰链,其下端被连接到弹簧座杆上,当上压轮受力过大时,由于曲轴的偏心力矩作用而使弹簧压缩,瞬间增大上压轮与下压轮间的距离,从而保护机器和冲模的安全。

（5）下压轮调节装置:下压轮位于主体的槽孔内,并被安装在主体的两侧,它套在曲轴上。曲轴的外端装有蜗轮副,旋转蜗杆通过蜗轮的减速而做微量的转动,当曲轴的偏心轮向上偏转时,偏心距增大,下压轮上升,压力增加,被压片剂变薄;反之,偏心距减小,下压轮下降则压力减小、片剂增厚,这样达到既调节压力又改变片厚的目的,调节手轮刻度带每转一大格,充填量就增（减）1mm。刻度盘每转一小格,充填量就增(减)0.01mm。

(6)填充调节装置:填充调节装置(图 13-16 所示)的作用就是用来调整模盘上面的加料器最后刮粉时下冲杆在中模孔内的位置,从而改变中模内的药粉量,即片剂重量。填充调节装置在主体的内部,在主体分界机的上平面有槽孔,使月形的填充轨凸出其上,它的下部为一螺杆,螺杆外有一螺母配合,利用调节与螺母同轴的蜗轮蜗杆装置可使螺母转动,由于螺母在原位转动,所以可使与填充轨相连的螺杆垂直地上升或下降来控制填充量。前轨为控制左下压轮的压片量,后轨为控制右下压轮的压片量,左右调整手轮(与蜗杆同轴)之间的表盘刻度从 0~45,相当于填充量每格 0.01mm。转动充填调整手轮进行调节时,顺时针转动充填手轮,填充轨下降,填充量增加;逆时针转时,填充轨上升,填充量减少。

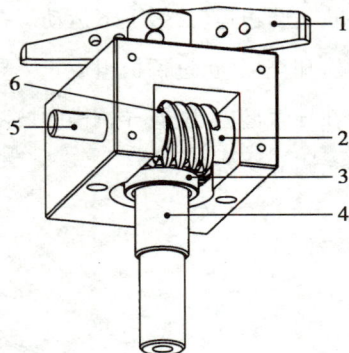

图 13-16 填充调节装置
1. 充填轨;2. 小蜗杆;3. 小蜗轮;
4. 升降杆;5. 小轴;6. 圆柱销

4. **吸粉装置** 吸粉装置是指压片过程中冲模上所产生的飞粉和中模下漏的粉末通过吸气管回收,避免污染环境,用于保护设备的装置。吸粉装置是一个不锈钢吸尘罩,装在转台的后面,有管道连接专用吸尘器。

▶▶ 边学边练

1. 能正确说出 ZP35 旋转式压片机的各部分结构名称。
2. 会正确说出各功能部分的工作原理。

(三)工作原理与压片过程

1. **工作原理** 动力由电动机输出,通过一对同步齿形带将动力传递到减速蜗轮副上,带动转盘转动。电动机通过交流变频无级调速实现。物料经料斗口进入月形栅式加料器,经栅板使颗粒物料多次充入模孔,再经填充量装置,调节下冲头在模孔内的位置来改变模孔的容量,同时安装在加料器末档位置的刮粉板,将中模及转台工作面的颗粒刮平,然后上下冲借助上下凸轮,使上下冲头进入模孔,经上下压轮压片成型,最后下冲杆借助下凸轮上升,将片剂顶出模孔。

2. **压片过程**

(1)加料:当下冲在加料斗下面时,药粉填入模孔中。

(2)填充:当下冲运行至片重调节器的上面时略有上升,被加料器最后一格的刮粉板刮平并把多余的药粉推出。

(3)预压:当下冲运行到下预压轮的上面时,同时上冲运行到上预压轮的下面,这时模孔内药粉受压,可将药粉间隙的空气部分排出。

(4)压片:当下冲运行到下主压轮的上面时,同时上冲运行到上主压轮的下面,两者距离最小,这时模孔内药粉受压成型。

(5)出片:压成片后,上、下冲分别沿轨道上升,当下冲运行到出片调节器的上方时,则将片推出模孔,经刮片器推开,导入盛装器中,如此反复进行。如图 13-17 所示。

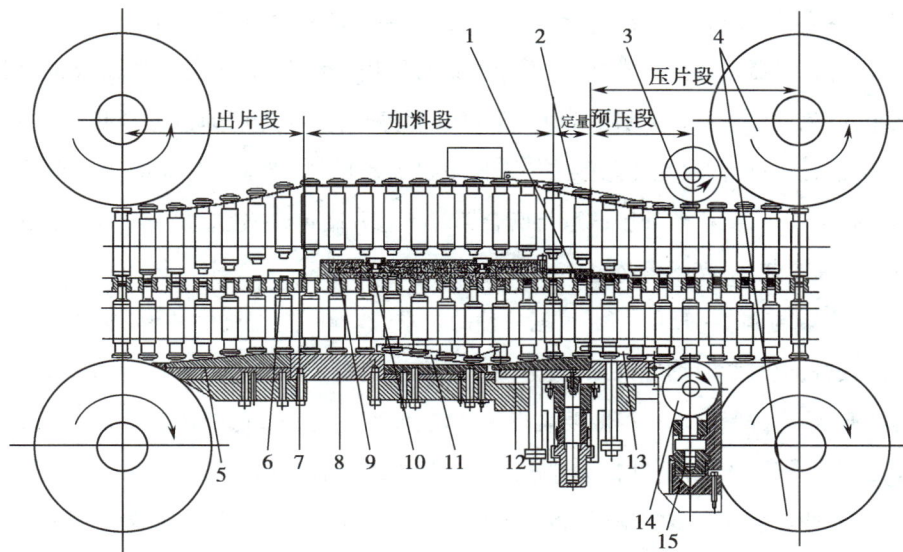

图 13-17 旋转压片机压片过程

1. 定量刮板；2. 下压凸轮；3. 预压轮；4. 主压轮；5. 出片凸轮；6. 药片；7. 出片杆；8. 挡块；
9. 加料器；10. 颗粒；11. 下拉凸轮；12. 填充凸轮组合；13. 下冲保护凸轮；14. 预压轮；15. 预压油缸

（四）操作和维护保养（以 ZP35B 旋转式压片机为例）

1. 标准操作规程

（1）操作前的准备：①开车前，打开左侧门用手轮试车，检查各部件是否运转自如，无异常情况后卸下手轮，关闭左侧门；②接通操作台左侧电源，面板上电源指示灯点亮，压力表显示压力，转速表应指示 0 位，各故障指示灯应无指示，然后将所有安全装置检查一遍，无异常方可进行以下工作；③备好物料，并用撮子加入压片机料斗中。

（2）开车：①连接好吸尘接口，启动吸尘器；②按动启动按钮，然后旋转变频调速电位器至低速；③按增压（减压）按钮，反复升降压力，将管道中残余空气排出，根据生产工艺设定压片压力；④转动片厚调节手轮，顺时针转动调节手轮时片厚增加，反之减小，按先稍厚直至合适顺序调节；⑤根据出片的称重，调节充填手轮至合适片重，再仔细调整片厚以达到工艺要求的硬度；⑥旋动变频调速电位器把电机开到高速，进入正常生产；⑦每隔 15 分钟称重一次，必要时调整充填装置和片厚调节手轮，以保证片差、硬度在允许范围。

（3）操作结束：①料斗内所剩颗粒较少时，应降低车速，及时调节充填装置，以保证压出合格的药片；②料斗内接近无颗粒时，把变频电位器调至零位，然后关闭主电机；③待机器完全停下后，把料斗内所余物料放出，盛入规定容器中；④卸掉液压压力、转轮压力；⑤压片完成后，清理压片机内外的粉尘；⑥关闭吸尘器；⑦清理吸尘器内的粉尘；⑧清理外部环境卫生。

（4）注意事项：①启动前检查确认各部件完整可靠，故障指示灯应处于不亮状态；②检查各润滑点润滑油是否充足，压力轮转动是否自如；③盘车观察冲模是否上下运动灵活，与轨道配合是否良好；④启动主电机时确认调速钮处于零位；⑤安装加料器时要使用塞规，以保证安装精度，防止间隙过大或过小而产生漏粉或磨坏转台；⑥运转过程中机器不得离人，开机生产时观察加料靴是否磨转盘,经常检查机器运行状态,如有异常及时停车处理;⑦生产要结束时,注意物料余量,当接近无物料时及时停车,以防止机器空转损坏模具;⑧拆装模具时要用手盘车,按下急停按钮或关闭总电源,只限由一人操作,以免发生危险;⑨机器出现异常声音要停车检查,查明原因并经排除故障后方可开车;⑩紧急情况下,按下操作台左侧急停按钮来停下机器,机器故障显示灯亮时会自动停机,仔细检查故障并排除后再开车;新机器处于试运行磨合期时不宜开高速,一般应在 24r/min 以下,须经 3~4 个月后再适当提高车速,最高不得超过 32r/min。

(5)模具的安装与调整:①装模圈:根据品种的要求,选择一定规格的冲模。将模圈依直线装入转盘模孔中,如过松或过紧时均应拣出,换上大小适宜的模圈。如装入困难,可用钢棒由上孔穿入轻轻撞击使其往下,然后拧紧螺丝。模圈要装得平,其表面不得高于或低于转盘平面。②装上冲:将嵌舌往上翻起,把上冲杆插入孔内,冲杆头部进入中模后上下及转动均应灵活自如,转动手轮至冲杆颈部接触平行轨,上冲杆全部安装完毕后,将嵌舌板下。③装下冲:按照上冲安装的方法安装,安装完毕后用螺钉紧固。④装刮粉器和加料斗:刮粉器装于专用支座上,用螺丝固定。加料刮粉器处于模圈转盘平面上保持特定间隙。装刮粉器时应注意下表面与模圈转盘上表面的松紧应适宜。如装得太松容易漏粉,装得太紧产生摩擦,会使刮粉器磨下金属屑污染药片。装好刮粉器后再装加料斗,安装时应注意高度,因加料斗高度与流动速度有关,应当使药粉流出量与药粉填充的速度相同。⑤吸粉装置:检查吸粉罩与吸尘器之间管路连接完好,检查吸尘器是否清洁。⑥机器加油:将机器上盛油杯或油眼处全面进行加油,保证各部分机械均能灵活运转,减少摩擦。⑦压片:将待压颗粒加入料斗,点动运行试压数十片,初步调节片重和压力,开动机器后再调片重合格后正式压片。在压片过程中由于机械振动等原因,使填入模孔中物料量会发生改变,产生片重差异,所以必须定时检查,及时调整片重,同时还应注意机器各部分的运转情况是否良好。如压片过程中发生机器故障或有不正常的声音,应立即停车检查和修理,避免发生事故。另外注意细粉多的物料、不干燥的物料不要使用,因细粉多上冲飞粉多,下冲漏粉多,使机件磨损和原料损耗,不干燥的物料会粘冲。

2. 维护保养操作规程　①定期检查蜗轮、蜗杆、轴承、压轮、上下导轨等各活动机件,每月 1~2 次,发现缺陷应及时修复后使用。②一次使用完毕或停工时,应取出剩余粉剂,刷洗机器各部分的残留粉子;较长时间不使用时,必须拆下冲模,擦拭干净机器。冲模应全部浸入油,放置在有盖的模具箱内。③各润滑油杯和油嘴每班加润滑油和润滑脂,蜗轮箱内加机械油,油量以浸入蜗杆一个齿面高为宜,每半年更换一次机械油。④使用场所应经常打扫清洁,医药和食用片剂的制造环境,尤其不能有灰砂粉尘存在。⑤电气元件要注意维护,定期检查,保持良好运行状态。注意工作环境条件(温度、湿度)应在良好的环境下。⑥冲杆的尾部与曲线导轨用黄油润滑,注意不能过多,防止油污。

技能赛点 ∨

1. 正确进行操作前人员着装、设备清洁、环境卫生等的检查;

2. 熟练拆装上下冲、中模等模具;

3. 能根据生产指令,按照相关 SOP 完成规定的任务;

4. 能正确判断所压片剂的重量差异、硬度、脆碎度等质量控制指标;

5. 熟练掌握设备开机、运行、清洁维护保养等标准操作;

6. 能识别并解决设备运行中的常见故障。

（五）常见故障、发生原因及排除方法　　见表 13-3。

表 13-3　旋转压片机常见故障、发生原因及排除方法

常见故障	发生原因	排除方法
上、下冲头过紧	上、下冲头或冲模清洁不彻底或冲头变形	拆下过紧冲头,清洁冲头及冲模孔或更换冲头冲模
机器振动过大或有异常声音	①压力大或压轮不转 ②车速过高 ③冲尾碰轨道 ④塞冲	①调整压力 ②降低车速 ③调整轨道角度并加油润滑 ④清理机器冲模并润滑冲杆
压轮不转	①润滑不力 ②轴承损坏	①加油润滑 ②更换轴承
机器不能启动	各故障显示灯亮表示有故障	根据各灯显示故障分别予以处理
片重差异	①升降杆轴向窜动,引起计量不准 ②加料器磨损或安装不对	①应检查小蜗轮是否磨损,如有则应调换磨损零件 ②加料器磨损请调换;若安装不当,按照说明书重新安装

二、全自动高速压片机

案例分析

案例

在中药片剂生产中,片剂受到震动或放置一段时间后,在腰间或顶部出现裂纹的现象,影响片剂的质量。

分析原因及解决方案

1. 中药本身弹性较强,纤维性或因含油类成分较多的药物,可加入辅料以减少纤维弹性,加强黏合作用或增加油类药物的吸收剂,充分混合均匀后压片;

2. 黏合剂或润湿剂用量不当或不够,颗粒在压片时黏着力差,要调整黏合剂的用量;

3. 细粉过多、润滑剂过量引起的裂片,粉末间隙部分空气不能及时溢出而被压在片剂内,当解除压力后,片剂内部被压缩空气膨胀造成裂片,可筛出部分细粉与适当减少润滑剂用量加以克服;

4. 压片机的压力过大,药物反弹力大,车速过快而裂片;适当调节压力与车速至符合要求;

5. 压片室室温低,湿度低,易造成裂片,特别是黏性差的药物容易产生这种现象,调节空调系统,保证压片室适当的温度和湿度。

全自动高速压片机具有全封闭、压力大、噪声低、转速快、生产效率高、质量好等特点。压片时采用双压,并由计算机控制,实现对片重的自动控制、废片自动剔除,可压普通片、异形片。机器在传动、加压、充填、加料、冲头导轨、控制系统等方面都明显优于普通压片机。

(一) 主要结构

主要包括:传动部件、转台、导轨、加料器、填充和出片部件、片剂计数、剔废部件、润滑系统、液压系统、控制系统、吸尘部件等。

1. 传动部件　传动部件由一台带制动的交流电机、带轮、蜗轮减速器及调节手轮等组成。电机启动后通过一对带轮将动力传递到减速蜗轮上,而减速器的输出轴带动转台主轴旋转。电机的转速可通过交流变频无级调速器调节,电机的变速可使转台转速变化,提高压片产量。

2. 加料器　高速压片机采用强迫加料器。由小型直流电机通过小蜗轮减速器将动力传递给加料器的齿轮并驱动加料叶轮,颗粒物料从料斗底部进入,强迫加料器经加料叶轮混合后通过出料口送入中模。加料器的加料速度可根据主机转速情况由无级调速器调节。

3. 填充和出片部件　高速压片机设计时已将下冲下行轨分成 A、B、C、D、E 五档,每档范围均为 4mm,极限量为 5.5mm,操作前按品种确定所压片重后,应选用某一档轨道。机器控制系统对填充调节的范围是 0~2mm,仅可完成小量的填充调节。控制系统从压轮所承受的压力值取得检测信号,通过运算后发出指令,控制步进电机左右旋转,步进电机通过齿轮带动填充调节手轮旋转,使填充深度发生变化。步进电机使手轮每旋转一格调节深度为 0.01mm,手动旋转手轮可使填充轨上下移动,每旋转一周填充深度变化 0.5mm。有的高速压片机连接有液压提升油缸,液压提升油缸平时只起软连接支撑作用,当设备出现故障时,油缸可泄压,起到保护机器的作用。该机在出片槽中安装了两条通道,左通道排除废片,右通道是正常工作时片子的通道,两通道的切换通过槽底的旋转电磁铁加以控制。开车时废片通道打开,正常通道关闭,待机器压片稳定后,通道切换,正常片子通过筛片机出片。

4. 压力部件　压片时颗粒先经预压后再进行主压,预压和主压均有相对独立的调节机构和控制机构。预压和主压时冲杆的进模深度以及片厚可以通过手轮来进行调节,两个手轮各旋转一圈可使进模深度分别获得 0.16mm 和 0.1mm 的距离变化。两压轮的最大压力分别可达到 20kN 和 100kN。压力部件中通过压力传感器对预压和主压的微弱变化而产生的电信号进行采样、放大、运算并控制调节压力,使操作自动化。

预压的目的是在压片过程中排除颗粒间空气,对主压起到缓冲作用,提高片剂质量和产量。上预压轮通过偏心轴支承在机架上,利用调节手柄可改变偏心距,改变上冲进入中模的位置来调节上预压。下预压轮支承在压轮支座上,压轮支座下部连有丝杆、蜗轮、蜗杆、万向联轴节和手柄。通过手柄可调节下冲进入中模的位置来调节下预压。压轮支座下的丝杆连在液压支撑油缸上,当压片力超出给定预压力时,油缸可泄压,起到安全保护作用。

上压轮通过偏心轴支承在机架上,偏心轴一端连在上大臂的上端,上大臂的下端连在液压支撑油缸上端的活塞杆上。液压支撑油缸起软连接作用,并保护机器超压时不受损坏。下压轮也通过偏心轴支承在机架上,偏心轴一端连在下大臂的上端,下大臂的下端通过螺丝母、螺丝杆、螺旋齿轮副、万向联轴节等连在手柄上,通过手柄即可调节片厚。

高速压片机上通常安装有冲头平移调节装置,即在保持上、下压轮距离(片厚)不变条件下,同时实现上、下压轮(上、下冲模)向上或向下移动的调节装置。可以延长中模的使用寿命。

5. **片剂计数、剔废部件**　片剂自动计数是利用磁电式接近传感器来工作的。在传动部件的一个皮带轮外侧固定一个带齿的计数盘,其齿数与压片机转盘的冲头数相对应。在齿的下方有一个固定的磁电式接近传感器,传感器内有永久磁铁和线圈。当计数盘上的齿移过传感器时,永久磁铁周围的磁力线发生偏移,这样就相当于线圈切割了磁力线,在线圈中产生感应电流并将电信号传递至控制系统。这样,计数盘所转过的齿数就代表转盘上所压片的冲头数,也就是压出的片数。根据齿的顺序,通过控制系统就可以判断出冲头所在的顺序号。对同一规格的片剂,压片机生产开始时,通过手动将片重、硬度、崩解度调节至符合要求,然后转至计算机控制状态,所压制出的片的片厚、片重是相同的。如果中模内颗粒填充得过松、过紧,说明片重产生了差异,此时压片的冲杆反力也发生了变化。在上压轮的上大臂处装有压力应变片,检测每一次压片时的冲杆反力并输入计算机,冲杆反力在上、下限内所压出的片剂为合格品,反之为不合格品,记下压制此片的冲杆序号。在转盘的出片处装有剔废器,剔废器有一压缩空气的吹气孔对向出片通道,平时吹气孔是关闭的。当出现废片时,计算机根据产生废片的冲杆顺序号,给吹气孔开关输出电信号,压缩空气可将不合格片剔出。同时,计算机也将电信号输给出片机构,经放大使电磁装置通电,迅速吸合出片挡板,挡住合格片通道,使废片通过废片通道出片。

6. **润滑系统**　高速压片机有一套完善的润滑系统,通过油路集中向各零部件的润滑部位提供润滑油,以保证机器的正常运转。机器首次使用时应空转1小时,让油路充分流畅,然后再装冲模等部件,进行正常操作。以后机器开动后润滑油自动沿管路流经各润滑点。

7. **液压系统**　液压系统由液压泵、贮能器、液压油缸、溢流阀等组成。正常操作时,油缸内的液压油起支撑作用。当支撑压力超过所设定的压力时,液压油通过溢流阀泄压,从而起到安全保护作用。

8. **控制系统**　全自动高速压片机有一套控制系统,能对整个压片过程进行自动检测和控制。主要包括:远距离控制装置、定量加料装置、记忆自动操作系统、片重的自动控制装置、压力的自动控制装置和安全装置。系统的核心是可编程序器,其控制电路有80个输入、输出点。程序编制方便、可靠。控制器根据压力检测信号,利用一套液压系统来调节预压力和主压力,并根据片重值相应调整填充量。当片重超过设定值的界限时,机器给予自动剔除,若出现异常情况,能自动停机。控制器还有一套显示和打印功能,能将设定数据、实际工作数据、统计数据以及故障原因、操作环境等显示、打印出来。

9. **吸尘部件**　压片机有两个吸尘口,一个在中模上方的加料器旁,另一个在下层转盘的上方,通过底座后保护板与吸尘器相连,吸尘器独立于压片机之外。吸尘器与压片机同时启动,将中模所在的转盘上方、下方的粉尘吸出。

(二)工作原理

压片机的主电机通过交流变频无级调速器,并经蜗轮减速后带动转台旋转。转台的转动使上、下冲头在导轨的作用下产生上、下相对运动。颗粒经加料、填充定量、预压、主压成型、剔废、出片等工序被压成片剂。压片基本原理与旋转压片机相同,但在整个压片过程中,控制系统通过对压力信号的检测、传输、计算、处理等实现对片重的自动控制、废片自动剔除以及自动采样、故障显示和打印各种统计数据。以 GZPK37A 为例,机器由压片机、计算机控制系统、ZS9 真空上料器、ZWS137 筛片机和 XC320 吸尘机等组成。如图 13-18 所示。

图 13-18 中,机器的顶部为真空上料器 ZS9(两台),通过负压状态将颗粒物料吸入,再加到压片机的加料器内。ZWS137 筛片机将压出的片剂除去静电及表面粉尘,使片剂表面清洁,以利于包装。XC320 吸尘器的功能是将机器内和筛片机内的粉尘吸去,保持机器的清洁和防止室内粉尘飞扬。

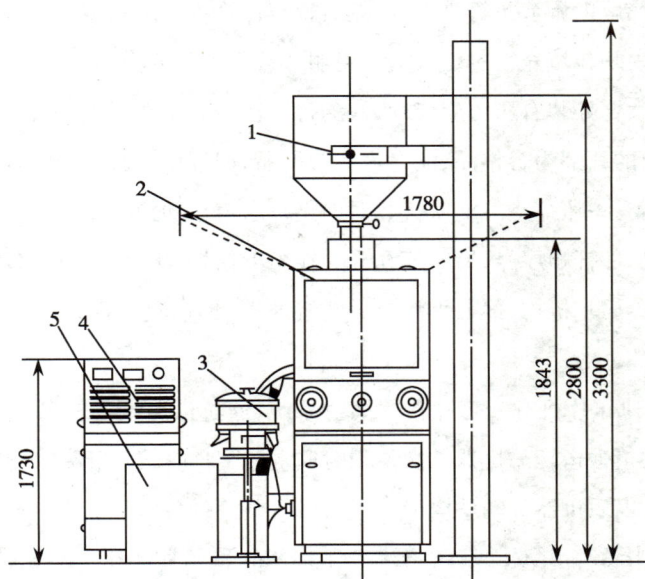

图 13-18 高速压片机系统配置
1. 上料机;2. 压片机;3. 筛片机;4. 吸尘器;5. 成品桶

全自动高速压片机的生产能力:6~24 冲的小型高速压片机,生产能力为 3 600 片~10 万片/小时;18~45 冲的中型高速压片机,生产能力为 10 万~20 万片/小时;45~67 冲的大型高速压片机,生产能力为 20 万~50 万片/小时。

(三)设备调整及控制

1. 填充调整 用填充调节手轮能调整装填药量的深度,用圆筒形标尺刻度可以精确到 0.01mm,对于下凸轮轨道可根据填充浓度的平均值选择下导轨凸轮(0~8mm、4~12mm、8~16mm),平均值应最接近要求的填充值,所需要的填充值根据药片的重量、直径查找可得。顺时针调节充填量减少。

2. 主压力与药片厚度调整 机器的主压力及预压力的支撑和压力过载保护是来自液压装置,并且利用操作面板上的按钮开关加压、减压来实现,其主压力允许值取决于冲头、冲模的尺寸和形状。压片过程中的实际压力用片厚手轮调定,顺时针方向转动手轮可得到高压(因此是薄药片)。冲头顶部之间的距离用毫米指示在圆柱形刻度盘上,精度为 0.01mm。

3. 预压力调整 预压力系统的作用是排除填充颗粒间的空气,因此缩短了主挤压过程,这样能使机器的工作效率增加,此效果能用相当低的预压力来实现,预压力不宜过高,压力过高会产生很大的噪声和磨损。预压力是通过控制台的预压调节手轮来调整的。顺时针方向转动加压。

4. 上冲到冲模的进入量调节 上冲头到冲模的进入量可以用控制柜右边的平移手轮调节,药片厚度保持不变,避免总在一个位置压片损坏冲模,从而增加冲模的寿命。

5. 冲盘转速控制 在操作面板上,按升速、降速键可对冲盘转速进行无级调速,这个速度在操作面板上以主轴转速(r/min)和产量(T/h)表示。

点滴积累 ∨

1. 旋转式压片机结构一般分为四部分: 动力及传动部分、加料部分、压制部分、吸粉装置。
2. 旋转式压片机的工艺过程是加料、填充、预压、压片、出片。
3. 高速压片机的主要结构传动部件、转台、导轨、加料器、预压组件、填充和出片部件、片剂计数、剔废部件、润滑系统、液压系统、控制系统、吸尘部件等。
4. 旋转式压片机模具包括模圈、上冲和下冲。

任务 13-3 中药片剂包衣生产设备

片剂包衣设备是将素片或片芯表面均匀包裹上适宜的衣层的设备。片剂、颗粒等都能在其表面包上一层适宜的物质,使片内的药物与外界隔离。根据包衣层材料及溶解特性的不同,常分为糖衣片、薄膜衣片、肠溶衣片及膜控释片等。目前国内常用的包衣方法主要有滚转包衣法、流化床包衣法和压制包衣法。片剂包衣设备的机型有手工荸荠型糖衣机、喷雾包衣的荸荠型糖衣机、全封闭喷雾包衣的高效包衣机和自动流化床包衣设备等。

随着包衣材料的快速发展,现在较多使用的是全封闭喷雾包衣的高效包衣机,其锅型大致分为网孔式、间隔网孔式和无孔式3种。由于高效包衣机干燥时热风穿过片芯间隙,并与表面的水分或有机溶剂进行热交换,热源得到充分利用,片芯表面的湿液能充分挥发,故高效包衣机具有自动控制、全封闭、包衣周期短、耗能小、无污染、无粉尘飞扬和质量符合包衣生产规范等特点,适用于当前高分子包衣材料的薄膜包衣,特别适用于大规模的片剂包衣生产。其中,无孔式高效包衣机还增加了包微丸、控缓释药包衣等功能。其独特的风路设计,热风进出的合理安排,使得包衣干燥快、翻滚均匀;其独特的无孔锅型、出料结构和自动排水设计,使得包衣锅清洗更加方便。

总之,包衣机设计和选型的关键是雾化一致性、干燥一致性、流量和压力一致性、且喷头不易堵塞。

▶▶ 课堂活动

请同学们举例认识哪些常见的包衣药品?

一、普通包衣锅

普通包衣锅主要结构、工作原理及其使用,请参见项目十一中药丸剂生产设备中对泛丸机的讲述。根据其外观,泛丸机亦称为荸荠式包衣锅。目前,荸荠式包衣锅由于其工作周期长、耗能大、污染大、粉尘飞扬及质量不稳定等缺陷,不符合 GMP 要求逐渐被淘汰。但是,经改造后的喷雾埋管包衣机和简易高效包衣机仍有较小的使用范围,此类喷雾包衣可分为"有气喷雾"和"无气喷雾"两种,特别是"无气喷雾"可用于有一定黏度的液体包衣上,适用于含有不溶性固体材料的薄膜包衣以及粉糖浆、糖浆等包衣。此类喷雾包衣能适应小批量和低投资的片剂包衣,不久将会退出片剂生产的领域。

二、高效包衣机

高效包衣机的结构、原理与滚转式包衣机完全不同。该机干燥时热风是穿过片芯间隙,并与表面的水分或有机溶剂进行热交换,这样热源得到充分的利用,片芯表面的湿液充分挥发,因而干燥效率高。高效包衣机是中西药片、药丸等进行糖衣、水相薄膜、有机薄膜包衣的专用设备。

高效包衣机的锅体结构大致可分为网孔式、间歇网孔式和无孔式 3 类。

(一)工作原理及特点

1. 工作原理　设备运行时,被包衣的片芯在包衣主机的包衣滚筒内作连续复杂的轨迹运动。在这个过程中,由可编程控制器为核心控制,按输入的工序顺序和工艺参数,使包衣介质经过蠕动泵和有气喷枪(或滴管)自动地喷洒(或滴流)在片芯表面,热风柜按设定的程序和温度向片床供给洁净的热风对药片进行干燥,热风穿过片芯从底部筛孔,由排风柜把废气排出,使片芯表面快速形成坚固、细密、光滑圆整的表面薄膜。高效包衣机工作原理如图 13-19 所示。

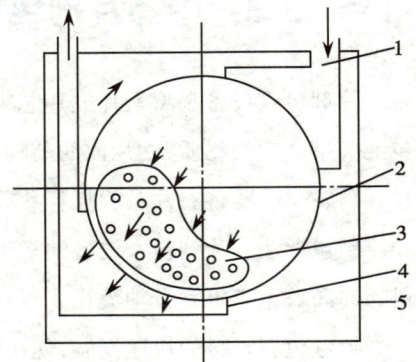

图 13-19　高效有孔包衣机工作原理图
1. 进气管;2. 锅体;3. 片心;
4. 排风管;5. 外壳

2. 特点　包衣过程是在主机内完全密闭的空间进行,无粉尘飞散,符合 GMP 要求;简化了包衣工艺,药片干燥速度快,包衣过程自动化,包衣时间缩短,生产效率高,不仅能完成薄膜包衣,还能包糖衣;包衣生产自动控制,操作方便;此外,包衣锅还设有系统故障自诊断功能,可确保包衣生产的安全。

(二)结构

高效包衣机主要由主机、热风柜、排风柜,计算机可编程控制器(PLC)、有气喷嘴装置、送液装置、薄膜溶液供液桶和出料装置等部件组成。如图 13-20 所示。

1. 主机　由密闭工作室、筛孔板制作的包衣滚筒、搅拌器、清洗盘、驱动机构等部件组成,如图 13-21 所示。

2. 热风柜　主要由风机、初效过滤器、中效过滤器、高效过滤器、热交换器等五大部件组成,各

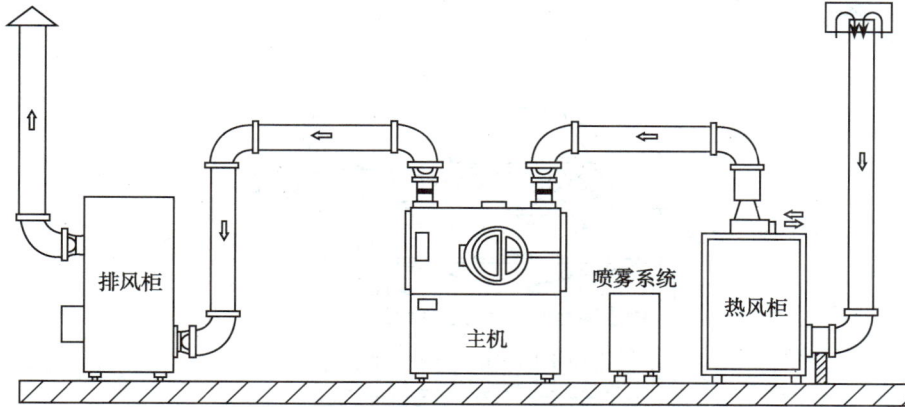

图 13-20　高效有孔包衣机系统配置图

部件都安装在一个由不锈钢制作的框架内。主机所需热风直接采用室外自然空气,经初、中、高效过滤后达到洁净空气的要求,然后经蒸气(或电加热)热交换器加热到工艺规定温度,进入主机包衣滚筒内对片芯进行加热。各部件结构如图 13-22 所示。

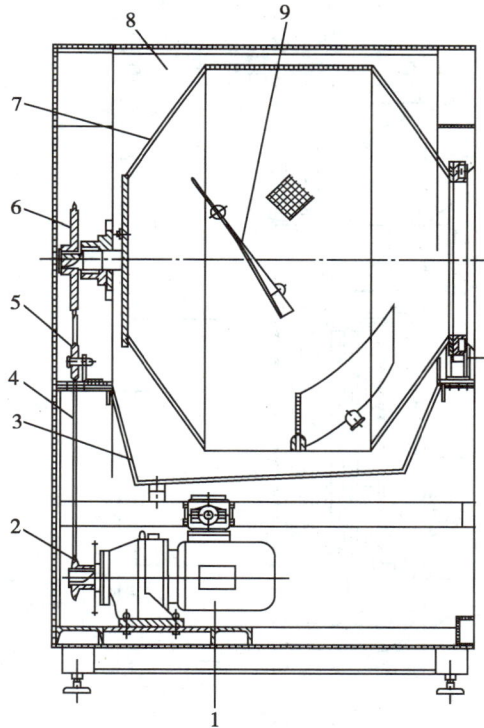

图 13-21　高效有孔包衣机主机结构
1. 防爆电动机;2. 小链轮;3. 清洗盘;4. 链条;5. 张紧轮;
6. 大链轮;7. 包衣滚筒;8. 工作室;9. 搅拌器

3. 排风柜　主要由风机、布袋除尘器、清灰机构及集灰箱四大部件组成,各部件都安装在一个立式框架内。其作用是把包衣滚筒内的包衣尾气经除尘后排到室外。使包衣滚筒内处于负压状态,既促使片芯表面的辅料迅速干燥,又可使排至室外的尾气得到除尘处理,符合环保要求。各部件结构如图 13-23 所示。

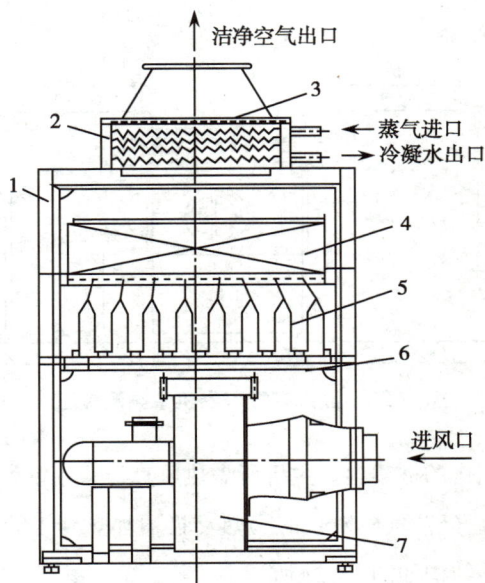

图 13-22 热风柜

1. 柜体;2. 热交换器;3. 过滤网;4. 高效过滤器;5. 中效过滤器;6. 初效过滤器;7. 离心风机

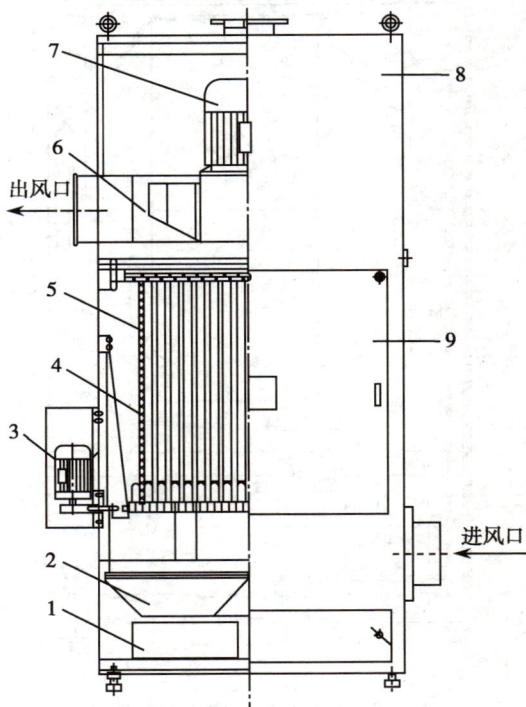

图 13-23 排风柜

1. 集灰抽屉;2. 灰斗;3. 振打清灰电机;4. 骨架;5. 扁布袋;6. 风机;7. 电机;8. 壳体;9. 检查门

4. 喷雾系统

(1)糖浆包衣系统由多嘴分配器、流量调节器(图 13-24)、硅胶管、搅拌保温罐、蠕动泵(图 13-25)等部件和辅机组成。

　　其中蠕动泵在泵头系统增设了摆臂、弹簧。使用时按输出端料浆压力的要求,自行调整摆臂间弹簧压力,就可调节输出端的压力,保证料液恒压输出,因此该型蠕动泵特别适用于喷雾系统。

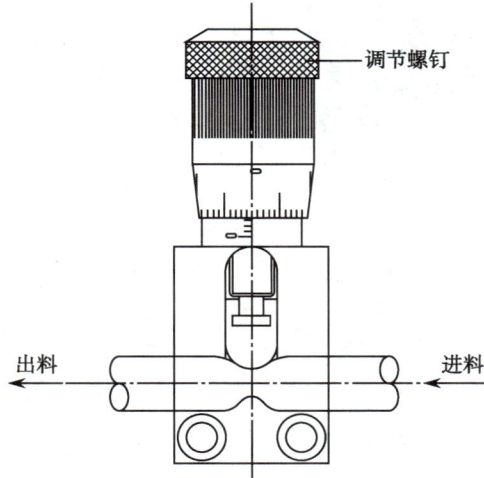

图 13-24　流量调节器

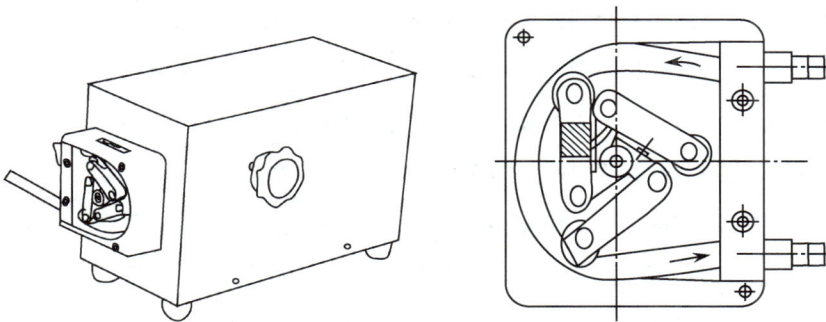

图 13-25　蠕动泵及蠕动泵头

　　(2)薄膜包衣喷雾系统由搅拌保温罐、蠕动泵、硅胶管、流量调节器、喷枪(图 13-26)等部件和辅机组成。

　　喷枪结构设计了通针式柱塞,既提高了雾化效果,又解决了喷嘴泄漏和堵塞的两大难题,使用时只要旋转喷枪尾部的调节螺栓即可调整喷浆量。如果在作业过程中出现堵塞,只要关闭一下压缩空气进气管,柱塞在尾部弹簧作用下向喷枪头部喷嘴口移动,通针进入喷嘴口即可去除堵塞物,操作十分方便,如图 13-27 所示。

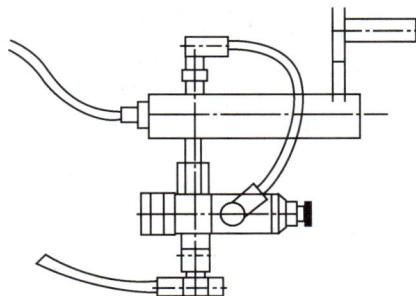

图 13-26　喷枪组成

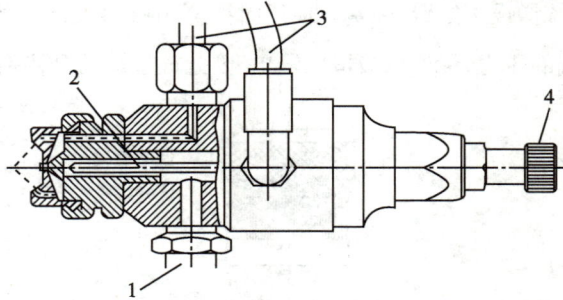

图 13-27　喷枪结构
1. 浆料进口；2. 柱塞；3. 压缩空气进口；4. 调节螺栓

5. 微处理可编程序控制系统　可编程序控制系统可实现自动控制和手动控制两种工作方式。其功能有：保护功能；时钟功能；负压控制；风量控制；温度控制；实时记录功能；手动控制；自动控制。

（三）标准操作规程（以 BGB-10C 型高效包衣机为例）

1. 操作前的准备　①合上总电源开关，关闭清洗盘排水阀门。②检查设备是否有故障记载并及时处理，严禁设备带病运行。安装打印纸，检查打印机。③控制柜内洁净压缩空气接搅拌气马达的分阀门后有油雾器，检查是否有油，并加注到位。④检查搅拌气马达压缩空气接头连接的硅胶管是否紧密，关闭搅拌气马达阀门。⑤检查搅拌保温罐吸料出口接头与蠕动泵入口接头之间的硅胶管是否连接紧密。⑥检查蠕动泵出口接头与喷枪辅料入口接头之间的硅胶管是否连接紧密。⑦检查接喷枪的压缩空气硅胶管连接是否紧密。⑧正确插上电加热保温罐和蠕动泵的电源插头（薄膜衣包衣辅料如不需要保温，可不用插加热搅拌保温罐的电源插头）。⑨打开洁净压缩空气总阀门，再打开接喷枪、接搅拌气马达的 3 个分阀门，调节气压，其中接搅拌气马达的气压应调到 0.63MPa 左右。⑩检查设备良好后，填写并更换设备运行状态标志牌。

2. 操作

（1）接通主机电源，进入系统监控画面的手动操作画面。

（2）预热包衣锅：转动包衣滚筒，使包衣滚筒转速为 4~6r/min；启动排风风机；启动热风风机；进入温度控制画面，设定进风温度为 80℃，点击"温关"键使之变成"温开"，热风机电磁阀打开，供给蒸气，按设定温度开始加热，包衣滚筒转动 2~3 分钟后，依次关闭热风、排风、匀浆。

（3）包衣辅料的准备：①根据包衣药片数量、生产工艺要求计算出辅料用量，并按规定配制。②将配制好的包衣辅料过 100 目筛（糖衣包衣辅料过 80 目筛），除去异物，将滤液加入到电加热保温罐中。如果是包糖衣，应先从加水器向保温夹套中加水至加水器 1/3 处，再加入包衣辅料，插上电源插头，设定温度下限值和温升范围。③逐步开启搅拌气马达的气阀门，使搅拌桨转速达到规定转速。

（4）打开观察窗，移出喷枪，加入预包衣药片后移入喷枪，关闭观察窗。

（5）预热药片，操作为：启动排风、热风；设定进风温度为 60℃；每隔 30 秒，点动翻转一次药片；预热 4~5 分钟，使药片表面温度达到 40~50℃；依次关闭热风、排风、匀浆。

（6）打开观察窗，将喷枪移出至锅外，点击"喷浆键"，再打开压缩空气，调整喷枪的雾化均匀度和浓度。将喷枪移入锅内,旋紧固定螺母,启动匀浆,调节转速,进一步精调喷枪的高度和角度。

(7)启动排风、热风,设定进风温度。启动喷浆,打开喷枪的压缩空气。包衣过程中,要时刻注意喷浆量、片芯干燥程度、锅内负压、喷枪的雾化情况,及时作出相应调整。

(8)喷浆结束后,关闭压缩空气,关闭喷浆,将温度设定在室温以下或关闭加热。将转速调至最低。待片芯温度冷却至室温后,关闭热风,关闭排风,关闭匀浆,打开观察窗,移出喷枪,安装出片装置,并确定安装正确。启动出片按钮,直至锅内药片出完为止。卸除出料装置。

3. 填写记录 填写设备清洁记录,设备运行记录。根据设备情况,更换设备状态标志牌。

4. 注意事项

(1)蠕动泵供液量应根据输出端对流量的要求,适当调整转速,使它符合流量的要求。调速时必须先开机后调速,蠕动泵电机未开时,绝对不能转动手轮,以防损坏机件。

(2)根据尘源的粉尘浓度,适当调整振打清灰的间隔期,使除尘器布袋得以清灰,一般每班清灰3~4次,每次振打30~40秒,应注意每锅包衣完成后,必须振打一次,振打时间以40秒为宜。

(四)清洁标准操作规程

1. 清洁实施的条件和频次

(1)一般清洗:同品种每批生产相邻两锅之间的清洗。

(2)彻底清洗:每班次、更换品种生产或停用3天以上时,清洗一次。

(3)初效空气过滤器每个月进行一次清洗;中效过滤器每季进行一次清洗;热风高效过滤器一般在初、中效过滤器清洗或更换仍达不到风量和洁净要求时,或风量为原风量的70%时,或出现无法修补时需更换。

(4)清洁剂与消毒剂:饮用水、纯化水、75%乙醇溶液。

2. 清洁方法

(1)一般清洗:①取下排风口,以清洁抹布、50~60℃饮用水清洗排风口壳体内、外表面,直到无任何残留物为止,再用纯化水淋洗3次至淋洗液成直线落下,风口表面洁净、光滑、无水珠附着、洗水澄明为止。②将滚筒转速调至低速,关闭清洗盘下的排水节流阀,注入50~60℃饮用水至漫过滚筒底部,清洗滚筒两次,每次10分钟(如有强黏附性残留物,可停机用清洁抹布擦洗)。排尽清洗水,再用饮用水冲洗滚筒,直到滚筒壁无任何残留物为止,然后以纯化水清洗筒壁3次,至洗出水澄明。

(2)彻底清洗:除按一般清洗外,还应作如下清洗:①把蠕动泵的吸液管插入50~60℃饮用水中,开启蠕动泵,把水吸入喷枪并从枪口流出,直到流出水无色、澄明为止。然后将吸入管插入纯化水中,开启蠕动泵,把水吸入喷枪并从枪口喷出,清洗3次,每次2分钟;②取下喷枪,用清洁抹布、尼龙毛刷、50~60℃饮用水将喷枪外表面及枪架清洗至无任何残留物为止,再用纯化水清洗至表面洁净、光滑;③清洗搅拌桶:用清洁抹布、50~60℃饮用水将搅拌桶内外表面,搅拌器表面清洗至无任何残留物为止,再用纯化水淋洗3次,至内外表面洁净、光滑;④用洁净抹布蘸饮用水擦洗主机外表面3次,至外表面无任何残留物,然后用纯化水、清洁抹布将外表面擦洗3次;⑤用蘸有75%乙醇的洁净抹布擦洗电器部分3次,直到表面无任何残留物,洁净、光滑;⑥清理现场,待检查合格后挂上设备清洁合格状态标志,并填写清洁记录。

（3）热风机的清洗：①按规定程序将过滤器拆下，在清洗间拍打过滤器以除去外表灰尘，然后以清洗溶液浸泡15分钟后反复搓洗（一般需进行3~4次），再以饮用水反复搓洗至洗出水清洁；②清洗合格后，用甩干机甩干水分，然后放入烘箱中低温烘干，用臭氧灭菌后使用；③将过滤器重新安装后使用；④按规定程序取出排风除尘袋，用50~60℃饮用水清洗，洗至表面清洁无任何残留物为止，再用纯化水洗至见布袋本色为止，烘干备用。

3. 注意事项 开始生产前要确保直接接触药品的部件消毒（用洁净抹布蘸75%乙醇擦拭消毒）。不得以乙醇、丙酮等有机溶剂擦洗主机操作面板。电器部分不得直接用水冲洗，要用清洁抹布、75%乙醇擦洗，直到表面无残留物、洁净光滑。严禁冲洗强电部分。清洁后注意设备的保护，对清洗的设备和部件，按规定的贮存条件进行贮存，并防止交叉污染。

（五）维护保养标准操作规程

1. 机器润滑

（1）润滑前的准备：①技术准备：设备运行记录、设备润滑记录；②物资准备：润滑用材料及工具。

（2）润滑周期：①一般机件每运行3天加32#机油一次；②滚动轴承每3个月加1#钙基润滑脂；③减速机每工作12~18个月更换一次润滑脂（二硫化钼润滑脂）；④振打清灰电机偏心套轴承每6个月加注黄油；⑤蠕动泵定期更换牵引液（40#、50#牵引液）。

2. 机器保养

（1）保养周期：①电动机每月检查一次；②每班使用后，对机器整体检查一次。

（2）保养内容

1）主控系统电气保养：①整套电气设备，每操作50小时后需进行一次检查，PLC的"BATT. V"灯亮后，1周内必须更换锂电池。②正常情况下锂电池应每隔两年更换一次，更换电池时与设备厂家联系，不要随意更换，以免程序丢失；系统中主要元件，如接触器、继电器、PLC均采用导轨式或插件式安装，在每次检修时，视情况更换有关继电器、接触器并定期调整热继电器，定期用干布擦净光电转换器探头。

2）主控系统电气维修：系统采用PLC控制，电气线路简单明了，维修方便。常见故障及检查方法见表13-4。

3）主机减速机维修：减速机出厂时已加入二硫化钼润滑脂。一般每工作半年应检查一次，每工作12~18个月更换一次润滑脂。

4）热风机维护、保养：①各过滤器一般应结合清灰同时进行检查，如发现损坏须及时修补或更换；②根据实际情况，定期清灰或更换过滤器，一般规定初、中效过滤器每季一次，高效过滤器半年一次；③热风机内的风机在正常使用中，应视情况进行定期检查维修，检查螺栓是否松动，叶片油漆是否剥落，电线表皮是否损坏；④操作中注意风机在运转中有无异常响声、振动和松动以及电流过大等现象，并及时维修和排除；⑤热风机在长期停用后再重新使用时，必须对热风机内部的风机进行全面检查，各连接部分是否牢固可靠，并经试运转后，方可正式使用。

表 13-4 常见故障及检查方法

常见故障	检查方法
单个电机不运转,其余正常	①检查相应的继电器和接触器 ②检查热继电器是否已动作,动作后蜂鸣器会发出不间断的报警信号,直至故障解除
所有电机均不运转	①空气开关是否合上 ②电源进线是否接妥 ③在以上两点均正常情况下,应检查 PLC 的工作状态,正常状态 PLC 工作指示灯应是:POEWER 灯亮;RUN 灯亮;BATT. V 灯灭;PRO-E 灯灭 ④如果与上述情况不一致,请按下列要点检查:POWER 灯灭,电源 220V 未接好;RUN 灯灭,面板与 PLC 间的联结电缆接头未插或脱落,打开面板检查;BATT. V 灯闪亮,调换电池;PRO-E 灯闪亮,关电源后重新开,如果未变,则程序已失掉,请与生产厂家联系,此情况一般是由于电池失效或更换电池方法不妥引起。以上三点若均正常,则请检查继电器、接触器线圈上的电源线
测温偏差很大	检查探头安装情况以及连接线,同时检查电流电压是否正常
转速不准	①检查光电开关位置是否正常 ②检查光电转盘的孔内是否有异物

5)排风机维护与保养:扁布袋过滤器应定期检查磨损情况,如发现损坏需及时修补或更换布袋;根据实际情况定期清洗布袋,在使用中如振打电机清灰后风流量还达不到要求时,就应考虑清洗布袋。清洗或更换时,只需将过滤器部件的 4 个紧固螺母旋松即可抽出;重新安装时要注意过滤器部件与风机部件之间的密封(两部件之间有密封填料黏合);一般隔 6 个月,将振打清灰电机罩拆下,对偏心套轴承加注黄油,并检查橡胶密封膜是否损坏,若已损坏应更换;在风机的开车、停车或运转过程中,如发现不正常现象时,应立即进行停机检查。对检查发现的小故障,应及时查明原因,设法消除或处理,如小故障不能消除或发现大故障时,应立即进行检修;每次检修后应更换润滑油;风机在检修后开动时,需注意风机各部位是否正常,只有在正常时,方可正式使用。一般故障、产生原因及排除方法见表 13-5。

表 13-5 排风机故障、产生原因及排除方法

故障	产生原因	排除方法
风量小	①检修门、出灰门关闭不严 ②连接系统漏风 ③布袋阻力太大	①关紧检修门,出灰门 ②密封连接系统 ③启动清灰机,振打布袋,必要时清洗布袋
净化效果差	①滤袋与风机连接不密封 ②布袋损坏	①检查密封垫料是否损坏,损坏的应更换 ②调换布袋

6)蠕动泵无级变速机维护保养:①无级变速机和减速机应分别加入指定的润滑油;②无级变速机工作环境的温度不得超过 40℃,工作油温表面不得超过 80℃;③无级变速机必须在开机的情况下方可调速,否则将损坏机件;④无级变速机在出厂时,调速限位螺钉已经调整在极限位置,

不得任意调整,以免损坏机件;⑤无级变速机不宜长时间停留在某一个固定速度使用;⑥如果更换电机,应保留原装有油封的电机法兰,以免润滑油流入电机;⑦无级变速机所用的润滑油必须定期更换。

点滴积累 ∨

1. 高效包衣机主要由主机、热风柜、排风柜,计算机可编程控制器(PLC)、有气喷嘴装置、送液装置、薄膜溶液供液桶和出料装置等部件组成。

2. 设备运行时,被包衣的片芯在包衣滚筒内作连续复杂的轨迹运动。按输入的工序顺序和工艺参数,使包衣介质经过蠕动泵和有气喷枪(或滴管)自动地喷洒(或滴流)在片芯表面,热风柜按设定的程序和温度向片床供给洁净的热风对药片进行干燥,热风穿过片芯从底部筛孔,经排风柜把废气排出,使片芯表面快速形成坚固、细密、光滑圆整的表面薄膜。

目标检测

一、选择题

（一）单项选择题

1. 使用摇摆式颗粒机,应定期检查机件,频率为（　　）

　　A. 半年一次　　　　　　　B. 一年一次　　　　　　C. 每周一次　　　　　　D. 每月一次

2. 使用高速混合制粒机制粒时,消耗的黏合剂比传统工艺减少（　　）

　　A. 50%　　　　　　　　　B. 40%　　　　　　　　C. 25%　　　　　　　　D. 35%

3. 荸荠型包衣机不能用于（　　）

　　A. 包衣　　　　　　　　　B. 滚制　　　　　　　　C. 包装　　　　　　　　D. 打光

4. 旋转式压片机用（　　）装置调节片剂重量

　　A. 上下轨道　　　　　　　B. 上压轮　　　　　　　C. 下压轮　　　　　　　D. 填充调节

5. ZP35 压片机的转盘中模孔数（　　）孔,最大压片直径（　　）mm

　　A. 19;Φ12　　　　　　　B. 19;Φ15　　　　　　C. 35;Φ13　　　　　　D. 35;Φ15

6. 有关旋转式压片机压制部分叙述错误的是（　　）

　　A. 压制部分包括具有三层结构的转盘

　　B. 转盘又称转台

　　C. 压片机一副冲模由上冲头、下冲头组成

　　D. 调节上、下冲杆运动的机构由导轨装置完成

7. 全自动压片机的片重自动控制装置自动测定每个片剂的（　　）

　　A. 压力、厚度、硬度　　　　　　　　　　　B. 含量、压力、硬度

　　C. 重量、厚度、硬度　　　　　　　　　　　D. 重量、压力、硬度

8. 18~45 冲中型高速全自动压片机,生产能力为( )片/小时

　A. 5 万~10 万　　　　　B. 10 万~20 万　　　　　C. 20 万~50 万　　　　　D. 1 万~2 万

9. 下列叙述错误的是( )

　A. 旋转式压片机又称多冲压片机

　B. 旋转式压片机压片过程是加料→填充→压片→出片

　C. 单压指转盘旋转一周只充填、压缩、出片各一次

　D. 转盘由上、下冲模等铸件构成

10. 下列不属于高效包衣机组及相关设施的是( )

　A. 热风柜　　　　　B. 排风柜　　　　　C. 喷枪总成　　　　　D. 真空泵

(二) 多项选择题

1. 有关制粒叙述正确的是( )

　A. 制粒几乎与所有固体制剂有关　　　B. 胶囊剂中的药物可制成颗粒

　C. 颗粒是片剂生产中的中间体　　　D. 制粒可改善粉末的流动性

　E. 制粒会对产品的功效有影响

2. 摇摆式颗粒机维护与保养叙述错误的是( )

　A. 安放平稳　　　　　B. 应定期加油

　C. 应定期检查机件,每年 1 次　　　D. 经常保持机器清洁

　E. 应经常观察润滑系统是否堵塞

3. 流化喷雾制粒机的优点是( )

　A. 将混合、制粒、干燥一套设备完成

　B. 节省时间和劳力

　C. 颗粒粒度均匀

　D. 流动性、压缩成型性好

　E. 复方制剂各成分密度差异较大时,在流化时可能分离

4. 旋转式压片机构造一般包括( )

　A. 动力及传动部分　　　B. 加料部分　　　C. 压制部分

　D. 吸粉部分　　　E. 计算机控制部分

5. 旋转式压片机压片时需经过( )压片过程

　A. 加料　　　　　B. 装模圈　　　　　C. 压片

　D. 推片　　　　　E. 吸粉

6. 全自动压片机的主要控制系统有( )及安全装置等

　A. 压力的自动控制装置　　　B. 片重的自动控制装置

　C. 记忆自动操作系统　　　D. 定量加料装置

　E. 远距离控制装置

7. 包衣机的类型有( )

A. 高效包衣机   B. 自动流化床包衣设备

C. 荸荠型包衣机   D. 空气悬浮包衣机

E. 抛光机

二、简答题

1. 简述摇摆式颗粒机的主要构造及维护保养方法。

2. 简述流化喷雾制粒机的工作原理和操作方法。

3. 压片机由哪几个关键部件组成？说明其用途。

4. 简述旋转式压片机的操作使用方法和维护保养方法。

5. 全自动高速压片机的主要结构包括哪些部件？

6. 简述高效包衣机的操作使用与维护保养方法。

实训十一　摇摆式颗粒机操作实践

【实训目的】

1. 熟练掌握摇摆式颗粒机的结构、工作原理。

2. 学会摇摆式颗粒机的操作和设备清洁、消毒以及维护保养操作。

【实训内容】

1. 摇摆式颗粒机的结构、工作原理。

2. 摇摆式颗粒机的标准化操作规程。

3. 摇摆式颗粒机的清洁标准操作规程和维护保养标准操作规程。

【实训步骤】

1. 实践前认真复习项目十三任务一所讲的相关内容，做好实践前的各项准备。

2. 观察摇摆式颗粒机的结构、工作原理。

3. 摇摆式颗粒机的操作。

4. 摇摆式颗粒机的清洁与维护保养。

【实训思考题】

1. 常用颗粒生产设备有哪些？其结构、原理是什么？

2. 怎样操作摇摆式颗粒机？如何拆装筛网？

3. 怎样清洁、消毒颗粒机？怎样维护保养摇摆式颗粒机？

【实训测试】

实训技能考核要点见附录二。

实训十二　旋转式压片机操作实践

【实训目的】

1. 掌握旋转式压片机的结构、工作原理。

2. 学会旋转式压片机的操作和设备清洁以及维护保养。

【实训内容】

1. 旋转式压片机的结构、工作原理。

2. 旋转式压片机的标准化操作规程。

3. 旋转式压片机的清洁标准操作规程和维护保养标准操作规程。

【实训步骤】

1. 实践前认真复习项目十三任务二所讲的内容,做好实践前的各项准备。

2. 观察旋转式压片机的结构、工作原理。

3. 旋转式压片机的操作。

4. 旋转式压片机的清洁与维护保养。

【实训思考题】

1. 叙述旋转式压片机的结构、工作原理。

2. 怎样操作旋转式压片机?

3. 怎样清洁旋转式压片机? 怎样维护保养旋转式压片机?

【实训测试】

实训技能考核要点见附录二。

实训十三　高效包衣机操作实践

【实训目的】

1. 掌握高效包衣机的结构、工作原理。

2. 学会高效包衣机的操作和设备清洁、消毒操作以及维护保养操作。

【实训内容】

1. 高效包衣机的结构、工作原理。

2. 高效包衣机的标准化操作规程。

3. 高效包衣机的清洁标准操作规程和维护保养标准操作规程。

【实训步骤】

1. 实践前认真复习项目十三任务三所讲的内容,做好实践前的各项准备。

2. 观察高效包衣机的结构、工作原理。

3. 高效包衣机的操作。

4. 高效包衣机的清洁与维护保养。

【实训思考题】

1. 叙述高效包衣机的结构、工作原理。

2. 怎样操作高效包衣机?

3. 怎样清洁高效包衣机? 怎样维护保养高效包衣机?

【实训测试】

实训技能考核要点见附录二。

（吴　迪）

模块五

液体制剂生产设备

项目十四

口服液体制剂生产设备

项目十四PPT

导学情景 ∨

情景描述：

同学们都应该看过藿香正气口服液的广告，你们知道藿香正气口服液和藿香正气水有什么区别吗？ 同学们知道常见的口服液体制剂有哪些种类，是用什么设备生产出来的吗？

学前导语：

中药口服液体制剂的生产制备过程包括：药材中有效成分的提取，浓缩精制后配液、过滤至澄清，将药液灌封于口服液瓶中，灭菌、检漏、贴签、装盒、外包装。 主要生产设备有洗瓶机、隧道式远红外线干燥灭菌机、中药多功能提取罐、配液罐、直线式（回转式）灌封机，全自动贴签机等。

口服液体制剂系指药物以分子、离子、微粒或小液滴状态分散在分散介质中制成的供口服的液体制剂。按给药剂量可分为多剂量和单剂量两种。按照原料药物的溶解性可分为口服溶液剂、口服混悬剂、口服乳剂，按照制备方式的不同还有糖浆剂、合剂、煎膏剂等类型。中药口服液体制剂多以中药材（饮片）提取、精制、灌封、包装制成。口服液体制剂部分主要包括洗瓶、灌封、贴签设备以及糖浆剂的生产设备等。

扫一扫，知重点

任务 14-1 口服液生产设备

一、口服液洗瓶设备

口服液瓶在灌装药液前必须清洗、干燥和灭菌。根据清洗的原理不同，可分为高压反冲式甩水洗瓶机和超声波洗瓶机。根据口服液瓶进入设备的方式不同，又分为直线式超声波洗瓶机和转盘式超声波洗瓶机。

（一）高压反冲式甩水洗瓶机

1. 结构 如图 14-1 所示，主要由冲水机构、转笼、排水沟、变频器及电机组成。

2. 工作原理 将待洗口服液瓶开口朝上整齐紧密地排列在铝框中，将铝框安放在转笼的旋转架上，转笼中每次可放四个铝框，安放时注意对称。将进水阀门打开，启动电机，电机在变频器的控制下先慢速运行进行冲洗，冲洗压力为 0.2~0.3MPa，水速为 2~3.6m/s，冲洗时长约 90 秒。待冲洗结束后变频器控制电机使转笼高速旋转,将瓶中的余水及杂质甩出,脱水甩干。粗洗结束后可切换进水阀用纯化水进行精洗。

3. 主要特点　清洗过程全密闭,清洗和甩水在一台设备中完成,减少了中间环节的污染,符合GMP 要求,是适应性很广的洗瓶设备。可用于清洗 5~10ml 的玻璃瓶,生产效率较高,清洗 5ml 的口服液瓶的产量大约是 15000 瓶/小时。

(二) 直线式超声波洗瓶机

1. 结构　如图 14-2 所示,主要由进瓶机构、直线翻瓶轨道、出瓶机构、机械传动系统及水槽等组成。

图 14-1　高压反冲式
甩水洗瓶机实物图

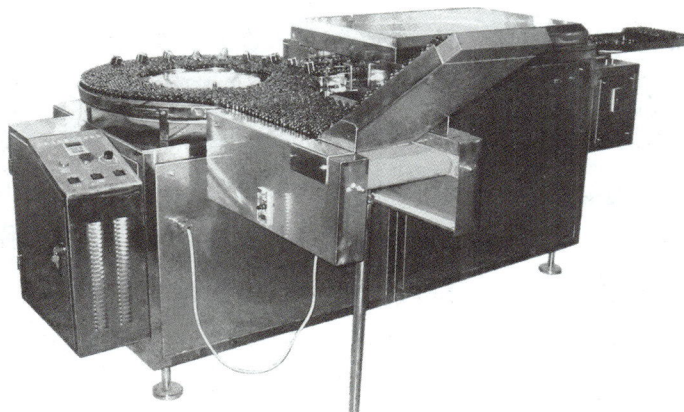

图 14-2　直线式超声波洗瓶机

2. 工作原理　清洗液体在超声波换能器发出的高频机械振荡(20~40Hz)作用下流动,产生大量非稳态微小气泡。由于超声波的作用,气泡会进行生长闭合运动,产生超过 1000MPa 的瞬间高压,这种强大的能量会连续不断冲击口服液瓶的内外表面,使污垢迅速剥离。

清洗时,将待清洗的口服液瓶开口朝上置于转盘中,随转盘的运动在拨瓶轮的推动下进入洗瓶轨道,依次通过水槽的进瓶段、超声波段、倒冲水气段、出瓶段,沿直线轨道完成清洗,即送瓶→进水→超声→瓶口翻转 180°→倒冲水气→瓶口转回 180°→出瓶。

3. 主要特点　主要适用于清洗 10~30ml 玻璃瓶,生产效率较高,能达到 4800~7200 瓶/小时。

(三) 转盘式超声波洗瓶机

1. 结构　如图 14-3 所示,主要由直流电机、控制器、超声波换能器、转盘、水箱、水泵及过滤器等组成。

2. 工作原理　将待清洗的玻璃瓶开口朝上置于料槽中,受重力作用的影响玻璃瓶向下滑动,途经料槽上方的淋水器时被注满循环水。注满水的玻璃瓶继续下滑至水箱中,浸没于液面以下。水受

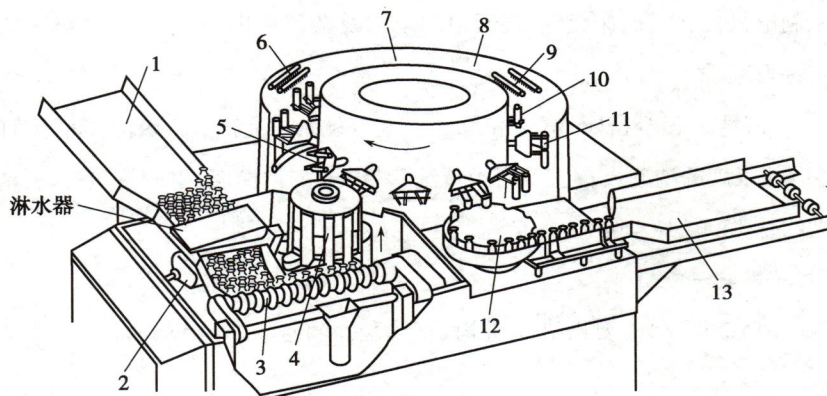

图 14-3　转盘式超声波洗瓶机
1. 料槽;2. 超声波换能器;3. 送瓶螺杆;4. 提升轮;5. 翻瓶工位;
6,7,9. 为喷水工位;8,10,11. 为喷气工位;12. 拨盘;13. 滑道

到超声波的振动,在玻璃瓶的内外表面产生"空化"作用,剥离脱落污垢而进行粗洗。送瓶螺杆将粗洗后的玻璃瓶理齐后逐个送入提升轮中的送瓶器。送瓶器在旋转滑道的带动下做匀速回转的同时,受固定凸轮的作用进行升降运动。随旋转滑道转到一周,送瓶器依次完成接瓶、上升、交瓶、下降的周期动作。玻璃瓶会被提升轮依次送入大转盘圆周上均匀分布着的 13 个机械手中。当机械手在位置 5 的时候受翻转凸轮的控制将翻转 180°,这时瓶口朝下受到水、气的冲洗。其中,位置 6、7、9 喷循环水和纯化水,位置 8、10、11 喷压缩空气,玻璃瓶旋转一周后完成了三水、三气的内外洗涤。洗净后的玻璃瓶在机械手的作用下再翻转瓶口朝上,由拨瓶盘拨出,从出瓶滑道 13 进入灭菌干燥工序。

3. 主要特点　适用于清洗 10~30ml 玻璃瓶,生产效率高,根据瓶子容量大小不同,每小时大约能洗瓶 7800~15000 支。

知识链接

不同材质的口服液瓶

目前市面上的口服液瓶按材质可分为两种,一种是玻璃管制瓶,另一种是塑料瓶。

1. 玻璃管制瓶　玻璃材质一般不易与药物发生化学反应,故市场占有率最高。缺点是在使用时,患者撕拉铝盖拉舌的过程中,拉舌有时会断裂,不便打开瓶盖。另外,由于采用的是胶塞和铝盖包装,在封口时容易出现封盖不严的情况,使药品在贮存期内的质量稳定性受到影响。

2. 塑料瓶　是以塑料薄片卷材为包装材料,经过热压成型、灌封、切割而成的产品。优点在于成本较低,不易碎,服用方便。缺点是塑料有一定的透气透水性,且不耐热,产品不易灭菌。

---

4. 标准操作规程

(1)开机前检查:①检查设备的清洁情况;②检查设备是否挂有合格待用的状态标志;③检查机器各部件是否正常,有无损坏或松动现象;④检查减速箱内油量、水、气供应是否符合要求。

(2)开机试运行:①过滤器罩内装入洁净滤芯,紧固滤罩及各管路接头;②将超声波清洗箱溢水管、储水箱溢水管插好,检查密封圈的完整性;③打开超声波清洗箱的纯化水阀门进行注水,超声波清洗箱被注满水后会自动溢入储水箱内,待储水箱满后关闭阀门。

（3）正常操作:①打开主开关,接通主电源,电源指示灯亮。操作面板上按下"加热"按钮,储水箱开始加热至水温 50~60℃,保持恒定。②调节纯化水压力在 0.2~0.3MPa 之间,压缩空气过滤器前调压器的压力为 0.3MPa。③按下"循环水泵"按钮,打开循环水过滤罩顶上的排气阀,排气。储水箱水位随水泵启动而下降,需打开注射用水阀门使储水箱、超声波水箱补满水。打开循环水控制阀,调节压力在 0.2~0.3MPa 之间。④打开喷淋水控制阀,使阀门保持适当开度,以能将空瓶注满水为准。⑤按下"超声波"按钮,启动超声波;同时按下"输瓶电机"按钮,输瓶网带开始运行。⑥先将"调速旋钮"旋至最小,待运行后,根据容器规格再设定主机速度与其相适应。⑦待运行正常后,按下"自动运行"按钮,设备进入自动运行状态。⑧关机顺序为:主机停止→水箱加热停止→关水泵→关超声波→输瓶网带停止→关闭压缩空气及纯化水供给阀→关闭主电源开关。

5. 清洁、消毒标准操作规程

（1）清洁频度:①每批生产结束后;②生产前、生产后清洁、消毒;③设备维修后必须彻底清洁、消毒。

（2）清洁工具:洁净不抽丝布、毛刷、清洁盆等。

（3）清洁剂与消毒剂:饮用水、纯化水、75%乙醇。

（4）清洁方法:将水槽水放净,清除洗瓶过程中产生的碎瓶和残留物,然后用无尘抹布蘸纯化水拧干擦洗瓶机、超声波发生器和水泵、储水箱、管道的内外表面至干净,再用蘸有 75%乙醇的洁净布擦拭消毒。

（5）清洗效果评价:整机外观光洁。用洁净的白色抹布擦拭设备的各部分,抹布上无色斑、污点、无残留物痕迹。

6. 维护保养标准操作规程　①操作者必须遵守标准操作规程;②指定专人对本机进行维护保养;③每班使用后对机器整体检查一次,机件每个月检查一次;④设备工作完毕,对其工作场地及设备进行彻底清场;⑤按使用说明书对设备的传动部位进行加油润滑;⑥每周检查电磁阀动作、各气缸动作,是否漏气或迟滞。检查超声波发生器接地良好;⑦超声波发生器、加热器严禁无水时启动,水泵禁止长时间干运转;⑧检查过滤器出口压力与表压,相差 0.1MPa 时,更换滤芯。

7. 常见故障、产生原因及排除方法　见表 14-1。

表 14-1　常见故障、产生原因及排除方法

常见故障	产生原因	排除办法
操作面板显示超声波过载	①超声波故障 ②未打开超声波发生器开关	①检修超声波发生装置 ②打开开关
洗瓶不够洁净	①纯化水压力不够 ②压缩空气压力不够 ③滤芯破损或堵塞 ④超声波故障	①调节纯化水压力 ②调节压缩空气压力 ③更换滤芯 ④检修超声波

续表

常见故障	产生原因	排除办法
水槽内掉瓶	①进瓶阻力大 ②超声波太强 ③圆弧栏栅间隙大 ④夹子未打开或收不拢	①调整进瓶弹片 ②调弱超声波 ③调整间隙 ④调整机械手摆臂
出瓶破瓶	①出瓶栏栅与拨轮间隙过小 ②机械手与进瓶器交接不准	①调整出瓶栏栅与拨轮的距离 ②调整机械手夹头与进瓶器的对正位置
进瓶倒瓶	①喷淋水槽位置过低 ②超声波过强 ③底面不平	①调整喷淋水槽的位置高度 ②调弱超声波 ③校平各接口处

二、口服液灌封设备

口服液生产过程中主要的设备是灌封设备,由输瓶机构、液体灌注机构和加盖封口机构组成。输瓶机构可将口服液瓶定量、定向、定时地输送至对应的工位,通常采用绞龙(螺旋输送)推进机构。液体灌注机构多采用常压灌注即依靠液体的自重向下流动,可通过阀式、量杯式、等分圆槽等计量器完成定量灌注。加盖封口机构包括供盖系统和轧盖系统,供盖系统将瓶盖正确的放在口服液瓶开口处,轧盖系统的三把轧盖刀旋转轧盖使瓶盖轧紧。

根据口服液瓶在设备中运行的路线不同,可将灌封机分为直线式灌封机和回转式灌封机两种。

(一)直线式口服液灌装轧盖机

1. 结构 如图 14-4 所示,主要由机身、送瓶机构、灌装机构、拨轮机构、供盖机构、轧盖机构、出瓶轨道、跟踪灌装机构、传动机构等组成。

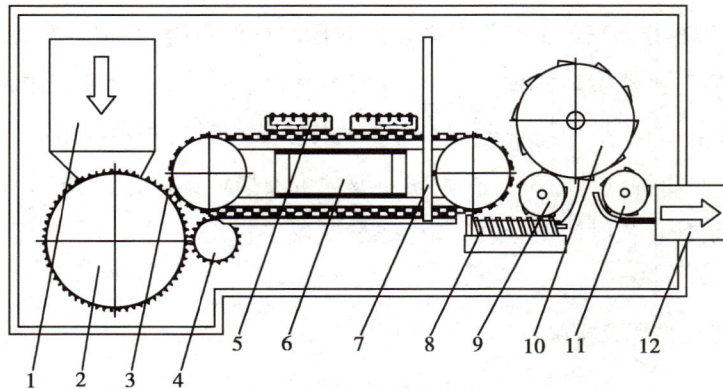

图 14-4 口服液灌装轧盖机
1. 进瓶轨道;2. 进瓶大拨轮;3. 同步带输瓶机构;4. 过渡拨轮;5. 灌装机构;
6. 跟踪灌装机构;7. 落盖轨道;8. 过渡绞龙;9. 进瓶拨轮;10. 轧盖机构;11. 出瓶拨轮;12. 出瓶盘

2. 工作原理 经过洗涤、灭菌、干燥、冷却后的口服液瓶送入设备的进瓶料斗中,药瓶沿进瓶轨道匀速向前直线运动。当药瓶运动至灌针下方时,直线排列的灌针将药液喷入瓶中,为了有效避免液体泡沫溢出瓶口,灌装过程分两次完成。设备有无瓶感应装置,没有药瓶时会自动停止灌装。灌装后的药瓶随轨道继续前行至上盖工位,由电磁振荡器自动送盖,将瓶盖扣在瓶口上。有盖的药瓶继续前行至轧盖工位,已经张开的三把轧刀会以药瓶为中心,在凸轮的控制下压住盖子,在锥套的作用下三把轧刀同时向盖子轧来,轧盖封口后,立即离开盖子,回到原位,随后轧好盖的药瓶从出瓶轨道进入周转盘中。

3. **主要特点**　主要适用于 5～30ml 的玻璃瓶灌封,产量较高,大约每小时可灌封 3500～4000 瓶。

(二)回转式口服液灌轧机

1. **结构**　如图 14-5 所示,主要由自动送瓶机构、灌液机构、输盖机构、轧盖封口机构、传动机构五部分组成。

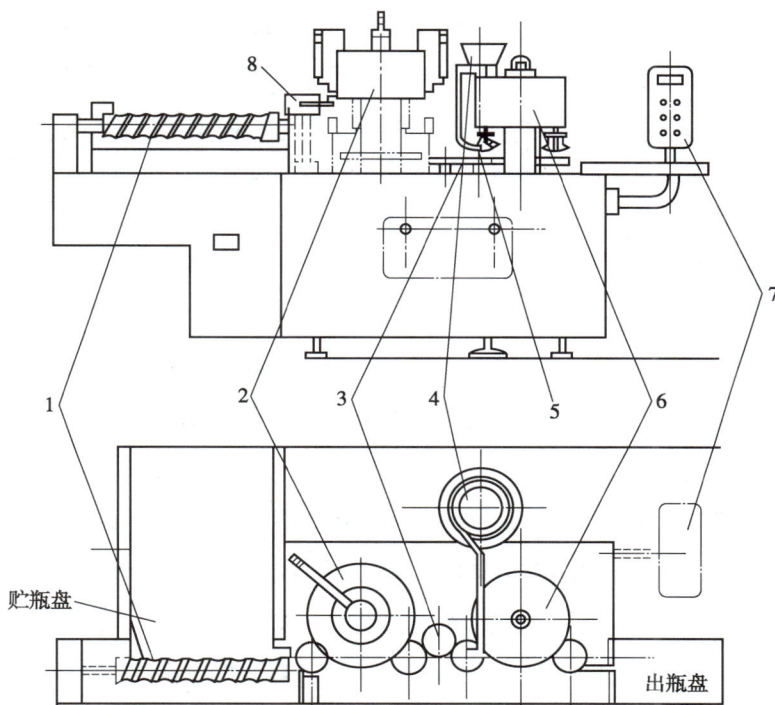

图 14-5　回转式口服液灌轧机
1. 绞龙送瓶机构;2. 贮液槽;3. 拨瓶轮组;4. 输盖机构;
5. 下盖口;6. 轧盖封口机构;7. 操作面板;8. 控制无瓶

(1)送瓶机构:主要由进瓶带、绞龙送瓶机构组成。送瓶速度可调,也可单独启、停,并可在不停机的情况下完成加瓶操作。

(2)灌装药液机构:主要由灌装转盘、灌装针头、储液槽、计量泵、无瓶感应机构组成。口服液瓶在进瓶拨轮的推动下到达灌装头的转盘上,通过上定位盘和下定位盘完成定位。当瓶子转到定位板时,凸轮控制下的灌针迅速插入瓶口内,同时计量泵开始灌注药液(泵另一端同时吸取药液),待灌注完毕,灌针快速上升离开瓶口。转盘转一圈计量泵完成一个吸灌周期,实现连续灌装。若缺瓶,则由探瓶挡板发出无瓶信号,电磁铁控制计量泵停止灌注,实现无瓶不灌药液的自动控制。

(3)输盖机构:由输盖轨道、理盖机构、戴盖机构组成。理盖机构采用电磁螺旋振荡原理将杂乱的盖子理好排队,经换向轨道进入输瓶轨道再进入戴盖机构,由口服液瓶挂着盖子经压盖板,使盖子戴好。

（4）轧盖封口机构：由轧盖头、转盘、三把轧刀组成。瓶子进入轧盖转盘,三把轧刀以瓶子为中心随转盘向前移动,在凸轮的控制下,压盖头压住盖子,三把轧刀在锥套作用下,同时向盖子轧来,轧好后离开回到原位。

2. 工作原理 输送带将灭菌干燥后的口服液瓶送入拨瓶盘,瓶子在拨瓶盘的控制下逐个被拨进灌装转盘。当瓶子转到定位板时,灌针插入瓶内,计量泵开始灌注药液,灌装完毕,灌针快速抬起。计量泵则继续吸取药液准备下次灌注,即转盘转一圈,计量泵完成一个吸灌周期。灌好药液的瓶子接着进入轧盖机构。先由送盖机构戴上盖子,然后进入轧盖头转盘,由三爪三刀组成的机械手以瓶子为中心,随转盘向前移动（同时机械手本身也自转）,压盖头压住盖子,三把轧刀在锥套的作用下同时轧盖,轧好后离开盖子回到原位,轧好盖的口服液瓶沿出瓶轨道到达出瓶盘上。缺瓶时,探瓶挡板会发出无瓶信号,电磁铁控制计量泵停止灌注,实现无瓶不灌药液的自动控制。

3. 主要特点 具有无瓶不灌液、无瓶不戴盖等保护功能。采用多个计量泵、多个灌装头进行灌装,生产效率高。采用无级变频调速,保证灌装与轧盖封口步调一致。

三、口服液贴签设备

灌封好的口服液瓶必须贴上标签,注明生产日期、有效期、生产批号等重要信息。因此,贴签设备也是口服液生产环节中必不可少的设备。贴签设备种类繁多,主要分类如下：

（1）根据贴签方式不同有：圆瓶贴签机、平面贴签机、侧面贴签机。

（2）根据所用标签的材质不同有：不干胶贴签机、浆糊贴签机、热熔胶贴签机。

（3）根据生产的自动化程度不同有：手动贴签机、半自动贴签机、全自动贴签机。

（4）根据贴签原理不同有：吸贴式标签机、滚贴式标签机、刷贴式标签机。

目前,在口服液生产中应用最广泛的是全自动圆瓶贴签机。

1. 结构 如图 14-6 所示,主要由供料机构、输送机构、收料机构、放标机构、覆签机构、贴签头、触摸屏、电箱、打码机等组成。其中贴签部分的结构,如图 14-7 所示。

2. 工作原理 拨瓶轮将瓶子分开,依次送到传送带上,瓶子随传送带向前运动经过传感器时,传感器将信号发送给贴签控制系统,接着控制系统操控相应电机送出标签,由于装置上的卷筒标签呈绷紧状态,当底衬纸紧贴剥签板改变方向运行时,具有一定坚挺度的标签材料前端被强迫脱离、准备贴签,此时瓶子正好在标签下方,标签受到压签机构的作用力而贴附在待贴签位置上,当瓶子运动至覆签装置时,瓶子在覆签带带动下转动,标签被滚覆,完成标签的贴附。

3. 主要特点 贴签过程清洁卫生、标签不发霉。贴签牢固、美观,不会自行脱落,生产效率高。主要适用于固体胶瓶、口服液瓶等。

4. 标准操作规程

（1）开机前准备：①检查设备的清洁情况；②检查设备是否挂有合格待用的状态标志；③检查机器各部件是否正常,有无损坏或松动现象；④检查设备是否需要上润滑油；⑤根据生产需要安装好大小合适的标签卷。

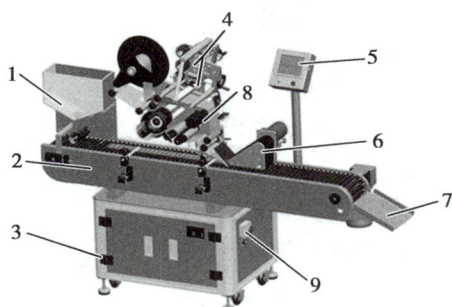

图 14-6　全自动圆瓶贴签机
1. 进料机构；2. 输送机构；3. 电箱；4. 打码机；5. 触控屏；6. 覆签机构；7. 收料机构；8. 放标机构；9. 电源开关

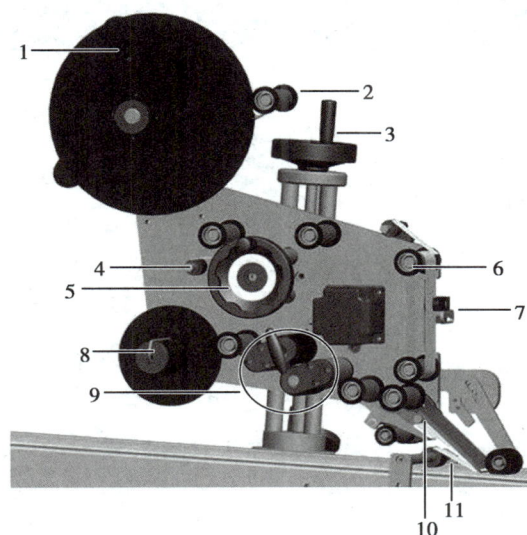

图 14-7　全自动圆瓶贴签机贴签部分结构图
1. 料盘；2. 刹车；3. 纵向调整装置；4. 标签压紧装置；5. 横向调整装置；6. 滚筒；7. 电眼架；8. 收料；9. 牵引装置；10. 压签机构；11. 剥签板

（2）正常操作：①接通设备电源、气源，同时设定温控表温度；②进入操作界面后，先进入参数设置界面，设定相关参数；③设定完毕后点击"运行"按钮，设备开始工作；④生产结束后，关闭电源与气源。

5. 清洁、消毒标准操作规程

（1）清洁频度：①每批生产结束后；②连续生产每个班次结束后；③生产前、生产后清洁、消毒；④设备维修后必须彻底清洁、消毒。

（2）清洁工具：洁净不抽丝布、毛刷、清洁盆等。

（3）清洁剂与消毒剂：饮用水、纯化水、75%乙醇。

（4）清洁方法：经常清洁打码机打印铜字，从而保证打印字体清晰。卷标带、传送带等部件粘贴标签时，用酒精擦拭即可去除，禁止用利器刮除。外露表面不加任何润滑油或润滑脂，以免污染药物及产品。

（5）清洗效果评价：整机外观光洁。用洁净的白色抹布擦拭设备的各部分，抹布上无色斑、污点、无残留物痕迹。

6. 维护保养标准操作规程　①贴签带、转台周边部位、电源线、急停按钮等的检查及各项清洁工作要求每班必做；②每周应检查一次传送带、接地线，每半年检修一次机内的各光电开关，每年检修一次电机；③卷标带、同步带、橡胶垫板等易损耗部件，需及时更换。

7. 常见故障、产生原因及排除方法　见表 14-2。

表 14-2　常见故障、产生原因及排除方法

常见故障	产生原因	排除办法
机器不启动	电源线未连好	①检查电源连线 ②确定未按下"急停"按钮
贴签未在同一水平线,且偏向同一边	机器未放水平	调节地脚,使设备水平
打印字迹不清	①温度设定不当 ②打印头与打印橡胶垫的间隙太大 ③色带质量不好 ④打印机停留时间过短	①调高打印温度 ②调节间隙 ③更换优质色带 ④延长打印机停留时间
色带经常断裂	①打码机故障,导致色带卡住 ②打印机停留时间过长	①检查打码机 ②适当减少打印机停留时间
漏贴签现象	设备运行速度过快	降速

四、口服液洗、烘、灌封生产联动线

是指将生产过程中所要使用的洗瓶机、灭菌干燥机、灌装轧盖机、贴标签机等组合在一起的成套生产装备,完整地将口服液的生产过程(从口服液瓶的洗涤灭菌到灌封贴签)在联动线中按顺序完成。优点是可减少口服液生产过程中的污染概率,减轻操作工人的劳动强度,提高生产效率。

知识链接

口服液生产线的联动方式

1. **串联方式**　要求各单机的生产能力要匹配,缺点是若一台单机出现故障则会使全线停产。目前生产企业多采用串联方式,这种方式用于中等产量的口服液生产。

2. **分布式联动方式**　是将同一种工序的单机布置在一起,完成工序后产品集中起来,进入下道工序。这种方式的优点是能根据各单机的生产能力和需要进行调整,可避免因一台单机出故障而使全线停产,这种方式主要用于产量很大的口服液生产。

最常见的生产联动线是高速口服液洗、烘、灌封联动线。主要由超声波洗瓶机、隧道式干燥灭菌机及口服液灌封机组成,如图 14-8 所示。

口服液瓶由超声波洗瓶机入口处进入,经过清洗后被推入隧道式干燥灭菌机内,经高温干燥灭菌后输送到灌封机内完成口服液的灌装、封口,然后输送至贴签机进行贴签,打印产品批号等。

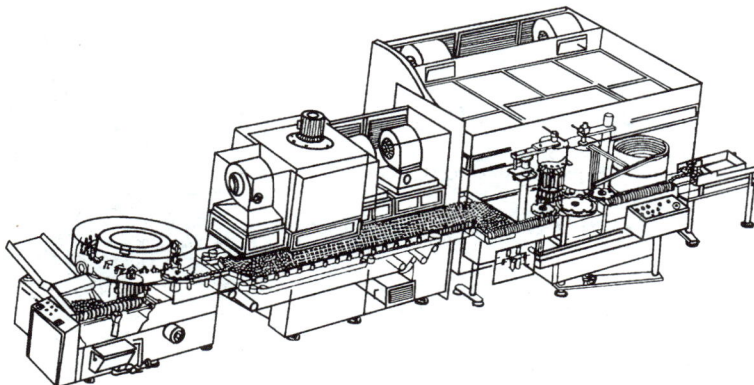

图 14-8　口服液生产联动线

点滴积累　∨

1. 直线式超声波洗瓶机主要由进瓶机构、直线翻瓶轨道、出瓶机构、机械传动系统及水槽等组成。

2. 灌封设备是口服液生产过程中主要设备，由输瓶机构、液体灌注机构和加盖封口机构组成。可分为直线式灌封机和回转式灌封机两种。

3. 高速口服液洗、烘、灌封联动线主要由超声波洗瓶机、隧道式干燥灭菌机及口服液灌封机组成，是最常见的生产联动线。

任务 14-2　糖浆剂生产设备

糖浆剂系指含有原料药物的浓蔗糖水溶液。一般采用溶解法和混合法来制备。根据溶解时的温度不同,溶解法又分热溶法和冷溶法。混合法是将药物或药材提取物与单糖浆混合来制备糖浆剂。

糖浆剂的生产过程主要包括容器的洗涤干燥、溶糖过滤、配液、灌装和贴签等工序。容器的洗涤干燥设备和贴签设备在前面已经介绍过,这里重点介绍溶糖过滤设备、配液设备以及糖浆剂的灌装设备。

(1)溶糖过滤:将药用蔗糖加入水中溶解制成糖浆,煮沸灭菌冷却过滤后送至相应工序备用的过程。所用的设备主要有溶糖锅、过滤器和冷却器。

(2)配液:向滤好的糖浆中加入处方中的各种药物混匀制成糖浆剂的过程。所用的设备主要有配液罐和过滤器。

(3)灌装:配制好的糖浆剂分装于容器内并加一封盖的过程。使用的设备主要有液体灌装封盖机、液体灌装机与旋盖机等。

一、溶糖锅

1. **结构**　主要由不锈钢夹层罐体、搅拌装置、安全阀、压力表、疏水阀、机架以及连接管件组成,如图 14-9 所示。

2. 工作原理 溶糖时先向罐体内通入纯化水，打开蒸气阀门，使蒸气进入罐体夹层内对纯化水加热，待温度达到要求后加入药用糖，同时开启搅拌装置，搅拌溶解。测定含糖量，达到要求后，将糖液过滤，冷却过滤备用。

3. 主要特点 采用蒸气夹层加热，可有效防止药用糖过热而发生转化。同时夹层既可通蒸气加热，也可通冷却水冷却。罐体底部呈 5° 倾斜，有利于彻底放净物料，无滞留。顶部中心搅拌装置的减速机输出轴与搅拌桨轴采用活套连接，方便拆装与清洗。

图 14-9 溶糖锅
1. 蒸汽入口；2. 电机（搅拌装置）；3. 安全阀；4. 压力表；5. 锅体；6. 夹套；7. 出料口；8. 冷凝水出口（疏水阀）

二、配液罐

1. 结构 如图 14-10 所示，包括不锈钢罐体、罐附件和搅拌器等。罐体又分内筒、外筒及夹层。内、外筒之间通常填充珍珠棉、岩棉或聚氨酯浇注发泡来保温。夹层是整体夹层，可通入蒸气加热或冷却水降温。罐体顶部有进料口、人孔、清洗球、消毒口、呼吸口（安装 $0.22\mu m$ 空气呼吸器）、视镜与视灯、搅拌系统等。罐体底部有出料口、取样口、排污口、温度探头、液位传感器等。

2. 工作原理 根据生产工艺要求将原辅料从进料口加入配液罐中，在适宜温度条件下，开启搅拌器搅拌，使原辅料溶解混匀，得到产品。

3. 标准操作规程

（1）开机前准备：①检查设备的清洁情况；②检查设备是否挂有合格待用的状态标志；③检查压力表、温度表是否在有效期；④检查出料口阀门应处于关闭状态；⑤检查电机变速器、蒸气、真空等辅助系统运行是否正常。

（2）正常操作：①打开蒸气、真空、冷却水总阀，开启压缩空气。②开启总电源，开启视孔灯，确认关闭

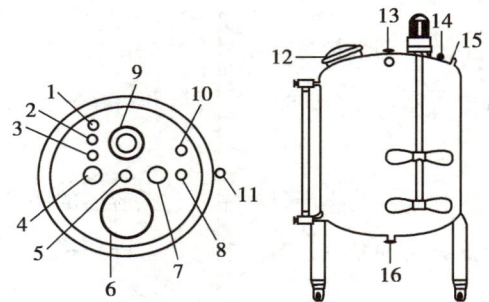

图 14-10 配液罐
1. 纯化水；2. 回流；3,15. 进料口；4. 射灯；5,13. 洗罐器；6,12. 人孔；7. 视镜；8. 温度计；9. 搅拌器；10. 呼吸口；11 液位计；14. 呼吸口；16. 出料口；

罐底气动阀门。③开启搅拌器，打开真空阀，控制真空压力在工艺范围内，将配制所须物料吸入配液罐内，关闭真空阀。④开启蒸气阀，控制蒸气压力在工艺范围内，开始配制。⑤待配制好后，关闭蒸气阀。⑥将配液罐排水阀及旁空阀关闭。开启冷却水开关，应先打开出水阀再打开进水阀。待药液冷却至工艺要求温度时，先关闭进水阀再关闭出水阀，最后关闭冷却水开关。⑦生产结束后，关闭蒸气、真空、冷却水总阀门，依次关闭搅拌器、视孔灯，再关闭配电箱总电源。

4. 清洁、消毒标准操作规程

（1）清洁频度：①每批生产结束后；②连续生产每个班次结束后；③生产前、生产后清洁、消毒；④更换品种、规格、批号时必须清洗；⑤设备维修后必须彻底清洁、消毒。

（2）清洁方法：①确认所有的阀门都关闭完好，确认水、电、气已到位。②开启视灯，关闭排水阀。③打开纯化水，纯化水压力带动转球喷洒配液罐内壁，注入约配液罐 2/3 容积的水。④开启搅拌器搅拌，打开自动循环冲洗。⑤打开循环阀门冲洗管道，然后打开配液罐下排水阀放出废水。⑥用压缩空气排空管道内残留的纯化水，反复冲洗 2～3 次，用 pH 试纸测配液罐排水口出水，pH 值应与纯化水一致。⑦关闭呼吸孔和人孔，打开蒸气阀门，通入纯蒸气，温度达到 121℃ 以上保持通入纯蒸气 30 分钟，关闭纯蒸气阀门。⑧放出配液罐中的蒸气冷凝水和残余蒸气，关闭所有阀门。

5. 维护保养标准操作规程　①操作者必须遵守标准操作规程；②指定专人对本机进行维护保养；③经常检查焊缝、管路、液位计、阀门及人孔的气密性；④经常检查温度计、压力表的灵敏度；⑤检查安全阀是否灵敏，疏水阀是否畅通；⑥大修周期为一年，大修时所有传动部件滚动轴承需更换时，应及时更换，加注黄油润滑后，盖上注油孔。

6. 常见故障、产生原因及排除方法　见表 14-3。

表 14-3　常见故障、产生原因及排除方法

常见故障	产生原因	排除办法
阀门漏水	①密封垫圈损坏 ②阀门损坏	①更换密封垫圈 ②更换阀门
换热效果不好	①夹层堵塞 ②接出口连接错误	①进行疏通 ②重新连接
罐体泄漏	罐体破损	立即请专业人员修复
仪表显示不准确或不显示	①仪表损坏 ②未正确连接	①更换仪表 ②重新连接
罐体生锈	①外部环境潮湿 ②罐体表面有划痕	①除锈后注意防潮 ②修复并进行局部钝化
保温层局部过热	夹层破损	进行修复

三、糖浆剂直线式液体灌装机

液体灌装机的灌装方式有真空式、加压式及柱塞式等；灌装工位有直线式与转盘式。直线式液体灌装机是制药企业常用的灌装设备。

（一）四泵直线式液体灌装机

灌装时容器在设备内沿直线运动，采用柱塞式灌装。适用于圆瓶、方瓶或其他异形玻璃瓶、塑料瓶等容器的灌装，通用性较强。设有 3 种不同运行速度以适应不同容器和液体的要求，能自动完成输送、灌装等工序。灌装工艺流程如图 14-11 所示。

1. 结构　如图 14-12 所示，主要包括理瓶机构、灌装机构、输瓶机构、挡瓶机构等。理瓶机构包括翻瓶盘、理瓶盘、推瓶板、拨瓶杆、搅瓶器、理瓶电机、三级塔轮、蜗轮蜗杆减速器等。输瓶机构主要

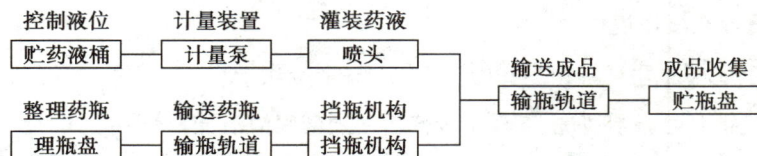

图 14-11　灌装工艺流程

包括输送带、输送轨道、输瓶电机、动力箱（四对齿轮变速）等。灌装机构主要包括 4 个计量泵、喷嘴、曲柄连杆机构、药液储槽、电机、三级塔轮、蜗轮蜗杆减速器、链条链轮等。挡瓶机构由两只直流电磁铁组成，电磁铁 1 与电磁铁 2 交替动作，可完成输送带上的瓶子定位及灌装后输出。

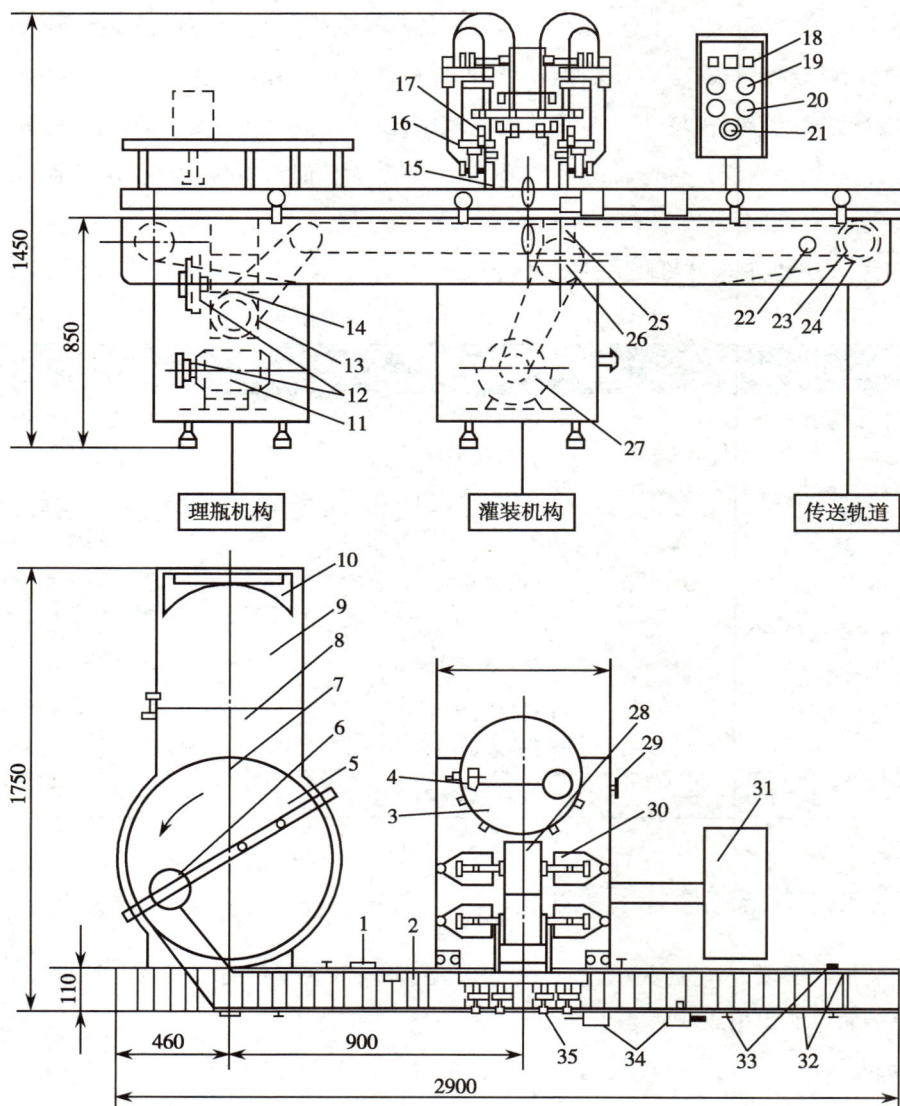

图 14-12　四泵直线式液体灌装机

1. 限位器；2,24. 传送带；3. 储液槽；4. 液位阀；5. 拨瓶杆；6. 搅拌器；7. 理瓶盘；8. 储瓶盘；9. 翻瓶盘；10. 推瓶板；11. 电机；12. 三级塔轮；13,25. 减速机；14. 传动齿轮；15. 容量调节；16. 曲柄；17. 导向器；18. 开关；19. 供瓶开关；20. 灌装开关；21. 调速旋钮；22. 输瓶电机；23. 动力箱；26. 调速塔轮；27. 直流电机；28. 电源开关；29. 灌装机头；30. 计量泵；31. 电器箱；32. 前后导轨；33. 导轨调节器；34. 电磁挡瓶器；35. 喷嘴调节器

2. 工作原理 瓶子经翻瓶装置翻正后由推瓶板送入理瓶盘,随理瓶盘旋转,在拨瓶杆或搅瓶器的作用下依次进入传送轨道,再随输送带到达灌注工位,由曲柄连杆带动的4个计量泵做上下运动将液体从储液槽中吸入和压出,灌入空瓶内完成灌装。

3. 主要特点 适应范围广,可用于25~1000ml液体容器的灌装,圆瓶、方瓶或其他异形玻璃瓶、塑料瓶等均可灌装。计量准确,误差范围在±0.5%以内。具有保护功能,遇到卡瓶、缺瓶、堆瓶时会自动停机。理瓶、输瓶、灌装的速度可进行调节,采用4个计量泵灌装,灌装速度快,生产效率较高。

▶▶ 边学边练

1. 能正确说出四泵直线式液体灌装机的各部分结构名称;

2. 会按照操作规程正确操作设备。

4. 标准操作规程

(1)开机前准备:①检查设备的清洁情况;②检查设备是否挂有合格待用的状态标志;③检查外界电源与本机连接是否正确,机器各部件是否正常,有无损坏或松动现象;④检查设备是否需要上润滑油。

(2)设备的调试:①喷嘴调试:包括喷嘴高度和喷嘴间距的调试。根据容器的高低调试喷嘴的高度,同时可防止高速灌注时产生大量的药液泡沫。根据容器的直径大小调试喷嘴间距。②导轨宽度的调试:为了保证容器能顺利通过导轨进入灌注工位,通常需将前后横栅的距离调至比容器宽4~5mm。③装量的调试:调节计量泵柱塞行程距离的长短可控制装量。④速度的调试:开启理瓶机箱盖板,设置调换带在三级塔轮上的不同位置(Ⅰ、Ⅱ、Ⅲ),可使理瓶速度依次由慢到快。开启动力箱盖板,调试送瓶速度,使送瓶速度和灌装速度保持一致。通过三挡带轮和直流电机无级变速可粗调和细调灌装速度。在保证不滴漏的情况下,选择大口径的喷嘴可获得较快的灌装速度,喷嘴外径一般应比瓶口小2mm以上。同时,应满足在最快灌装速度时不会产生过多的泡沫或飞沫。⑤挡瓶器的调试:将4个容器按照灌装工位中心对称位置放好,固定挡瓶器即可。若用方形或长方形容器时,要注意随时检查、调整挡销的位置。

(3)打开电源,设定灌装规格和数量。

(4)手动灌装调节灌装计量:①手动按下进瓶按钮,进一组瓶排好后,松开按钮。②手动按下灌装按钮,待灌装完毕,松开按钮;手动出瓶,检查装量是否符合生产要求,符合则可以正常生产。

(5)正常操作:①按主机启动按钮,启动自动灌装按钮,开始灌装;②操作中要经常观察储液槽中液面高度,及时补液,避免因药液不够而自动停机现象;运行中每隔10分钟应做一次装量差异自检,并填好记录;③当需立即停机时,可按动紧急开关按钮,立刻停机;④生产结束关机。

5. 清洁、消毒标准操作规程

(1)清洁频度:①每批生产结束后;②连续生产每个班次结束后;③生产前、生产后清洁、消毒;④更换品种、规格、批号时必须清洗;⑤设备维修后必须彻底清洁、消毒。

(2)清洁工具:洁净不抽丝布、毛刷、清洁盆等。

(3)清洁剂与消毒剂:饮用水、纯化水、75%乙醇。

(4)清洁方法:按先拆后洗、先内后外、先零后整的顺序进行。

1）生产同一品种的清洁步骤：①拆下可移动部件,拿到清洗间,用饮用水冲洗一遍,再用纯化水冲洗干净,用干抹布擦干后,用蘸有75%乙醇的抹布擦拭消毒；②擦拭干净输送带,与药品直接接触的设备部分,用纯化水擦洗干净,再用干抹布擦干后,用蘸有75%乙醇的抹布擦拭消毒；③清理现场,经检验合格后,挂"已清洁"状态标志；④填写清洁记录。

2）更换品种的清洁步骤：除同生产同一品种的清洁步骤外,还应做以下工作：①卸下灌装喷头和药液储槽,拿到清洗间,用纯化水冲洗干净,再用干抹布擦干,最后用蘸有75%乙醇的抹布擦拭消毒；②用抹布擦洗凸轮盘活动支座,然后用纯化水擦洗一遍,再用干抹布擦干,最后用蘸有75%乙醇的抹布擦拭消毒。

（5）清洗效果评价：整机外观光洁。用洁净的白色抹布擦拭设备的各部分,抹布上无色斑、污点、无残留物痕迹。

6. 维护保养标准操作规程

（1）操作者必须遵守标准操作规程。

（2）指定专人对本机进行维护保养。

（3）每班使用后对设备整体检查一次,机件每个月检查一次。

（4）工作结束后,应对工作场地及设备进行彻底清场。

（5）设备正常工作时间较长时,应定期清洁与药液直接接触的零部件。

（6）定期检查机件,每月1~2次,检查灌装阀以及活动部位转动情况,如有磨损、缺陷及时修复。

（7）机器的润滑：①凸轮的滚轮工作表面每周要涂一层润滑脂；②各种轴承要定期或根据运转情况加入润滑脂(密封轴承可滴油润滑)；③传动链条要每周检查一次松紧度,并涂润滑油或润滑脂；④机器的润滑应使用专用的润滑油。

7. 常见故障、产生原因及排除方法　见表14-4。

表14-4　常见故障、产生原因及排除方法

常见故障	产生原因	排除方法
倒瓶	①理瓶盘与瓶底摩擦太大 ②理瓶盘转速太快、瓶子重心不稳	①保持理瓶盘内干燥无水渍 ②调低转速
理瓶盘内瓶子堵塞	①拨瓶杆未调好 ②盘内瓶子过多	①改变拨瓶杆位置或角度 ②减少盘内瓶子数量
液体外溢	①灌装速度过快、泡沫增加 ②瓶子容量偏小	①降低灌装速度 ②更换大容量瓶子
重灌	①操作不当使挡瓶器失灵 ②瓶子直径误差大,轨道过窄	①严禁从挡瓶器中间取放瓶子或将轨道上瓶子回推 ②选用直径均匀的、质量较好的瓶子
误灌	①喷嘴间距小于瓶子间距 ②输送带速度过慢 ③灌液动作过早或过晚 ④档瓶器间距不合适	①调整喷嘴间距 ②调快输送带速度 ③调整无瓶控制限位开关 ④调整档瓶器的间距

续表

常见故障	产生原因	排除方法
滴漏	①小容器低速灌装时,计量泵输出管路选择过粗 ②浓度高、黏性大的液体管内的压力大,使管子变形大,恢复慢 ③灌装头内传动链条松,曲柄有窜动现象,将喷嘴内液体振落	①选用细管或加快灌装速度 ②选择高压管以防变形 ③旋紧喷嘴导向套上的螺盖,使喷嘴露出导向套2~4mm

案例分析

案例

某制药企业液体制剂车间生产某药品时,发现装量差异较大,有的合格,有的不合格,请问是什么原因引起的?

分析

液体灌装机计量泵有多组,任一组计量泵出现问题都会导致装量差异产生。只有增加计量泵的稳定性才能从根本上解决灌装机装量差异的问题。通常,计量泵计量范围在20~500ml之间,计量筒的直径越大,产生的装量差异越明显。另外,计量泵活塞材质和加工精度有一定程度的偏差,活塞磨损较快会造成滴液、漏液、密封不严有空气进入等,这些情况均可导致在灌装中出现装量差异。

(二)直线式液体灌装旋盖机

直线式液体灌装旋盖机,是集灌装、上盖、旋盖、出瓶于一体的液体灌装设备。适用于制药、医疗、食品、化工等行业的酊剂、糖浆剂及各类酒类、油类等的灌装。

1. 结构 如图 14-13 所示,主要由传送带、拨盘、旋盖箱体、灌装头、料槽、转盘、电磁振荡器、计量泵等组成。

2. 工作原理

(1)灌装:瓶子通过传送带输送至灌装头下方,停止定位,此时受凸轮控制的四个灌装头下降插入瓶子内部进行灌装。

(2)上盖:电磁振荡器产生的振动使盖子沿着料槽向上运动,通过下滑轨道送至瓶口上,再由压盖头压紧瓶盖。

(3)旋盖:有瓶盖的瓶子沿传送带到达间歇转动的转盘,当有瓶盖的瓶子转动到旋盖箱体底部作间歇停顿时,受凸轮控制的旋盖头下压并沿顺时针方向旋转瓶盖至旋紧。

3. 主要特点 设备占地面积较小,灌装计量准确度更高,计量精度范围在±2%以内。主要适用于 100ml 塑料瓶的灌装,产量大约是 3000 瓶/小时。

4. 标准操作规程

(1)开机前准备

1)检查:①检查设备的清洁情况;②检查设备是否挂有合格待用的状态标志;③检查外界电源

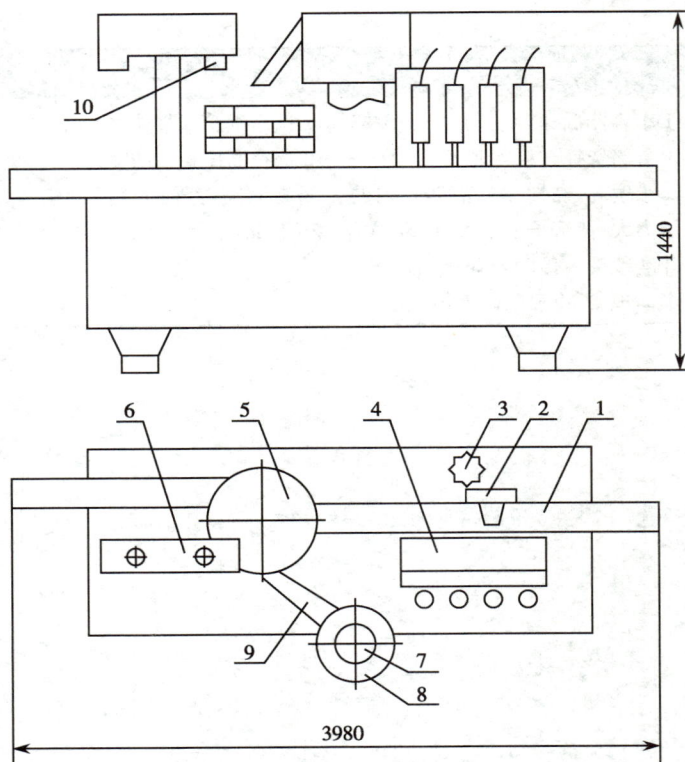

图 14-13　直线式液体灌装旋盖机
1. 传送带；2. 灌装头；3. 拨盘；4. 计量泵；5. 转盘；6. 旋盖箱体；
7. 电磁振荡器；8. 料槽；9. 下滑轨；10. 旋盖头

与本机连接是否正确，机器各部件是否正常，有无损坏或松动现象；④检查设备是否需要上润滑油。

2）转盘的调整：松开转盘压盖上的两只螺栓，转动转盘，使其任一瓶槽的中心位置对准瓶座的中心位置，然后收紧螺栓即可。

3）转盘与旋盖头的同步调整：调整主机传动轴上的凸轮可控制旋盖头的下压时间，松开凸轮上的紧固螺钉，调整到适当的位置再锁定，使每个瓶槽的中心对准瓶座的中心时旋盖头能同步下压。

4）计量泵的计量调整：松开控制螺母，左旋或右旋调节螺栓，可调整计量的大小。

5）在振荡器中放入适量的瓶盖，使输送轨道布满瓶子。

6）启动总电源开关，按"主机点动"按钮，使灌装头抬起。

7）打开振荡器开关，把瓶盖预送到振荡器导轨出口处。

8）启动输送带开关，把空瓶输送至灌装头下。

9）按主机按钮，先运行一个灌装周期，停机，检查装量是否合格。如合格才能开机连续生产。

（2）正常操作

1）按主机启动按钮，启动主机，开始灌装、旋盖。

2）操作中要经常观察储液槽中液面高度，及时补液，避免因药液不够而自动停机现象；运行中每隔 10 分钟应做一次装量差异自检，并填好记录。

3）当需立即停机时，可按动紧急开关按钮，立刻停机。

4)生产结束关机时,按照以下顺序停机:主机停止→旋盖停止→振荡器关→输送带停止→总电源关。

5. 清洁、消毒标准操作规程

(1)清洁频度:①每批生产结束后;②连续生产每个班次结束后;③生产前、生产后清洁、消毒;④更换品种、规格、批号时必须清洗;⑤设备维修后必须彻底清洁、消毒。

(2)清洁工具:洁净不抽丝布、毛刷、清洁盆等。

(3)清洁剂与消毒剂:饮用水、纯化水、75%乙醇。

(4)清洁方法:按先拆后洗、先内后外、先零后整的顺序进行。

1)生产同一品种的清洁步骤:①拆下可移动部件,拿到清洗间,用饮用水冲洗一遍,再用纯化水冲洗干净,用干抹布擦干后,用蘸有75%乙醇的抹布擦拭消毒;②与药品直接接触的设备部分,用纯化水擦洗干净,再用干抹布擦干后,用蘸有75%乙醇的抹布擦拭消毒;③清理现场,经检验合格后,挂"已清洁"状态标志;④填写清洁记录。

2)更换品种的清洁步骤:除同生产同一品种的清洁步骤外,还应做以下工作:①卸下灌装喷头和药液储槽,拿到清洗间,用纯化水冲洗干净,再用干抹布擦干,最后用蘸有75%乙醇的抹布擦拭消毒;②用抹布擦洗凸轮盘活动支座,然后用纯化水擦洗一遍,再用干抹布擦干,最后用蘸有75%乙醇的抹布擦拭消毒。

(5)清洗效果评价:整机外观光洁。用洁净的白色抹布擦拭设备的各部分,抹布上无色斑、污点、无残留物痕迹。

▶▶ **课堂活动**

家中的电器,特别是电风扇在夏季使用完后应该如何保养和维护?

6. 维护保养标准操作规程

(1)操作者必须遵守标准操作规程。

(2)指定专人对本机进行维护保养。

(3)每班使用后对设备整体检查一次,机件每个月检查一次。

(4)工作结束后,应对工作场地及设备进行彻底清场。

(5)设备正常工作时间较长时,应定期清洁与药液直接接触的零部件。当要更换生产品种或停机时间较长时,也要进行清洁。

(6)定期检查机件,每月1~2次,检查灌装阀以及活动部位转动情况,如有磨损、缺陷及时修复。

(7)机器的润滑:①凸轮的滚轮工作表面每周要涂一层润滑脂;②各种轴承要定期或根据运转情况加入润滑脂(密封轴承可滴油润滑);③传动链条要每周检查一次松紧度,并涂润滑油或润滑脂;④机器的润滑应使用专用的润滑油。

(8)设备运行时操作人员不得离开现场,若运行过程中发现异常应及时停机检查,必要时请设备维修人员检查,以防事故发生,待故障排除后方可使用。

7. 常见故障、产生原因及排除方法 见表 14-5。

表 14-5 常见故障、产生原因及排除方法

常见故障	产生原因	排除办法
传动带运动有窜动现象	①传送带受污染,如沾上药液、糖浆等 ②传送带太松	①清洁传送带 ②将传送带调紧
液体外溢	①无瓶进入灌装工位 ②计量泵的实际排量超过瓶子容量 ③灌装头没有对准瓶口	①保证四个瓶进入灌装工位 ②调整计量泵的实际排量 ③调整灌装头位置
四只泵计量不一致	①管路有气泡 ②灌装头有滴漏现象 ③四泵偏心不一致	①消除管路中的气泡 ②更换密封环 ③调整偏心距离
瓶子不进转盘	①拦瓶圈间隙太大 ②有倒瓶致使瓶子供应不上	①调整拦瓶圈间隙 ②防止倒瓶
瓶盖盖不上	①飞盖 ②下盖轨道尺寸太小或有毛刺 ③盖子不入下盖轨道	①调整下盖轨与瓶口的位置 ②改变下盖轨道尺寸,去毛刺 ③调节振荡线圈电压
瓶盖旋不好	①瓶子严重跟转 ②旋盖头过低或过高 ③旋盖头偏位 ④瓶子的间歇停顿与旋盖头下压不同步	①夹紧瓶子 ②调整箱体高度 ③调整箱体旋盖头方向 ④调整传动轴上凸轮的位置
主机不运作或速度极慢	①电机有故障 ②电气线路有故障	①更换电机 ②检查电气线路

四、糖浆剂生产联动线

是将生产过程中所用的设备进行整合,形成流水线生产,可减轻工人劳动强度,提高工作效率。常见的是全自动液体灌装生产线。如图 14-14 所示,主要由洗瓶机、四泵直线式灌装机、单头旋盖机、不干胶贴标机组成,使理瓶、送瓶、冲洗瓶、灌装、轧盖、贴标签、打印产品批号等生产过程能依次自动完成。

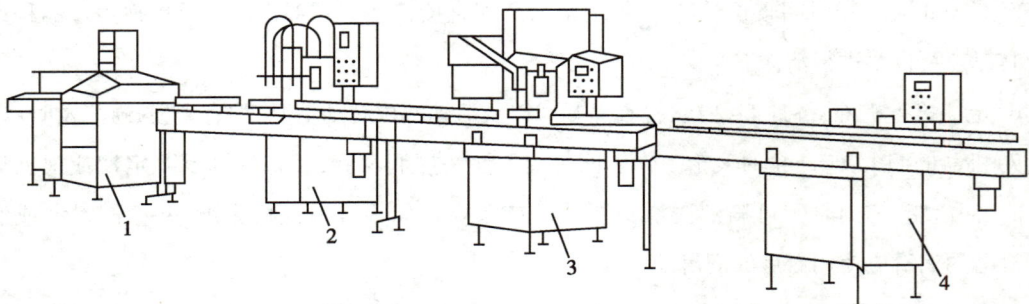

图 14-14 全自动液体灌装生产线
1. 洗瓶机;2. 四泵直线式灌装机;3. 旋盖机;4. 贴标机

点滴积累 Ｖ

1. 溶糖过滤设备、配液设备以及灌装设备是糖浆剂生产的重要设备。

2. 直线式液体灌装机的灌装方式有真空式、加压式及柱塞式等；灌装工位有直线式与转盘式。直线式液体灌装机是制药企业常用的灌装设备。

3. 全自动液体灌装生产线主要由洗瓶机、四泵直线式灌装机、单头旋盖机、不干胶贴标机组成。

目标检测

一、选择题

（一）单项选择题

1. 液体灌装机装量不准的主要原因是（　　）
   - A. 灌注速度太快
   - B. 药液黏稠度大
   - C. 灌注速度太慢
   - D. 快单向阀阀芯动作不灵活

2. 倒瓶易出现在（　　）环节
   - A. 输瓶
   - B. 灌装
   - C. 挡瓶
   - D. 理瓶

3. 口服液的制备工艺流程是（　　）
   - A. 提取→精制→灭菌→配液→灌装
   - B. 提取→精制→配液→灭菌→灌装
   - C. 提取→精制→配液→灌装→灭菌
   - D. 提取→浓缩→配液→灭菌→灌装

4. 超声波直线式洗瓶机洗瓶规格为（　　）
   - A. 5～50ml
   - B. 10～30ml
   - C. 50～100ml
   - D. 10～50ml

5. 转盘式超声波洗瓶机完成了（　　）的洗涤
   - A. 两水两气
   - B. 两水一气
   - C. 三水三气
   - D. 四水四气

6. 口服液灌装轧盖机采用（　　）原理,将杂乱的盖子理好排队
   - A. 跟踪灌装
   - B. 电磁螺旋振荡
   - C. 轮传动
   - D. 机械传动

7. 口服液灌装轧盖机上的灌针在跟踪机构的控制下插入瓶口,与瓶子（　　）,实现跟踪灌装
   - A. 同步向前运行
   - B. 同步上下运行
   - C. 上下运动
   - D. 灌装时不动

8. 四泵直线式液体灌装机的灌装方式是（　　）
   - A. 填塞式
   - B. 柱塞式
   - C. 真空式
   - D. 加压式

9. 直线式液体灌装封盖机不适用于（　　）的灌装
   - A. 酊剂
   - B. 糖浆
   - C. 酒类
   - D. 煎膏

10. 直线式液体灌装封盖机灌装时,瓶子通过传送带输送至灌装头下方受挡于拨盘停止向前,此时四支灌装头经过（　　）同步下压至瓶子内部,由四支定量活塞泵控制装量完成灌装
    - A. 螺母
    - B. 螺栓
    - C. 凸轮
    - D. 旋盖头

（二）多项选择题

1. 口服液生产联动线的组成有（　　　）

　A. 贴标签机　　　　　　　B. 灌装机　　　　　　　C. 轧盖机

　D. 隧道式灭菌机　　　　　E. 超声波洗瓶机

2. 糖浆剂生产联动线的组成有（　　　）

　A. 旋盖机　　　　　　　　B. 灯检机　　　　　　　C. 贴标机

　D. 洗瓶机　　　　　　　　E. 灌装机

3. 碎瓶易出现在（　　　）

　A. 挡瓶机构　　　　　　　B. 灌装机构　　　　　　C. 进瓶处

　D. 送瓶机构　　　　　　　E. 出瓶处

4. 超声波直线式洗瓶机主要由（　　　）组成

　A. 水槽　　　　　　　　　B. 进瓶机构　　　　　　C. 出瓶机构

　D. 机械传动系统　　　　　E. 直线翻瓶轨道

5. 口服液灌装轧盖机供盖系统由（　　　）组成

　A. 轧刀　　　　　　　　　B. 输盖轨道　　　　　　C. 戴盖机构

　D. 理盖头　　　　　　　　E. 灌针

6. 口服液洗烘灌封联动生产线机组是由（　　　）组成

　A. 隧道式干燥灭菌机　　　B. 口服液灌封机　　　　C. 配液罐

　D. 多功能提取罐　　　　　E. 超声波洗瓶机

7. 四泵直线式液体灌装机理瓶机构有（　　　）

　A. 推瓶板　　　　　　　　B. 异形搅瓶器　　　　　C. 理瓶盘

　D. 翻瓶盘　　　　　　　　E. 拨瓶杆

8. 四泵直线式液体灌装机主要由（　　　）组成

　A. 轧盖机构　　　　　　　B. 输瓶机构　　　　　　C. 理瓶机构

　D. 挡瓶机构　　　　　　　E. 灌装机构

二、简答题

1. 回转式口服液灌封机由哪几个部分组成？简述其工作过程。

2. 糖浆剂生产设备与口服液生产设备有何不同？

3. 超声波直线式洗瓶机的主要结构是什么？

4. 四泵直线式液体灌装机应如何调试？

实训十四　制药企业中药口服液生产设备实践

【实训目的】

1. 掌握中药口服液、糖浆剂生产设备的结构、工作原理。

2. 熟悉中药口服液、糖浆剂生产设备的基本操作。

3. 了解中药口服液、糖浆剂生产工艺流程、生产管理及卫生要求。

4. 了解口服液生产车间的布局及洁净度要求。

【实训内容】

1. 中药口服液、糖浆剂生产设备的种类、结构、工作原理和正确操作。

2. 中药口服液、糖浆剂生产工艺流程及生产质量管理。

3. 中药口服液体制剂车间布局及空气洁净度的要求。

【实训步骤】

1. 实践前认真复习项目十四的内容,做好实践前的各项准备。

2. 严格遵守生产企业的各种规章制度,注意安全,按规定穿戴好洁净服装。

3. 仔细听取制药企业技术人员的讲解,仔细观察,主动提问,做好记录。

4. 根据目标要求,结合实践内容,写出实践报告。

【实训思考题】

1. 常见口服液灌装(封)设备有哪些? 其结构、原理是什么?

2. 口服液体制剂生产车间的布局及洁净度要求?

【实训测试】

根据学生实践报告、实践现场表现和思考题完成情况进行考核。实践报告格式见附录三。

(韦丽佳)

项目十五

注射液生产设备

导学情景 V

情景描述：

在医院的病房中，经常会用到小容量的注射液，那么同学们知道注射剂分几种类型吗？知道注射液是用什么设备如何生产出来的吗？

学前导语：

按照注射液生产工艺的需要，其生产设备包括以下几个部分：配液过滤设备、安瓿灭菌干燥设备、安瓿洗涤设备、灌封设备、灭菌检漏设备、灯检设备及安瓿印字包装设备。安瓿拉丝灌封机是小容量注射液生产常用的灌封设备。

最终灭菌小容量注射液按照生产工艺中安瓿的洗涤、烘干、灭菌、灌装、灭菌检漏等设备的不同，可分为单机灌装工艺流程和洗、烘、灌封联动机组工艺流程。本书先介绍单机设备，再介绍联动机组。

ER-15-1

扫一扫，知重点

任务 15-1　安瓿洗涤设备

注射液使用的玻璃小容器称为安瓿。新国标 GB/T2637—2016 规定注射液使用的安瓿一律为曲颈易折安瓿，常用规格有 1ml、2ml、5ml、10ml、20ml 五种。易折安瓿在外观上分为两种：色环易折安瓿和点刻痕易折安瓿，它们均可平整断裂。

安瓿是盛放无菌纯净药液的容器，但在制造、运输过程中可能被微生物及尘埃粒子污染，不能满足注射液药液灌装的质量要求。为此，在灌装前必须对安瓿进行洗涤，安瓿的洗涤是注射液生产过程中不可缺少的一道工序。目前安瓿的洗涤方法有 3 种：喷淋式洗涤法、加压喷射气水洗涤法和超声波洗涤法。针对不同的方法就有不同的洗涤设备。

▶ 课堂活动

在医院中，注射液是一种常用的小容量注射剂，请同学们列举见过的几种安瓿注射剂，并说出有什么区别。

一、喷淋式安瓿洗瓶机组

（一）喷淋洗涤法（甩水洗涤法）

喷淋洗涤法是将安瓿经灌水机灌满滤净的纯化水，再用甩水机将水甩出。或将灌满水的安瓿送入蒸煮箱进行蒸煮，蒸煮完毕趁热将安瓿放入甩水机将安瓿的内外积水甩干净，然后再送往灌水机进行灌水，再甩水，如此反复洗涤 2~3 次，以达到清洗的目的。该法洗涤的安瓿清洁度可达到要求，劳动强度大，生产效率不算太高，基本符合批量生产的需要。但洗涤质量不如加压喷射气水洗涤法和超声波洗涤法好，一般用于 5ml 以下的安瓿。生产中已基本停用。

（二）喷淋式安瓿洗瓶机组

喷淋式安瓿洗瓶机组主要由安瓿灌水机、甩水机、蒸煮箱等组成。

1. AX-5-Ⅱ喷淋式安瓿灌水机

（1）结构：如图 15-1 所示，该机主要由淋盘、运载链条、水箱、轨道、离心泵、过滤器及动力装置组成。动力装置由电机、皮带轮、蜗轮减速器及链轮组成。淋盘是将从过滤器压过来的高压水分成多组急流的部件。水箱是用于盛装冲洗安瓿的洗涤水。轨道是支撑运载链条的部件，起滑动支撑作用。运载链条是运载安瓿盘的运动部件。

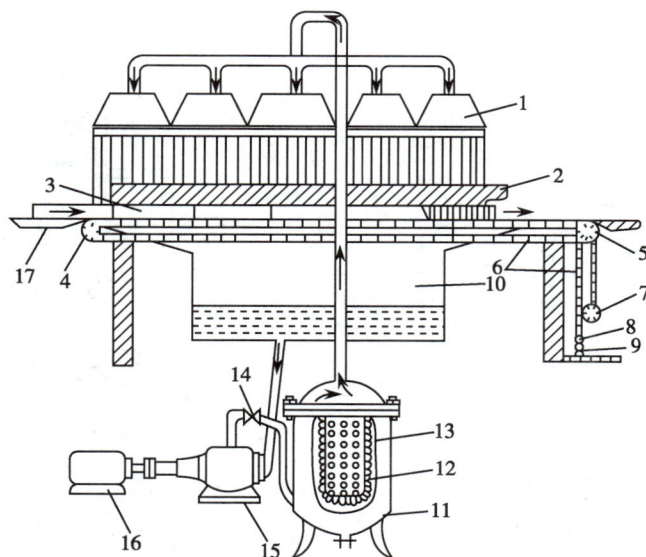

图 15-1　喷淋式安瓿灌水机
1. 多孔喷头；2. 尼龙网；3. 盛安瓿的铝盘；4. 链轮；5. 止逆链轮；6. 运载链条；7. 偏心凸轮；8. 垂锤；9. 弹簧；10. 水箱；11. 过滤器；12. 涤纶滤袋；13. 多孔不锈钢胆；14. 调节阀；15. 离心泵；16. 电动机；17. 轨道

（2）工作原理：人工将装满安瓿的安瓿盘放在运载链条上，送入喷淋区，安瓿接受顶部淋盘中纯化水的喷淋。喷淋用的循环水，首先从水箱由离心泵抽出，经过泵的循环形成高压水，高压水经过滤器滤净后压入淋盘，淋盘将高压水分成多股细流，并通过喷头上直径为 1~1.3mm 的小孔，急骤喷入安瓿内，同时也使安瓿外部得到了清洗。灌满水的安瓿由运载链条从机器的另一端送出，由人工从机器上拿走,放入甩水机中进行甩水。

2. 安瓿蒸煮箱

(1)结构:如图 15-2 所示,主要由箱体、蒸气排管、淋水喷管、导轨、压力表、安全阀、箱内温度计、密封圈等组成。

(2)工作原理:安瓿蒸煮箱是安瓿在冲淋洗涤后,使附着在安瓿内外表面上的不溶性尘埃粒子,经湿热蒸煮后落入水中以达到洗涤干净的效果。箱的顶部有淋水喷管,底部有蒸气排管,每根排管上有直径为 1～1.5mm 的喷气孔,蒸气直接从排管中喷出,加热注满水的安瓿,达到蒸煮安瓿的目的。

3. AS-Ⅱ型安瓿甩水机

(1)结构:如图 15-3 所示,它主要由转笼、外壳、机架、固定杆、不锈钢丝网罩盘、电机、三角皮带、刹车踏板等组成。外壳由不锈钢焊制而成,起积水与防护作用;转笼用于固定安瓿盘,并带动安瓿盘旋转,以达到甩水的目的;不锈钢丝网罩盘起滤水与保护安瓿的作用;机架是由型钢焊制而成,起支撑各零部件的作用。

(2)工作原理:电机通过三角皮带带动转笼旋转,在离心力和在极短时间内急刹车时惯性力的作用下,将安瓿的内外积水甩干净。

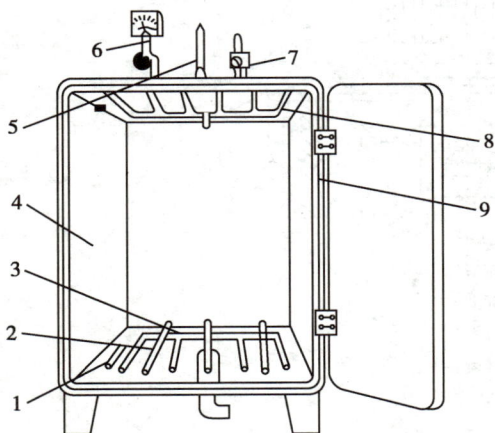

图 15-2　安瓿蒸煮箱
1. 箱内温度计;2. 导轨;3. 蒸气排管;4. 箱体;5. 温度计;6. 压力表;7. 安全阀;8. 淋水喷管;9. 密封圈

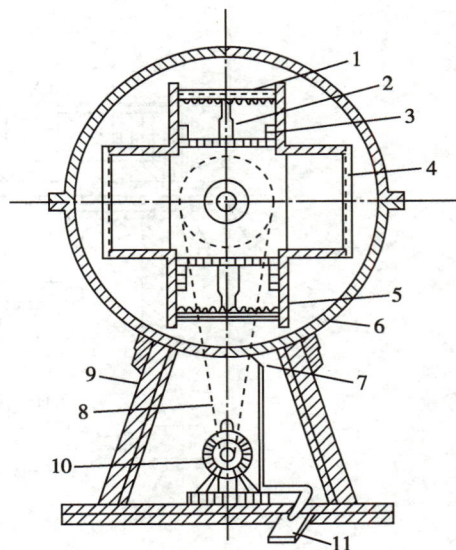

图 15-3　安瓿甩水机
1. 固定杆;2. 安瓿;3. 铝盘;4. 转笼;5. 不锈钢丝网罩盘;6. 外壳;7. 出水口;8. 皮带;9. 机架;10. 电动机;11. 刹车踏板

二、气水喷射式安瓿洗瓶机组

(一)加压喷射气水洗涤法

是利用已过滤的蒸馏水(或去离子水)与已过滤的压缩空气,由针头交替喷入安瓿内,进行逐支清洗的一种洗涤方法。冲洗的顺序是气→水→气→水→气→水→气,一般4~8次。洗涤水和空气过滤是关键,特别是压缩空气的过滤。因为压缩空气中易带有润滑油雾及尘埃,不易除去。过滤不净反而污染安瓿,以致出现"油瓶"现象。

(二)气水喷射式安瓿洗瓶机组

1. 结构　如图15-4所示,由安瓿洗瓶机、供水系统、压缩空气及其过滤系统三大部分组成。洗瓶机是关键设备,洗瓶机结构主要由进瓶斗、移动机构、水气阀、出瓶斗、电动机、链轮、锥齿轮、减速器等组成。

2. 工作原理　首先将安瓿加入进瓶斗后,在拨轮作用下,依次进入槽板中,然后落入移动齿板上,由移动齿板把安瓿运送到针头架位置,经过二水二气冲洗吹净。其工作过程是:安瓿送达位置x1 时,位于针头架上的针头插入安瓿内注水洗瓶;当安瓿到达位置x2 时,继续对安瓿补充注水洗瓶;当安瓿到达位置y1 时,经净化过滤后的压缩空气将安瓿瓶内的洗涤水吹去;到达位置y2 时,继续由压缩空气将安瓿内的积水吹净,从而完成了二水二气的洗涤。在洗瓶过程中,气水开关与针头架动作配合协调,当针头架下移时,针头插入安瓿,此时气水开关打开,分别向安瓿内注水或喷气;当针头架上移时,针头移离安瓿,此时气水开关关闭,停止向安瓿供水、供气。

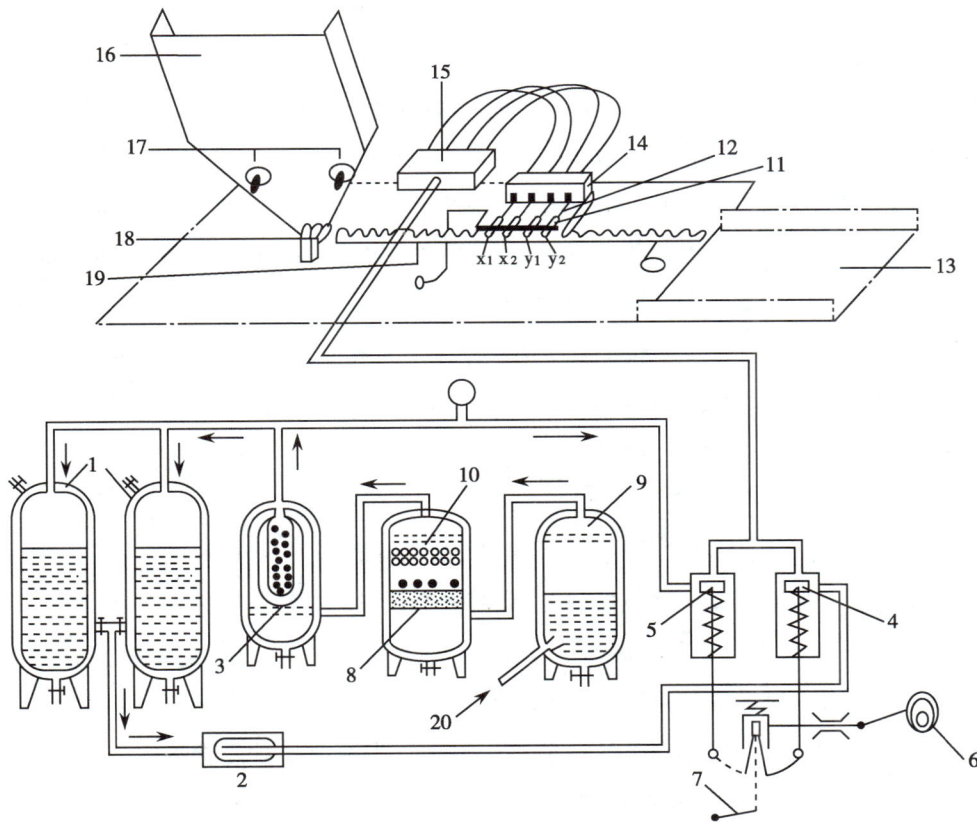

图 15-4　气水喷射式安瓿洗瓶机组

1. 贮水罐;2,3. 双层涤纶袋滤器;4. 喷水阀;5. 喷气阀;6. 偏心轮;7. 脚踏板;8. 木炭层;9. 洗气罐;10. 瓷圈层;11. 安瓿;12. 针头;13. 出瓶斗;14. 针头架;15. 气水开关;16. 进瓶斗;17. 拨轮;18. 槽板;19. 移动齿板;20. 压缩空气进口

三、超声波安瓿洗瓶机

(一)超声波洗涤法

浸没在清洗液中的安瓿在超声波发生器的作用下,由超声波发生器产生的超声频率,通过换能器振子将能量散发出去,使安瓿与液体接触的界面处于剧烈的超声振动状态时所产生的一种"空化"作用,将安瓿内外表面的污垢冲击剥落下来,从而达到清洗安瓿的目的。所谓"空化"是在超声波作用下,液体中产生微气泡,这些微小气泡在超声波作用下逐渐长大,当尺寸适当时产生共振而闭合。在小泡湮灭时自中心向外产生微驻波,随之产生高压、高温,小泡涨大时会摩擦生电,于湮灭时又中和,伴随有放电、发光现象,气泡附近的微冲流增加了流体搅拌及冲刷作用。在超声波作用下,微气泡不断产生与湮灭,"空化"不息。"空化"作用所产生的搅动、冲击、扩散和渗透等一系列机械效应大部分有利于安瓿的清洗。

(二)QCA18/1-20 安瓿超声波清洗机

1. 主要技术参数

(1)适用规格:1~20ml。

(2)工作压力:①新鲜水,0.1~0.15MPa;②循环水,0.2~0.25MPa;③压缩空气,0.1~0.15MPa。

(3)水槽温度:50~60℃。

(4)功率:①加热器,9kW;②水泵,1.5kW;③超声波,0.6kW;④主电机,0.37kW。

2. 结构 如图 15-5 所示,由清洗部分、供水系统及压缩空气系统、动力装置三大部分组成。清洗部分由超声波发生器、上下瞄准器、装瓶斗、推瓶器、出瓶器、水箱、转盘等组成。中间有一水平轴,沿轴向有 18 列针毂,每排针毂上有沿径向辐射均匀分布的 18 支针头。整个轴上由 18×18 = 324个针头的针毂构成可间歇绕水平轴回转的转盘。与转盘相对的固定盘上,于不同工位上配置有不同的水、气管路接口,在转盘间歇转动时,各排针毂依次与循环水、新鲜注射用水、压缩空气等接口相通。供水系统及压缩空气系统由循环水、新鲜注射用水、水过滤器、压缩空气精过滤器与粗过滤器、控制阀、压力表、水泵等组成。动力装置由电机、蜗轮蜗杆减速器、分度盘、齿轮、凸轮等组成。

3. 工作原理 将安瓿摆放在倾斜的安瓿斗中,安瓿斗下口与清洗机的 1 工位针头平行,并开有 18 个通道。利用通道口的机械栅门控制,每次放行 18 支安瓿到传送带的 V 形槽搁瓶板上,18 支安瓿被推瓶器依次推入转盘的第 1 工位,当转盘转到 2 工位时,由针头注入循环水。从 2 工位到 7 工位,安瓿进入水箱,共停留 25 秒左右接受超声波空化清洗,使污物振散、脱落或溶解。此时水温控制在 50~60℃,这一阶段为粗洗。当针毂间歇旋转将安瓿带出水面到 8、9 工位时,将洗涤水倒出,针毂转到 10、11、12 工位时,安瓿倒置,针头对安瓿冲注循环水进行洗涤,到 13 工位时,针管喷出压缩空气将安瓿内污水吹净,在 14 工位时,接受新鲜注射用水的最后冲洗,经 15、16 工位时,再次吹入压缩空气。至此安瓿洗涤干净,此阶段为精洗。最后安瓿转到 18 工位时,针管再一次对安瓿送气并利用气压将安瓿从针管架上推离出来,再由出瓶器送入输送带,推出清洗机。

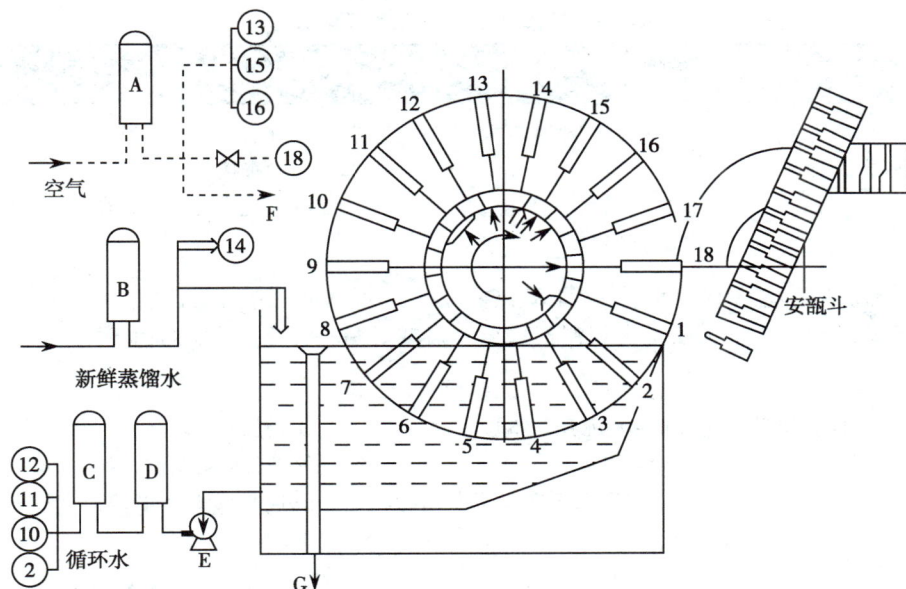

图 15-5　18 工位连续回转超声波清洗机原理

1. 上瓶；2. 注循环水；3,4,5,6,7. 超声波清洗；8,9. 空位；10,11,12. 循环水冲洗；
13. 吹气排水；14. 新鲜注射用水冲洗；15,16. 吹气；17. 空位；18. 吹气送瓶；
A~D. 过滤器；E. 循环泵；F. 吹除玻璃屑；G. 溢流回收

4. 主要特点　①用电磁阀控制,新鲜水脉冲冲洗,节约用水；②冲洗所用的压缩空气、新鲜水、循环水均通过净化过滤；③利用水槽液位带动限位棒使继电器动作,以启闭循环水泵；④由加热器和热继电器自动控制水槽的温度。

5. 设备操作

（1）启动前的准备工作：①检查各管路接头水、气的供应情况；②检查水位是否上升到溢水管顶部；③检查机器的润滑情况,设备运转是否正常。

（2）正常启动：①打开压缩空气阀门、新鲜水阀门、循环水阀门,观察压力表上显示的数值；②按下主机启动按钮,慢慢调节旋钮升高,根据安瓿的规格确定适当的数值,此时机器处于运行状态,转动超声波调节旋钮,使电流表数值处于最低状态；③调节推瓶吹气阀,使喷射的压力正好使安瓿从喷针上推入给出装置的通道内,压力太低,影响清洗质量,压力太高会使安瓿损坏。

（3）停机：①按下主机、水温、水泵停止按钮,关闭所有正常启动时开启的阀门；②把水槽中的玻璃碴进行打扫并清洗干净,所有过滤器内的水放干净。

6. 维护与保养　①机器每日必须进行清洁；②按机器上的润滑标志和说明加注润滑油；③水泵在使用时严格按照水泵的使用说明进行；④过滤器的组装和清洗严格按照说明书来进行；⑤定期对各运动部件进行润滑保养。

7. 简单故障、产生原因及排除方法　见表 15-1。

表 15-1 简单故障、产生原因及排除方法

故障现象	产生原因	排除方法
循环水压力监测红灯亮，机器停止运转	①循环水控制阀门未开启或开启不够 ②管接头漏水 ③过滤器堵塞	①开启循环水控制阀门 ②检查接头、接口 ③清洗或更换过滤器
喷淋水压力监测红灯亮，机器停止运转	①过滤器上的排水开启 ②喷淋水控制阀门未开启或开启不够	①关闭过滤器上的排水口 ②开启喷淋水控制阀门
新鲜水监测红灯亮，机器停止运转	①外加新鲜水压力不够 ②过滤器堵塞 ③压缩空气控制阀门未开启或开启不够	①增加外加新鲜水压力 ②清洗或更换过滤器 ③检修或更换电磁阀；开启新鲜水控制阀
高频监测红灯亮，机器停止运转	①高频未接通 ②高频发生器损坏	①接通启动开关 ②维修人员根据线路图检修
隧道安瓿过多红灯亮，机器停止运转	隧道入口处安瓿挤塞	维修人员调整进口限位开关
灌封安瓿过多红灯亮，机器停止运转瓿过多	灌封机进口处安瓿挤塞	走松灌封机前的安瓿续表
机器停止运转而无红灯亮	主机过载过流继电器跳开	用手转动主电机手轮，找出过载原因并排除，合上主机回路继电器
清洗破瓶较多	①进瓶导向压力调整不当 ②退瓶吹气调整不当	调整导入瓶凸轮使其符合进瓶要求；调整吹气大小，使瓶刚好退至出瓶槽底部
水槽内浮瓶较多	①喷淋槽堵塞 ②进瓶吹气压力过大	①拍打喷淋槽或拆下喷淋槽上的孔板进行清洗 ②调整吹气大小
清洗清洁度不够	①喷嘴或喷管堵塞 ②过滤芯堵塞或泄漏	①弄通喷嘴或喷管 ②调整或更换过滤芯
喷管折断	①进口不符合标准瓶较多 ②水槽浮瓶较多	①将不符合标准瓶挑出，将折断的喷管换下 ②参照浮瓶现象解决

点滴积累 ∨

1. 安瓿洗涤的方法有喷淋洗涤法、加压喷射气水洗涤法和超声波洗涤法。

2. 安瓿超声波清洗机由清洗部分、供水系统及压缩空气系统、动力装置三大部分组成。

3. 安瓿超声波清洗机的主要原理是安瓿先进入水槽接受超声波空化清洗，再利用气、水交替进行粗洗和精洗。

任务 15-2　安瓿灌封机

将洁净的药液定量灌入经过清洗、干燥及灭菌处理的安瓿瓶内并加以封口的过程称为灌封。完成灌装和封口工序的机器称为灌封机。目前国内生产的灌封机有多种型号,如 DGA8/1-20、AGF8/1-20、LAG 系列(有 1~2ml、5~10ml 和 20ml 三种机型),它们的基本结构和原理都相似。下面介绍 1~2ml 安瓿拉丝灌封机。

1. 主要技术参数

(1)燃气耗量:1.2m³/h(压力 0.1~0.2MPa)。

(2)氧气耗量:0.7m³/h(压力 0.1~0.2MPa)。

2. 结构

安瓿灌封机外形图如图 15-6 所示,结构图如图 15-7 所示,由安瓿送瓶机构、灌装机构、安瓿拉丝封口机构和动力装置组成。

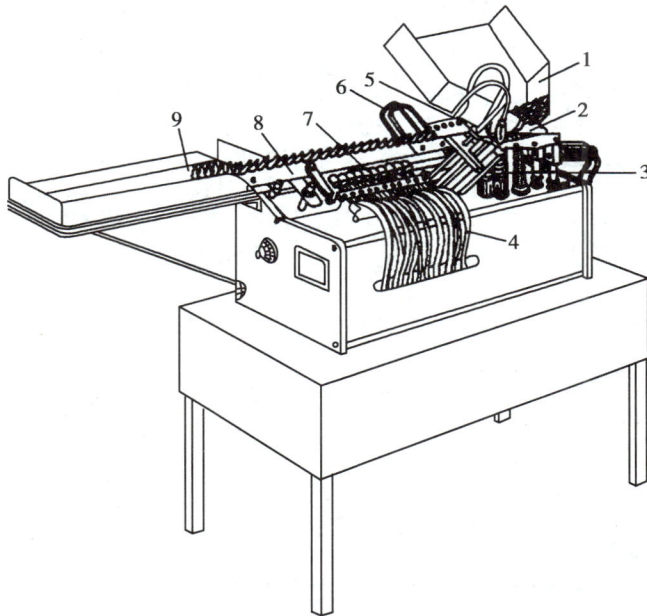

图 15-6　安瓿灌封机外形图

1. 加瓶斗;2. 拨瓶盘;3. 灌注器;4. 燃气管道;5. 灌注针头;
6. 止灌装置;7. 火焰熔封装置;8. 移动齿板;9. 出瓶斗

(1)安瓿送瓶机构:如图 15-8 所示,由进瓶斗、拨瓶盘、齿板(移动齿板 2 个、固定齿板 2 个)、偏心轴、出瓶斗等组成。其工作过程是:将洗净灭菌后的安瓿放置在与水平呈 45°倾角的进瓶斗内,由齿轮带动拨瓶盘转动,每转 120°将两支安瓿放入固定齿板上。如图 15-9 所示,固定齿板有上下(A、D)两条;移动齿板也有上下(B、C)两条,平行且处于上下固定齿板之间,移动齿板由偏心轴带动做周转,先将安瓿从固定齿板上托起,然后圆弧越过固定齿板的齿顶,将安瓿右移两个齿距,前半周用来使移动齿板完成托安瓿、移安瓿、放安瓿的动作;后半周使安瓿在固定齿板上停留完成灌药液、充氮气和拉丝封口的动作。这样依次经过灌药和封口两个工位,最后将安瓿送至出瓶斗。安瓿在进入

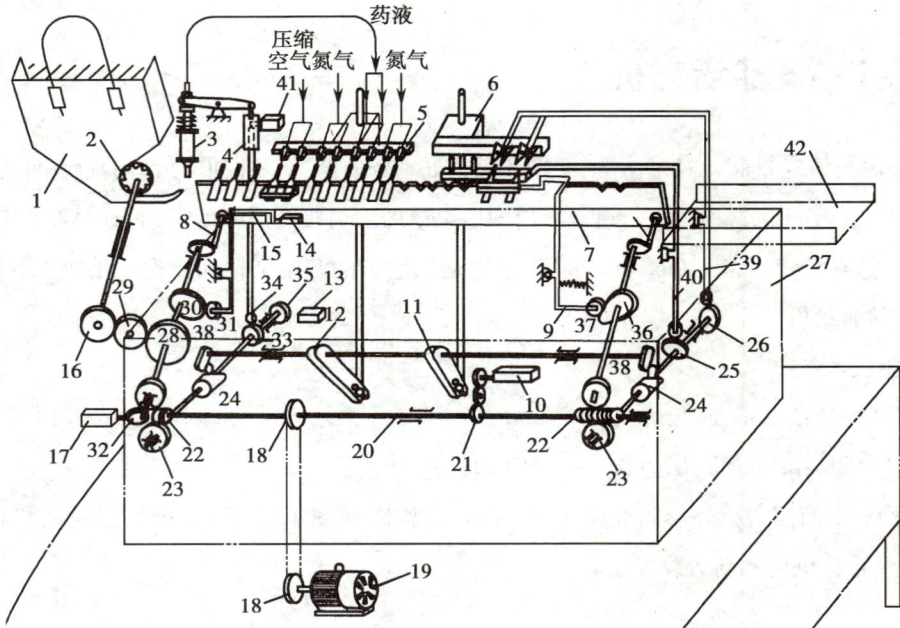

图 15-7　安瓿灌封机

1. 进瓶斗;2. 拨瓶盘;3. 针筒;4. 顶杆套筒;5. 针头架;6. 拉丝钳架;7. 移动齿板;
8. 曲轴;9. 封口压瓶机构;10. 转瓶盘齿轮箱;11. 拉丝钳上下拨叉;12. 针头架上下
拨叉;13. 氮气阀;14. 止灌行程开关;15. 灌装压瓶装置;16,21,28,29. 圆柱齿轮;
17. 压缩气阀;18. 主,从动带轮;19. 电动机;20. 主轴;22. 蜗杆;23. 蜗轮;24,25,26,
30,32,33,35,36. 凸轮;27. 机架;31,34,37,39,40. 压轮;38. 拨叉轴压轮;41. 止灌
电磁阀;42. 出瓶斗

出瓶斗时,在移动齿板推动的惯性力及安装在出瓶斗前的一块斜置舌板的作用下,使安瓿由 45° 斜位再转 45°,呈竖立状态进入出瓶斗。

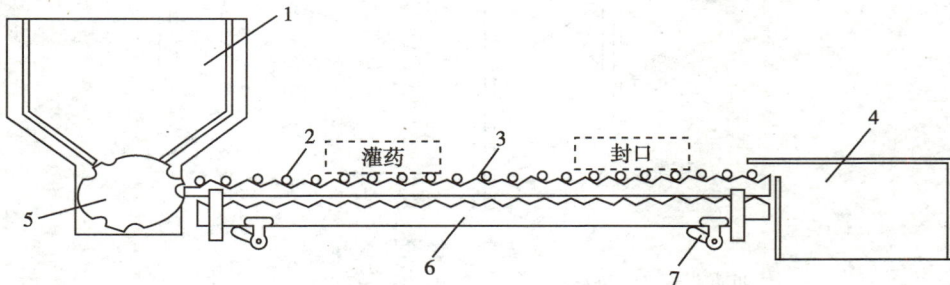

图 15-8　送瓶机构
1. 进瓶斗;2. 安瓿;3. 固定齿板;4. 出瓶斗;5. 拨瓶盘;6. 移动齿板;7. 曲轴

（2）安瓿灌装机构:如图 15-10 所示,由凸轮-杠杆机构、灌注-充氮机构和缺瓶止灌装置组成。

1)凸轮-杠杆机构:由凸轮、扇形板、顶杆、顶杆套筒、压杆、针筒、两个单向阀、贮液罐等组成。其功能是将药液从贮液罐内吸入针筒内,再通过机构把药液送入针头注入安瓿内。它的传动原理是:凸轮 1 连续转动,驱动扇形板 2 转换为顶杆 3 的上下往复运动,再转换为压杆 6 的上下摆动,最后转换为筒芯在针筒 7 内的上下往复运动。当针筒的筒芯向上移动时,下单向阀 8 开启,上单向阀 9 关闭,药液被吸入针筒内;当筒芯向下移动时,下单向阀 8 关闭,上单向阀 9 受压自动开启,药液通过导管和针头 10 而注入安瓿内。

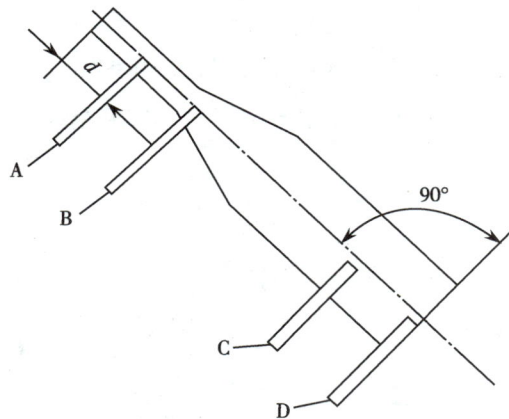

图 15-9　齿板的相对位置
A,D. 上、下固定齿板；B,C. 上、下移动齿板

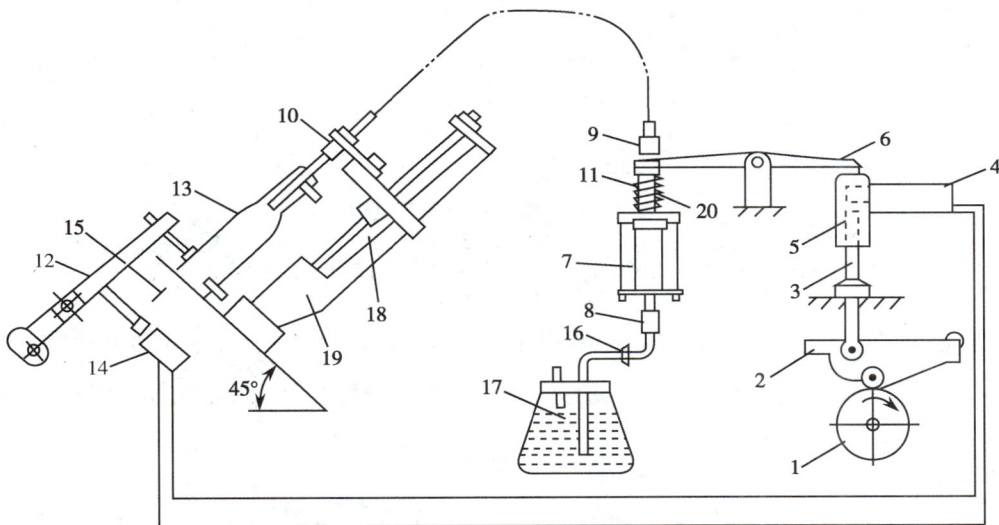

图 15-10　安瓿灌装机构
1. 凸轮；2. 扇形板；3. 顶杆；4. 止灌电磁阀；5. 顶杆套筒；6. 压杆；7. 针筒；8,9. 单向阀；10. 针头；11. 针筒弹簧；12. 压瓶板杠杆组合；13. 安瓿；14. 止灌行程开关；15. 拉簧；16. 螺丝夹；17. 贮液罐；18. 针头架；19. 针头托架座；20. 针筒芯

2）灌注-充氮机构：其功能是针头进出安瓿注入药液、充氮完成灌装和充氮气的动作。针头架上有 8 支针头，两个为一组，一般顺序是压缩空气、充氮气、灌注药液、再充氮气。对于吹气针头，单机型需设置，联动机不设置。

3）缺瓶止灌装置：其功能是当灌装工位缺安瓿时，能自动停止灌注，避免药液的浪费和污染。

（3）安瓿拉丝封口机构：安瓿封口方式有熔封和拉丝两种。熔封是指旋转的安瓿瓶颈在火焰加热中熔融，靠玻璃熔融的表面张力作用而密封在一起。拉丝是指旋转的安瓿瓶颈在火焰加热中熔融时，用机械或气动拉丝钳将瓶颈夹住拉断多余的玻璃丝颈，瓶颈便闭合密封在一起。如图 15-11 所示，安瓿拉丝封口机构由拉丝、加热、转瓶和压瓶机构四部分组成。

1）拉丝机构：由拉丝钳上下移动和钳口开闭组成。拉丝钳上下移动与灌装针头架运动一致，钳口开闭有气动和机械式两种。其主要区别是前者通过气阀凸轮控制压缩空气进入拉丝钳管路而使钳口启闭，而后者是通过连杆-凸轮机构带动钢丝绳来控制钳口的启闭。

2）加热部件：为燃气组，有 8 支喷枪头使用煤气+氧气+压缩空气组合，前 3 对为预热枪头，后 1 对为拉丝枪头。预热时温度达到 750℃左右，拉丝时可达 1400℃左右。

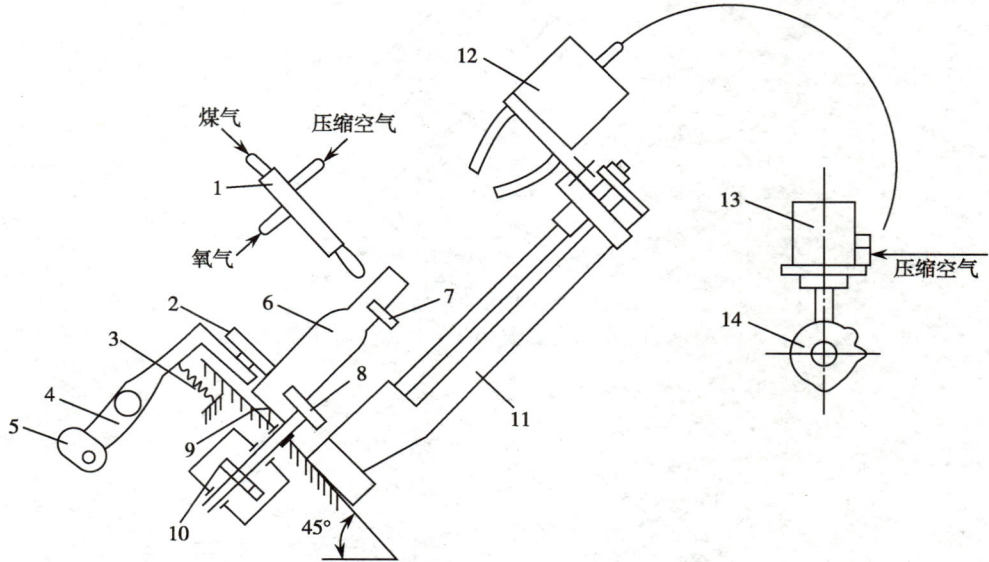

图 15-11　安瓿拉丝封口机构
1. 燃气喷嘴；2. 压瓶滚轮；3. 拉簧；4. 摆杆；5. 压瓶凸轮；6. 安瓿；7. 固定齿板；8. 滚轮；
9. 半球形支头；10. 蜗轮蜗杆箱；11. 钳座；12. 拉丝钳；13. 气阀；14. 凸轮

3）转瓶和压瓶机构：如图 15-12 所示，它由压瓶凸轮、压瓶滚轮、转瓶轴等组成。其作用是使安瓿在封口处的固定齿板上缓慢旋转，让玻璃周边均匀受热。压瓶轮帮助安瓿定位，使得安瓿不会漂移，保证了拉丝封口的正常工作。

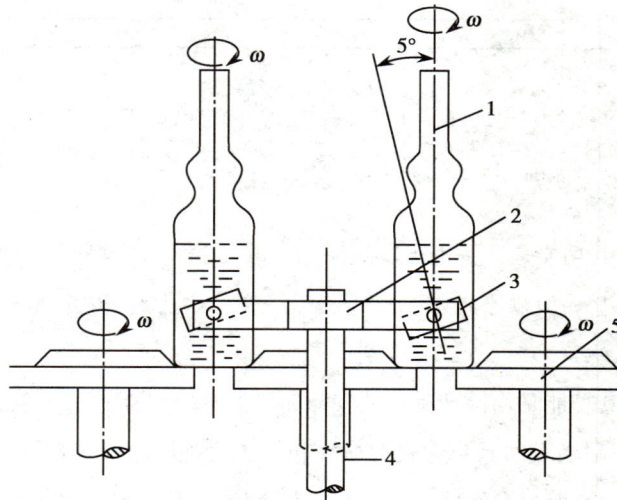

图 15-12　安瓿转瓶和压瓶机构
1. 安瓿；2. 压瓶座；3. 压轮；4. 压瓶座轴；5. 转瓶轴

（4）动力装置：如图15-7所示，主要由电机、主动带轮、从动带轮、主轴、蜗轮蜗杆、凸轮、圆柱齿轮、曲轴、压轮、拨叉等组成。

3. 工作原理　①洁净的安瓿装入进瓶斗后，在拨瓶盘的拨动下，依次进入移动齿板之上。②移动齿板把安瓿逐步地移动到灌注针头处。③随即充气针头和灌药针头同时下降，分别插入4对安瓿中，完成吹气→充氮气→灌注药液→第二次充氮气的动作。④在灌注处如缺安瓿，该机通过止灌装置自动停止供药液，不使药液浪费和流出污染机器。⑤在充气和灌药时，移动齿板和固定齿板位置重叠，安瓿停止在固定齿板上。同时压瓶机构将安瓿压住，帮助安瓿定位。当针头退出时，吹气针头、灌药针头停止供气、供药液。同时压瓶机构也相应离开。⑥移动齿板又将安瓿逐步移动到封口处。⑦安瓿在封口处的固定齿板上，在转瓶齿轮组和压瓶轮的联合作用下不停地自转，同时有压瓶机构压住，使得安瓿不会漂移，保证了拉丝钳的正常工作。⑧封口时，转动的安瓿瓶颈首先经过火焰预热，加热到熔融状态，由钨钢制成的拉丝钳及时夹住瓶颈，拉断达到熔融状态下的丝头，由于安瓿在不停地自转，丝颈的玻璃便熔合密接在一起。⑨在拉丝过程中，拉丝钳完成钳口张开、下移到最低位置、夹住丝头、上移到最高位置，到达最高位置时，拉丝钳张开、闭合两次，将拉出的废丝头甩掉，从而完成拉丝动作。⑩封口后的安瓿，移动齿板将其移至出瓶斗。

4. 设备标准操作规程（以 AGF8/1-20 安瓿灌封机为例）

（1）开机前准备：①检查主机电源，电路系统是否符合要求；②检查燃气、氧气是否符合要求，打开阀门；③检查药液及药液管路、灌装泵是否符合要求；④检查惰性气体是否符合要求，打开阀门。

（2）开机操作：①转动手轮使机器运行1~3个循环，检查是否有卡滞现象。②打开电控柜，将断路器全部合上，关上柜门，将电源置于"ON"。③先启动层流电机，检查层流系统是否符合要求。④在操作画面按主机启动按钮，再旋转调速旋钮，开动主机。由慢速逐渐调向高速，检查是否正常，然后关闭主机。⑤检查已烘干瓶是否已将机器网带部分排好，并将倒瓶扶正或用镊子夹走。⑥手动操作将灌装管路充满药液，排空管内空气。⑦开动主机运行，在设定速度试灌装，检查并调节装量，使装量在标准范围之内，然后停机。⑧在操作画面按抽风启动按钮。⑨在操作画面按氧气，燃气启动按钮。⑩按点火按钮点燃各火嘴，根据经验调节流量计开关，使火焰达到设定状态；按下转瓶电机按钮；开动主机至设定速度并进行灌装，观察拉丝效果，调节火焰至最佳；拉丝完成后用推板把瓶赶入接瓶盘中，同时可用镊子夹走明显不合格产品；中途停机时先按绞龙制动按钮，待瓶走完后方可停机，以免浪费药液及包材；总停机时先按氧气停止按钮，后按抽风停止按钮、转瓶停止按钮，之后按层流停止按钮，最后关断总电源；如总停间隔时间不长，可让层流风机一直处于开状态，以保护未灌装完的瓶。

（3）灌装结束：①关闭燃气、氧气和惰性气体总阀门；②拆卸灌装泵及管路，移往指定清洁位置清洁、消毒，注意泵体与活塞应配对做好标志以免混装；③对储液罐进行清洗、消毒；④对机器进行清洗，并擦拭干净。

5. 维护保养　①定期对凸轮、齿轮滑套处注润滑脂，减速器注润滑油；②检查齿形带的松紧，并根据情况进行调整维修或更换；③检查电机轴旋转方向与指示牌方向是否一致，并检查电机是否运转正常；④检查燃气管路是否堵塞、泄漏，灌装针头是否堵塞、变形，灌装管路是否泄漏，灌装泵、玻璃分液器、单向阀是否泄漏，发现异常及时修理；⑤检查层流风速是否符合要求；⑥随时更换损坏件，定期对紧固件进行紧固；⑦每次操作时最好按相同运行速度运行；⑧操作完毕后，关闭总电源，按清洁操作规程对设备进行清洁。

点滴积累 ∨

1. 安瓿灌封机由安瓿送瓶机构、灌装机构、安瓿拉丝封口机构和动力装置组成。
2. 安瓿灌装机构由凸轮-杠杆机构、灌注-充氮机构和缺瓶止灌装置组成。
3. 安瓿拉丝封口机构由拉丝、加热、转瓶和压瓶机构四部分组成。
4. 安瓿灌封机的原理是由移动齿板将安瓿运送到灌注处进行灌注，灌注完毕，移动齿板又将安瓿运送到拉丝封口处进行封口。

任务 15-3 安瓿洗、烘、灌封联动线

安瓿洗、烘、灌封联动线是一种将安瓿洗涤、烘干灭菌、药液灌封 3 个步骤联合为一体的生产线，联动线由安瓿超声波清洗机、隧道式灭菌干燥机和多针拉丝安瓿灌封机三部分组成。它实现了注射液生产承前联后同步协调操作，不仅节省了车间、厂房场地的投资，又减少了半成品的中间周转，将药物受污染的可能性降低到最小限度，生产能力高，符合 GMP 的要求。

目前国内制药企业使用的 BXSZ1/20-D 型安瓿洗、烘、灌封联动机组是由 QCL80 超声波立式安瓿清洗机、ASZ620/38 隧道式灭菌干燥机、AGF8/1-20 安瓿灌封机，3 台单机组成联动线，也可根据需要单机使用，如图 15-13 所示。

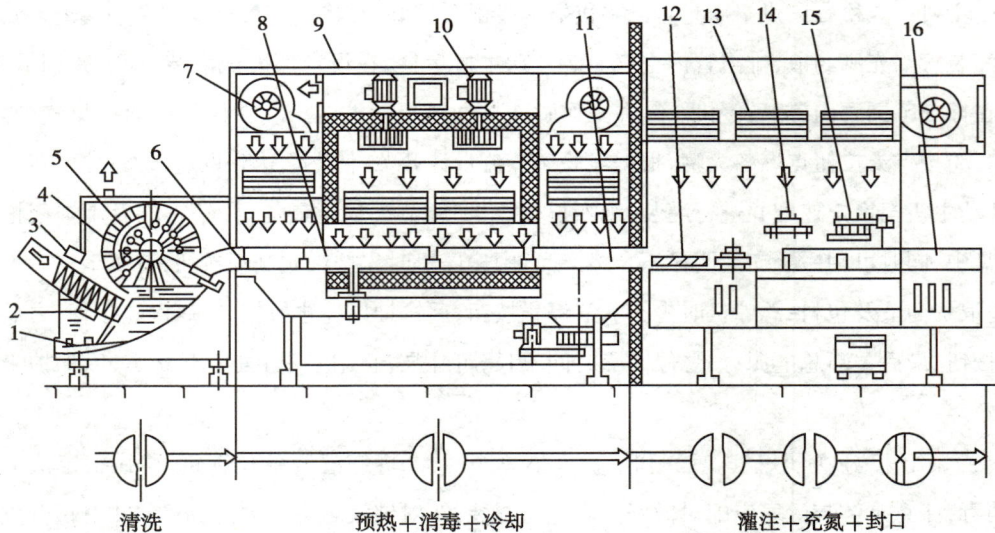

图 15-13 安瓿洗、烘、灌封联动机

1. 水加热器；2. 超声波换能器；3. 喷淋水；4. 冲水，气喷嘴；5. 转鼓；6. 预热区；7,10. 风机；8. 高温灭菌区；9. 高温高效过滤器；11. 冷却区；12. 不等距螺杆分离；13. 洁净层流罩；14. 充气灌药；15. 拉丝封口；16. 成品出口

安瓿洗、烘、灌封联动线工艺流程:安瓿上料→喷淋水→超声波洗涤→第一次冲循环水→第二次冲循环水→压缩空气吹干→冲注射用水→三次吹压缩空气→预热→高温灭菌冷却→螺杆分离进瓶→前充气→灌药→后充气→预热→拉丝封口→计数→出成品。

下面介绍安瓿洗、烘、灌封联动线:

1. QCL80 超声波立式安瓿清洗机　本机主要用于注射液、口服液、注射用无菌粉末等生产过程中对瓶子的洁净清洗,能自动完成从进瓶、超声波清洗、外洗、内洗到出瓶的全套生产过程。

瓶子由网带进瓶,在斜斗中注满水再滑入水池中。水温控制在 50~60℃,瓶子经过约 1 分钟的超声波清洗,使超声波处于最佳工作条件。在水池中绞龙将分离并送至提升拨块处,变节距绞龙按最佳曲线设计,使瓶子能平稳地自绞龙送入提升拨块中,提升拨块将瓶子自水中平稳地提升并送至大毂的机械手上。带有夹头的机械手将瓶子夹住并翻转 180°,使瓶口朝下,以便进入下面的冲洗工位。第一步由高压循环水冲洗瓶子的外壁,然后第一组喷针插入瓶内冲循环水,第二组喷针喷循环水,第三组喷针冲压缩空气,将瓶内残留的循环水排出,第四组喷针冲注射用水,第五、六组喷针冲压缩空气,将瓶内残留水尽量排出,以便烘干,最后压缩空气冲瓶子外壁,至此完成瓶子的所有清洗工序。机械手将瓶子翻正,并送至出瓶拨块处,然后再通过同步带将瓶子送出,进入隧道式灭菌干燥机。

2. ASZ620/38 隧道式灭菌干燥机　本机用于密封输送系统内容器的干燥、消毒和冷却,它利用层流原理和热空气高速消毒工艺,整个输送隧道在一密封系统内完成容器的干燥、灭菌和冷却。可使容器在密封隧道内达到国家洁净度 A 级标准。隧道密封系统分为 3 部分。

(1)预热部分:主要由层流箱体、预热风机、指示用接近感应开关和高效空气过滤器等组成。开机后,层流箱体上腔的预热风机从干燥消毒部分的上箱中吸入经过初级过滤的空气,然后压入层流箱体下腔,经过高效空气过滤器将洁净的空气压向容器,对容器进行预热,然后由底座抽风机抽走,通过风道直接送入室外,保证了整个隧道内的洁净度。

(2)干燥消毒部分:干燥消毒部分分两体,一体为烘箱上箱,另一体为烘箱体。烘箱上箱由箱体和初级过滤器组成,箱体一端与预热部分层流箱体相连,从初级过滤器进风到高效过滤器排风所形成的层流风道,正好经过烘箱箱体上的两个热风电机,此时即可将电机散发的热量带走,延长电机寿命,同时又使进入预热风机前的空气温度升高,使排向容器的空气有了一定的温度,对容器进行预热,以免薄壁容器在进入烘箱时爆裂。烘箱体主要由箱体、高温风机、不锈钢电热管、高温高效空气过滤器和初级过滤器等组成。开机时,空气由初级过滤器进入,由于热风机的运转,使箱体内的空气形成对流,空气经过不锈钢电热管,将空气加热后由高温风机送入增压腔内,热空气在一定的压力下经过高温高效过滤器过滤后变成高温洁净空气,利用高温洁净空气形成的层流对容器进行干燥和灭菌消毒,高温洁净空气均匀地从容器之间的间隙中穿透网带,到达烘箱底部后沿着侧面风道经过加热管再次加热后,在热风机的工作下再次经过高温高效过滤器的过滤后,变成高温洁净空气对容器进行干燥和灭菌消毒,整个过程就这样不停地循环。其废气被底座风机抽走,排向室外。

(3)冷却部分:冷却部分和预热部分结构和原理基本一样,不同之处在于箱体本身装有初级过滤器,风机直接吸入室内空气对容器进行冷却。使容器在经过冷却部分后的温度不得高于室温+15℃,以便进行灌装和封口。

3. AGF8/1-20 安瓿灌封机 主要用于制药行业的安瓿瓶灌装和拉丝封口。采用直线间歇式灌装及封口。

来自灭菌干燥机的安瓿瓶通过连接板进入进瓶传送带,并向前运动至绞龙部件,绞龙将安瓿瓶整理成有序的分离状态,并将安瓿逐个向右推进至进瓶拨轮。进瓶拨轮连续将安瓿递交给前行走梁部件,前行走梁部件可以将安瓿连续运动转变为间歇运动方式。中间行走梁部件按步进方式将安瓿送至下一工位。5 个间歇工位依次为:前充气工位、灌液工位、后充气工位、预热工位、拉丝封口工位。前充气工位充压缩空气,后充气工位充惰性气体。在灌液工位,8 个玻璃柱塞泵通过灌针将药液注入安瓿,各灌装泵装量可通过调节手轮来调整。在预热工位,安瓿被喷嘴喷出的液化气与氧气的混合燃烧气体加热,同时在滚轮的作用下产生自旋运动。在拉丝封口工位,安瓿顶部进一步受热软化,被拉丝夹拉丝封口,封好口的安瓿经出瓶拨轮被推入接瓶盘中。在整个过程中,安瓿始终处于洁净度为 A 级的层流保护下。该机也可配备氢氧混合气作为燃气。

知识链接

安瓿洗、烘、灌封联动线验证方案

1. 概述 安瓿洗、烘、灌封联动线是由立式超声波洗瓶机、灭菌干燥机、安瓿灌封机组成。

2. 目的 通过对安瓿洗、烘、灌封联动线的验证,保证安瓿的洗涤、干燥、灭菌具有可操作性和可靠性,灌封效果满足生产工艺要求。

3. 范围 安瓿洗、烘、灌封联动线的安装确认、运行确认、性能确认。

4. 责任人 制造部、注射剂生产车间主任及本岗位操作工、QA 检查员。

5. 内容 安装确认、运行确认、性能确认。

(1)安装确认:包括文件确认、设备确认、外观确认、电源、其他辅助系统。

(2)运行确认:包括确认项目、人员培训、设备主要性能合格标准、运行确认的具体实施项目。

(3)性能确认:要验证某一品种,内容有可接受标准、测试方法、测试记录。

最后验证确认汇总并附有 3 批生产记录。

点滴积累 ∨

1. 安瓿洗、烘、灌封联动线工艺流程是安瓿上料→喷淋水→超声波洗涤→第一次冲循环水→第二次冲循环水→压缩空气吹干→冲注射用水→三次吹压缩空气→预热→高温灭菌冷却→螺杆分离进瓶→前充气→灌药→后充气→预热→拉丝封口→计数→出成品。

2. 安瓿洗、烘、灌封联动线是一种将安瓿洗涤、烘干灭菌、药液灌封 3 个步骤联合为一体的生产线,联动机由安瓿超声波清洗机、隧道式灭菌干燥机和多针拉丝安瓿灌封机三部分组成。

任务 15-4　安瓿注射液异物自动检查机

安瓿注射液异物自动检查机是利用视觉系统检测出混杂在产品中的可见异物,主要用于制药企业安瓿瓶注射液、抗生素瓶注射液、口服液剂产品的可见异物及封口缺陷自动检测。

1. **结构**　主要包括机架、进瓶装置、中心检测区、出瓶装置、传动系统和伺服系统。在机架上设有转盘、进瓶拨轮、出瓶拨轮、出瓶绞龙、旋瓶装置、刹车、光源和踢瓶装置。

2. **工作原理**　当被检测物体被送到输送带后,由输送带送到进瓶拨轮,由进瓶拨轮输送到转盘检验区相应旋瓶座上后,相应的压头经过顶部凸轮把被检测物体压住,使得压头、被检测物体和旋瓶座成一直线,被检测物体及相应的压头和旋瓶座随转盘转动,当到达旋瓶位置时,旋瓶电机高速旋转被检测物体相应的旋瓶座,使得被检测物体高速旋转,进入光电检测前,通过刹车制动被检测物体相应的旋瓶轴,使得被检测物体停止旋转,而瓶内的液体仍在旋转。此时被检测物体进入光电检测区,光源一直照射到被检测物体上,工业相机对被检测物体高速拍照,如果被检测物体内液体有任何杂质,经过几幅图像进行比较,即可判定出来。通过工业相机采集到的图像还可以判定液位是否满足要求。被检测物体经过多组光电检测区,无论哪一组判定其有杂质,此被检测物体将被视为不合格品。当被检测物体要运转到出瓶拨轮时,被检测物体相应压头经过顶部凸轮松开被检测物体,被检测物体进入出瓶拨轮和出瓶绞龙,经过踢瓶装置区分合格品与不合格品。

3. **主要特点**

(1)适用于规格 1~20ml 标准安瓿瓶,通过更换进瓶拨轮、出瓶拨轮、绞龙和栏栅,可以迅速更换被检测物体的规格,应用非常方便。

(2)更换规格方便,易于操作。

(3)稳定运行速度为 400 瓶/分钟。

(4)检测精度可调节。

(5)检测物体传送顺畅,噪声低,检测液体在检验台的晃动小。

(6)本机采用高分辨率工业相机,每个相机采集的每幅图像相当于检测区域放大 50 倍,由于在被检测物体上打强光,杂质的可视性更强,因此检测精度比人工检测要高。

4. **检测范围**

(1)可视异物:玻璃屑、纤维、毛发、黑块、白块、色块等不溶物。

(2)静止异物检测:黏附在瓶壁或瓶底处的大玻璃屑。

(3)灌装量检测。

(4)外观检测:顶部形状缺陷,如:拉丝拖尾、平头、斜头、炭化、瓶口裂纹、泡头等,口服液瓶和抗生素瓶轧盖主要缺陷。

(5)扩展检测:瓶体裂纹,瓶身畸形,瓶颈处沙眼结石等。

点滴积累 ∨

1. 安瓿注射液异物自动检查机的结构主要包括机架、进瓶装置、中心检测区、出瓶装置、传动系统和伺服系统。在机架上设有转盘、进瓶拨轮、出瓶拨轮、出瓶绞龙、旋瓶装置、刹车、光源和踢瓶装置。

2. 工作方式：它是利用工业相机对被旋转的检测物体高速拍照，经过图像比较，判定合格品与不合格品。

目标检测

一、选择题

（一）单项选择题

1. 安瓿的充气和灌药都是两个为一组同时完成的，先后的次序是（　　）

　　A. 吹气→第一次充氮气→灌注药液→第二次充氮气

　　B. 吹气→灌注药液→充氮气

　　C. 第一次充氮气→吹气→灌注药液→第二次充氮气

　　D. 第一次充氮气→灌注药液→第二次充氮气→吹气

2. 安瓿灌封机中移动齿板的机构是属于（　　）

　　A. 曲柄摇杆机构　　　　　　　　　B. 曲柄滑块机构

　　C. 双摇杆机构　　　　　　　　　　D. 平行四边形机构

3. 在安瓿灌封机中，移动齿板与固定齿板的位置是（　　）

　　A. 移动齿板、固定齿板、移动齿板、固定齿板

　　B. 移动齿板、固定齿板、固定齿板、移动齿板

　　C. 固定齿板、固定齿板、移动齿板、移动齿板

　　D. 固定齿板、移动齿板、移动齿板、固定齿板

4. 在安瓿灌封机中充氮气的目的是（　　）

　　A. 防止药品氧化　　　　　　　　　B. 防止药品向外溢出

　　C. 帮助安瓿预热　　　　　　　　　D. 帮助安瓿定位以便拉丝

5. 气水喷射式安瓿洗瓶机组在工位 x1x2y1y2 进行洗涤的顺序是（　　）

　　A. 水→气→水→气　　　　　　　　B. 气→水→气→水

　　C. 水→水→气→气　　　　　　　　D. 气→气→水→水

6. 18 工位超声波安瓿洗瓶机水槽温度控制在（　　）

　　A. 30~40℃　　　　　B. 40~50℃　　　　　C. 50~60℃　　　　　D. 70~80℃

7. 在 18 工位超声波安瓿洗瓶机中，水槽内的水是（　　）

　　A. 自来水　　　　　　　　　　　　B. 循环水

　　C. 新鲜注射用水　　　　　　　　　D. 去离子水

8. 喷淋式安瓿洗瓶机组由(　　)组成

  A. 灌水机、蒸煮箱、甩水机　　　　　　B. 灌水机、蒸煮箱、泵

  C. 灌水机、甩水机　　　　　　　　　　D. 甩水机、水箱、泵

9. 在安瓿灌封机进行灌封时充的气体是(　　)

  A. 氧气　　　　　　B. 氮气　　　　　　C. 二氧化碳　　　　　　D. 氢气

10. 喷淋洗涤法是将安瓿经灌水机灌满滤净的(　　),再用甩水机将水甩出

  A. 纯化水　　　　　B. 饮用水　　　　　C. 注射用水　　　　　D. 无菌注射用水

(二) 多项选择题

1. 安瓿洗、烘、灌封联动机组由(　　)组成

  A. 安瓿超声波清洗机　　　　　　　　B. 隧道灭菌箱

  C. 多针拉丝安瓿灌封机　　　　　　　D. 滚筒式洗瓶机

  E. 气水喷射式安瓿洗瓶机组

2. 安瓿灌封机送瓶机构主要由(　　)组成

  A. 进瓶斗　　　　　　B. 偏心轴　　　　　　C. 移动齿板

  D. 拉丝钳　　　　　　E. 拨瓶盘

3. 安瓿灌封机灌装机构主要由(　　)组成

  A. 凸轮-杠杆机构　　　B. 灌注-充氮机构　　　C. 止灌装置

  D. 转瓶机构　　　　　E. 拉丝机构

4. 安瓿灌封机拉丝封口机构主要由(　　)组成

  A. 凸轮-杠杆机构　　　B. 灌注-充氮机构　　　C. 拉丝机构

  D. 转瓶与压瓶机构　　　E. 加热部件

5. 按国家标准规定,安瓿一律为曲颈易折安瓿,其规格为(　　)

  A. 1ml　　　　　　　B. 2ml　　　　　　　C. 5ml

  D. 10ml　　　　　　E. 20ml

6. 关于安瓿注射液异物自动检查机,叙述正确的是(　　)

  A. 本机是利用视觉系统检测出混杂在产品中的可见异物

  B. 可以自动检测安瓿瓶注射剂、抗生素瓶水针剂可见异物及封口缺陷

  C. 使得被检测物体高速旋转,进入光电检测前,通过刹车制动被检测物体相应的旋瓶轴,使得被检测物体停止旋转,而瓶内的液体仍在旋转

  D. 可以对口服液剂产品的可见异物及封口缺陷自动检测

  E. 可以检查的异物有玻璃屑、纤维、毛发、黑块、白块、色块等不溶物

7. 目前安瓿的洗涤方法主要有以下哪三种(　　)

  A. 喷淋式洗涤法　　　B. 加压喷射气水洗涤法　　C. 超声波洗涤法

  D. 热蒸汽洗涤法　　　E. 蒸煮法

8. 安瓿超声波清洗及主要由(　　)三大部分组成

A. 清洗部分　　　　　　B. 供水系统　　　　　　C. 压缩空气系统

D. 传动系统　　　　　　E. 动力系统

9. 喷淋式安瓿洗瓶机组的主要组成为(　　　)

A. 安瓿灌水机　　　　　B. 轧口机　　　　　　C. 蠕动泵

D. 甩水机　　　　　　　E. 蒸煮箱

10. 下面关于超声波安瓿洗瓶机的说法正确的是(　　　)

A. 采用超声波的原理进行清洗　　　　B. 一般水箱需要加热

C. 压缩空气一般需要过滤　　　　　　D. 清洗过程有用到循环水

E. 水箱的水通过泵打到清洗槽中

11. 当超声波安瓿清洗机的循环水压力检测红灯亮时一般产生的原因为(　　　)

A. 循环水控制阀门未开启或开启不够　　B. 高频未接通

C. 管接头漏水　　　　　　　　　　　　D. 过滤器堵塞

E. 隧道入口处安瓿挤塞

二、简答题

1. 安瓿洗涤方法有几种？各是什么？

2. 喷淋式安瓿洗瓶机组有哪些设备？它们各自的结构和原理是什么？

3. 气水喷射式安瓿洗瓶机组由什么组成？

4. 超声波安瓿洗瓶机的结构和原理是什么？

5. 安瓿灌封机的结构和原理是什么？

三、分析题

分析 18 工位超声波安瓿洗瓶机的工艺流程。

实训十五　制药企业注射剂生产设备实践

【实训目的】

1. 掌握注射剂生产设备的结构、工作原理。

2. 熟悉注射剂生产设备的基本操作。

3. 了解注射剂生产工艺流程、注射剂生产管理的要求。

【实训内容】

1. 注射剂生产设备的种类、结构、工作原理和使用方法。

2. 注射剂生产工艺流程、注射剂生产质量管理。

3. 注射剂车间布局、分布要求及空气洁净设备的使用情况。

【实训步骤】

1. 实践前认真复习项目十五的内容,做好实践前的各项准备。

2. 严格遵守生产企业的各种规章制度,注意安全,按规定穿戴好洁净服装。

3. 仔细听取制药企业技术人员的讲解,仔细观察,主动提问,做好记录。

4. 根据目标要求,结合实践内容,写出实践报告。

【实训思考题】

1. 常用注射剂生产设备有哪些? 其结构、原理是什么?

2. 谈谈注射剂的生产如何管理?

【实训测试】

根据学生实践报告、实践现场表现和思考题完成情况进行考核。实践报告格式见附录三。

(王艳艳)

模块六

药品包装设备

项目十六

药品包装设备

导学情景 ∨

情景描述:

感冒发烧身体不舒服了,我们会到医院或药房去买点感冒药,实际上我们买到的药除了药品本身,还有多层的包装材料,你知道这些药品为什么要包装吗?企业生产中又是什么样的设备完成这些工作的呢?

学前导语:

药品的包装分内包装与外包装。内包装应能保证药品在生产、运输、贮藏及使用过程中的质量,并便于医疗使用。外包装系指内包装以外的包装,按由里向外分为中包装和大包装。外包装应根据药品的特性选用不易破损的包装,以保证药品在运输、贮藏、使用过程中的质量。药品包装设备就是完成全部或部分包装过程的机械。

❖ **概述**

ER-16-1

扫一扫,知重点

一、药品包装的含义

(一)药品包装的定义

药品包装系指选用适宜的包装材料或容器,利用一定包装技术对药物制剂的半成品或成品进行分(灌)、封、装、贴签等操作过程的总称。对药品进行包装,就是为药品在运输、贮存、管理和使用过程中提供保护、分类和说明。

▶ **课堂活动**

药品出厂时都是包装完整的,在我们日常购药时有没有注意药品包装由哪几个部分组成?每个部分各有什么作用?

(二)药品包装的作用

1. 保护作用 药品包装必须保证药品在整个有效期内药效的稳定性,合适的药品包装对于药品的质量起到关键性的保护作用。

(1)防止有效期内药品变质:应该将包装材料的保护功能作为防止药品变质的要素考虑,以突出对药品的保护功能。

(2)防止药品在运输、贮存过程中受到破坏：药品在运输和贮存过程中难免受到堆压、挤压、撞击、振动,造成药品的破损和散失。要求包装应当有一定的机械强度,起到防震、耐压和封闭作用。

2. 标示作用

(1)标签和说明书：标签和药品说明书上要科学准确地介绍具体药物品种的基本内容。

(2)包装标志：包装标志是为了药品分类、运输、贮存和临床使用时便于识别和防止用错,对剧毒、易燃、易爆等药品要有特殊安全标志和防伪标志。

3. 包装便于使用和携带

(1)单剂量包装：方便使用和销售,减少药品浪费;可采用一次性包装和疗程包装。

(2)配套包装：分为使用方便式和旅居治疗式的配套包装。

(3)小儿安全包装：方便给药同时防止儿童误食。

4. 促进销售　药品包装是消费者购买的最好媒介,也是传达药品信息的重要渠道。良好的包装能满足消费者心理需求,从而提高药品利润。

二、药品包装机械的组成与分类

国家标准 GB/T4122.2-2010 中定义包装机械是"完成全部或部分包装过程的机器,包装过程包括成型、充填、封口、裹包等主要包装工序,以及清洗、干燥、杀菌、贴标、捆扎、集装、拆卸等前后包装工序转送、选别等其他辅助包装工序"。

知识链接

药品包装机械的发展

一些跨学科的高技术正不断引入到药品包装机械领域,药品包装机械的发展发生了日新月异的变化。

1. 利用热管与电阻丝的有机组合改善填充机横封切断装置的热封效果。

2. 利用激光可对被连续供送的塑料瓶、玻璃瓶进行缺陷检查和标记。

3. 利用图像识别和机器视觉技术可自动检测多种产品（如药品、食品）的形状大小、表面缺陷和贴标状况,以便按等级自动分类,剔除不合格产品。

4. 利用数控气动装置可实现快速动作和随意定位,有利于提高大负载自动包装机的工作性能和生产能力。

（一）药品包装机械的组成

药品包装机械一般有八个组成要素。

1. 药品的计量与供送装置　指对被包装的药品进行计量、整理、排列,并输送到预定工位的装置系统。

2. 包装材料的整理与供送系统　指将包装材料进行定长切断或整理排列,并逐个输送至锁定工位的装置系统。有的还完成容器竖起、定型、定位。

3. 主传送系统 指将被包装药品和包装材料由一个包装工位顺序传送到下一个包装工位的装置系统。单工位包装机无本系统。

4. 包装执行机构 指直接进行裹包、充填、封口、贴标、捆扎和容器成型等包装操作的机构。

5. 成品输出机构 指将包装成品从包装机上卸下、定向排列并输出的机构。

6. 动力传动系统 指将动力源的动力与运动传递给执行机构和控制元件,使之实现预定动作的装置系统。一般由机、电、光、液、气等多种形式的传动、操纵、控制以及辅助装置等组成。

7. 控制系统 由各种自动和手动控制装置等组成。包括包装过程及其参数的控制、包装质量、故障与安全的控制等。

8. 机身 用于支撑和固定有关零部件,保持其工作时要求的相对位置,并起一定的保护、美化外观的作用。

(二)药品包装机械的分类

1. 按包装产品的类型分类

(1)专用包装机:是专门用于包装某一种产品的机器。

(2)多用包装机:是通过调整或更换有关工作部件,可以包装两种或两种以上药品的机器。

(3)通用包装机:是指在指定范围内适用于包装两种或两种以上不同类型药品的机器。

2. 按包装机械的自动化程度分类

(1)全自动包装机:全自动包装机是自动供送包装材料和内容物,并能自动完成其他包装工序的机器。

(2)半自动包装机:半自动包装机是由工人供送包装材料和内容物,但能自动完成其他包装工序的机器。

3. 按包装机械的功能分类 包装机械又可分为:充填机械、灌装机械、裹包机械、封口机械、贴标机械、清洗机械、干燥机械、杀菌机械、捆扎机械、集装机械、多功能机械,以及完成其他包装作业的辅助包装机械。

点滴积累 ▽ ....

1. 药品包装系指选用适宜的包装材料或容器,利用一定包装技术对药物制剂的半成品或成品进行分(灌)、封、装、贴签等操作过程的总称。

2. 药品包装起到保护、标示、便于使用和携带、促进销售的作用。

3. 药品包装机械一般由药品的计量与供送装置、包装材料的整理与供送系统、主传送系统、包装执行机构、成品输出机构、动力传动系统、控制系统、机身八个组成要素。

任务 16-1 固体制剂包装设备

包装是固体制剂车间生产的最后工序。对于片剂和胶囊剂的内包装主要有三类:

(1)泡罩式包装(PTP):又称为水泡眼包装,压穿式包装。

（2）瓶包装包括玻璃瓶和塑料瓶包装。

（3）自动制袋装填包装。

本节介绍前两种包装设备。

ER-16-2

泡罩包装机
结构原理

一、铝塑泡罩包装机

铝塑泡罩包装又称水泡眼（PTP）包装，即通过压力进行包装。铝塑泡罩包装机是将透明塑料薄膜或薄片制成泡罩，用热压封合、黏合等方法将药品封合在泡罩与底板之间的机器。药用铝塑泡罩包装机又称热塑成型泡罩包装机，简称为泡罩式包装机。它用来包装各种几何形状的口服固体制剂药品——平素片、糖衣片、薄膜衣片、硬胶囊剂、软胶囊剂、滴丸、中药蜜（水、浓缩）丸等。近年来，它还向多种用途发展，还可用于包装安瓿、抗生素瓶、药膏、注射器、输液袋等。

▶ 课堂活动

请同学们说说药店里哪些药品是采用泡罩式包装的。

（一）铝塑泡罩包装机的工艺流程

1. PTP 包装材料简介　PTP 铝塑泡罩包装成泡基材多为药用聚氯乙烯塑料硬片（简称 PVC 硬片）。PVC 硬片是铝塑泡罩包装最主要的材料之一。它具有较好的热塑性和热封性；PTP 包装的覆盖材料是铝箔（称为药品泡罩包装用铝箔，亦称 PTP 铝箔）。

2. 铝塑泡罩包装工艺流程　由于 PVC 片具有热塑性，可加热使其变软，在成型模具上利用真空或正压，将其吸（吹）塑成与待装药物外形相近的形状和尺寸的凹泡，再将药物（单粒或双粒）放置于凹泡中，以铝箔覆盖后，用压辊（板）将无药处（即无凹泡处）的塑料膜与贴合面涂有热熔胶的铝箔挤压黏结成一体；然后，根据药物的常用剂量，按若干粒药物的设计组合单元切割成一个板块（多为长方形），并列裁切若干板块后，就完成了铝塑包装的过程。在铝塑泡罩包装机上需要完成薄膜输送、加热、凹泡成型、加料、盖材印刷、压封、打批号压痕、冲裁等工艺过程，如图 16-1 所示。

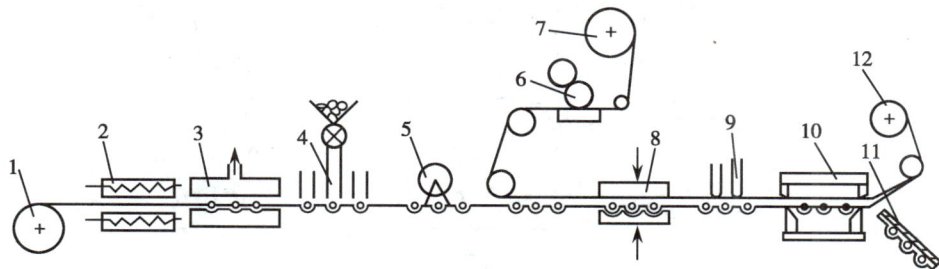

图 16-1　泡罩包装机工艺流程图
1. PVC 辊；2. 加热器；3. 成型装置；4. 加药机构；5. 检整装置；6. 盖材印字；
7. 铝箔辊；8. 热封装置；9. 压痕；10. 冲裁装置；11. 成品；12. 废料辊

（1）薄膜输送：铝塑泡罩包装机是一种多功能包装机，各个包装工序分别在不同的工位上进行。包装机设置薄膜输送机构，其作用是输送薄膜并使其通过各工位，完成泡罩包装工艺。

（2）加热：将成型膜加热到能够进行热成型加工的温度，这个温度是根据选用的包装材料确定的。对于硬质 PVC,较易成型的温度范围为 110~130℃。温度的高低对热成型加工效果和包装材料的延展性有影响,因此要求对加热温度控制要相当准确。

国产铝塑泡罩包装机的加热方式有辐射加热和传导加热。大多数热塑性包装材料吸收 3.0~3.5μm 波长红外线发射的能量。因此最好采用辐射加热方法对薄膜加热,如图 16-2(a)所示。

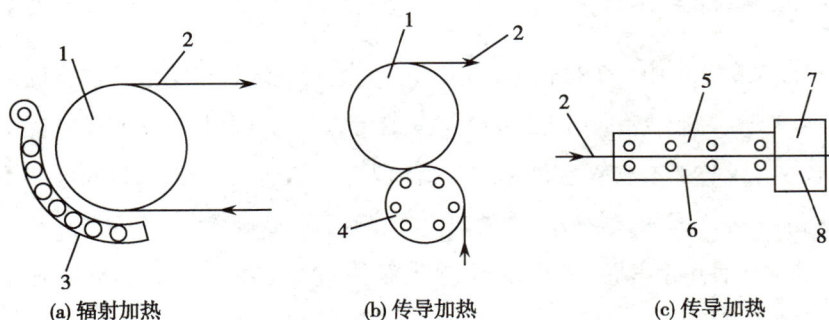

图 16-2　PVC 加热方式
1. 成型模;2. 薄膜;3. 远红外线加热器;4. 加热辊;5. 上加热板;6. 下加热板;7. 上成型模;8. 下成型模

传导加热又称接触加热。这种加热方法是将薄膜夹在成型模与加热辊之间,如图 16-2(b)所示,或者夹在上下加热板之间,如图 16-2(c)所示。这种加热方法应用于聚氯乙烯(PVC)材料的加热。

(3)成型:成型是泡罩包装过程的重要工序。泡罩成型的方法有四种。

1)吸塑成型(负压成型):利用抽真空将加热软化了的薄膜吸入成型模的泡窝内成一定几何形状,从而完成泡罩成型,如图 16-3(a)所示。吸塑成型一般采用辊式模具,成型泡罩尺寸较小,形状简单,泡罩拉伸不均匀,泡窝顶和圆角处较薄,泡易瘪陷。

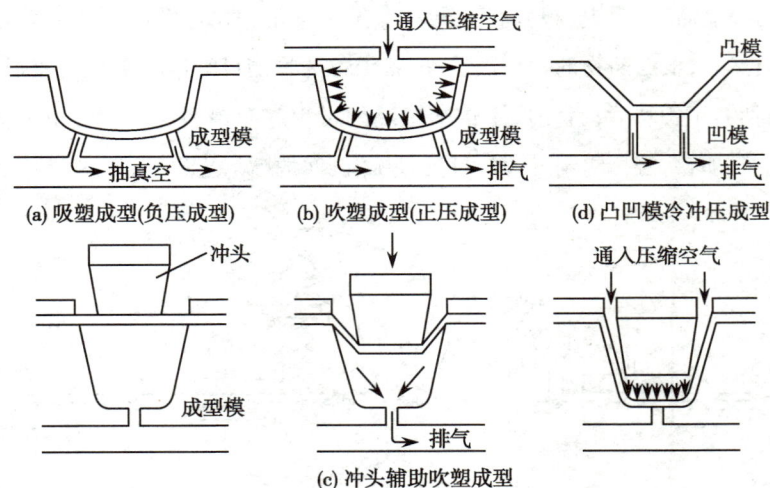

图 16-3　泡罩成型方式

2)吹塑成型(正压成型):利用压缩空气形成 0.3~0.6MPa 的压力,将加热软化了的薄膜吹入成型模的窝坑内,形成需要的几何形状的泡罩,如图 16-3(b)所示。模具的凹槽底设有排气孔,当塑料膜变形时膜模之间的空气经排气孔迅速排出。为使压缩空气的压力有效地加到塑料膜上,加气板应设置在对应模具的位置上,并且使加气板上的吹气孔对准模具的凹槽。吹塑成型一般采用板式模具制成平板形,成型的泡罩壁厚比较均匀,尺寸规格可以根据生产能力的要求确定。

3)冲头辅助吹塑成型:借助冲头将加热软化的薄膜压入凹模腔槽内,当冲头完全压入时,通入压缩空气,使薄膜紧贴膜腔内壁,完成成型加工工艺,如图 16-3(c)所示。冲头尺寸约为成型模腔的60%~90%。合理地设计冲头形状尺寸、推压速度和距离,可以获得壁厚均匀、棱角挺实、尺寸较大、形状复杂的泡罩。冲头辅助成型多用于平板式泡罩包装机。

4)凸凹模冷冲压成型:采用包装材料的刚性较大(如复合铝)时,采用凸凹模冷冲压成型方法,即凸凹模合拢,对膜片进行成型加工,如图 16-3(d)所示。凸凹模之间的空气由成型凹模的排气孔排出。

(4)加料充填:向成型后的泡罩窝中充填药物的加料器有行星软刷推扫器,如图 16-4 所示。

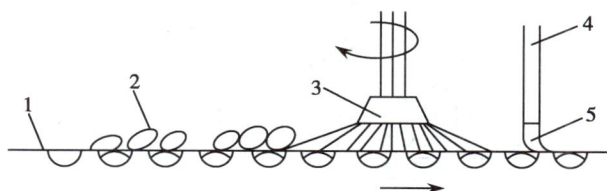

图 16-4 软刷推扫器
1. 泡罩片;2. 药物;3. 旋转软刷;4. 围板;5. 软皮板

行星轮软毛刷推扫器是利用调频电机带动简单行星轮系的中心轮,再由中心轮驱动三个下部安装有等长软毛刷的等径行星轮作既有自转又有随行星架公转的回转运动。行星运动的毛刷将落料器落下的药或胶囊推扫到泡罩凹窝带中,完成布料动作。如图 16-5 所示,落料器出口有一水平轴顺时针转动的回扫毛刷轮和挡板,回扫轮紧贴塑料泡窝片,凹窝中多余的药物被回扫到未填充的凹窝方向,以保证已填充的每个凹窝中只允许容纳一粒药物,防止推扫药物时散到泡罩带宽以外。这种结构能适应药片或胶囊充填,得到广泛应用。

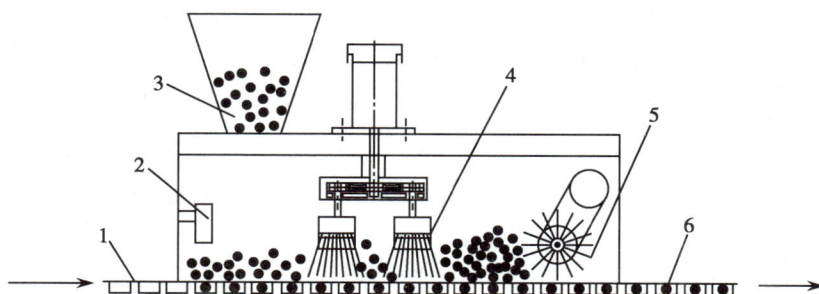

图 16-5 行星轮通用上料机示意图
1. PVC 凹泡;2. 下料传感器;3. 料斗;4. 布料毛刷;5. 扫料辊;6. 已填药物泡片

(5)检整:利用人工或光电检测装置在加料器后边及时检查药物填充情况,必要时可以人工补药或拣取多余的丸粒。

(6)热封:将加热到一定温度的盖材铝箔膜覆盖于成型泡窝内充填好药物的泡罩片上,通过加压使其紧密接触,在很短时间内完成封合。封合面上以菱形密点或线状网纹确保压合表面的密封性。热封有两种形式:双辊热压式和双板热压式。

1)双辊热压式:将准备封合的材料通过转动的两辊之间,使之连续封合,如图 16-6 所示。热封辊的圆周表面有网纹,在压力封合时还需伴随加热过程,热封辊(无动力驱转,可随气动或液压缸控制支持架有一定摆角的接触或脱开,有保持恒温的循环冷却,须预热)与主动辊(有动力,有载药窝孔,无网纹,无冷却)靠摩擦力作纯滚动,两辊间接触面积很小,盖材和底材进入两辊间,边压合,边牵引,故热压封合所需要的正压力较低,封合动作为连续式。

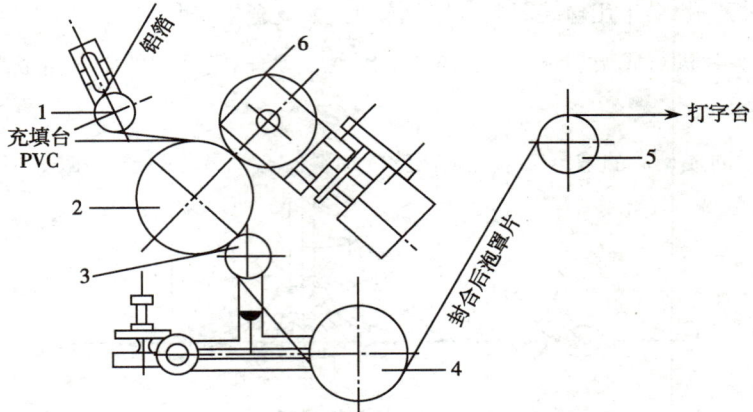

图 16-6 双辊热压式
1,3,5. 导向辊;2. 驱动辊;4. 重力游辊;6. 热封辊

2)双板热压式:如图 16-7 所示,当准备封合的材料到达封合工位时,通过固定不动带有电加热的上热封板和做上、下运动的下热封板,将 PVC 与铝箔热封合在一起。板式模具热封包装成品比辊式模具的成品平整,但由于封合面积较辊式热封面积大得多,故封合所需的压力往往很大。为了封合牢固和板块外观美观,在上热封板上制有网纹。封合动作为间歇式。

(7)压痕:压痕包括打批号和压易折痕。行业标准中明确规定药品泡罩包装机必须有打批号装置。包装机打印一般采用凸模模压法印出生产日期和批号。打批号可在单独工位进行,也可以与热封同工位进行。一个铝塑包装的药物可能适于多次服用,为了服用时分割方便,可在一片单元板上冲压出易折裂的断痕,可方便撕断成若干小块,每小块可供一次的服用剂量。压痕也采用凸凹模冲压法实现。

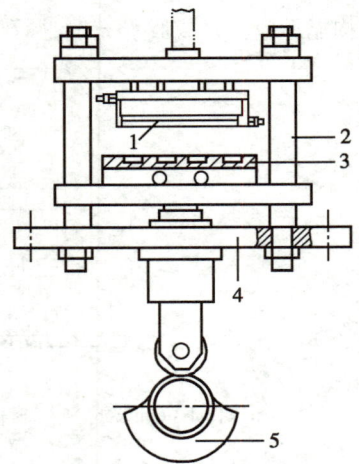

图 16-7 双板热压式
1. 上热封板;2. 导柱;3. 下热封板;
4. 底板;5. 凸轮

(8)冲裁:将封合后的带状包装产品裁切成规定的尺寸。无论是纵裁还是横裁,都要节省包装材料,尽量减少冲裁余边或者无边冲裁,并且要求成品的四角冲成圆角,以便安全使用和方便装盒。冲裁过成品板块的边角余料如为带状,可用废料辊的旋转将其卷绕收集。

（二）泡罩包装机的结构

泡罩包装机按结构形式可分为平板式、辊筒式和辊板式三大类。但它们的组成部件基本相同，见表 16-1。

表 16-1　辊筒式、辊板式和平板式泡罩包装机特点

项目型式	辊筒式	平板式	辊板式
成型方式	辊式模具，吸塑（负压）成型	板式模具，吹塑（正压）成型	板式模具，吹塑（正压）成型
成型压力	小于 1MPa	大于 4MPa	可大于 4MPa
成型面积	成型面积小，成型深度 10mm 左右	成型面积较大，可成型多排泡罩。采用冲头辅助成型，可成型尺寸大、形状复杂泡罩。成型深度达 36mm	成型面积较大，可成型多排泡罩
热封	辊式热封，线接触，封合总压力较小	板式热封，面接触，封合总压力较大	辊式热封，线接触，封合总压力较小
薄膜输送方式	连续—间歇	间歇	间歇—连续—间歇
生产能力	生产能力一般，冲裁频率 45 次/min	生产能力一般，冲裁频率 40 次/min	生产能力高，冲裁频率 120 次/min
结构	结构简单，同步调整容易，操作维修方便	结构较复杂	结构复杂

（三）平板式泡罩包装机

平板式泡罩包装机是目前应用较为广泛的铝塑包装机。它在结构上，泡罩成型和热封合模具均为平板形，如图 16-8 所示。

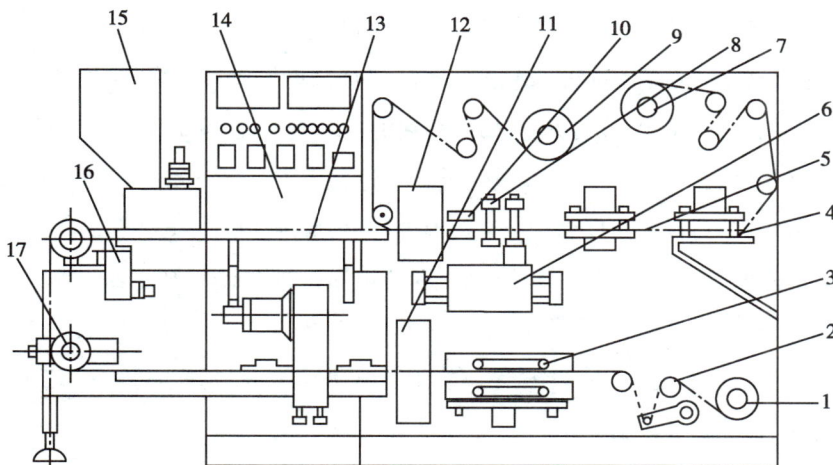

图 16-8　平板式泡罩包装机

1. PVC 片辊；2. 张紧辊；3. 加热装置；4. 冲裁站；5. 压痕装置；6. 进给装置；7. 废料辊；8. 气动夹头；9. 铝箔辊；10. 导向板；11. 成型板；12. 封合站；13. 检整台；14. 控制盘；15. 上料器；16. 压紧辊；17. 成型泡带导向辊

1. 工作原理 PVC片通过预热装置预热软化,在成型站中吹入高压空气或先以冲头预成型再加高压空气成型为泡窝;PVC泡窝片通过上料器时自动充填药品于泡窝内,在驱动装置作用下进入热封装置,使得PVC片与铝箔在一定温度和压力下密封;最后由冲裁站冲剪成规定尺寸的板块。

2. 参数 PVC片材宽度有210mm和170mm等几种。PVC泡窝片运行速度可达2m/min,最高冲裁次数为每分钟30次。

3. 特点 ①各工位都是间歇运动;②热封时,上、下模具平面接触,要有足够的温度和压力以及封合时间;③不易高速运转,热封合消耗功率大,封合的牢固程度和效果逊于辊筒式,适用于中小批量药品包装和特殊形状物品的包装;④泡窝拉伸比大,深度可达35mm,满足大蜜丸、医疗器械行业的需求。

4. 平板式泡罩包装机的模具更换与同步调整

(1)模具的更换:当包装形态发生变化,即被包装物数量、尺寸、品种及包装板块规格发生改变时,需要更换模具和相应零件。更换模具和相应零件的一般步骤是:关掉加热开关、切断水、气源,将全部开关旋钮拧至"0"位;去掉成型模和覆盖模,用点动按钮使各工位开启到最大值;明确所需更换的部位,待装置冷却到室温后进行更换;更换完毕后进行同步调整;之后,按点动按钮,使机器进行短时间运行,检查往复运动,要求运行平稳、无冲击。

(2)更换的部位与部件:①当被包装物种类和数量改变,而包装板块尺寸不变时,仅更换成型模具及上料装置;②当包装板块尺寸改变时,要进行完全更换,即成型模具、导向平台、热封板、冲裁装置等都需要更换。

(3)同步调整:同步调整就是使各工位工作位置准确,保证泡罩不干涉对应机构。主要是调整成型装置、热封装置、打印和压痕装置、冲裁装置四个工位的相对位置,即对成型后膜片上泡罩板块的整数位置的调整,以保证冲裁出的板块尺寸及泡罩相对板块位置的准确。一般是将热封装置固定在机架体上,以此为基准来调整其余三个装置的位置达到同步要求。

5. 平板式泡罩包装机的操作过程 ①备好药品、包材,更换批号字模板,安装好PVC及铝箔,检查冷却水,检查设备清洁情况;②打开电源送电,接通压缩空气;③按下加热键,并分别将加热和热封温控表调至合适温度;④将PVC硬片经过通道拉至冲切刀下,将铝箔拉至热封板下;⑤加热板和热封板升至合适温度时,将冷却温度表调至合适温度(一般应为30℃);⑥待药品布满整个下料轨道时,按下电机绿色按钮,开空车运行,待吹泡、热封和冲切都达到要求后,按下药片斗振动按钮和行星布料开关;⑦调节下料量,使下料合乎要求,进行正常包装;⑧包装结束后,按以下顺序关机:按下药片斗关机按钮→按下电机红色按钮→主机停→关闭总电源开关→关闭进气阀→关闭进水阀。然后是清理机器及现场,保养包装设备。

6. 平板式泡罩包装机的常见故障与排除方法 见表16-2。

7. 平板式泡罩包装机的维护与保养 ①机器应水平安置在室内,不需装底脚螺丝,底脚下面垫上厚约12mm的橡皮板,以免长期使用损坏地面及出现移位现象。②关机后要进行全面清洗,用软布稍蘸肥皂水(或洗洁精)擦去表面油污、尘垢,然后用软布擦干。③为了保证安全,应按接地标牌指定位置接入地线。④机器要安排专职人员操作、维修。⑤操作人员必须熟悉使用说明书,对该机结构、使用方法基本了解后进行操作。⑥传动机构的各种齿轮、链轮、导套及凸轮每班加机油一次。⑦斜齿轮减速机要按制造单位设备使用说明定期加注 3#二硫化钼钠基酯润滑。

表 16-2　平板式泡罩包装机的常见故障与排除方法

故障	原因	排除方法
1. 热封不良,黏合不牢固	温度太低铝箔表面的胶未达到熔点,热封压力不够	调高温度保持恒定在 160℃ 左右(确切温度与机速室温有关)
2. 热封不良,网纹不均匀	①网纹生锈或有污物 ②热封温度太低 ③网纹板与下模吻合不良 ④成形温度太高,泡罩成形时拉薄了泡与泡之间的厚度 ⑤压力不足 ⑥上下模不平行	①用钢丝刷或用钢针,锯条磨尖清理污物 ②调高热封温度 ③用油石局部打磨下模平面(将红丹或印油涂在下模平面后与网纹板吻合移动,将接触点磨掉) ④调低成形温度 ⑤调高压力 ⑥调整上下模平面平行
3. 热封不良,铝箔被压透	①热封温度太高 ②热封压力太大	①除低热封温度 ②降低热封压力
4. 铝箔斜皱(皱纹全部是斜方向)	①铝箔单边紧松 ②铝箔压辊不平行 ③热封模或成形模安装不正(倾斜)	①调节前调程板(15),向前或向后移动,改变转节辊平面平行。 ②调节前调程板(28)的滚花调节手柄,使压辊与轨道平面平行 ③装正热封模或成形模,(中心对正后再调整安装平行)
5. 冲裁直向偏位	行程未调对	调节冲裁移动手柄,使冲切位置向前或后移动
6. 冲裁横向偏位	成型(热封)模或轨道不正	重新调整成型(热封)模或轨道
7. 热封脱模时药片跳出	热封模或热封位置未调好	调对热封位置使塑泡眼准确落在模孔内
8. 压痕跳片	刀片磨损卷锋	更换刀片,减轻压力

知识链接

双铝箔包装机简介

双铝箔自动充填热封包装机所采用的包装材料是涂覆铝箔。涂覆铝箔具有优良的气密性、防湿性和遮光性。双铝箔包装用于要求密封、避光的片剂、丸剂等包装,还可包装胶囊、颗粒、粉剂电子药监码喷码机和异形片等药物。

双铝箔包装机采用变频调速,裁切尺寸大小可以任意设定,配振动式整列送料机构与凹版印刷装置,能在两片铝箔外侧同时对版印刷,其充填、热封、压痕、打批号、裁切等工序连续完成。

二、瓶装机联动线

瓶装机联动线是以粒计的药物瓶装机械完成内包装的过程设备,主要由理瓶、计数、装瓶、理盖、旋盖、封口、贴标签、印批号等单机组成联动线。

固体药物,如片剂、胶囊剂、丸剂等也常用瓶装形式供应市场,以节省包装成本。瓶包装生产线设备一般包括理瓶机构、输瓶轨道、数片机、理盖机构、旋盖机构、封口装置、贴签机构、打批号机构、电器控制部分等,如图 16-9 所示。

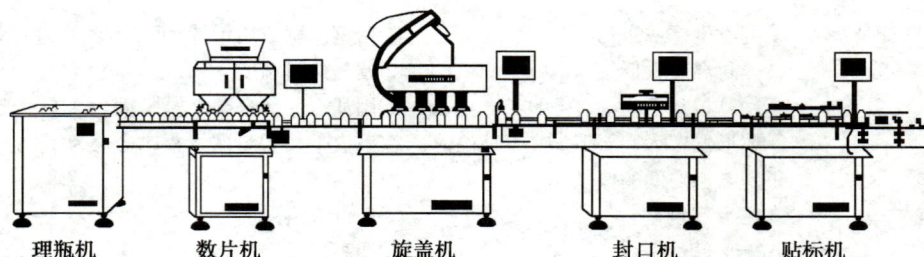

| 理瓶机 | 数片机 | 旋盖机 | 封口机 | 贴标机 |

图 16-9　瓶包装生产线

(一) 计数机构

数粒(片、丸)计数机构主要有圆盘计数机构,光电计数机构。

1. 圆盘计数机构　圆盘计数机构也叫圆盘式数片机构。一个与水平呈 30°倾角的带孔转盘 5,盘上开有几(3~4)组小孔,每组的孔数依每瓶的装量数决定。如图 16-10 所示,在转盘下面装有一个固定不动的圆盘托板 4(落片处有扇形缺口),扇形缺口面积只容纳转盘 5 上的一组小孔。缺口下紧连一落片斗 3,落片斗的下口直抵装药瓶口。转盘的围墙筒板有一定高度,其高度要保证倾斜转盘内可存积一定量的药片或胶囊。转盘上小孔的形状应与待装药粒形状相同,且尺寸略大,转盘的厚度要满足小孔内只能容纳一粒药的要求。转盘转速不能过快(约 0.5~2r/min),这是因为:①要与输瓶带上瓶子的移动频率相匹配;②如果太快将产生过大离心力,不能保证转盘转动时药粒在盘上靠自重而滚落。

当每组小孔随着转盘旋转至最低位时,药粒埋住小孔,并落满小孔中。当小孔随着转盘载片转向最高位时,未落孔的堆叠的药片靠自重沿斜面滚落到转盘的最低处。为了使送瓶带上的瓶口和落片斗下口准确对位,利用定瓶器将到位的药瓶挡住、定位,以防药粒散落瓶外。当改变瓶装粒数时,需更换带孔转盘;调整落片斗下口位置和定瓶器位置等。

2. 光电计数机构　光电计数机构利用一个旋转平盘,将药粒抛向转盘周边。当药粒由转盘滑入药粒溜道 6 时,溜道上设有光电传感器 7,通过光电系统将信号放大并转换成脉冲电信号,输入到具有"预先设定"及"比较"功能的控制器中。当输入的脉冲个数与人为预选的数目相等时,控制器向磁铁 11 发生脉冲电压信号,磁铁将通道上的翻板 10 翻转,药粒被引导入瓶,如图 16-11 所示。

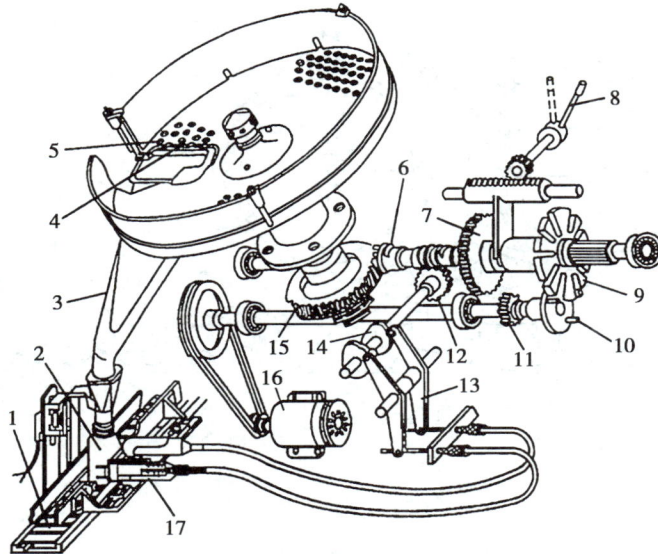

图 16-10　圆盘式数片机

1. 输瓶带；2. 药瓶；3. 落片斗；4. 托板；5. 带孔转盘；6. 传动蜗杆；7. 大直齿
轮；8. 变速手柄；9. 槽轮；10. 主动拨销；11. 小直齿轮；12. 凸轮轴蜗轮；
13. 摆动从动杆；14. 控制凸轮；15. 转盘轴蜗轮；16. 电动机；17. 定瓶器

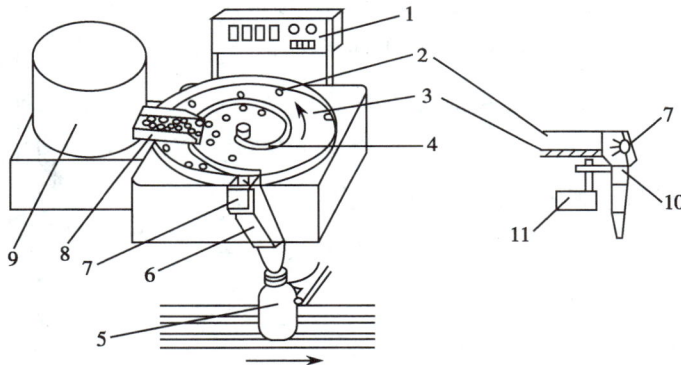

图 16-11　光电计数机构

1. 控制器面板；2. 围墙；3. 旋转平盘；4. 回形拨杆；5. 药瓶；6. 药粒溜道；
7. 光电传感器；8. 下料溜板；9. 储片筒；10. 翻板；11. 磁铁

对于光电计数装置，根据光电系统的精度要求，只要药粒尺寸足够大（例如大于 8mm），反射的
光通量足以启动信号转换器就可以工作。这种装置的计数范围远大于模板计数装置，在预选敲定
中，根据瓶装要求（如 1～999）任意设定，不需更换机器零件，即可完成不同装量的调整。

（二）输瓶机构

在瓶装机上的输瓶机构多是直线、匀速、持续运转的输送带，且带速可调。瓶子先由理瓶盘调理
成排送到输送带上，沿导流栅进入落料口处，挡瓶器间歇挡住待装的空瓶和放走装完药物的满瓶。

也有采用梅花轮间歇旋转输送机构输瓶的，如图 16-12 所示。梅花轮间歇转位、停位准确。数
片盘及运输带保持连续运转，装瓶时弹簧棘爪顶住梅花轮处于停歇时段，使空瓶静止装药，装药后梅
花轮运动，带走瓶子。

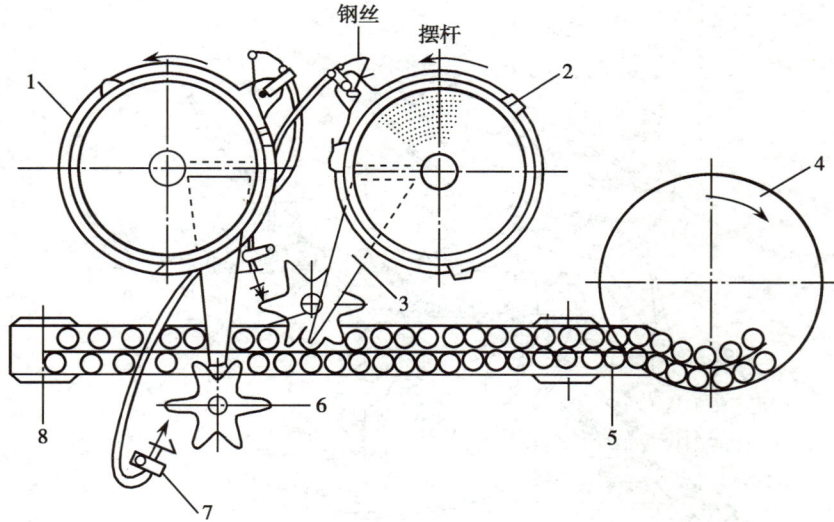

图 16-12　梅花轮间歇旋转输送机构
1. 数片盘;2. 凸块;3. 漏斗;4. 送瓶盘;5. 挡瓶板;
6. 梅花轮;7. 弹簧棘爪;8. 运输带

（三）拧盖机构

拧盖机构设置在输瓶轨道旁,机械手将到位的药瓶抓紧,由上部自动落下扭力扳手(拧盖头,如图 16-13),先衔住对面机械手送来的瓶盖,再快速将瓶盖拧在瓶口上,当旋拧至一定松紧时,扭力扳手自动松开,并回升到上停位。当轨道上无药瓶时,机械手抓不到瓶子,扭力扳手不下落,送盖机械手也不送盖,直到机械手有瓶可抓时,旋盖头又下落旋盖。

（四）封口机构

药瓶封口分为压塞封口和热膜封口。

1. 压塞封口装置　压塞封口是将具有弹性的瓶内塞在机械力作用下压入瓶口,依靠瓶塞与瓶口间的挤压变形而达到瓶口的密封。瓶塞常用的材质有橡胶、软木及塑料等。压盖封口过程一般由瓶塞供给和压入两步组成,首先将瓶塞送至瓶口,然后由压头将瓶塞压入瓶口。瓶塞的压入可利用凸轮或滚轮压塞装置进行,如图 16-14 所示。

2. 电磁感应封口机　热膜封口是在瓶口表面黏合一层铝箔或纸塑等复合材料。它可提高容器的气密性、防潮性,并具有防伪、防盗功能。近些年来,对瓶口的密封提出更高的要求,采用复合铝箔封口取得很好的效果。其封口方法有热封、脉冲、超声波、高频、电磁感应等,其中电磁感应法封口质量最高。

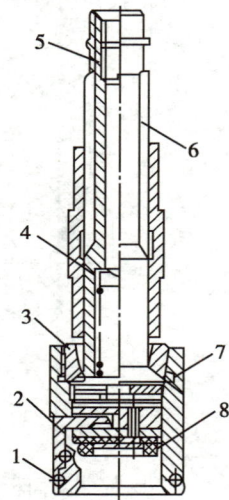

图 16-13　三爪式旋盖机头

1. 收缩弹簧;2. 张闭爪;3. 球铰链;4. 压缩弹簧;5. 调节螺杆;6. 传动轴;7. 摩擦片;8. 橡皮头

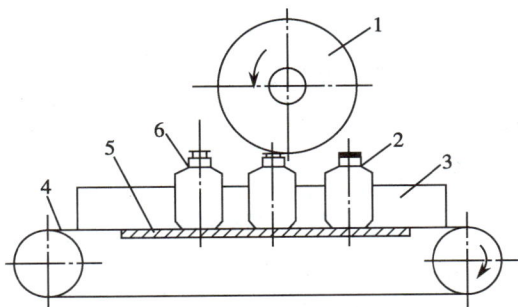

图 16-14　滚压式压塞机

1. 滚压轮；2. 压后瓶；3. 挡瓶板；4. 输瓶带及轮；5. 承压托板；6. 未压塞瓶

▶▶ 课堂活动

你知道电磁炉做饭菜为什么要用碳金属炊具，而不能用其他材料的炊具吗？

电磁感应是一种非接触式加热方法。位于药瓶封口区上方设置的电磁感应头内置线圈，线圈通以 $20 \sim 100 \text{kHz}$ 频率的交变电流，于是线圈产生的交变磁力线穿过瓶口的铝箔，并在铝箔上感应出环绕磁力线的电流——涡流，涡流直接在铝箔上形成一个闭合电路，电能转化成热能使铝箔发热，用于药瓶封口的铝箔复合层由纸板/蜡层/铝箔/聚合胶组成，如图 16-15 所示。瓶口部位聚合胶受热融化将铝箔黏合于瓶口。铝箔受热后，使铝箔与纸板黏合的蜡层融化，蜡层被纸板吸收，于是纸板与铝箔分离，纸板起垫片作用。电磁感应封口由频率发生器、电磁感应工作线圈、循环冷却器及配套装置组成。

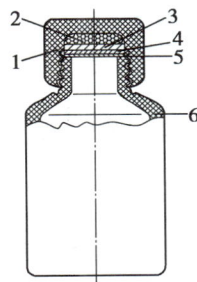

图 16-15　电磁感应封口瓶盖结构图

1. 瓶盖；2. 纸板；3. 蜡层；4. 铝箔；5. 聚合胶层；6. 瓶

（五）贴标机构

药品瓶包装完成后需用标签明示产品说明。标签可用纸或其他材料，也可直接印在包装容器上。药品外标签应当注明药品通用名称、成分、性状、适应证或者功能主治、规格、用法用量、不良反应、禁忌、注意事项、贮藏、生产日期、产品批号、有效期、批准文号、生产企业等内容。

贴标机的工艺过程包括：取标、标签传送、涂胶、贴标、滚压熨平等几步，有的增加盖印一步，印上产品批次、生产日期等。目前较广泛使用的新型标签贴标方式，如压敏（不干）胶标签、热黏性标签、收缩筒形标签等。下面简单介绍压敏胶贴标机。

▶▶ 课堂活动

你在学习中有使用不干胶的经验吗？ 有揭开不干胶的窍门吗？

压敏胶通称不干胶，系黏弹性体。压敏胶是由聚合物、填料及溶剂等组成。用于胶带、标签的聚合物多为天然橡胶、丁苯橡胶等，通称为橡胶型压敏胶。涂有压敏胶的标签称含胶标签，含胶标签由黏性纸签与剥离纸构成。应用于贴标机的含胶标签是成卷的形式,即在剥离纸上定距排列标签,然后卷成卷状,使用时将剥离纸剥开,标签即可取下。图 16-16 为压敏胶贴标机原理。其主要组成有标签卷带供送装置、剥标刃、卷带轮、贴标轮、光电检测装置等。其主要过程为:剥标刃将剥离纸剥开,标签由于较坚挺不易变形,与剥离纸分离,径直前进与装药容器接触,经压捺、滚压被贴到容器表面。压敏胶贴标机结构简单,生产能力大,且可满足不同形状大小容器的贴标。

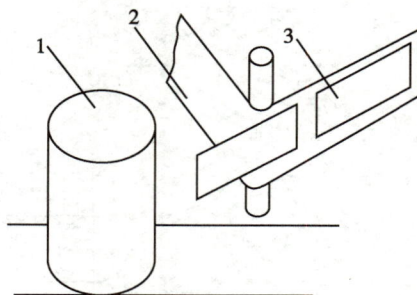

图 16-16 压敏胶贴标机
1. 瓶体;2. 剥离纸;3. 压敏胶标签

点滴积累 ∨

1. 铝塑泡罩包装机的工艺流程包括: 薄膜输送、加热、成型、加料充填、检整、热封、压痕、冲裁。
2. 平板式泡罩包装机的结构、工作原理、操作、常见故障与排除方法、维护与保养。
3. 瓶包装生产线设备一般包括理瓶机构、输瓶轨道、数片机、理盖机构、旋盖机构、封口装置、贴签机构、打批号机构、电器控制部分等。

任务 16-2 水针剂包装设备

水针剂包装工序是水针剂生产的最后工序,完成灭菌并通过质量检查的注射剂安瓿可以进入包装生产线,在此完成安瓿印字、装盒、加说明书、贴标签等多项操作。安瓿印包生产线通常由开盒机、印字机或喷码机、装盒关盖机、贴签机等单机联动而成。其流程如图 16-17 所示。

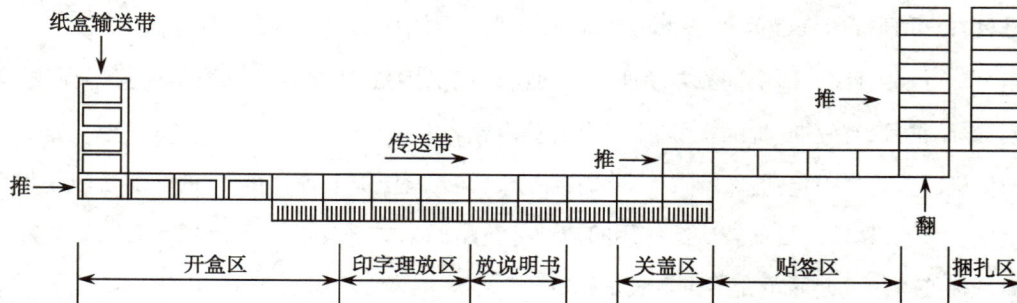

图 16-17 安瓿印包生产线

一、开盒机

开盒机的作用是将一沓堆放整齐的空标准纸盒的盒盖翻开,以供贮放印完字的安瓿。开盒机主要由输送带、光电管、推盒板、翻盒爪、弹簧片、翻盒杆等部件构成,如图 16-18 所示。

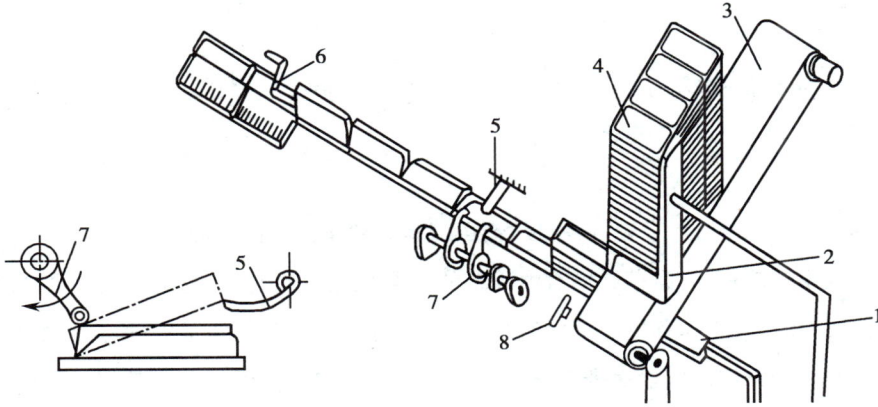

图 16-18　开盒机

1. 往复送进板；2. 推盒板；3. 输送带；4. 空纸盒；5. 弹簧片；6. 翻盒杆；7. 翻盒爪；8. 光电管

工作时，空纸盒以底朝上、盖朝下的方式堆放在输送带上。输送带作间歇直线运动，带动纸盒向前移动，光电管监控纸盒的个数并指挥输送带和推盒板。推盒板将光电管前一叠纸盒中最下面的一只推送到翻盒爪位置；当旋转的翻盒爪与其底部接触时，使其上翘，转过盒底，盒底随即下落，其盒盖已被弹簧片卡住，这时张开口的纸盒被推送至翻盒杆区域，将盒盖完全翻开，由另一条输送带输送至安瓿印字机区域。

二、安瓿印字机

经检验合格后的注射剂在装入纸盒前需在安瓿体上印上药品名称、规格、生产批号、有效期和生产厂家等标记，以确保使用安全。安瓿印字机是用来在安瓿上印字的专用设备。

1. 结构　主要由输送带、安瓿斗、托瓶板、推瓶板和印字轮系统组成，如图 16-19 所示。安瓿斗与机架呈 25° 倾斜，底部出口外侧装有一对转向相反的拨瓶轮，其作用是防止安瓿在出口窄颈处被卡住，能使安瓿顺利进入出瓶轨道。

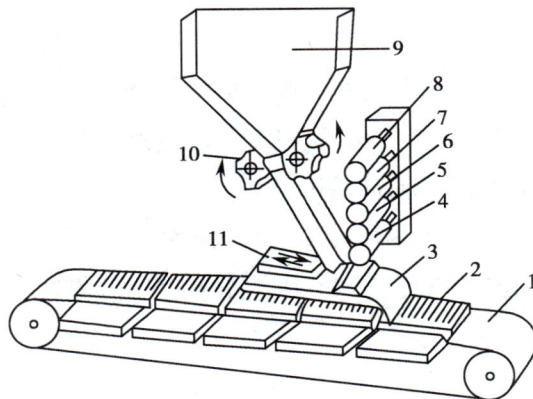

图 16-19　安瓿印字机

1. 纸盒输送带；2. 纸盒；3. 托瓶板；4. 橡皮印字轮；5. 字版轮；6. 着墨轮；
7. 钢质匀墨轮；8. 油墨轮；9. 安瓿盘；10. 拨瓶轮；11. 推瓶板

▶ **课堂活动**

尝试一下：用碳素笔向左拇手肚上写一个字，立即将左拇指按向右拇指，紧接着将右拇指的反字按向纸张，在纸上留下是正字还是反字？

2. **工作原理** 工作时，印字轮、推瓶板、输送带等的动作保持协调同步。在拨瓶轮的协助下，安瓿由安瓿斗进入出瓶轨道，直接落在镶有海绵垫的托瓶板上。此时，往复运动的推瓶板将安瓿送至印字轮下，转动的印字轮在压住安瓿的同时也使安瓿反向滚动，从而完成安瓿印字的动作。已印完字的安瓿从托瓶板的末端落入输送带上已翻盖的纸盒内，落入纸盒的安瓿排列整齐，装满盒时，在安瓿上覆上说明书，盖好盒盖，由输送带送往贴签区。

3. **印字部分的原理** 印字系统由五只不同功用的轮子组成，如图 16-20 所示。油墨轮上的油墨，经能转动且有少量轴向窜动的钢质匀墨轮、着（上）墨轮，可均匀地加到字版轮上，转动的字版轮又将其上的正字模印，反印到印字轮上。再由印字轮与下落到位的安瓿做相对纯滚动，转印到安瓿上，成为正字字痕。

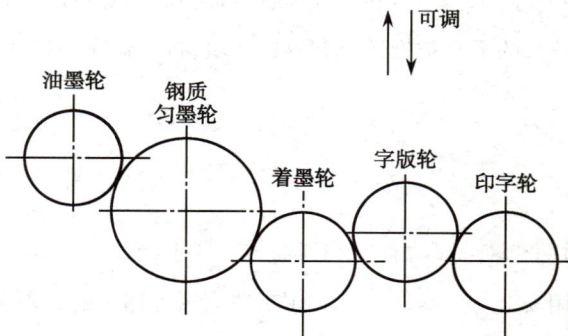

图 16-20 印字轮系统

三、不干胶贴签机

不干胶贴签机是将标签直接印制在背面有胶的胶带纸上。印制时预先在标签边缘划上剪切线，由于胶带纸的背面贴有连续的背纸（即衬纸），故剪切线不会使标签与整个胶带纸分离。不干胶贴签机工作原理如图 16-21 所示。印有标签的整盘胶带纸装在胶带纸轮上，经过多个中间张紧轮 3 引到剥离刃 5 前。由于剥离刃处的突然转向，刚度大的标签保持前伸状态，被压签滚轮 7 压贴到输送带上不断前进的纸盒面上。背纸是柔韧性较好的纸，被预先引到背纸轮上，背纸轮的缠绕速度应与输送带的前进速度协调，即随着背纸轮直径的变大，其转速需相应降低。

四、喷码机

喷码机在制药行业的包装工艺上的应用越来越广泛。喷码机的作用是将所有设定的文字、数字等喷印在药品包装纸盒或纸箱上，提高生产效率。如图 16-22（a）所示，CCS-L 型连续式喷码机可喷印 32 点阵的高品质文字。

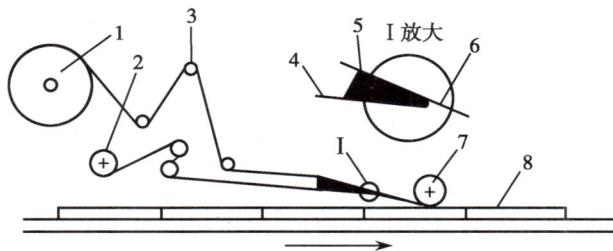

图 16-21　不干胶贴签机

1. 胶带纸轮;2. 背(衬)纸轮;3. 张紧轮;4. 剥离纸;5. 剥离刃;6. 标签纸;7. 压签滚轮;8. 纸盒

1. 结构　主要由 CCS 主机、触摸屏、喷头和喷头电缆组成。CCS 主机驱动、控制喷头的电子电路和向喷头供给印墨的墨循环系统,触摸屏进行印字内容的编辑和印字条件的设定,喷头是向喷印物件喷印文字的部件,喷头电缆是喷头和主机连接的部件。

2. 喷印原理　如图 16-22(b)所示,加压过的印墨从喷嘴喷射,此时依据所加一定周波数的振动,使其形成稳定的印墨滴。产生的印墨滴根据喷印数据,在带电电极处充电,带电的印墨滴按各自的带电量在偏向电极的静电场中偏向,在印字对象物上形成文字。不需要印字的印墨滴,因在带电电极处不带电,所以不受偏向电极的影响,直接飞入导墨嘴,由回收泵回收,再次用于印字。设在带电电极旁的检知电极用于测出印墨滴所带电荷量来检查带电量是否正常,从而判断印墨滴的产生是否正常。

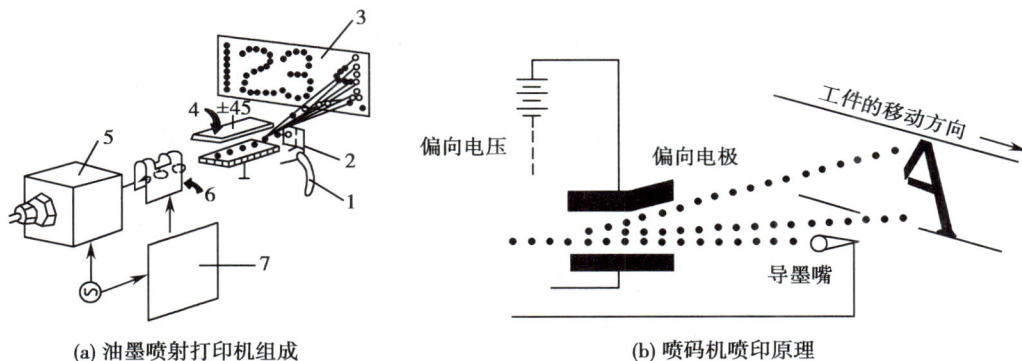

(a) 油墨喷射打印机组成　　　　(b) 喷码机喷印原理

图 16-22　连续式喷码机

1. 真空吸墨管;2. 油墨传感器;3. 打印表面;4. 静电偏转板;
5. 喷油墨装置;6. 喷油墨通道;7. 触摸屏(设置、调节油墨)

药物制剂包装中还有其他辅助包装机械,如电动折纸机、纸盒印字机、纸箱印字机、装盒机、装箱机、重量选别机、捆扎机等。

点滴积累 ∨

1. 安瓿印包生产线通常由开盒机、印字机或喷码机、装盒关盖机、贴签机等单机联动而成。

2. 安瓿印字机是在安瓿上印上药品名称、规格、生产批号、有效期和生产厂家等标记的专用设备。

3. 安瓿印字机主要由输送带、安瓿斗、托瓶板、推瓶板和印字轮系统组成。

目标检测

一、选择题

（一）单项选择题

1. 泡罩式包装机的工作过程是（　　）

    A. 成型→加料→检整→密封→压痕→冲裁

    B. 检整→成型→加料→密封→压痕→冲裁

    C. 加料→成型→检整→密封→压痕→冲裁

    D. 压痕→成型→加料→检整→密封→冲裁

2. 泡罩式包装又称为（　　）

    A. PVC   B. PA   C. PE   D. PTP

3. 聚氯乙烯的英文代码是（　　）

    A. PVDC   B. PVC   C. PE   D. PA

4. 热塑性包装材料吸收（　　）μm 波长红外线发射的能量

    A. 2.0~3.0   B. 2.5~3.5   C. 3.0~3.5   D. 3.0~4.0

5. PVC 硬片软化成型的温度范围为（　　）

    A. 100~110℃   B. 110~120℃   C. 110~130℃   D. 100~120℃

6. 电磁感应封口机中电磁感应线圈宜接通（　　）kHz 频率的交变电流

    A. 20~100   B. 40~100   C. 50~100   D. 60~100

7. 圆盘计数机构的转盘转速约（　　）r/min

    A. 0.2~2   B. 0.3~3   C. 0.5~4   D. 0.5~2

8. 平板式泡罩包装机的 PVC 泡窝片运行速度可达（　　）m/min

    A. 1   B. 2   C. 3   D. 4

9. 泡罩成型中冲头辅助吹塑成型时的冲头尺寸约为成型模腔的（　　）

    A. 60%~70%   B. 60%~80%   C. 60%~90%   D. 70%~90%

10. 吹塑成形需要（　　）Mpa 压力的压缩空气吹入成型模的窝坑内，形成需要的泡罩

    A. 0.3~0.6   B. 0.4~0.6   C. 0.3~0.5   D. 0.4~0.5

（二）多项选择题

1. PTP 用来包装各种几何形状的（　　）等口服固体制剂

    A. 平素片、糖衣片、薄膜衣片   B. 硬胶囊剂   C. 软胶囊剂

    D. 滴丸   E. 中药蜜（水、浓缩）丸

2. 泡罩成型的方法有（　　）

    A. 吸塑成型（负压成型）   B. 吹塑成型（正压成型）   C. 冲头辅助吹塑成型

    D. 凸凹模冷冲压成型   E. 凹模冷冲压成型

3. 用的加料器有(　　)

  A. 旋转隔板加料器　　　　B. 推板加料器　　　　C. 弹簧软管加料器

  D. 软刷推扫器　　　　　　E. 行星软刷推扫器

4. 复合铝箔封口的封口方法有(　　)等

  A. 热封　　　　　　　　　B. 脉冲　　　　　　　　C. 超声波

  D. 高频　　　　　　　　　E. 电磁感应

5. 贴标机的工艺过程包括(　　)等几步

  A. 取标　　　　　　　　　B. 标签传送　　　　　　C. 涂胶

  D. 贴标　　　　　　　　　E. 滚压熨平

6. 压敏胶贴标机的主要组成有(　　)

  A. 标签卷带供送装置　　　B. 剥标　　　　　　　　C. 卷带轮

  D. 贴标轮　　　　　　　　E. 光电检测装置等

7. 安瓿印字机主要由(　　)组成

  A. 输送带　　　　　　　　B. 安瓿斗　　　　　　　C. 托瓶板

  D. 推瓶板　　　　　　　　E. 印字轮系统

8. 片剂和胶囊剂的包装类型主要有(　　)几类

  A. 条带状包装　　　　　　B. PTP　　　　　　　　C. 散包装

  D. SE　　　　　　　　　　E. 水泡眼包装

9. 泡罩包装机按结构形式可分为(　　)几大类

  A. 双塑泡眼　　　　　　　B. 双铝泡罩　　　　　　C. 平板式

  D. 辊筒式　　　　　　　　E. 辊板式

10. 标签的内容包括注册商标、品名和(　　)等

  A. 主要成分含量、装量　　B. 主治、用法、用量、禁忌　　C. 厂名

  D. 批准文号、批号、有效期　　E. 警告标志

二、简答题

1. 药品包装的功能或作用。

2. 固体制剂包装有哪些主要形式?

3. 药品包装机械一般由哪几部分组成?

4. 泡罩包装机的工艺过程。有哪几种结构形式?

5. 安瓿包装生产线主要由哪些设备组成?

三、分析题

1. 某制药企业铝塑泡罩包装机在生产过程出现硌泡和热封不牢问题。请根据本项目所学内容,分析其产生原因,找出解决方法。

2. 某制药企业立式制袋充填三边封口包装机在生产中出现切袋异常现象。请根据本项目所学

内容,分析其产生原因,找出解决方法。

项目十六习题

实训十六　铝塑泡罩包装机实践

【实践目的】

1. 熟悉药品内包装岗位操作法。

2. 熟悉药品包装生产工艺管理要点及质量控制要点。

3. 掌握平板铝塑泡罩包装机的标准操作规程。

4. 掌握平板铝塑泡罩包装机的清洁、保养的标准操作规程。

【实践内容】

1. 药品包装岗位职责。

2. 药品包装岗生产工艺管理要点以及质量控制关键点。

3. 药品包装岗位操作规程、安全注意事项。

4. 药品包装岗位清洁规程和设备维护。

【实践步骤】

1. 认真检查生产前准备、包括生产工具准备和物料的准备。

2. 按步骤安装好设备各部件、启动机器进行预热、预热完毕进行空包装调试、加入待包装物进行包装、包装结束按步骤关闭各个开关。

3. 按工艺验证等验证内容、方法、程序和常规文件管理要求做好记录与凭证、表格的填写及物料、包装材料的检验。

4. 生产结束清场,包括作业场地、工具和容器、生产设备的清洁,同时做好清场记录。

【思考题】

1. 药品包装的生产设备有哪些? 各自适应何种药物的包装? 其结构和原理各自有哪些?

2,网纹压痕不清晰是什么原因?

3. 水泡眼四角网纹压痕不均匀是什么原因造成? 如何进行调整?

【实践测试】

根据学生实践报告、实践现场表现和思考题完成情况进行考核。实践报告格式见附录三。

（刘东平）

附录

附录一　制药机械分类名称代号及产品型式代号

产品分类	产品型式项目	代号	产品分类	产品型式项目	代号
原料药机械及设备（L）	反应设备	Y	药用纯水设备（S）	列管式多效蒸馏水机	L
	结晶设备	J		盘管式多效蒸馏水机	P
	萃取设备	Q		压汽式蒸馏水机	Y
	蒸馏设备	U		离子交换设备	H
	热交换器	R		电渗析设备	D
	蒸发设备	N		反渗析设备	F
	药用干燥设备	A	制药辅助设备（Q）	移动式局部层流装置	J
	药用筛分机械	F		就地清洗、灭菌设备	M
	贮存设备	C		理瓶机	L
	药用灭菌设备	M		输瓶机	S
制剂机械（Z）	混合机	H		垂直输箱机	U
	制粒机	L		送料装置	N
	压片机	P		升降机	X
	包衣机	B		专用推车	T
	水针剂机械	A		打、喷印装置	Y
	西林瓶粉、水剂机械	K		说明书折叠机	Z
	大输液剂机械	S		充气装置	C
	硬胶囊剂机械	N		震动落盖装置	E
	软胶囊剂机械	R		掀盖装置	G
	丸剂机械	W	药用粉碎机械（F）	齿式粉碎机	Z
	软膏剂机械	G		锤式粉碎机	C
	栓剂机械	U		刀式粉碎机	D
	口服液剂机械	Y		蜗轮式粉碎机	L
	药膜剂机械	M		压磨式粉碎机	Y
	气雾剂机械	Q		铣削式粉碎机	X
	滴眼剂机械	D		气流粉碎机	Q
	糖浆剂机械	T		分粒型粉碎机	F

续表

产品分类	产品型式项目	代号	产品分类	产品型式项目	代号
饮片机械（Y）	洗药机	X		球磨机	M
	润药机	R		乳钵研磨机	R
	切药机	Q		胶体磨	J
	筛选机	S		低温粉碎机	W
	炒药机	C	药用包装机械（B）	药用充填、灌装机	C 或 G
药物检测设备（J）	除气仪	Q		药用容器塞封机	S 或 F
	崩解仪	B		药用印字机	Y
	栓剂崩解器	U		药用贴标签机	T
	脆碎仪	C		药用包装容器成型-充填-封口机	X
	检片机	N		多功能药用瓶装包装机	P
	金属检测仪	J		联动瓶装包装线	Lx
	冻力仪	D		药用袋装包装机	D
	安瓿注射液异物检查设备	A		药用装盒包装机	H
	玻璃输液瓶异物检查机	S		药用裹包机	B
	塑料瓶输液检漏器	L		药用捆合包装机	K
	铝塑泡罩包装检测器	P		药用玻璃包装容器制造机械	Z
	硬度测定仪	Y		药用塑料包装容器制造机械	U
	溶出试验仪	R		药用铝管制造机	A
				空心胶囊制造机械	N

附录二　实训考核及评分标准

班级_____　姓名_____　学号_____　设备名称_____

考核项目	考核内容	考核要求	配分	评分标准	得分
设备基本理论表述 30分	1. 工作服穿戴	能够注意到设备操作过程对个人衣鞋帽、装饰品等要求	3	没有正确处理头发、首饰、衣鞋帽等酌情扣1~3分	
	2. 设备用途及性能特点描述	1. 能够正确表述设备用途 2. 能够正确表述设备的性能特点	7	1. 不能正确表述设备用途、性能扣3分 2. 表述不完整、不准确扣1分	
	3. 设备技术参数表述	能够正确表述设备技术参数并说明	5	不能正确表述设备技术参数，扣5分，表述不完整扣2~3分	
	4. 熟悉设备的主要结构	设备各组成部件及作用的描述	10	未能正确描述设备各组成部件及作用，按项目扣1~2分	
	5. 了解设备的工作原理	能描述设备工作原理	5	未能正确描述按项目扣1~2分	
设备操作规程 70分	1. 检查设备及状态	开启设备之前能够检查设备	2	1. 未检查设备扣2分 2. 检查但不全面酌情扣1~2分	
	2. 正确操作制剂设备	1. 能够正确表述设备标准操作规程 2. 能够正确表述设备安全操作注意事项； 3. 能够按照标准操作规程正确操作制剂设备 4. 能够选择正确的参数并试运行制剂设备	45	1. 未能够正确表述标准操作规程按项目扣1~3分 2. 未能够正确表述设备安全操作注意事项按项目扣1~3分 3. 不能按照操作规程正确使用设备扣10~15分；能够按照操作过程但不严密扣3~5分 4. 参数设置不当扣3~5分	
	3. 设备操作安全注意事项	能够注意到仪器、设备使用过程中的各项安全注意事项	10	1. 操作设备过程中忽视安全注意事项酌情扣1~5分 2. 发生安全事故扣20分	
	4. 制剂设备维护保养规程	1. 能够正确表述设备维护保养规程； 2. 能够具体实施设备维护保养操作	5	1. 表述不正确扣2分，表述不准确、不完整扣1~2分 2. 不能正确按照维护保养规程操作扣3分；能够按照操作过程但不严密扣1~2分	

考核项目	考核内容	考核要求	配分	评分标准	得分
	5. 制剂设备清洁操作规程	1. 能够正确表述设备清洁操作规程； 2. 能够具体实施清洁操作	5	1. 表述不正确扣 2 分,表述不准确、不完整扣 1~2 分 2. 不能正确按照清洁规程操作扣 3 分；能够按照操作过程但不严密扣 1~2 分	
	6. 工作记录	1. 能够完整记录操作参数及操作过程； 2. 能够及时记录发现的问题	3	1. 未记录操作过程扣 3 分 2. 记录不完整酌情扣 1~2 分 3. 未能及时记录问题扣 1~2 分	
合计			100		

附录三　实践报告格式

班级_____　姓名_____　学号_____　实践日期_____

一、实践目的

二、实践内容

三、实践体会

四、创新意见

参考文献

1. 邓才彬.制药设备与工艺.北京:高等教育出版社,2006.

2. 刘书志,陈利群.制药工程设备.北京:化学工业出版社,2008.

3. 孙智慧.药品包装学.北京:中国轻工业出版社,2006.

4. 张绪峤.药物制剂设备与车间工艺设计.北京:中国医药科技出版社,2000.

5. 江丰.常用制剂技术与设备.北京:人民卫生出版社,2008.

6. 路振山.中药制药设备.北京:中国中医药出版社,2003.

7. 谢淑俊.药物制剂设备.北京:化学工业出版社,2006.

8. 朱宏吉,张明贤.制药设备与工程设计.北京:化学工业出版社,2004.

9. 张洪斌.药物制剂工程技术与设备.北京:化学工业出版社,2009.

10. 高宏.常用制剂设备.北京:人民卫生出版社,2001.

11. 王沛.中药制药设备.北京:中国中医药出版社,2006.

12. 李欣.制药企业设施设备 GMP 验证方法与实务.北京:中国医药科技出版社,2012.

13. 王行刚.药物制剂设备与操作.北京:化学工业出版社,2010.

14. 刘精婵.中药制药设备.第 2 版.北京:人民卫生出版社,2013.

15. 魏增余.中药制药设备应用技术.江苏:江苏教育出版社,2012.

目标检测参考答案

项目一　设备基础知识

一、选择题

（一）单项选择题

1. B　　2. D　　3. B　　4. B　　5. B

（二）多项选择题

1. ABCDE　2. ABCDE　3. ABCD　4. ABCD　5. ABCDE

二、简答题（略）

项目二　制药机械基础概论

一、选择题

（一）单项选择题

1. A　　2. B　　3. B　　4. C　　5. D　　6. A　　7. B

（二）多项选择题

1. ABCDE　2. AB　3. ABC

二、简答题（略）

项目三　制药设备维护保养技术

一、选择题

（一）单项选择题

1. C　　2. C　　3. A　　4. C　　5. B　　6. C　　7. C　　8. A　　9. B　　10. A

（二）多项选择题

1. ABCD　2. ABCDE　3. ABCDE　4. ABC　5. ABCD　6. ABCDE　7. ABCDE　8. ABCD

二、简答题（略）

三、分析题（略）

项目四　流体输送设备

一、选择题

（一）单项选择题

1. C　　2. D　　3. B　　4. C　　5. B　　6. D　　7. A　　8. C　　9. B　　10. D

（二）多项选择题

1. ABCDE　2. BCDE　3. ACDE　4. ABCDE　5. ABC　6. ABCDE　7. ABCDE　8. ABCD

二、简答题（略）

三、分析题（略）

项目五　机械分离设备

一、选择题

（一）单项选择题

1. A　　2. C　　3. D　　4. B　　5. A　　6. C

（二）多项选择题

1. ABCD　2. ABCDE　3. ABD　4. ABCD　5. AB　6. ABCDE　7. ABCDE

二、简答题（略）

三、分析题（略）

项目六　粉碎、筛分、混合设备

一、选择题

（一）单项选择题

1. C　　2. D　　3. B　　4. A　　5. D　　6. C　　7. B　　8. C　　9. D

（二）多项选择题

1. ABCE　2. ABCDE　3. ACDE　4. ABCD　5. ABCDE

二、简答题（略）

三、分析题（略）

项目七　提 取 设 备

一、选择题

（一）单项选择题

1. D　　2. C　　3. B　　4. A　　5. D

（二）多项选择题

1. ABCDE   2. ABD   3. ABCDE   4. ADE   5. ABCDE

二、简答题（略）

三、分析题（略）

项目八   蒸发、蒸馏与干燥设备

一、选择题

（一）单项选择题

1. A   2. D   3. A   4. D   5. B   6. C   7. B   8. C   9. B   10. A

11. B   12. C   13. D

（二）多项选择题

1. ABCDE   2. ACE   3. ABCDE   4. ACDE   5. ACE   6. BCDE   7. ABCD   8. ABCDE   9. ABCDE

10. ABCDE

二、简答题（略）

项目九   制药用水生产设备

一、选择题

（一）单项选择题

1. D   2. C   3. D   4. D   5. A   6. B   7. C   8. A   9. D   10. C

（二）多项选择题

1. ABCDE   2. ABC   3. BCDE   4. BCE   5. ABCDE

二、简答题   （略）

项目十   灭 菌 设 备

一、选择题

（一）单项选择题

1. D   2. D   3. A   4. A   5. B   6. D   7. C   8. A   9. D   10. A

（二）多项选择题

1. ABCD   2. ABCD   3. ABC   4. ACD   5. ABDE

二、简答题（略）

项目十一　中药丸剂生产设备

一、选择题

（一）单项选择题

1. C　　2. C　　3. B　　4. B　　5. D　　6. B　　7. A　　8. A　　9. A　　10. A

（二）多项选择题

1. ACDE　　2. ABCD　　3. BE　　4. BCD　　5. ABCDE

二、简答题（略）

项目十二　胶囊剂生产设备

一、选择题

（一）单项选择题

1. C　　2. D　　3. B　　4. A　　5. B　　6. D　　7. C　　8. A　　9. D　　10. A

（二）多项选择题

1. ABCDE　　2. ACDE　　3. ADE　　4. ABCDE　　5. ABCDE

二、简答题（略）

项目十三　片剂生产设备

一、选择题

（一）单项选择题

1. D　　2. C　　3. C　　4. D　　5. C　　6. C　　7. C　　8. B　　9. D　　10. D

（二）多项选择题

1. BCD　2. AC　3. ABCD　4. ACBD　5. ACD　6. ABCDE　7. ABCD

二、简答题（略）

项目十四　口服液体制剂生产设备

一、选择题

（一）单项选择题

1. D　　2. D　　3. B　　4. B　　5. C　　6. B　　7. A　　8. B　　9. D　　10. C

（二）多项选择题

1. ABCDE　2. ACDE　3. ACE　4. ABCDE　5. BCD　6. BCD　7. ABCDE　8. BCDE

二、简答题（略）

项目十五　注射液生产设备

一、选择题

（一）单项选择题

1. A　　2. D　　3. D　　4. A　　5. C　　6. C　　7. C　　8. A　　9. B　　10. A

（二）多项选择题

1. ABC　2. ABCE　3. ABC　4. CDE　5. ABCDE　6. ABCDE　7. ABC　8. ABC　9. ADE

10. ABCDE　11. ACD

二、简答题（略）

三、分析题（略）

项目十六　药品包装设备

一、选择题

（一）单项选择题

1. A　　2. D　　3. B　　4. C　　5. C　　6. A　　7. D　　8. B　　9. C　　10. A

（二）多项选择题

1. ABCDE　2. ABCD　3. ACE　4. ABCDE　5. ABCDE　6. ABCDE　7. ABCDE　8. ABCDE

9. CDE　10. ABCDE

二、简答题（略）

三、分析题（略）

中药制药设备课程标准

（供中药制药技术、中药学、药品生产技术、制药设备应用技术专业用）

ER-课程标准

ER-课程标准

08检